国家出版基金项目
NATIONAL PUBLICATION FOUNDATION

"十三五"国家重点出版物出版规划项目
矿山医学系列丛书

矿山企业健康教育与健康促进

HEALTH EDUCATION AND HEALTH PROMOTION IN MINING ENTERPRISES

国家出版基金项目
NATIONAL PUBLICATION FOUNDATION

"十三五"国家重点出版物出版规划项目
矿山医学系列丛书

矿山企业健康教育与健康促进

HEALTH EDUCATION AND HEALTH PROMOTION IN MINING ENTERPRISES

丛 书 主 编　袁聚祥
分 册 主 编　薛　玲　庞淑兰
分册副主编　崔立华　范红敏　武　英
分 册 编 委　（按姓名汉语拼音排序）
陈银苹（华北理工大学公共卫生学院）
崔立华（华北理工大学公共卫生学院）
范红敏（华北理工大学公共卫生学院）
冯福民（华北理工大学公共卫生学院）
李　丹（华北理工大学公共卫生学院）
李小明（华北理工大学公共卫生学院）
刘　楠（华北理工大学公共卫生学院）
庞淑兰（华北理工大学公共卫生学院）
钱庆增（华北理工大学公共卫生学院）
任　琦（华北理工大学公共卫生学院）
武　英（华北理工大学公共卫生学院）
薛　玲（华北理工大学公共卫生学院）

北京大学医学出版社

KUANGSHAN QIYE JIANKANG JIAOYU YU JIANKANG CUJIN

图书在版编目（CIP）数据

矿山企业健康教育与健康促进 / 薛玲，庞淑兰主编．—北京：北京大学医学出版社，2021. 9
ISBN 978-7-5659-2447-7

Ⅰ. ①矿… Ⅱ. ①薛… ②庞… Ⅲ. ①矿山卫生 - 基本知识 Ⅳ. ① TD78

中国版本图书馆 CIP 数据核字（2021）第 129280 号

矿山企业健康教育与健康促进

主　　编：薛　玲　庞淑兰
出版发行：北京大学医学出版社
地　　址：（100191）北京市海淀区学院路38号　北京大学医学部院内
电　　话：发行部 010-82802230；图书邮购 010-82802495
网　　址：http://www.pumpress.com.cn
E-mail：booksale@bjmu.edu.cn
印　　刷：北京金康利印刷有限公司
经　　销：新华书店
策划编辑：许　立　陈　奋
责任编辑：袁朝阳　责任校对：靳新强　责任印制：李　啸
开　　本：889 mm × 1194 mm　1/16　印张：21　字数：570 千字
版　　次：2021 年 9 月第 1 版　2021 年 9 月第 1 次印刷
书　　号：ISBN 978-7-5659-2447-7
定　　价：195.00 元

矿山医学系列丛书
编审委员会

丛书主编简介

袁聚祥，曾任华北煤炭医学院院长，华北理工大学校长、党委副书记。现任华北理工大学公共卫生学院教授，华北理工大学和中国医科大学博士生导师。享受国务院政府特殊津贴专家，原煤炭部部级专业技术拔尖人才，河北省省管优秀专家，匈牙利佩奇大学名誉教授。任中华预防医学会煤炭系统分会主任委员，中国煤炭教育协会副理事长，河北省健康管理学会副主任委员。

长期从事公共卫生与预防医学领域科学研究、人才培养和社会服务工作。已培养硕士研究生 156 名，博士研究生 12 名。发表论文 170 篇，其中被 SCI 收录 36 篇。主编国家规划教材 3 部，出版专著 5 部，承担国家级项目、行业项目和地方项目 20 余项，获得各级科技进步奖 10 余项。

主要研究方向为职业流行病学，包括对煤矿工人健康危害严重的职业病和工作有关疾病的防治工作。首次提出了尘肺流行病学的概念，创建了尘肺流行病学学科，培养了第一批尘肺流行病学专业硕士研究生。在此基础上，针对行业和地方的需要，对钢铁、煤炭和石油行业的职业病和工作有关疾病进行了职业流行病学研究，出版了我国第一部煤矿职业流行病学专著，为我国煤炭等行业制定职业病防治策略，预防职业病的发生，延缓职业病患者的病情，保护工人健康提供了可靠的科学依据和一手资料。

分册主编简介

薛玲，医学博士，硕士研究生导师，华北理工大学公共卫生学院预防医学系主任。河北省“三三三人才工程”第三层次人选、河北省预防医学会常务理事、河北省预防医学会妇幼健康教育专业委员会常务委员。长期从事健康教育学的教学与科研工作，在职业健康教育、妇女健康教育、儿童少年健康教育领域开展创新性实践活动，推动了本地域健康教育与健康促进工作的有效开展，并取得了一定的成绩。先后承担和参与各级科研课题 10 余项；获省级科技进步奖 1 项，市厅级科技进步奖 10 项；发表核心期刊论文 40 余篇；主编、参编论著 10 余部。

庞淑兰，教授，硕士生导师。1996 年毕业于华北煤炭医学院流行病学专业，获硕士学位。河北省“三三三人才工程”第三层次人选。现任中华预防医学会职业病专业委员会职业女性健康学组成员，妇女职业健康研究协作组骨干成员，河北省健康学会理事。长期从事健康教育学的教学与科研工作。主持和参与了 8 项职业与健康方面科研项目。发表科技论文 50 多篇，SCI 收录论文 4 篇。主编教材 1 部，参编教材、专著 6 部。获市科技进步一、二等奖 4 项。

丛书序

从中华人民共和国成立后组建的中国煤炭工业部，到现在的国家矿山安全监察局，都充分体现了党中央国务院一直以来对矿山安全生产、矿工职业病防治和矿山创伤救治的高度重视。1963 年在原有的开滦高级护士学校、阜新卫生学校、唐山卫生学校基础上合并成立了本科类的唐山煤矿医学院，并于 1984 年更名为华北煤炭医学院，这是专门服务于煤炭行业的高等医学院校。随着国家体制改革的进行——中国煤炭工业部的撤销以及原国家安全生产监督管理总局的建立，华北煤炭医学院也实行了省部共建，以地方管理为主的模式，隶属河北省。2010 年 5 月，经教育部批准，华北煤炭医学院与河北理工大学合并组建了河北联合大学，并于 2015 年 2 月更名为华北理工大学。不管体制如何变化，我们始终担负着矿工职业病防治和矿山创伤救治的培训和科研任务。为此，原国家安全生产监督管理总局与河北省人民政府专门签署了省部共建协议书，明确了省部共建人才培养、科学研究、智力支撑和服务行业的协议内容。

50 多年来，华北理工大学在矿工职业病防治和矿山创伤救治教学、科研方面取得了世界领先且具有中国特色的成绩，为煤矿的安全生产做出了巨大的贡献，曾经出版过《煤矿创伤学》《实用矿山医疗救护》《瓦斯爆炸伤害学》《脑外伤新概念》《煤工尘肺病理图谱》《煤矿职业危害预防控制指南》等专著，都是针对我国作为煤炭生产和消费大国、矿山安全和健康形势严峻的特点而编著的。

为了适应我国职业卫生与安全工作的需要，提高我国职业卫生与安全水平，创造生产安全、对矿工健康有利的环境，创建我国职业卫生与安全的医学防治体系，普及科学知识，在北京大学医学出版社领导的支持下，华北理工大学组织多个专业的医学专家和学者编写了这套“矿山医学系列丛书”，并成功申请到国家出版基金的资助。

本丛书共分 3 卷 14 册：第一卷为“矿山基础医学”，包括《矿山创伤基础医学》《矿山尘肺基础医学》《矿山职业病基础医学》和《煤工尘肺病理学》；第二卷为“矿山临床医学”，包括《矿山创伤应急救援与医疗技术》《实用矿山创伤医疗救治》《实用瓦斯爆炸伤害救治》《矿山创伤心理救援》《矿山救援与自救互救》；第三卷为“矿山公共卫生学”，包括《矿山职业流行病学》《矿山化学中毒》《矿山企业健康教育与健康促进》《矿山职业病危害预防与控制》《矿工营养健康指南》。

为了编写好本套丛书，我们专门成立了丛书编审委员会，在统一风格的基础上，各司其职，创新性地完成编写任务。另外，我们还邀请原国家安全生产监督管理总局副局长杨元元、原中国煤炭工业协会副会长赵岸青等担任顾问；邀请程爱国、李世波教授等知名专家审稿，以保证丛书质量，在此一并表示衷心感谢！

此套丛书系国内首创，虽然已针对丛书的理论体系、章节内容、涵盖范围进行了多次讨论，广泛征求各位专家的意见，但由于作者的水平有限，仍感不能完全充分满足国家职业卫生与安全形势发展的需要，有不当之处，敬请斧正！

2020 年 10 月于唐山

前言

近几十年来，我国国民经济一直保持着令世人瞩目的高速增长势态，经济结构的多元化和社会结构的复杂化，使得整个社会经济处于转型时期，新的雇佣模式和迅速变化的工作条件对职业人群健康和安全的保护和促进提出了新的挑战。我国是世界上劳动人口最多的国家，多数劳动者职业生涯超过其生命周期的二分之一；且我国接触职业病危害因素的人数、职业病患者数、死亡数及新发病人数，均居世界首位。职业危害严重影响相关职业人群的身心健康，造成了巨大的经济损失和疾病负担。建设健康中国，职业健康先行。实施职业健康保护行动，提升职业健康工作水平，有效预防和控制职业病危害，切实保障劳动者职业健康权益，对维护全体劳动者身体健康、促进社会持续健康发展至关重要。

《矿山企业健康教育与健康促进》是在健康中国战略背景下，立足于国情，以职业人群健康促进为契机，以矿山企业工人健康教育与健康促进理论与实践为基础的公共卫生类参考书。本书详细阐述矿山企业工人健康教育与健康促进基本理论、方法与技巧、实践与应用等相关内容。本书共分为 13 章，包括：职业健康教育与健康促进概述、职业与职业人群健康、职业健康相关行为、职业健康教育与健康促进工作方法、职业健康教育与健康促进诊断、职业健康教育计划和干预实施、职业健康促进效果评价、职业卫生与安全健康促进、职业心理健康教育、个体防护装备的配置与管理、作业场所应急救援预案与管理、妇女职业健康教育与健康促进、一般健康教育。职业健康教育是一项实践性较强的工作，同时强调理论和技能的学习和培训，通过本书的阅读，可加强企业对企业工人健康教育与健康促进工作的重视和认知，提高企业工人的健康素养，有效改变企业工人不健康的行为和生活方式、改善劳动条件，促进其提高、维护和改善自身健康状况，预防疾病、减少伤病，促进企业工人身心健康、提高企业工人生命质量和推动社会经济可持续发展，促进健康中国的建设。本书有幸获得国家出版基金资助，并由北京大学医学出版社出版，可供职业卫生与安全政策制定者、职业健康教育与健康促进工作者、企业管理者、企业工人等相关人员在实际工作中借鉴与参考。

本书在撰写过程中，虽然我们力求做到最好，但是，鉴于我们的水平和经验有限，不妥之处在所难免，诚恳希望各界同仁不吝赐教，提出宝贵意见，以利今后完善。

在此，谨向在本书编写过程中给予帮助和关注的专家和同仁们致以衷心的谢意！

主编

2020 年 12 月

目 录

第一章 职业健康教育与健康促进概述……………………………………………… 1
第一节 健康新概念…………………………………………………………………… 1
第二节 健康教育……………………………………………………………………… 2
一、健康教育的定义 ……………………………………………………………………3
二、健康教育的研究领域 ………………………………………………………………3
三、健康教育的特点 ……………………………………………………………………4
四、健康教育的目的 ……………………………………………………………………5
第三节 健康促进……………………………………………………………………… 5
一、健康促进的定义 ……………………………………………………………………5
二、健康促进的研究领域 ………………………………………………………………6
三、健康促进的三项基本策略 …………………………………………………………7
四、健康教育与健康促进的关系 ………………………………………………………7
第四节 健康教育与健康促进的任务及意义………………………………………… 7
一、健康教育与健康促进的任务 ………………………………………………………7
二、健康教育与健康促进的意义 ………………………………………………………8
第五节 职业健康教育与健康促进…………………………………………………… 9
一、职业健康教育 ………………………………………………………………………9
二、职业健康促进 ………………………………………………………………………9
三、职业健康教育与健康促进的目的 ……………………………………………… 10
四、职业健康教育与健康促进的意义 ……………………………………………… 10
第六节 职业健康教育与健康促进工作内容……………………………………… 10
一、职业健康教育和健康促进的原则 ……………………………………………… 10
二、职业健康教育与健康促进的基本内容 ………………………………………… 11
第七节 我国职业健康教育与健康促进的现状…………………………………… 12
一、我国职业健康教育与健康促进的发展历史与现状 …………………………… 12
二、我国职业健康教育与健康促进的展望 ………………………………………… 13

第二章 职业与职业人群健康…… 16

第一节 作业场所及其职业性有害因素…… 16

一、作业场所 …… 16

二、职业性有害因素 …… 17

第二节 职业与健康的关系…… 18

一、工伤 …… 18

二、职业病 …… 18

三、工作有关疾病 …… 20

四、早期健康损害 …… 21

第三节 职业损害的三级预防…… 21

一、一级预防 …… 21

二、二级预防 …… 22

三、三级预防 …… 22

第四节 主要行业的职业健康问题…… 22

一、采矿业的职业健康问题 …… 23

二、冶炼行业的职业健康问题 …… 26

三、化工行业的职业健康问题 …… 31

四、机器制造行业的职业健康问题 …… 35

五、建筑行业的职业健康问题 …… 40

六、信息产业的职业健康问题 …… 43

第三章 职业健康相关行为…… 46

第一节 行为概述及其与健康的关系…… 46

一、行为的基本概念 …… 46

二、行为的特征 …… 47

三、行为的分类 …… 48

四、行为的发展与适应 …… 49

第二节 人类行为的影响因素…… 51

一、自身因素 …… 51

二、环境因素 …… 55

第三节 健康相关行为…… 60

一、行为与健康的关系 …… 60

二、健康相关行为 …… 61

第四节　健康教育与行为改变…… 63
一、健康相关行为改变理论 …… 63
二、健康相关行为的干预与矫正 …… 69
三、健康相关行为的评估 …… 71
第五节　职业健康相关行为及管理…… 72
一、职业健康相关行为 …… 72
二、职业健康相关行为的管理 …… 73

第四章　职业健康教育与健康促进工作方法…… 75

第一节　职业健康教育与健康促进的干预方法…… 75
一、健康教育与健康促进干预方法的类型 …… 75
二、健康教育与健康促进常用的干预方法 …… 76
第二节　自我保健…… 82
一、自我保健概述 …… 83
二、自我保健的意义 …… 83
三、自我保健对健康的作用机制 …… 85
四、自我保健医学模式 …… 85
五、自我保健模式的实现途径 …… 87
第三节　传播及行为干预…… 88
一、传播概述 …… 88
二、健康传播基本理论 …… 89
第四节　职业健康咨询…… 92
一、健康咨询的基本原则 …… 92
二、健康咨询的常用技巧 …… 93
第五节　职业健康教育与健康促进培训…… 95
一、培训工作的意义 …… 95
二、培训过程及其特点 …… 95
三、培训的基本原则 …… 96
四、培训方法 …… 97

第五章　职业健康教育与健康促进诊断…… 103

第一节　职业健康教育诊断的基本思路…… 103
一、职业健康教育诊断的概念 …… 103

二、职业健康教育诊断的基本思路 ……104
第二节 职业健康教育诊断的基本步骤 ……105
一、社会诊断 ……105
二、流行病学诊断 ……106
三、行为与环境诊断 ……107
四、教育与生态诊断 ……112
五、管理与政策诊断 ……113
第三节 职业健康教育诊断资料的收集和分析 ……114
一、职业健康教育诊断资料的收集所需具备的知识和技术 ……114
二、职业健康教育诊断资料收集涉及的内容和变量 ……115
三、职业健康教育诊断思路的逻辑关系 ……117
四、职业健康教育诊断调查中的伦理道德问题 ……117

第六章 职业健康教育计划和干预实施 ……120
第一节 职业健康教育计划 ……120
一、职业健康教育计划制订的任务 ……120
二、制订职业健康教育计划的原则 ……121
三、制订职业健康教育计划的基本步骤 ……122
第二节 职业健康教育干预实施 ……131
一、职业健康教育干预的概念和基本步骤 ……131
二、干预计划的重新审视和干预时间表的制订 ……132
三、职业健康教育干预的社会动员和组织管理工作 ……134
四、职业健康教育干预的项目骨干培训 ……137
五、职业健康教育材料的发放与使用 ……140
六、职业健康教育干预的质量控制 ……141

第七章 职业健康促进效果评价 ……144
第一节 职业健康促进评价概述 ……144
一、健康促进评价的定义 ……144
二、健康促进评价的性质 ……144
三、健康促进评价的目的 ……145
四、健康促进评价的意义 ……145
第二节 职业健康促进评价的种类和内容 ……145

一、职业健康促进评价程序 ……147
二、职业健康促进评价的种类 ……148
三、近期、中期和远期的效果评价 ……153
第三节　职业健康促进评价设计方案 ……153
一、不设对照组的前后测试 ……153
二、简单时间系列设计 ……154
三、非等同比较组设计 ……154
四、复合时间系列设计 ……154
五、实验研究 ……154
第四节　职业健康促进评价的指标体系 ……155
一、支持指标 ……155
二、工作指标 ……155
三、效果指标 ……155
四、效益指标 ……156
第五节　影响职业评价结果的因素 ……157
一、时间因素 ……157
二、测试或观察因素 ……157
三、回归因素 ……158
四、选择因素 ……158
五、失访 ……158

第八章　职业卫生与安全健康促进 ……161

第一节　生物因素所致危害的职业健康促进 ……162
一、炭疽杆菌 ……162
二、布氏菌 ……164
三、森林脑炎病毒 ……166
四、寄生虫 ……167
五、致害植物 ……167
第二节　物理因素所致危害的职业健康促进 ……168
一、不良气象条件 ……168
二、噪声 ……171
三、振动 ……173
四、电离辐射 ……174

五、非电离辐射 ……174
第三节 化学因素所致危害的职业健康促进 …… **175**
一、金属与类金属 ……176
二、刺激性气体 ……177
三、窒息性气体 ……178
四、有机溶剂 ……179
五、苯的氨基和硝基化合物 ……180
六、高分子化合物生产中的毒物 ……181
七、农药 ……182
八、生产性粉尘 ……183
第四节 职业伤害的健康促进 …… **184**
一、职业伤害概述 ……185
二、职业伤害流行病学 ……186
三、常见职业伤害的类型及其发生原因 ……186
四、职业伤害事故的健康促进 ……187
第五节 职业安全教育 …… **188**
一、职业安全与安全教育 ……189
二、职业安全教育的目的 ……189
三、职业安全教育的内容 ……189
四、职业安全教育的形式 ……190
五、做好职业安全教育的方法 ……191

第九章 职业心理健康教育 …… 193
第一节 职业心理健康与心理问题 …… **193**
一、心理健康 ……193
二、职业心理健康 ……194
三、职业心理健康问题 ……195
第二节 职业紧张 …… **195**
一、概念 ……196
二、职业紧张的来源 ……196
三、职业紧张的影响因素 ……198
四、职业紧张的评定方法 ……199
五、职业紧张的危害 ……201

六、职业紧张的健康促进 ……204

第十章　个体防护装备的配置与管理……208

第一节　概述……208

一、概念 ……208

二、个人防护用品的作用和基本要求 ……208

三、个人防护用品配备依据 ……209

四、个人防护用品的选用原则 ……210

五、分类 ……210

六、个人防护用品佩戴、使用原则 ……211

七、如何正确选择个人防护用品 ……211

第二节　个人防护用品的选择与使用……212

一、头部防护装备 ……212

二、呼吸防护用品 ……213

三、眼（面部）防护用品 ……216

四、听觉器官防护用品 ……217

五、足部防护用品 ……218

六、手部防护用品 ……219

七、躯干防护用品 ……220

八、防坠落用品 ……221

九、护肤用品 ……222

第十一章　作业场所应急救援预案与管理 ……224

第一节　作业场所职业危害警示标识……224

一、警示标识简介 ……224

二、警示标识的安装 ……226

三、警示标识图 ……229

第二节　应急预案……244

一、应急救援概论 ……244

二、应急救援预案的分级、分类及基本要素 ……247

三、应急救援预案的策划与编制 ……249

四、应急救援行动 ……257

五、应急救援培训、训练与演习 ……263

第三节 报警系统的管理…………268
一、生产调度监控系统…………268
二、安全检测与预警系统…………269
三、设备与人员定位系统…………270
四、基础数据采集系统…………272
五、硬件和软件的设计…………273
第四节 职业伤害应急处理…………274
一、矿山冒顶事故的应急处理…………274
二、瓦斯爆炸事故的应急处理…………274
三、煤尘爆炸事故的应急处理…………275
四、井下火灾事故的应急处理…………276
五、井下水灾事故的应急处理…………277

第十二章 女性职业健康教育与健康促进…………279
第一节 女性的生理心理特点…………279
一、女性的解剖结构特点…………279
二、女性生理功能特点…………280
三、女性心理特点…………280
四、女性生殖功能…………281
第二节 职业性有害因素对女性健康的影响…………282
一、职业性有害因素对女性健康影响的类型…………282
二、职业性有害因素对女性一般健康的影响…………282
三、职业性有害因素对女性生殖功能的影响…………282
第三节 女性劳动保护对策…………284
一、有关女性劳动保护的法律法规…………284
二、保护女性身心健康的主要措施…………285

第十三章 一般健康教育…………289
第一节 健康危险因素评价…………289
一、健康危险因素…………289
二、健康危险因素评价…………291
三、健康危险因素评价的应用…………292
第二节 职业人群行为生活方式有关的健康教育…………293

一、戒烟 ……293
二、限酒 ……294
三、营养与合理膳食 ……294
四、一般卫生习惯 ……294
五、积极的休息和睡眠 ……294
六、体力活动 ……295
七、积极的心理应对 ……295
第三节 职业人群心脑血管疾病健康教育 …… 295
一、职业人群心脑血管疾病现状 ……296
二、职业人群心脑血管疾病危险因素 ……296
三、职业人群心脑血管疾病健康教育 ……297
四、工作场所心血管疾病预防应注意的问题 ……299
第四节 职业人群传染病健康教育 …… 300
一、我国传染病流行现状 ……300
二、职业人群传染病健康教育 ……300
第五节 职业人群肿瘤健康教育 …… 305
一、我国肿瘤流行现状 ……305
二、职业人群肿瘤健康教育 ……306
第六节 职业人群意外事故健康教育 …… 307
一、伤害的定义、分类和防治策略 ……307
二、意外事故及常见意外事故 ……308
三、职业人群意外事故健康教育 ……309

中英文专业词汇索引 …… 310

第一章

职业健康教育与健康促进概述

职业健康教育与健康促进是世界卫生组织（WHO）敦促各国政府制定长期健康政策中的重要内容之一。世界卫生组织关于“人人享有卫生保健”的全球战略以及国际劳工组织 1981 年职业安全和卫生及工作环境公约、1985 年通过的《职业卫生服务公约》中都规定每个工人均享有获得健康的基本权利。1994 年，世界卫生组织职业卫生合作中心第二次会议通过了“人人享有职业卫生保健”的全球战略建议书，该宣言要求保证全球所有工人都能享有职业卫生服务，不分年龄、性别、民族、职业、就业形式或劳动场所的规模或位置，并号召各国政府制定特殊的国家职业卫生政策和规划，保证建立有效实施职业卫生规划的必要基础设施，确保每个劳动者均能在卫生和安全的劳动场所进行工作并享有必要的卫生服务[1]。

《中华人民共和国职业病防治法》的实施，标志着我国职业病防治工作步入了法制化轨道，并取得了显著的成效。但是，职业病防治工作并未与国民经济的发展速度同步。有资料显示，近五年我国 GDP 的增长率在 6% ～ 7%，平均年增速为 6.6%，但同期职业病发病率没有下降，反而增长了。2019 年根据 30 个省、自治区、直辖市（不包括西藏）和新疆生产建设兵团职业病报告，各类职业病新增病例 19 428 例，职业性尘肺病及其他呼吸系统疾病 15 947 例（其中职业性尘肺病 15 898 例），职业性耳鼻喉口腔疾病 1 623 例，职业性化学中毒 778 例，职业性传染病 578 例，物理因素所致职业病 264 例，职业性肿瘤 87 例，职业性皮肤病 72 例，职业性眼病 53 例，职业性放射性疾病 15 例，其他职业病 11 例。

要想尽快使职业病防治工作有所成效，职业健康教育和健康促进起着至关重要的作用，目前职业健康教育和健康促进工作略显薄弱。面对大量接触职业性危害的人群，如何制订相应的对策，加强职业健康教育和健康促进，从源头上减少职业病的发生，有着极其重要的现实意义。

第一节　健康新概念

健康是一个动态的概念，不是一成不变的，在不同的历史阶段，人们对健康的认知是不同的。长期以来，传统的健康观认为“无病即健康”，把有无疾病视为判断健康状态的标准。随着社会经济、科学技术的发展和人民生活水平的提高，人们对健康的认识不断深化。1948 年世界卫生组织在其《组织法》中明确指出："健康不仅是没有疾病或不虚弱，而且是身体的、心理的健康和社会适应的完美状态。"WHO 的健康定义包含了三个层次：躯体、心理、社会，即要求躯体没有不适，心理精神完善健全，社会适应良好[2]。随着生产的发展和医学模式的转变，健康的观念也在不断深化和扩展。1989 年世界卫生组织又提出了 21 世纪健康新概念："健康不仅是没有疾病，而且包括躯体健康、心理健康、社会适应良好和道德健康。"这就是现代关于健康的较为完整的科学概念[3-4]。新的健康观的核心思想就是"人人为健康，健康为人人"。

从现代的健康概念中可以看出，真正的健康应包括以下 4 个方面[5]。

1．生理健康（躯体健康） 生理健康指人体的结构完整和生理功能正常，这是生物医学的基本认识，也是传统医学的主要研究领域。生理健康是人们正常生活和工作的基本保障，达不到这一点，就谈不上健康，更谈不上长寿。生理健康是自然人低层次的健康状态。

2．心理健康 心理健康是指个体在适应环境的过程中，生理、心理和社会性方面达到协调一致，保持一种良好的心理功能状态。个体能够正确认识自己，及时调整自己的心态，使心理处于良好状态以适应外界的变化。心理健康有广义和狭义之分，狭义的心理健康是指不具有某种心理疾病或病态心理；广义的心理健康是指一个人具有良好的心理品质和健全的人格，即一个人心理上有比较完善的发展，有健全的个性，能适应客观环境，使个人心理倾向和行为与社会现实要求之间有着和谐完美的关系。心理健康同生理健康一样重要，良好的心态，能促进人体分泌更多有益于健康的激素，能增强机体的抗病能力，促进人体健康长寿。

3．社会适应良好 社会适应主要指人在社会生活中的角色适应。社会适应良好体现在具有各种能力，如社交能力、角色转换能力、适应环境能力、抗挫折与自我调节能力、竞争与合作能力、文化认同能力等，通过与社会保持良好的互动关系，实现自我主张与价值，并最终做出对社会的创造性贡献。

4．道德健康 道德健康也是健康新概念中的一项内容，把道德纳入健康范畴是有科学依据的，主要指能够按照社会道德行为规范准则约束自己，并支配自己的思想和行为，有辨别真与伪、善与恶、美与丑、荣与辱的是非观念和能力。道德健康的最高标准是"无私利他"，基本标准是"为己利他"，不健康的表现是"损人利己"和"损人不利己"。道德健康是最高层次的健康。

上述健康的 4 个方面，共同构成了健康的基本内涵；4 个方面的健康，相辅相成，相互渗透。

WHO 根据健康新定义制定了 10 条健康具体标准：①有足够充沛的精力，能从容不迫地担负日常工作和生活而不感到疲劳和紧张；②积极乐观，勇于承担责任，心胸开阔；③精神饱满，情绪稳定，善于休息，睡眠良好；④自我控制能力强，善于排除干扰；⑤应变能力强，能适应外界环境的各种变化；⑥体重得当，身体匀称；⑦眼睛炯炯有神，善于观察；⑧牙齿清洁，无空洞，无痛感，无出血现象；⑨头发有光泽，无头屑；⑩肌肉和皮肤富有弹性，步态轻松自如。在这十项标准中，我们注意到其中的②、③、④、⑤都是对心理方面提出的要求；①是对心理、生理两方面提出的要求。这十项标准不仅从整体上诠释了现代健康的概念，而且也明确提出了健康在心理方面的基本要求。

第二节　健康教育

世界卫生组织在"阿拉木图宣言"中指出"健康实际是人权，达到尽可能的健康水平，是世界范围内一项重要的社会性目标"。可见健康是人类的一项基本需求和权利，也是社会进步的重要标志和潜在动力。而健康教育则是一项投入少、产出多、效益大的保健措施，是卫生保健的战略措施，并被列为初级卫生保健八大要素之一。

一、健康教育的定义

健康教育（health education）是通过有计划、有组织、有系统的社会教育活动，使人们自觉地采纳有益于健康的行为和生活方式，消除或减轻影响健康的危险因素，预防疾病，促进健康，提高生活质量，并对教育效果作出评价[6]。健康教育的核心是通过信息传播和行为干预等方式帮助人们树立健康意识，促使人们改变不健康的行为生活方式，其目的和重点是改变不良行为，降低或消除影响健康的危险因素，从而预防疾病的发生，促进健康水平和生活质量的提高。

健康教育与传统意义上的卫生宣传不同。卫生宣传主要是指卫生宣教机构或工作人员利用宣传栏、宣传单和现代媒体，把医疗卫生保健知识传播给广大群众的工作[7]。它重在卫生知识的传播，尽管卫生宣传也期望人们的行为有所改变，但长期以来的实践结果证实，单纯的卫生宣教难以达到改变行为的目的。卫生宣传是健康教育的重要手段，是实现行为改变的基础。健康教育基本内涵是知、信、行。知是知识，是基础，信是信念、态度，是动力，行是行为目标，追求三者的统一，是健康教育与卫生宣传的根本区别。健康教育具有以下基本特征：①目的是使教育对象实现知识、信念和行为改变的统一；②活动是从计划、实施到评价的一个完整的工作过程；③基本策略是信息传播、行为干预和社区组织。如果向群众宣传“吸烟有害健康、吸烟是一种不健康的行为”，这就不算是健康教育，只是卫生宣传。如果不能促进群众积极参与并自觉采纳健康行为，这种健康教育是不完善的。

二、健康教育的研究领域

健康教育的研究领域非常广泛，主要包括以下三个方面[8]。

（一）按目标人群或场所划分

1．社区健康教育　是指以社区为范围，以社区人群为教育对象，以促进社区居民健康为目标，有组织、有计划的健康教育活动。可以分为城市社区健康教育和农村社区健康教育。

2．学校健康教育　是依据社会要求，通过校长、教师、家长和学校所在社区领导的广泛合作，在学校里进行的一种有目的、有计划、有组织的以全面促进健康为核心的系统教育，给学生提供完整的积极的经验和知识结构。

3．家庭健康教育　是以家庭健康为目标，对家庭成员进行有计划、有组织、有系统的教育活动，促使家庭成员自觉地采取有利于健康的行为和生活方式，消除和降低影响健康的危险因素，以便预防疾病，促进健康，提高生活质量。

4．职业场所健康教育　是从企业管理策略、支持性环境、职工参与、健康教育、卫生服务等方面，采取综合干预措施，以期改善作业条件、改变职工不健康生活方式、控制健康危险因素、降低伤病及缺勤率，促进职工健康、提高职工生命质量和推动经济可持续发展。

5．医院健康教育　以健康为中心，以医疗保健机构为基础，为改善患者及家属、社区成员和医院职工的健康相关行为所进行的有组织、有计划、有目的的教育活动。

6．公共场所健康教育　是通过有计划、有组织、有系统的健康教育活动，帮助加强行政管理，促使公共场所中的个体和群体建立科学和健康的行为和生活方式，改善环境，扩大资源，互相支持，预防疾病，促进健康和提高生活质量，最终达到形成健康的人群、健康的环境和健康的社会的目标。

（二）按教育目的或内容划分

1．疾病防治的健康教育 针对不同疾病，根据疾病特点开展相应的健康教育活动。

2．生活方式健康教育 针对人们存在的不良生活方式而开展的健康教育活动。

3．营养健康教育 核心是提供人们膳食行为改变所需的知识、技能和社会服务，教育人们树立食品与营养的健康意识，养成良好的膳食行为与生活方式，使人们在面临营养与食品卫生方面的问题时，有能力做出有益于健康的抉择。

4．环境保护的健康教育 让人们了解环境及环境污染对健康的影响，从而自觉采取保护环境的行为。

5．心理健康教育 让人们了解不同人群、不同年龄阶段的心理特点，认识常见的心理卫生问题，全面促进心理健康。

6．生殖健康教育 包括性病、艾滋病、安全性行为等的健康教育。

（三）按业务技术或责任划分

1．健康教育的行政管理

2．健康教育的组织实施

3．健康教育的计划设计

4．健康教育人才培训

5．健康教育的评价

6．健康教育材料的制作与媒介开发

7．社区开发的组织

三、健康教育的特点

健康教育是一门交叉学科，健康教育理论由预防医学、传播学、社会学、教育学、行为学、心理学、社会市场学等学科的理论融合发展起来，具有以下特点。

（一）多学科性和跨学科性

健康教育的理论是从多门学科发展而来，因此健康教育同时具有多学科的特点，健康教育既具有自然科学的特征，也具有社会科学的属性，而且具有社会科学特征更多一些，这是健康教育的学科特点。

（二）以行为改变为目标

改变人们的不健康行为和帮助人们建立健康行为是健康教育的工作目标，所以健康教育的一切内容都是围绕人的行为问题而展开。

（三）以传播、教育、干预为手段

健康教育要达到促进健康的目的，首先要实现行为改变的目标。健康教育主要是采用传播、教育和干预的手段来促使人们的行为发生改变。广义上讲，传播和教育也是干预手段，但为了区别信息和知识的传播活动、针对态度（观念）和技能的教育活动与针对行为的直接干预（指导、纠正等）活动，将传播、教育和干预并列起来。

（四）注重计划的设计和效果的评价

健康教育活动是从计划、实施到评价的一个完整的工作过程。全面的、完整的健康教育项目是从科学的设计开始。健康教育计划的设计并非是健康教育人员的“闭门造车”，而是要到人群和社区中去，对健康问题进行诊断（分析），确定特定人群中需优先解决的健康问题，提出预期的目标和相应的健康教育策略与方法，并对活动实施过程和效果进行评价。同时，健康教育项目的实施是有组织的，具有系统性和完整性。

四、健康教育的目的

（一）帮助人们树立正确的健康观

通过健康教育活动，让人们了解健康的新概念，树立正确的健康观。个体健康不仅对自己非常重要，而且关系到家庭幸福、社会和谐。所以，促进健康是每个人的社会责任，人们应该履行自己的健康职责。

（二）帮助人们了解影响健康的相关因素

通过健康教育活动，让人们了解生活中与健康有关的影响因素，并在生活、学习、工作中尽可能消除或减少健康危险因素，预防各种疾病的发生，提高社会健康水平。

（三）帮助人们建立健康的生活方式，提高自我保健能力

多种慢性非传染性疾病都直接或间接地与生活方式有关，如高血压、冠心病、肥胖、糖尿病、恶性肿瘤、高脂血症、高胆固醇血症等。当今有 45% ~ 47% 的疾病与行为和生活方式有关，而死亡因素中有 60% 与行为和生活方式有关。通过健康教育活动，提高人们预防保健知识和道德健康水平，帮助人们建立健康的生活方式，改变不利于健康的生活方式，自觉采纳有利于健康的行为习惯；并掌握一定程度的自我预防、自我诊断和自我治疗能力，有准备地应付人生各个阶段可能出现的健康问题。促进家庭社会和谐，提高健康水平和生活质量。

（四）预防与行为相关的传染病

当今流行严重的某些传染病虽然是微生物引起的结果，但也与人类诸多不健康的生活方式和行为方式密切相关，例如：性传播疾病、艾滋病、痢疾、甲型肝炎和乙型肝炎等传染病就与人们不健康的生活方式相关。

（五）有效维护人们心身健康

随着社会和经济的发展，竞争越来越激烈，人们的心理卫生问题越来越突出。维护心身健康日益受到人们的重视。人们不仅要求身体避免遭受疾病的侵袭，而且也希望能够在精神和心理方面获得帮助和指导。要满足全社会人群的这种需求只有通过健康教育才能得到解决。

第三节 健康促进

健康促进（health promotion）一词，最早见于 20 世纪 20 年代的公共卫生文献中。但健康促进真正成为卫生工作的一大策略，是从 20 世纪 70 年代开始的。1978 年 9 月，国际初级卫生保健大会在阿拉木图召开，会上发表了《阿拉木图宣言》。宣言提出的初级卫生保健内容和策略，可以认为是健康促进理论的雏形。1986 年 11 月，第一届国际健康促进大会在加拿大渥太华召开，会议发表了《渥太华宪章》，《渥太华宪章》的发表，标志着健康促进理论的建立，使健康促进在全球迅速得到发展。

一、健康促进的定义

由于健康促进在全球的迅速发展，其内容不断扩大，关于它的解释也在不断地增多和完善。健

康教育学家 Green 和 Kreuter 提出："健康促进指一切能促使行为和生活条件向有益于健康改变的教育和环境支持的综合体。" WHO 对健康促进所做的定义是："促进人们维护和提高他们自身健康的过程，是协调人类与他们环境之间的战略，规定个人与社会对健康各自所负的责任"[9]。1986 年，《渥太华宪章》中指出"健康促进是指促进人们提高（控制）和改善他们自身健康的过程"。健康促进是一个综合的社会政治过程，它不仅包含了加强个人素质和能力的行动，还包括改变社会、自然环境以及经济条件，从而减少它们对大众及个人健康的不良影响。1995 年，WHO 西太平洋办事处出版的《健康新地平线》中将其定义为"健康促进是指个人与家庭，社会和国家一起采取措施，鼓励健康行为，增强人们改进处理自身健康问题的能力"。综上所述，健康促进的基本内涵包含了个人行为改变和政府行为（社会环境）改变 2 个方面，并重视发挥个人、家庭、社会的健康潜力[10]。

二、健康促进的研究领域

《渥太华宪章》明确指出健康促进的 5 个主要活动领域，在 5 个领域综合开展工作比在任何一个单一领域开展工作对促进健康效果更好[9]。

（一）制定能促进健康的公共政策

健康促进超越了保健范畴，它把健康问题提到了各个部门、各级领导的议事日程上，使他们了解他们的决策对健康的影响并承担健康的责任。健康的公共政策，是指所有政策领域都必须兼顾健康与和平，并对人民健康负有责任。健康促进的政策由多样而互补的各方面综合而成，它包括立法、财政措施、税收和组织改变。联合行动目的是保证更安全、更健康的商品供应和服务、更健康的公共服务和更清洁、更愉悦的环境。健康促进政策需要确定在非卫生部门中采纳健康的公共政策的障碍及克服的方法。其目的必须使人们也能较容易做出更健康的选择。为达到这个目的，各个部门所制定的政策均要体现健康，并对此切实负起责任。如《"健康中国 2030"规划纲要》就是为推进健康中国建设，提高人民健康水平，我们党提出的战略部署。

（二）创造支持性环境

健康促进必须创造安全的、令人满意和愉快的生活和工作环境，系统评估快速变化的环境对健康的影响，以保证社会和自然环境有利于个体和社会健康的发展。

（三）强化社区的行动

健康促进工作是通过具体和有效的社区行动，包括确立优先、做出决策、设计策略及其执行，以达到更健康的目标。充分发动社区力量，使其积极有效地参与卫生保健计划的制订和执行，挖掘社区资源，帮助他们认识自己的健康问题，并提出解决问题的办法。

（四）发展个人技能

健康促进通过提供信息、健康教育和提高生活技能以支持个人和社会的发展。这样做的目的是使群众能更有效地维护自身的健康和他们生存的环境并做出有利于健康的选择。通过不断地学习健康知识，应对人生不同阶段可能出现的不同健康问题，尤其是慢性非传染性疾病和伤害。

（五）调整卫生服务方向

健康促进在卫生服务中的责任由个人、社区组织、卫生专业人员，卫生服务机构和政府共同承担。1995 年，WHO 在《健康新地平线》中提出，必须将工作的重点从疾病本身转移到导致疾病的各种危险因素以及促进健康上来。必须将卫生资源用于保证持久改善健康状况和提高生活质量上，而不是简单地应付疾病的需要。卫生服务必须是以人为中心，以健康为中心，并且将有利于健康的工作作为人类发展的一部分。《健康新地平线》强调，在迎接 21 世纪挑战的时候，两个中心概念尤为重要：健康促进和健康保护。

三、健康促进的三项基本策略

健康促进策略指的是为达到计划目标所采取的战略措施。《渥太华宪章》指明了健康促进的三个基本策略。

（一）倡导

倡导（advocacy）是指通过领导人、政策制定者、决策人、大众媒体、专业人员、影视明星等具有社会影响力的个人和机构，对某个健康理念、健康信息进行宣传、示范或推荐，从而被大众所接受和实践的过程。倡导的目标是形成能被大家所共同遵守的社会规范，成为人们共同的价值观，形成健康文化。倡导政策支持、社会各界对健康措施的认同和卫生部门调整服务方向，激发社会关注和群众参与，从而创造有利健康的社会经济、文化与环境条件。

（二）赋权

赋权（empowerment）是指通过开展健康传播，帮助群众具备科学健康的知识和理念、健康技能，具有正确的健康信念，使群众获得控制那些影响自身健康因素的能力，能够做出有益于健康的决定，即具备健康素养。所以，赋权的目标是提高人们的健康素养。

（三）协调

协调（mediation）是指通过调整政策、机构、团体和个人的资源，组成强大的联盟与社会支持体系，共同努力实现健康目标，消除不利于健康的自然和社会环境因素，保护和促进健康。

四、健康教育与健康促进的关系

健康促进与健康教育具有不同的内涵特征，它们相互依存、互为条件，密不可分。健康教育是健康促进的基础，健康教育必须以健康促进战略思想为指导和支持；健康促进比健康教育更具有社会性，更为宏观，健康促进战略需要健康教育活动来推动和落实。健康促进的含义较健康教育更为广泛，不仅包括了健康教育的行为干预内容，还包括了能够促进行为、环境改变的组织、政策、经济支持等各项策略。

因此，健康教育是健康促进的基础，健康促进如不以健康教育为先导，则健康促进是无源之水，无本之木，而健康教育如不向健康促进发展，健康效应就会受到极大限制。

第四节　健康教育与健康促进的任务及意义

一、健康教育与健康促进的任务

（一）主动争取和有效促进领导和决策层转变观念

对健康需求和有利于健康的活动给予政策上、资源上的支持，并制定各项促进健康的政策。

（二）建立或促进个人、家庭和社区对预防疾病、促进健康、提高生活质量的责任感

通过各种健康教育活动为群众提供健康知识，帮助他们提高个人自控能力、改变不良生活方式

和行为习惯，消除各种影响健康的危险因素，使人们在面临个人或群体健康相关问题时，能作出明智、有效的选择。

（三）创造有益于健康的外部环境

健康教育与健康促进必须多个相关部门共同协作，建立广泛的联盟和支持系统，共同努力创造良好的生活环境和社会环境。

（四）积极推动医疗卫生部门观念与职能的转变

目前，卫生部门的主要任务仍然是以疾病治疗为主，存在重治疗轻预防的观念，这既不符合我国的卫生方针政策，也与人们的卫生需求相差甚远。因此，卫生部门要转变观念与职能，改变卫生服务的方向，以人为中心，以健康为中心，以预防为主，防治并举，并且在疾病治疗过程中，纳入健康教育与健康促进的理念。

（五）在全民中大力开展健康教育

教育和引导人民群众改变不良生活方式，倡导文明、健康、科学的生活方式，提高心理素质，提高全民族的健康素养水平。

二、健康教育与健康促进的意义

（一）健康教育与健康促进是初级卫生保健的八大要素之首

健康教育是完成初级卫生保健任务的关键。《阿拉木图宣言》把健康教育列为八大要素之首，并指出健康教育是所有卫生问题、预防方法及控制措施中最为重要的[11]。1983 年，第 36 届世界卫生大会根据初级卫生保健原则重新确定了健康教育的作用，提出了“初级卫生保健中的健康教育新策略”，强调了健康教育是策略而不是工具。要想充分发挥健康教育的作用，改变全社会各人群健康行为，必须有政府与社会各界的联合参与，必须有政策、法律、环境等多个方面的支持，必须强调个人与社会对健康所承担的责任，共同参与初级卫生保健，这样才能实现人人健康的目标。

世界卫生组织呼吁各国要把健康教育和健康促进作为初级卫生保健的基本内容，并列入卫生发展战略，加强和调节各级健康教育机构及人员的职业化并改善健康教育机构所需的基础设施和资源。

（二）健康教育与健康促进是卫生保健的重要战略举措

随着经济发展和社会进步，人们更加关注身心健康、社会适应和生活质量。许多旧的传染病如结核病、血吸虫病还没有得到有效控制，艾滋病、SARS（重症急性呼吸综合征，severe awte respiratory syndromes）、新冠肺炎等新发传染病又不断出现；心脑血管病、癌症、糖尿病等慢性非传染性疾病导致疾病负担加重；精神疾病患病率和意外伤害发生率不断增加；烟草危害日趋严重。解决这些问题不能单纯靠医学技术，需要社会性措施的突破。

健康教育与健康促进是动员全社会和多部门的力量，营造有益于健康的环境，传播健康相关信息，提高人们健康意识和自我保健能力，倡导有益健康的行为和生活方式，促进全民健康素质提高的活动。实践证明，健康教育能有效防治心血管疾病和恶性肿瘤等。近 20 年来，发达国家冠心病死亡率下降了 1/3，脑血管病死亡率下降了 1/2，吸烟率每年下降 1.1%。芬兰是全球冠心病死亡率最高的国家之一，1972 年开始实施综合性健康教育和健康促进规划，20 年后男性冠心病死亡率下降 52%，女性下降 68%，从 1972 年到 1992 年冠心病的危险因素也出现令人瞩目的下降[12]。

（三）健康教育与健康促进是低投入、高产出、高效益的健康保健经济措施

随着社会经济的高速发展，人类的健康也越来越受到各种因素困扰，健康状况每况愈下，不容乐观。为改善“亚健康”化的发展趋势，由治病为主到预防控制为主的转变是大势所趋。从成本—

效益的角度来看，健康教育和健康促进的成本投入所产生的效益，远远大于高昂投入医疗费用所产生的效益，是一项低投入、高产出、高效益的健康保健经济措施。有效的健康教育和健康促进可以减少我国的卫生医疗开支，节省大量的社会财富。美国疾病预防控制中心指出，如果美国男性公民不吸烟，不过量饮酒，采用合理饮食和进行有规律的身体锻炼，其寿命可望延长 10 年，而每年数以百亿甚至千亿美元用于提高临床医疗技术的投资，却难以使全美人口平均期望寿命增加 1 年[10]。

（四）健康教育与健康促进是中国社会经济健康和稳步发展的重要途径

党的十八大提出了健康国家建设的战略目标，把健康中国建设上升为国家战略，把健康置于优先发展的位置，提出了“没有全民健康，就没有全面小康”。十九大报告在此基础上进一步提出了“人民健康是民族昌盛和国家富强的重要标志”的论断，提出“实施健康中国战略”。这不仅反映了党和政府要把保护和促进人们的健康作为一项重要的民生工程来抓，同时也反映出，人们的健康幸福不但是社会进步和经济发展的最终目标，也是社会进步和经济发展的重要条件。有效实施社区和不同人群的健康教育和健康促进计划能够大大提高全民族的健康意识和身体素质：一方面能减少我国的卫生医疗开支，节省大量的社会财富；另一方面也可加快我国社会的生产力发展。由此可见，国民健康既是经济发展和社会进步的根本目标，也是实现经济社会发展的基本条件。国民健康水平是一个国家经济社会发展水平的综合反应，已经成为国际社会的共识。

第五节 职业健康教育与健康促进

生产劳动是人类活动的重要组成部分，也是创造社会财富，推动人类社会进步的基础和条件。不同的劳动场所、劳动内容、劳动环境与劳动条件、劳动所得和方式，构成了不同的职业和职业人群。由于职业人群在生产、劳动和各种职业活动过程中会受到来自职业不良环境或社会性危害因素的影响，使职业人群的健康受到不同程度的损伤，出现工伤和职业性疾患。

职业健康教育与健康促进工作需要贯彻落实《中华人民共和国职业病防治法》等法律法规，积极推进以“安全—健康—环境”为中心的“工矿企业健康促进工程”，倡导有益健康的生产、生活方式，减少和控制职业伤害、职业病及职业相关疾病的发生。实践证明，职业人群健康教育与健康促进是一种简便、经济、有效的方法。

一、职业健康教育

职业健康教育（occupational health education）是根据不同职业人群的职业特点，针对所接触的职业危害因素所进行的卫生知识和防护知识的教育，以使个人和群体都能树立和提高自我保健意识水平，从而促使其自觉、主动地采取预防措施，防止各种职业危害因素对健康造成损害。

二、职业健康促进

职业健康促进（occupational health promotion，OHP）或称工作场所健康促进（workplace health promotion，WHP），是在职业健康教育的基础上，动员政府、企业及社会有关方面共同参与，从企业管理政策、改善劳动环境、完善职业卫生服务及医疗保障制度等方面，采取综合干预措施，保护和促进职工身心健康，提高健康水平和劳动生产效率，进一步推动企业与国民经济的持续发展。保护职工健康的关键是治理“有病的工作场所”，而不是治疗有病的职工，故职业健康促进也就是工作场所健康促进。作业场所健康促进的目标是创造卫生、安全、满意和高效的作业环境；保护充满活力的人力资源；促使社会经济可持续发展[13]。

三、职业健康教育与健康促进的目的

1．让职工认识作业场所中可能存在的各种职业有害因素。

2．了解职业有害因素对健康的不良作用、影响性质和影响程度及其控制方法。

3．了解并参与改善作业环境及作业方式，控制影响健康的因素，自觉实施自我保健措施，促进健康。

四、职业健康教育与健康促进的意义

职业人群占世界总人口的 50% ~ 60%，是整个社会人口中最富有生命力和创造力的生产力要素。职业人群在创造社会财富的同时，时刻受到工伤、职业病、各种疾病的威胁，甚至危害。职业健康教育与健康促进工作在全民健康教育中有特殊和重要的作用，是企业在追求经济效益的同时，保护职业人群的安全和身心健康的必要手段和义不容辞的社会责任。工矿企业职业人群的健康文明程度和健康文明素质将对整个社会人群产生重大影响。

大量研究结果表明，各种不同职业环境和条件，都可能存在影响人类健康的职业有害因素。因此，对不同职业人群进行职业健康教育和实施健康促进计划具有十分重要的意义。

1．它是实现 WHO 提出的“人人享有职业卫生保健”的一项战略措施。

2．它是保证职工身体健康、精神健康，完善适应社会因素的压力的一项有力措施。

3．它是实现提高劳动生产率，促进企业经济可持续发展的有效途径。

4．它是一项参与率高，投资少、收益大，可持续发展的卫生工作。

5．它能促使企业形成良好的氛围，有益于职工的根本利益，是造福子孙万代的善举；能促进精神文明建设水平不断提高。

第六节　职业健康教育与健康促进工作内容

一、职业健康教育和健康促进的原则

职业健康教育和健康促进也就是工作场所健康促进。WHO 提出工作场所健康促进的原则如下。

1．适用于劳动者的各个人群。

2．针对引起疾病的潜在因素。

3．结合不同的方法和途径。

4．大部分职工的有效参与。

5．作为工作组织和工作条件的一部分而不是根本上的医学活动。

二、职业健康教育与健康促进的基本内容

职业人群作为社会群体，他们既与一般人群一样面临着相同的公共卫生问题的挑战，又同时受到职业危害因素以及职业心理紧张等因素的威胁，所以职业人群的健康教育和健康促进应包括职业卫生和一般卫生两大部分。通过各种形式的健康教育、卫生服务和干预措施，使职工做到：①了解自己及其所处的环境，包括人的基本生物学特征、生活和作业环境、可能接触到的有害因素，以及个人的嗜好、行为和生活方式等；②了解上述因素对健康的可能影响及其控制方法；③参与改变环境和生产方式，控制影响健康的危险因素，自觉进行自我保健。

基本内容如下。

（一）职业卫生法制教育

《中华人民共和国职业病防治法》及有关法律法规已规定了用人单位应对职业卫生问题进行负责，劳动者有权保护自己的合法权益。通过宣传教育，使广大职工知道职业卫生健康教育工作是有法可依、有章可循的。内容包括国家、政府所颁布的职业卫生法律、法规和劳动保护、劳动安全政策，企业的职业安全卫生方针、规章制度和安全操作规程等。

用人单位负责人在职业病防治中承担主要责任，应当接受职业卫生培训，自觉遵守职业病防治法律、法规，依法承担本单位职业病防治工作的责任。

劳动者要提高自我保护意识，自觉抵制违反法律、法规的行为。劳动者有义务接受职业卫生知识培训、学习和掌握相关的知识，有义务遵守职业病防治法律、规章和操作规程，正确使用、维护防护设备和个人防护用品，及时发现并报告职业病危害事故隐患。

（二）职业卫生教育

《中华人民共和国职业病防治法》（2019 版）第三十四条明确规定了用人单位的主要负责人和职业卫生管理人员应当接受职业卫生培训。

用人单位应当对劳动者进行上岗前的职业卫生培训和在岗期间的定期职业卫生培训，普及职业卫生知识。使职工全面了解其所从事的作业中可能存在的职业危害因素及防护救治技术，以使劳动者能积极主动参与对有害因素的控制，有效施行自我保护。

劳动者要了解常见职业危害因素及其引起的职业病、工伤、工作有关疾病；对人体健康有潜在影响的各种因素和有关的防治知识，接受对职业病危害因素的识别、评价、控制、预防和教育及防护设施和防护用品的使用、维护、现场自救互救技能的培训等。

（三）预防为主的观念教育

劳动者掌握生产环境和劳动过程中可能存在的职业危害因素的相关知识，目的在于控制和预防。因此，必须让劳动者确立“预防为主”的观念，全面了解“三级预防”的原则。在企业，“三级预防”应针对职业性有害因素的不同控制层次采取相应措施。从预防着手，从根本上消除或控制职业性有害因素，创造安全、卫生的作业环境，加强健康监护和应急救援措施，防止职业危害发生。

（四）职业心理健康教育

职业危害不仅包括作业环境中的理化因素和生物因素，还包括心理因素。不良作业环境和条件是造成劳动者心理紧张的主要原因。与作业环境有关的不良心理因素包括工作超负荷、职业得不到保障、付出与报酬不平衡、轮班制工作以及工作环境周围的人际关系等。心理的不良因素虽然不能引起概念明确的职业病，但可引起“紧张有关疾病”，如高血压、溃疡病、失眠、工伤等。因此，完善的职业健康教育应将职业心理健康教育列为重要内容，采用健康教育、心理疏导等措施，提高劳

动者应对紧张的能力。

（五）一般卫生知识教育

劳动者的生活环境、行为与生活方式等都可影响职业人群的身体健康。同时，这些因素往往会加重职业危害因素的危害程度，因此对职业人群必须进行一般性健康教育。饭前便后洗手不单单阻止细菌“病从口入”，对从事有毒有害作业的劳动者来说，也是减少职业危害的重要环节。化学毒物主要是通过呼吸道、消化道和皮肤进入人体，因此，不在有毒有害作业场所吃喝、休息，可减少毒物进入体内的机会；农药、有机化合物、重金属毒物等可污染皮肤及衣物，工作后洗澡换衣服，不仅可防止本人吸收中毒，也可防止给家庭成员带来危害。过量饮酒不仅容易导致缺勤、劳动生产力下降、工伤及其他意外事故，还可促进接触亲脂性毒物的工人较早发生中毒性肝病和肝癌，加重这些工人的肝损害。因此，戒酒教育是这些工人职业性健康教育的重要内容。保持良好的卫生习惯，对某些职业人群具有特殊意义。另外，合理营养、公共安全及意外伤害的预防等教育，有利于职业人群的健康促进，都应列入健康教育的内容。

第七节　我国职业健康教育与健康促进的现状

人类的各种生产劳动是人类社会发展与进步最基本的前提，是创造物质文明与精神文明的最基本的活动。人一生之中三分之二的时间要从事各种职业活动，参加适合于生理、心理的工作将有利于身心健康，但如果工作环境中存在职业有害因素，或劳动条件差、劳动组织不科学、不合理，则将对身体健康造成危害，甚至可引起职业性疾病。因此职业健康教育与职业健康促进对提高劳动者的健康水平具有重要意义。

一、我国职业健康教育与健康促进的发展历史与现状

随着社会经济、科学文化的发展，尤其随着卫生事业的发展，人们对健康和健康观念的认识在不断变化，对疾病和疾病预防控制手段的认识也在不断提高与发展。在我国的职业卫生和职业病预防与控制工作中，健康教育与健康促进经历了三个不同历史阶段。

（一）卫生宣教时期

20 世纪 50 ～ 70 年代，各种传染病、寄生虫病、地方病、职业病严重威胁着我国人民的生命与健康，因而早在 20 世纪 50 年代初卫生部就设立了卫生宣传处，各级卫生防疫站也都设有卫生宣教科，或设专职或兼职人员，主要开展传染病防治知识的宣传教育，号召人民群众开展爱国卫生运动，讲卫生、灭四害、传播卫生知识，包括职业卫生知识。1954 年召开了“第一届全国工业卫生会议”，这次会议确立了逐步建立工业卫生地区负责制、开展爱国卫生运动、积极防治多发病和职业病、建立工业卫生组织机构以及逐步开展国家卫生监督等工作，明确了工业卫生“面向生产，为生产服务”的原则及以“预防为主”的方针[14]。随后，全国各级卫生防疫站和大中型厂矿企业都开展了职业卫生宣教工作，传播职业卫生知识。该阶段职业卫生宣传教育所取得的最显著成绩是防尘工作的“革、水、密、风、护、管、教、查”的八字方针和高温中暑的预防[15]。卫生宣教是我国健康教育的初级阶段。

（二）健康教育时期

进入 20 世纪 80 年代后，随着我国工业化、城市化水平的提高，尤其随着人口老龄化、人口的

迁移、人们生活水平的提高和社会竞争的加剧以及医学模式的改变，我国的疾病谱和死因顺位发生了重大改变，慢性非传染病取代了传染性疾病成为重要的公共卫生问题。随着改革开放的不断深入与发展，劳动者的身心健康除受到传统的职业有害因素的影响以外，又面临就业和个人不良行为生活方式以及心理因素等多重因素的影响。这一时期，原卫生部提出了一些相应措施，包括在工矿企业开展健康教育，并组织成立了各级健康教育所，在一些医学院校设立了健康教育专业，培养大批健康教育的专业人才；以防治职业性常见病、多发病为重点，有针对性地开展职业健康教育。这一时期的健康教育，不仅注重卫生知识的宣教，而且更注重人们健康信念的树立和健康行为的形成与评价。

（三）职业健康促进概念的引进与发展

20 世纪 90 年代初，健康促进的概念已引进我国，并逐渐得到了政府、健康教育机构和工矿企业等部门的重视。与此同时，健康城市、健康社区、健康学校等概念也都被引入。

作为职业健康教育与健康促进的试点，1993 年，在 WHO 西太区的支持下，上海的冶金、造船、化工和纺织 4 个有代表性的国有大中型企业开展了“工厂健康促进示范项目”。1993 年 11 月在浙江杭州召开了“第一次全国工矿企业健康促进研讨会”，首次由卫生部卫生监督司发起成立“工矿企业健康促进教育委员会”的倡议，并提出了在工矿企业中应尽早开展健康促进工作的建议[16]。根据会议的要求，卫生部成立了“工矿企业健康教育委员会”筹备小组。经过几年的努力，于 1996 年 8 月在四川省都江堰召开了“中国健康教育协会工矿企业健康教育委员会暨第二次全国工矿企业健康促进研讨会”。会上，卫生部副部长殷大奎发表重要讲话，并对今后开展工矿企业健康促进工作做出重要指示。会后，起草了《工矿企业健康促进工程》，并于 1998 年下发全国。卫生部于 1999 年 4 月在北京召开了《工矿企业健康促进工程》试点启动工作会议，会上确定了 12 个大中型企业和 3 个地级市作为首批试点单位。1997—1999 年，在全国 5 个地区、35 个中小型企业中开展了健康促进试点研究，通过试点总结了我国开展职业健康促进的经验和模式[13]。2000 年 8 月，卫生部和中华全国总工会联合下发“关于开展工矿企业健康促进工作的通知”，要求各级卫生厅（局）、工会和企业，结合各地实际情况，开展工矿企业健康促进工作。为保证和促进各地区的职业健康促进工程试点能够沿着正确的科学的方向发展，2001 年 8 月卫生部法监司印发了关于《工矿企业健康促进工作试点实施方案》的通知，确定了职业健康促进试点工作的具体工作目标、保障措施、工作步骤和评价指标[15]。2005 年，在《全国健康教育与健康促进工作规划纲要（2005—2010 年）》中提出建立工作场所职业健康促进体系[17]。中央机构编制委员会办公室于 2010 年 10 月 8 日印发了《关于职业卫生监管部门职责分工的通知》（中央编办发［2010］104 号），规定了国务院有关部门在职业卫生监管方面的职责分工，有关卫生部门职责之（七）即为开展职业人群健康促进工作。从 2007 年至今，中国疾病预防控制中心职业卫生与中毒控制所及各地职业病防治机构陆续开展了工作场所健康促进的相关研究。

经过 20 多年的努力，我国的职业健康促进取得了一些积极的成果，也积累了一定的工作经验。开展了一些相应的工作，建立了相应的组织机构，制订了相关的 WHP 工作方案和规划等，但与发达国家相比，在技术方法、认知程度、资金投入等方面还存在差距。

二、我国职业健康教育与健康促进的展望

目前，我国职业健康教育与健康促进正在循序渐进地开展，也取得了较好的成绩，但与国外的职业健康教育与健康促进相比还有一定的距离[18]。随着年龄结构、职业结构、经济水平的变化，流动工人的增加、工作方式的改变、人们社会生活观念的变化以及疾病谱的改变等，职业健康教育与

健康促进将面临许多新的需求，特别是心理健康和社会适应的需求。为了满足人们对职业健康教育与健康促进的需求，提高职工的健康意识和自我保护能力，养成良好的卫生习惯和健康的生活方式及科学的工作方式，职业健康教育与健康促进工作将会更加受到社会的重视和企业职工的需要。

“十三五”时期，是我国推进现代化、工业化、城镇化建设进程的关键时期，职业病防治工作面临严峻挑战，防治任务依然艰巨。2021 年，是我国十四五规划开关之年，“十四五”时期职业健康工作的重点内容是全面落实“职业健康保护行动”、推进“健康中国”建设。传统职业病危害依然严重，新的职业病危害因素不断出现；劳动用工制度发生深刻变革，农民工、劳动派遣人员等工人流动性强，职业病危害较为严重。我国职业病防治工作仍存在一些突出问题：职业病防治工作总体发展和资源配置不平衡；部分地区和部门对职业病防治工作重视程度不够，用人单位职业病危害相关信息掌握不全面，中小微型企业生产工艺相对落后，作业条件简陋，职业病危害较为严重，基层职业病综合防治和监管能力依然薄弱；一些用人单位职业病防治主体责任落实不到位，职业健康检查率低，职业卫生服务水平参差不齐；对新的职业危害因素研究和识别不足，重点职业病及职业相关危害因素监测覆盖面有待扩大。这对开展职业健康教育与健康促进提出了新的挑战。

《中华人民共和国职业病防治法》于 2002 年颁布实施，并于 2019 年进行了修订，这是开展职业病防治工作的依据。2007 年，WHO 出台了《2008—2017 年工人健康全球行动计划》；我国于 2008 年推出“健康中国 2020”战略，继《国家职业病防治规划（2009—2015 年）》后，2016 年又推出了《国家职业病防治规划（2016—2020 年）》，以及《“健康中国 2030”规划纲要》，相关规划中无一不提及要加大职业健康促进和宣传教育力度；加强对用人单位主要负责人、职业卫生管理人员、从事职业病危害作业劳动者、职业病防治专业技术人员的培训，推进网络培训和远程教育系统建设；充分发挥主流媒体和新媒体的作用，广泛深入宣传职业病防治法律法规，普及职业病危害防治基本知识，创新职业健康促进方式方法，提高宣传教育的针对性和效果，增强广大劳动者职业病防范能力和自我防护意识；结合“健康城市”建设工作，开展职业健康教育与健康促进，创造有益于职业健康的工作环境[19]。这为在全国范围内开展职业健康教育与健康促进工作，提供了政策上的保障。经过 20 多年的努力和实践，我国已经积累了开展职业健康教育与健康促进的宝贵经验，培养了一大批开展职业健康教育与健康促进的专业人才，已具备在全国开展职业健康教育与健康促进的有利条件。有了全球的推动，政府的支持，企业的积极参与，职业健康教育与健康促进工作将会做得更好，更多的企业和员工将享受到职业健康教育与健康促进的成果。

（庞淑兰）

参考文献

[1] 胡景虎．人人享有职业卫生的宣言［J］．中华劳动卫生职业病杂志，1995，31（3）：129-130．

[2] 李鲁．社会医学．4 版［M］．北京：人民卫生出版社，2012．

[3] Jozsef Kovacs. The concept of health and disease[J]. Medicine, Health Care and Philosophy, 1998,（1）：31-39．

[4] World Health Organization. WHO definition of health［EB/OL］. http：//www. who. int/ about/ definition/en/print. html.

[5] 李华荣．健康概念的内涵与表达［J］．山西中医学院学报，2008，9（5）：52-55．

[6] 马骁．健康教育学．3 版［M］．北京：人民卫生出版社，2012．

[7] 郑振佺. 健康教育学（案例版）[M]. 北京：科学出版社，2008.
[8] 李雅娟，肇丽群. 健康教育与健康促进（一）[J]. 实用乡村医生杂志，2003，10（4）：48-49.
[9] World Health Organization. The Ottawa Charter for Health Promotion [EB/OL]. http：//www. who. int/health promo tion/conferences/previous/ottawa/en/index4. html.
[10] 黄敬亨. 健康教育学. 3 版 [M]. 上海：复旦大学出版社，2002：115.
[11] World Health Organization. 阿拉木图宣言 http：//www. who. int/topics/primary_health _care/ alma_ata_declaration/zh/.
[12] Butler JT. Principles of health education and health promotion [M]. USA：Wadsworth/Thomson Learning Inc，2001：90-92.
[13] 徐金平，李朝林，周安寿. 工作场所健康促进工作进展 [J]. 中国工业医学杂志，2010，23（5）：360-363.
[14] 人民日报专栏. 首届全国工业卫生会议在京开幕 [EB/OL]. http：//rmrbw. net/read. php? tid=109970.
[15] 李朝林，李霜，刘海龙. 职业健康促进的回顾与发展 [J]. 中国全科医学，2001，4（7）：505-507.
[16] 孙维生. 职业健康促进的发展 [J]. 职业卫生与应急救援，2001，19（4）：204-205.
[17] 卫生部. 卫生部关于印发《全国健康教育与健康促进工作规划纲要（2005-2010 年）》的通知（卫妇社发 [2005] 11 号）. 卫生部妇幼保健与社区卫生司，2005，01.
[18] 江蓓. 我国工作场所健康促进的研究进展 [J]. 右江民族医学院学报，2014，36（3）：500-501.
[19] 职业健康教育与健康促进（征求意见稿）. http：//www. zywsw. com/news/6379. html. 2016. 03. 15.

第二章

职业与职业人群健康

劳动不仅创造社会财富，促进社会文明进步，而且与健康相辅相成、互相促进。良好的劳动条件促进健康；反之，不良的劳动条件将会损害健康。职业对人体健康的影响经常是环境与相关遗传因素交互作用的结果。据估计，大多数慢性疾病 70% ～ 90% 的危险度可归因于环境暴露的影响[1]。环境危害因素对健康的危害程度，还受个体的特征决定，包括性别、年龄、健康状况和营养状况等，因此，在同一职业环境中，个人所受的健康损害有所不同。本章详细介绍劳动条件中存在的职业性有害因素及其可能造成的职业性病损，以及当前主要行业人群的职业健康问题。

第一节　作业场所及其职业性有害因素

一、作业场所

《中华人民共和国职业分类大典》将我国职业归为 8 个大类，75 个中类，434 个小类，1481 个职业。8 个大类分别是：

第一大类：党的机关、国家机关、群众团体和社会组织、企事业单位负责人；

第二大类：专业技术人员；

第三大类：办事人员和有关人员；

第四大类：社会生产服务和生活服务人员；

第五大类：农、林、牧、渔业生产及辅助人员；

第六大类：生产制造及有关人员；

第七大类：军人；

第八大类：不便分类的其他从业人员。

“作业场所”主要指职工日常工作所在的场所，包括行政事业单位，工矿企业（采矿业、钢铁业、化学工业、机械工业、建筑材料、电子产品及通信设备等）。

二、职业性有害因素

环境对人的身心健康有很大的影响，人类的生存环境包括自然环境和社会环境。人的疾病多数由环境有害因素所致或受环境因素的影响。在生产环境中存在的各种可能危害职业人群健康和影响劳动能力的不良因素统称为职业性有害因素。职业卫生与职业医学的主要任务是识别、评价、预防和控制不良劳动条件（即职业性有害因素）对职业人群健康的影响。职业性有害因素根据来源分为三大类。

（一）生产工艺过程中产生的有害因素

1．化学因素　化学因素是最为多见的引起职业病的有害因素，指在生产中接触到的原料、中间产品、成品和生产过程中的废气、废水、废渣等对健康产生危害的毒物。毒物以粉尘、烟尘、雾、蒸汽或气体的形态散布于车间空气中，主要经呼吸道和皮肤进入人体。

常见的化学性有害因素包括生产性毒物和生产性粉尘。

（1）生产性毒物：是指生产过程中形成或应用的各种对人体有害的物质。①金属与类金属，如铅、汞、锰、镉、铬、砷、磷等，有各自的靶器官毒性。②刺激性气体，如氨、氯、二氧化硫、二氧化氮、光气、硫酸二甲酯、臭氧等，可能会引起急性中毒，出现急性支气管炎、化学性肺泡炎和肺水肿。③窒息性毒物，如一氧化碳、硫化氢、二氧化碳和氰化物等，可引起缺氧而发生昏迷。④有机溶剂，如醇类、酯类、氯烃、芳香烃等，具有脂溶性、亲神经性，且具有麻醉作用。此外，苯可抑制骨髓造血，氯烃可引起肝损害。⑤苯的氨基、硝基化合物，如苯胺、硝基苯等，可使血红蛋白氧化为高铁血红蛋白，从而使血红蛋白失去携氧的功能，出现发绀和缺氧。⑥杀虫剂，如有机氯、有机磷、氨基甲酸酯类和拟除虫菊酯类杀虫剂等。杀虫剂主要作用于中枢神经系统，中毒时可能发生昏迷、抽搐的现象。

（2）生产性粉尘：是指能够较长时间悬浮于空气中的固体微粒。它包括无机性粉尘、有机性粉尘和混合性粉尘三类（表 2-1）。

表 2-1　生产性粉尘的种类

分类		举例说明
无机性粉尘	矿物性粉尘	砂、棉、煤等
	金属性粉尘	铁、锡、铅、铜、锰等金属及其化合物粉尘等
	人工无机性粉尘	玻璃纤维、金刚砂、水泥等
有机性粉尘	植物性粉尘	棉、麻、烟草、木材尘
	动物性粉尘	毛发、骨质尘
	人工有机粉尘	有机染料、塑料、人造纤维尘等
混合性粉尘	上述各种粉尘两种或两种以上混合存在，如金属研磨尘、合金加工尘、煤矿开采时产生的粉尘	

2．物理因素　不良的物理因素包括异常的气象条件，如高温、低温、高气压、低气压等；生产性噪声；振动；电离辐射，如 X 线、γ 射线；非电离辐射（如可见光、紫外线、激光、射频辐射等）等。这些不良因素可对人体造成危害，如高温可引起中暑，低温可引起冻伤，高气压可引起减压病等。

3．生物因素　生产原料和作业环境中存在的致病微生物或寄生虫，如炭疽杆菌、真菌孢子、布氏杆菌、森林脑炎病毒以及医务工作者接触的传染性病原体。

（二）劳动过程中的有害因素

劳动过程中不合理的劳动强度、劳动组织及其方式等因素可能影响健康。

1．劳动组织和制度的不合理，如劳动时间过长、劳动休息制度不健全或不合理等。

2．劳动中的精神（心理）过度紧张。

3．劳动强度过大或劳动安排不当，如安排的作业与劳动者的生理状况不相适应，或生产定额过高，或超负荷的加班加点等。

4．个别器官或系统过度紧张，如由于光线不足而引起的视力紧张等。

5．不良体位。长时间处于某种姿势，或使用不合理的工具设备等。

6．不良的生活方式，如吸烟或过量饮酒；缺乏健康和预防的观念；违反安全操作规范等。

（三）生产环境中的有害因素

劳动者生产活动时所处的外环境，包括作业场所建筑布局、卫生防护、安全条件和设施有关的因素。

1．生产场所设计不合理，不符合卫生标准，如厂房矮小、狭窄，有毒和无毒工段安排在一个车间等。

2．安全防护设备和个人防护用品方面有缺陷。

3．不合理生产过程所致环境污染（包括化学因素、物理因素和生物因素等）。

4．自然环境中的因素：如紫外线辐射。

在实际生产场所中，这些有害因素常不是单一存在的，往往同时存在多种有害因素，对劳动者的健康将产生联合的、危害更大的影响。

第二节　职业与健康的关系

工作过程中，由于技术的局限性及预防工作的疏忽，使劳动者健康受到损害而引起的职业性病损，包括工伤、职业病、工作有关疾病和早期健康损害[1]。

一、工伤

工伤，亦称职业伤害（occupational injuries），是指生产劳动过程中，由于外部因素直接作用而引起机体组织的突发性意外损伤，如因职业性事故导致的伤亡及急性化学物中毒。常在急诊范围内，较难预测。因事故发生常与安全意识、劳动组织、机器构造、管理体制和防护措施等因素有关，须明察秋毫，重视安全风险评估，消除潜在危险因素，积极预防和控制。

二、职业病

（一）概念及分类

职业病（occupational diseases）是指职业性有害因素作用于人体的强度与时间超过一定限度时，人体不能代偿其所造成的功能性或器质性病理改变，从而出现相应的临床征象，影响劳动能力[2]。而在立法意义上，职业病却有其特定的范围。2019 年修正的《中华人民共和国职业病防治法》中规定职业病为企业、事业单位和个体经济组织等用人单位的劳动者在职业活动中，因接触粉尘、放射性物质和其他有毒、有害因素而引起的疾病。职业病的分类和目录由国务院卫生行政部门会同国务院劳动保障行政部门制定、调整并公布。凡属法定职业病的患者，在治疗和休息期间及在确定为伤残或治疗无效而死亡时，均应按劳动保险条例有关规定给予劳保待遇。

2020年，我国卫健委、劳动保障部颁布了《职业病分类和目录》，将职业病分为10大类共132种，包括①职业性尘肺病及其他呼吸系统疾病（19种）；②职业性皮肤病（9种）；③职业性眼病（3种）；④职业性耳鼻喉口腔疾病（4种）；⑤职业性化学中毒（60种）；⑥物理因素所致职业病（7种）；⑦职业性放射性疾病（11种）；⑧职业性传染病（5种）；⑨职业性肿瘤（11种）；⑩其他职业病（3种）[2]。

（二）职业病的致病条件

人体接触职业性有害因素时，不一定都发生职业病，职业病发病取决于下列三个主要条件。

1．有害因素的性质　作业环境中有害因素的理化性质决定了职业人群是否发生职业性健康损害及损害的严重程度。如毒物的理化性质及其与组织的亲和性对其毒性作用有直接的影响。汽油和二硫化碳具有明显的脂溶性，对神经组织具有密切的亲和性，因此首先损害人体的神经系统。

2．有害因素作用人体的量　物理和化学因素对人的损害都与量有关，故在确诊大多数职业病时，必须要有作用浓度或强度的估计。要了解接触者的接触方式、接触浓度或强度、接触时间，还要知道某种有害因素对人体有害无害的分界值。我国公布的“工作场所有害因素接触限值——化学有害因素（GBZ2.1-2019）”中规定了化学物质在空气中一般不致引起健康损害的限量。有些有害物质能在体内蓄积，即使长期少量接触，最终也可能引起职业性病损，发生职业病。有些物质虽然不能在体内蓄积，但对机体功能的改变可能是累积的，最终也会出现健康损害。有害物质接触时间的长短不同，对健康的损害也会不同。因此，认真询问某种或某些职业性有害因素的接触工龄、接触方式，准确测评有害物质的水平，对职业病的诊断具有重要的价值。

3．个体危险因素　在同一作业条件下，不同个体发生职业性病损的机会和程度也有一定的差别，这与以下因素有关：①遗传因素，患有某些遗传性疾病或存在遗传缺陷（变异）的人，容易受某些有害因素的作用；②年龄和性别差异，包括妇女从事接触对胎儿、乳儿有影响的工作，以及未成年和老年工人对某些有害因素作用的易感性；③营养不良，如不合理膳食结构，可致机体抵抗力降低；④其他疾病，如患有皮肤病，降低皮肤防护能力，肝病影响对毒物解毒功能等；⑤文化水平和生活方式，如缺乏卫生及自我保健意识，以及吸烟、酗酒、缺乏体育锻炼、过度精神紧张等，均能增加职业性有害因素的致病机会和程度。以上这些因素统称个体危险因素（individual risk factors），存在这些因素者对职业性有害因素较易感，故称易感者（susceptible person）或高危人群（high risk group）。

充分识别和评价各种职业性有害因素及其作用条件，以及个体特征，并针对三者之间的内在联系，采取措施，阻断其因果链，才能预防职业性病损的发生。

（三）职业病的特点

从诱发职业病的三个主要条件来看，职业病具有以下五个特点。

1．病因有特异性，病因即职业性有害因素，在控制病因或作用条件后，可消除或减少发病。

2．病因大多是可检测的，需达到一定的强度（浓度或剂量）才能致病，一般存在接触水平（剂量）-效应（反应）关系。

3．在不同的接触人群中，常有不同的发病集丛。

4．大多数职业病如能早期诊断、合理处理，康复效果较好，但只治疗患者，无助于保护仍在接触人群的健康。

5．对于大多数职业病，目前尚无特效疗法，只能对症综合处理，应加强保护人群健康的预防措施。

从病因学上说，职业病是完全可以预防的，故必须强调“预防为主”，着重抓好第一级和第二级预防。

（四）职业病的诊断

职业病的诊断具有很强的政策性和科学性，直接关系到职工的健康和国家劳动保护政策的贯彻执行。但在具体操作中，某些职业性病损因缺乏特异的症状、体征及检测指标，不易确诊。因此，职业病的诊断应有充分的资料证据，并排除非职业因素所致的类似疾病，综合分析才能做出合理的诊断。

1．职业史 职业史是职业病诊断的重要前提。包括现职工种、工龄，接触职业病危害因素的种类、防护设施、既往工作经历等，以便判断患者接触职业性有害因素的机会和程度。

2．职业卫生现场调查 现场调查是诊断职业病的重要参考依据。深入作业现场，进一步了解患者所在岗位的生产工艺过程、职业有害因素的浓度或强度、接触时间、防护措施；同一作业场所的其他作业工人是否受到伤害或有类似的疾病表现，进而判断患者在此条件下，引起职业病的可能性。

3．症状与体征 职业病的临床表现复杂多样。同一职业性有害因素在不同的致病条件下可能导致截然不同的症状或体征，不同的职业性有害因素也可能引起相同的临床表现，非职业因素也可能导致与职业因素损害相似的症状或体征。因此，在收集和分析临床资料时，既要看到不同职业病的共同点，又要考虑到特殊的或非典型的临床表现，还需鉴别出职业病和非职业病。诊断分析时应注意职业性有害因素的毒性作用与患者的临床表现是否相符、职业病的程度与有害因素接触的浓度（强度）是否相符、患者的临床表现发生的时间顺序与接触有害因素的关系。

4．实验室检查 实验室检查对职业病的诊断具有重要意义。主要检测生物标志物包括接触生物标志物、效应生物标志物和易感性生物标志物三类。接触生物标志物指测定生物材料中职业性有害物质或其代谢产物，如尿铅、血铅、尿酚、尿甲基马尿酸作为铅的暴露标志物。效应生物标志物指机体内可测量的生理、生化或行为及其他的改变，这些改变可引起健康损害。包括反映毒作用的指标，如有机磷农药中毒者检测血液胆碱酯酶活性。另外，反映职业性有害因素所致组织器官病损的指标，如血、尿常规检测和肝、肾功能检测等。易感性生物标志物指使个体易受职业性有害因素影响的个体特征，多为一些关键的代谢酶和 DNA 损伤修复基因，基因多态性常作为易感性生物标志物。

以上各项诊断依据，要全面综合分析，才能做出切合实际的诊断。对于暂时不能明确诊断的患者，首先对症治疗、动态观察，逐步深化认识，再做出正确诊断，否则可能出现误诊误治，如铅中毒导致急性腹绞痛可能误诊为急性阑尾炎，而行阑尾炎切除术。

三、工作有关疾病

工作有关疾病，曾称为职业性多发病。广义地说，职业病属于工作有关的疾病，但又与其有所区别。职业病是指某一特异职业危害因素所致的疾病，而工作有关疾病则指多因素有关的疾病，与工作有联系，也见于非职业人群中，因而不是每个病例都必须具备该项职业史或接触病史。当这一类疾病发生于劳动者时，由于职业暴露，会使原有的疾病加剧、加速或复发，或使患者劳动力明显减退，如肌肉骨骼损伤[3-4]。工作有关疾病的范围，实际比职业病更为广泛。故在基层卫生机构中，应将该类疾病列为保护及促进工人健康的重要内容。

常见的与工作有关的疾病如下。

1．行为（精神）和身心的疾病　如常因工作繁重、夜班、饮食不规律、吸烟、酗酒等因素引起的焦虑、忧郁、神经衰弱症候群等行为或精神的疾病。有时由于对某一职业危害因素产生恐惧心理，而致精神紧张、职业倦怠、脏器功能失调。

2．慢性非特异性呼吸道疾患　吸烟、空气污染、呼吸道反复感染往往是慢性非特异性呼吸道疾患（如慢性支气管炎、肺气肿和支气管哮喘）的主要病因。即使空气中污染物在最高容许浓度以下，患者仍可发生较重的慢性非特异性呼吸道疾患。

3．其他　如高血压、消化性溃疡、腰背痛等疾患，常与某些工作有关，例如二硫化碳接触与动脉硬化的关系。

四、早期健康损害

职业性有害因素对机体的生物大分子（如蛋白质、DNA 等）的影响是引起健康损害的早期效应。大多数情况下，职业性有害因素经皮肤或（和）呼吸道进入人体，引起一系列的积极防御反应，如氧化应激、炎症反应及免疫应答反应等。但是如果机体产生过低或过强的反应，就可能不利于机体，甚至可能显示早期健康损害的危险信号。如果职业性有害因素过强或机体反应不当，就会出现各种早期健康损害，如遗传损伤、动脉粥样硬化加剧、肺功能降低等。如果采取积极的、正确的职业防护措施，早期健康损害多可恢复正常，反之，则逐渐加剧发展为疾病。因此，对职工早期健康损害进行定期检测和科学预防对我国社会经济可持续发展具有重要的战略意义。

第三节　职业损害的三级预防

《中华人民共和国职业病防治法》中指出，职业病防治应坚持预防为主、防治结合的方针，建立用人单位负责、行政机关监督、行业自律、职工参与和社会监督的机制，实行分类管理、综合治理。职业性病损是一类人为的病损，为保护和促进职业人群的健康，应从三级预防进行防控。

一、一级预防

一级预防（primary prevention）又称病因预防。从根本上着手，使工人尽可能不接触职业性有害因素，或控制作业场所有害因素水平在卫生标准允许限度内。在一级预防中，做好职业性有害因素的监测至关重要。主要措施有：①技术措施：改革工艺、改进生产过程、配置完善的防护设施，消除职业性有害因素或将其减少到最低限度，使生产过程达到安全、卫生标准。②组织措施：合理组织、安排劳动过程，建立、健全劳动制度，贯彻执行国家制定的卫生法规。③卫生保健措施：做好就业前体格检查，发现易感者和就业禁忌证；做好卫生宣传、健康教育；注意平衡膳食和保健食品供给并加强锻炼，提高机体抵抗力。一级预防措施针对的是控制整个人群的健康危险因素，对健康个体更具重要意义。

二、二级预防

二级预防（secondary prevention）又称临床前期预防。对作业工人进行健康监护，实行早发现、早诊断、早治疗的“三早”原则，防止病情进一步发展。尽管一级预防措施是理想的方法，但在现有的技术条件下，有时难以达到理想效果，仍可能出现不同程度健康损伤的人群，故二级预防也是非常必要的。主要措施包括：①对存在职业危害因素的工作场所进行职业健康监护，定期开展职业健康检查，早期发现职业性病损，早期鉴别和诊断；②开展职业性有害因素检测，结合体检资料，评价工作场所职业病危害程度，控制职业病危害，加强防毒防尘，防止物理性因素等有害因素的危害，使工作场所职业病危害因素符合国家职业卫生标准。

三、三级预防

三级预防（tertiary prevention）又称临床期预防。对已患职业性病损的患者给予积极治疗，促进康复。三级预防的原则是：①对已有健康损害的接触者应调离原岗位，妥善安置，给予合理治疗；②促进患者康复，预防并发症；③查找患者健康损害的原因，对生产环境和工艺过程进行改进，既治患者，又加强一级预防。除少数职业中毒有特效的解毒方法外，大多数职业病主要依据受损的靶器官，采取临床对症治疗。特别对接触粉尘所致肺纤维化的病损，目前尚无特效方法予以逆转。

三级预防体系相辅相成。一级预防是针对整个人群，是最主动最理想的预防，应积极促其实现，但由于难度高，常常达不到理想状态。二级、三级预防是一级预防的延伸和补充，针对患者给予弥补措施。二级预防是较主动的预防，容易实现。三级预防虽属被动，但对促进已患职业病者恢复健康有着重要的现实意义。因此，全面贯彻和落实三个水平的预防措施，做到源头预防，早检测、早处理，促进康复，预防并发症，改善生活质量。

第四节　主要行业的职业健康问题

我国传统行业主要是矿山开采、钢铁冶炼、建筑、机器制造、化学化工等行业。随着科技的发展，出现了一些新兴产业，如航天航空、信息产业、纳米材料生产和使用等。在传统行业中，矿山开采、钢铁冶炼、机器制造和建筑行业一直是尘肺、噪声聋和高温中暑的高发行业。据统计，全国每年新报告职业病病例近 3 万例，主要分布在煤炭、化工、有色金属、机械和建筑等行业 [5]。职业卫生的首要任务是识别、评价、预测和控制不良条件中的职业性有害因素，保护和促进劳动者健康。全面正确识别有害因素是职业病评价、预测和控制的基础。由于不同行业的生产工艺流程不同，接触的职业性有害因素各异，故职业性有害因素控制的关键和防控措施也不尽相同。只有掌握行业的职业卫生特点，才能正确识别、评价、预测和控制该行业的职业性有害因素，综合治理，重点控制，有效预防职业病的发生。

下面针对 6 类主要行业（采矿业、钢铁冶炼业、化学化工业、机器制造业、建筑业、信息产业等）进行详细介绍 [6]。

一、采矿业的职业健康问题

矿山开采是指用人工或机械对有利用价值的天然矿物资源的开采，包括煤炭开采、铁矿石开采、有色金属矿石开采、非金属矿石开采及石料开采等。这是一类特殊的作业，在生产和劳动过程、生产环境中都存在特有的职业卫生问题，如采矿中产生的粉尘、炮烟、毒气、噪声、振动、肮脏环境、繁重的体力劳动；作业环境中种种不安全因素；不良的微小气候和污染的空气。不同种类的采矿，职业卫生问题也有所不同，例如煤矿，除粉尘外，高温、甲烷和煤尘爆炸是比较特殊的；开采金属和非金属矿时，矿石中常伴有有毒物质（铅、汞、砷、锰、铍、铀、石棉），而且有些矿物（金、钨、萤石等）与石英共生，致使粉尘中游离二氧化硅含量很高，其对肺的损伤极其严重。

下面以煤炭开采过程中产生的主要职业危害因素为例介绍采矿中的职业卫生问题。

（一）井下采煤的作业过程和工种

1．掘进作业　掘进是采煤的准备工作，挖掘通往煤层的巷道，包括运输巷道、通风巷道、采煤准备巷道。其主要工序是：凿岩、爆破、装岩、运输和支护。除采煤准备巷道是在煤层或半煤岩中作业外，大部分在坚硬的岩石中作业，炮眼打好以后，装上炸药，将岩石爆碎，爆碎的岩石装入矿车运出。架上支架之后即成巷道，支架的作用是为防止巷道围岩变形和塌落，以保证运输、通风和行人的安全。木材、钢材、混凝土等都可作为支护材料。

2．采煤作业　采煤是由采煤工担任的作业过程。工序分为落煤、装煤、运煤、支架和顶板管理。由于机械化程度不同，采煤的劳动条件差别很大。采煤方式如下。

机械采煤：有炮采、采煤机采煤和综合机械化采煤机组三种方式。炮采需先在煤壁上用电钻钻眼，然后放炮落煤，用人工或截煤机装煤，再用链板运输机或溜槽将煤运到运输巷道。采场要用木材或金属支柱搭支架，以保证安全。采煤机采煤是使用自动割煤、碎煤、装煤的机器采煤，然后用运输机送到运输巷道，这种采煤法也需要搭支架。用综合机组采煤，不仅能自动割煤、装煤、运煤，而且能用自移式液压支柱进行采场支架，提高了采煤工作的机械化、自动化水平。

水力采煤：用喷射的高压水将煤炭冲击下来。这是一种高效率采煤方式，可以避免粉尘对采煤工的危害。

手工采煤：用手镐、锹、锤等工具，该方式在个别的小煤窑中尚可见到。

3．运输作业　采掘的煤炭和岩石等由运输巷道运到车场，再由提升机、人纹皮带运输机运送到地面。

4．支护充填作业　挖掘的巷道，需用支护材料（木材、金属、混凝土）加以支护，以防止巷道变形、崩塌；也可将水泥浆用高压泵喷涂顶帮，以加固巷壁，形成永久巷道，作为运矿、行走、通风之用。

充填是利用砂石等材料代替采出的煤层，填满采空区。水砂充填是利用水力把砂石等充填材料从管道中输送到采空区进行充填。

5．辅助作业　包括通风、机电、排水、木工等工种的作业。

（二）主要职业性有害因素

不良气象条件、生产性粉尘、有害气体、生产性噪声和振动等是采煤业的主要职业性有害因素；另外，劳动强度较大、作业姿势不良和容易发生外伤等也是井下作业的危害因素。

1．不良气象条件　煤矿井下气象条件的基本特点是气温高、温差大、湿度大、不同地点气流大小不等。气温的高低与巷道的深度有关，巷道每深入地下 100 m，流入的空气因压缩热而升高 1℃；岩层平均每加深 30 ~ 35 m，岩层温度也增高 1℃；机械转动产生的热也能增高巷道内的局部气温；

工作面狭小、人体散热也是使环境气温升高的因素。在通风不良、1 000 m 以上的深矿井内，气温可达 35 ～ 40℃以上。

气湿取决于巷道中的水量、岩层的湿度和流入空气的湿度。由于地下水不断渗出和大量蒸发，相对湿度一般在 80% ～ 90%，常可达 95% 以上。在深矿井中（800 ～ 1 000 m），由于渗出水量显著减少，气温升高，相对湿度一般较低。

矿井中的气流，由于人工通风，在竖井或斜井中的风速有时可达 3 ～ 5 m/s 以上，越往巷道深处，气流越小。

矿井内的不良气象条件是煤矿工人发生感冒、上呼吸道炎症及风湿性疾病的促发因素。在通风不良的深矿井中，夏季可能发生中暑。

2．生产性粉尘 生产性粉尘是煤矿中的主要危害因素。矿井内许多生产过程和工序都会产生大量的粉尘。粉尘中游离二氧化硅含量取决于岩石和煤的化学组成。一般岩石中游离二氧化硅含量在 10% ～ 30%。在煤尘中，常含有一定量的游离二氧化硅，但一般不超过 10%。煤矿工人由于长期吸入含有较高游离二氧化硅的岩尘、煤尘和混合性粉尘，可发生煤工尘肺。由于各矿井中劳动条件、粉尘中游离二氧化硅含量、粉尘浓度和工种、工龄组成不同，煤矿工人尘肺的发病率变动很大，掘进工的矽肺和煤矽肺的发病率远比采煤工的煤肺发病率高。但在某些煤矿，掘进作业已经采用湿式凿岩，而发尘量很大的机械采煤由于缺少防尘措施，使煤肺的发病率迅速上升，有的高于掘进工的尘肺发病率。

3．有毒气体 矿井空气中，可存在沼气、一氧化碳、二氧化碳、氮氧化物以及硫化氢等有毒有害气体。

（1）沼气：俗称瓦斯，为无色无味的可燃性气体，主要成分为甲烷。沼气在煤体或围岩中以游离状态和吸着状态存在。在煤块崩落时沼气排放出来。每采 1 吨煤可以产生 30 m^3 沼气，而在深矿井中，可高达 60 m^3。沼气比重小，多蓄积于巷道的顶部。当沼气浓度达到 57% 时，能使人因缺氧而窒息，严重威胁生命。沼气与空气中的氧混合具有爆炸性，当浓度为 5% ～ 16% 时，遇到明火即可发生爆炸，并连带引起煤尘爆炸，造成煤矿重大灾害。

（2）二氧化碳：主要存在于煤层和煤块内，采煤时与沼气一道排出。此外，巷道内人群呼吸、木材腐烂、放炮等也可产生二氧化碳。二氧化碳比重大，多积聚在巷道低处及通风不良的废巷中。当空气中二氧化碳的浓度达到 5% 时，即能引起人的缺氧；如达 10%，可使人窒息而死。

（3）一氧化碳和氮氧化物：主要来源是放炮。使用硝酸甘油炸药可产生大量一氧化碳，而使用硝胺炸药则常产生大量的氮氧化物。

（4）硫化氢：在煤矿中少见。一般存在于煤层一定区域的鸡窝煤内，在落煤时逸出，可使邻近的采煤工发生硫化氢中毒。此外，由于木材腐烂以及酸性矿井水与硫铁矿作用也可产生硫化氢。

4．生产性噪声和振动 主要来源于机械工具，噪声和振动的程度取决于生产过程、开采方法和使用的工具。一般说，风动工具（风钻、风镐等）比电动工具（电钻）、振动式运输机比皮带运输机发生的噪声和振动更为严重。长期在强烈的噪声环境中工作，对人的听觉器官损害较大，常表现为听觉敏感性降低，甚至可能发生噪声性耳聋。身体局部长期受振动作用可能引起振动病。

5．劳动强度大和作业姿势不良 煤矿工人劳动强度较大，如掘进工岩石装车操作，属重体力劳动，现在大部分装岩工作为装岩机所代替；凿岩和推车属中等体力劳动。在薄煤层作业时，工人不得不采取弯腰、蹲位和跪卧位操作。长时间保持不良的作业姿势，将会造成某些部位遭受压迫、牵引、摩擦、疲劳等，使机体发生功能性和器质性变化，严重时可形成职业性疾患。

6．生产性外伤和多发病 在煤矿工人的多发病中，生产性外伤最多见。在安全条件不良的煤矿，因外伤的休工日数可占因病伤总休工日数的30%。生产性外伤的主要原因是：岩层或煤层的倒塌，石块或煤块的坠落（片帮和冒顶），机械或工具设备不良，矿井内运输事故，工作面或巷道阻塞，人行道失修等。此外，如发生瓦斯或煤尘爆炸、火灾等，则能发生更为严重的伤亡事故。除生产性外伤外，还可能有上呼吸道感染、风湿性疾病、急慢性胃肠炎、化脓性皮肤病、钩虫病等多发病。

（三）预防措施

改善煤矿井下作业工人的劳动条件，控制作业中的职业性危害因素，是保护煤矿工人健康的根本出路。因此，必须严格执行国家现行法规，严禁不具备安全生产条件的煤矿投产，并不断对煤矿进行技术改造，逐步实现采矿自动化，逐步从根本上改善煤矿工人的劳动条件。

1．矿井通风 矿井通风是煤矿生产不可缺少的条件。其目的是：①供给井下足够的新鲜空气，满足井下工作人员正常呼吸的生理需要；②稀释并排除在生产过程中产生的沼气、二氧化碳等有害气体；③稀释和排除生产过程中产生的粉尘；④调节工作面的温度和湿度。目前应用较广泛的是全面抽出式机械通风。矿井通风的卫生要求是保证必要的风量、风速和入井空气的清洁。根据《煤矿安全生产试行规程》规定，井空气中粉尘浓度不得超过0.5 g/m^3，每人通风量不应少于每分钟4 m^3。在岩石、半煤岩和煤巷掘进的独头作业面，还要采用局部通风。一般采用送入式，将风筒送至掘进工作面5 ~ 8 m处通风。在断面长距离的独头巷道，可采用送入和抽出混合式局部通风。

2．防尘措施 我国矿山开采实行以湿式作业、加强通风为主的综合性防尘措施。采煤的作业环境和条件与掘进作业不同，但关键的防尘措施仍是湿式作业。炮采中使用水封爆破、煤层注水等防尘措施，对降低采煤作业中的煤尘浓度有很大作用。综合采煤机组工作时，机组必须有喷水装置才能开动，开动设备就必须坚持湿式作业，否则由于粉尘浓度特别严重，短期内即可引起煤肺发病率上升。认真实行、加强管理，才能使采煤作业场所的粉尘浓度达到和接近国家卫生标准。

3．噪声和振动的预防 为了降低风动装置和风动工具的噪声，可用消音器降低风动活塞装置排气时的噪声。对于风镐产生噪声的有效预防方法，是将带有耐磨的穿有许多小孔的套筒，套在风镐上以缓冲振动的伤害和避免手部受凉。

4．潮湿的预防 煤矿井下，应有良好的排水系统，在巷道顶滴水处应设置顶盖和防水挡板。工人应有防水工作服和靴鞋。

5．个人防护 个人防护用品在预防生产性外伤、潮湿、化脓性皮肤病等方面均有重要意义。工人应有安全帽，以防外伤或触电；工作服可用防水布制作；工作靴应为橡胶靴；在薄煤层经常以跪卧式工作的矿工应使用护膝和护肘，以防止发生滑囊炎；操纵风动工具者应使用防振手套和防止噪声的耳塞，在产生粉尘地点工作的矿工应佩戴防尘口罩。个体防护用品的维护和检修很重要，工作服应经常洗涤、除尘和干燥；防尘口罩应定期更换滤料，保证防尘效果。

6．地面生活卫生室、井下饮食饮水供应和井下卫生问题 在矿井出入口附近设置必要的生活卫生室，对预防职工多发病等有重要意义。生活卫生室包括更衣室、浴室、厕所、盥洗室、衣服干燥室、洗衣室等，最好能与办公室、矿灯室、井口保健室等设在一个建筑物内。各室的配置应充分考虑矿工上下班路径和活动顺序以及各室间的联系。更衣室和浴室应按通过式卫生处理室的形式建造。在靠近浴室处设太阳灯室，以便矿工在浴后进行紫外线照射。

合理的饮水和饮食供应是预防矿工消化道疾病和提高劳动生产率的重要措施。各个矿井均应设有饮水供应站，负责供应合格的饮用水。饮水桶下井后，最多不得超过24 h即须另换新水。饮水桶至少每周消毒一次。最好使用送水、送饭两用保温车。勿饮矿井水。在矿井内，应设足够数量的厕所，并应注意进行清扫和消毒。

7．卫生保健措施

（1）定期监测井下粉尘浓度和有害气体浓度，以便及时采取有效的预防措施，降低粉尘浓度和防止中毒、爆炸、火灾等事故的发生。

（2）做好矿工职业病和多发病的登记统计工作，对发病原因进行分析，提供开展防治工作的科学依据。

（3）有计划地开展职业病和多发病的防治工作，做好就业前健康检查和定期健康检查，对在就业前健康检查中发现有矽尘作业禁忌证者，应禁止从事井下接触粉尘的作业；对在定期健康检查中发现的职业病和多发病患者，应及时给予治疗。

（4）井下设保健站，设立固定急救药箱，组织矿工自救互救。井下保健站除进行医疗急救工作外，还应与有关部门配合搞好井下防尘、防毒和饮水饮食供应等安全卫生工作。

二、冶炼行业的职业健康问题

冶炼是用焙烧、熔炼、电解以及使用化学药剂等方法把矿石中的金属提取出来；减少金属中所含的杂质或增加金属中某种成分，炼成所需的金属。不同金属冶炼过程中产生的职业有害因素有所不同，既有高温、噪声等物理因素，又有毒物、粉尘等化学因素，同时还有劳动过程和生产环境中的其他有害因素。

冶炼行业包括黑色金属冶炼和有色金属冶炼。黑色金属包括铁、铬、锰等。有色金属包括除黑色金属以外的所有金属，分为重金属（铜、铅、锌、镍、钴、锡、汞、镉等）、轻金属（铝、镁、钠、钾、钙、钡等）、贵金属（金、银、铂、铱等铂族元素）、稀有金属（钛、锂、钒、钼、铟等）、半金属（硅、硼、砷等）。冶炼方法有火法冶炼、湿法提取、电化学沉积。火法冶炼是把矿石和必要的添加物一起放在炉中加热至高温，熔化为液体，发生相应的化学反应，从而分离出粗金属，然后再精炼。湿法冶炼是将矿石放入酸、碱、盐类的水溶液中，以化学方法提取所需金属组分，然后用电解等方法制取金属。电化学沉积法是利用某种溶剂和原料中金属发生化学反应进而提取和分离金属的冶金过程。目前，钢铁冶炼过程中多采用火法冶炼，而在有色金属冶炼过程中多采用湿法冶炼或电化学沉积。

下面以钢铁冶炼过程中产生的主要职业性有害因素为例介绍冶炼行业的职业卫生问题。现代钢铁工业集团包括矿山（采矿、选矿）、焦化厂（炼焦及焦化产品、耐火材料）、炼铁厂、炼钢厂、轧钢厂。下面主要从烧结、炼铁、炼钢、轧钢、焦化环节的职业卫生问题进行阐述。

（一）烧结环节

1．生产过程 含铁30%以下的矿石称为贫矿，含铁45%以上的矿石称为天然富矿。贫矿的矿石粉须经选矿，再经烧结车间烧结成块状的烧结矿（即人造富矿）后，才能送入高炉炼铁。烧结工艺流程见图2-1。在烧结环节的各道工序中都可能产生职业性有害因素。

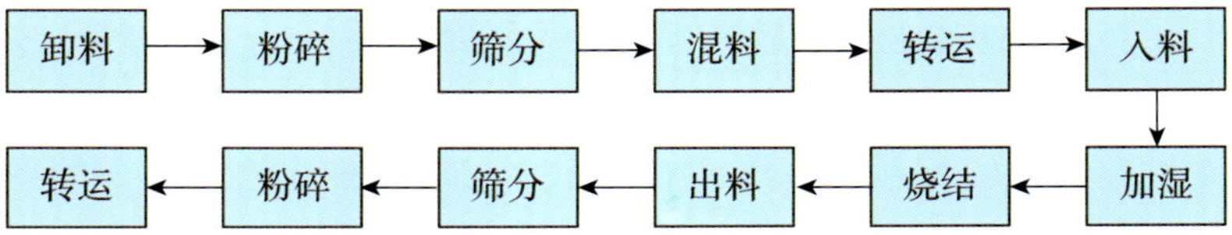

图2-1 烧结工艺流程图

2．职业性有害因素

（1）高温、热辐射：在传送带式烧结机的厂房内，夏季气温可达 40℃以上，特别是烧结炉旁和尾部操作地点，同时还伴有较强的热辐射。

（2）噪声、电离辐射：在整个烧结工艺中各工序都可能产生噪声，尤以粉碎工段噪声最大。某些矿石中可能含有放射性物质，从而危害作业工人的健康。

（3）有害气体：在烧结机尾部喷水冷却时，能产生大量一氧化碳。此外，还会产生大量水蒸气，以致生产场所的气湿大大增高。

（4）粉尘：在卸料、粉碎、筛分、混料、入料、出料等工段能产生大量粉尘，当烧结机尾部的烧结块落下时也会产生大量粉尘。

（5）繁重的体力劳动：如烧结机尾部的烧结块有时不能自动落下，或烧结块过大，需由工人操作。

3．预防措施　防止高温、高湿和热辐射、防尘是主要的预防措施。应尽量设法隔离热源。在烧结机头部应安装局部送风装置，使工人操作地点风速能达到 2 ～ 3 m/s；烧结机尾部上方，应安装局部抽出式排气罩，使水雾、热气、有害气体和粉尘等能及时排出。作业人员应做好自身防护，佩戴符合国家标准的防尘口罩。

（二）炼铁环节

1．生产过程　炼铁的主要设备是高炉、热风炉、高炉煤气净化系统等。炼铁的原料为铁矿石（磁铁矿、赤铁矿等）、烧结矿、焦炭及助熔剂（石灰石、白云石等）。高炉是外包钢壳、内砌耐火材料的竖式炉，其上部加料台叫炉顶。由炉顶排出的高炉煤气中含有 27% ～ 29% 的一氧化碳和 10 ～ 40 mg/m^3 的炉灰，经过净化除尘后，可使煤气含尘量降低到 500 mg/m^3 以下。经过除尘净化后的高炉煤气，除用于加热热风炉外，剩余的煤气可送到其他炉作燃料。添加炉料多已机械化，一般系用料斗和卷扬机将炉料送入高炉加料口，通过炉顶料斗进入炉内。为保证炉内的燃料燃烧完全，并达到熔化铸铁所需要的温度（1 600 ～ 1 700℃），必须向高炉内送入大量热空气（熔炼 1 吨铸铁均需 4 000 m^3 的空气）。燃料、助熔剂、热空气从炉腰送入。高炉炉缸下部有两个出口，一个在后侧方，用来排除炉渣，位置较高，称为出渣；另一个在炉的正前方下面，以放出熔化的铁，称为出铁。

由于焦炭和空气中的氧化合而产生的一氧化碳，吸取了矿石中的氧又变成二氧化碳，使矿石还原成多孔的铁。铁向下降落，与红热的焦炭接触，又吸收大量碳而变成铸铁。铸铁熔化成液体状态而流至炉缸，然后由出铁口定时放出铁水，铸成铁块，或直接送往炼钢炉进行炼钢。炼铁工艺流程见图 2-2。

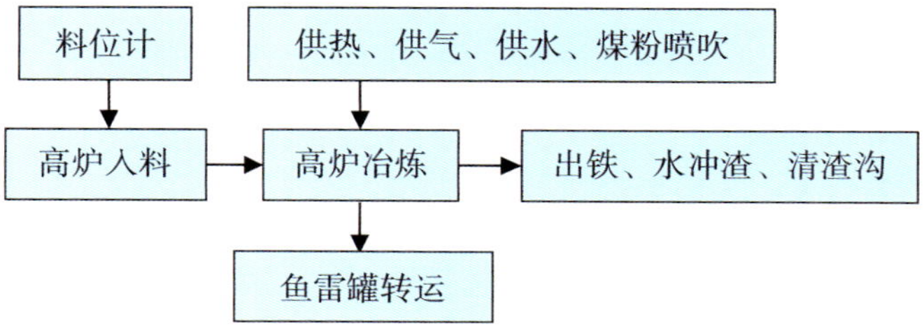

图 2-2　炼铁工艺流程图

2．职业性有害因素　炼铁生产中最主要的有害因素是高温、热辐射、一氧化碳等；还可能产生粉尘、噪声、电离辐射等；若矿石中含有氟化物，则冶炼时可有氟的污染。在旧式炼铁厂中，体力劳动强度较大，工伤事故较多（以烧伤为主）。现代化远距离操纵的大型炼铁厂，劳动条件较好，只有出铁、出渣、铸锭及管道漏气时才有可能受到上述有害因素的影响。但小型炼铁厂还可能用铁钎手工操作，甚至有人工上料者，出铁时，炉旁工人操作地带热辐射强度很大。

3．预防措施

（1）高温、热辐射的预防：尽可能将繁重体力劳动改成机械化、自动化操作。为了消除高温、热辐射的危害，应及时疏散热源，充分利用自然通风，有条件的应在高炉炉缸附近工作面及浇铸工作地点增设喷雾风扇。浇铸工及炉前工的防护服应用白帆布、铝膜布、克伦布等不易燃烧的布料制成，以防热辐射及熔化金属溅屑烧伤。还应戴宽边毡帽、铝膜布防热面罩或有机玻璃镀金属（银）面罩及帆布套袖。为炼铁工人设置休息凉亭或制冷空调休息室，使工人在暑季有舒适的地方休息。还可利用地下室作为夜班工人的休息室，并有专人管理，使其在炎热季节的凉爽安静环境中得到充足的睡眠。

（2）一氧化碳的预防：在炉顶、炉胸、除尘器等处常有一定量的一氧化碳，一氧化碳和空气所形成的混合气体存在爆炸的危险。在可能引起一氧化碳中毒的工作地点，必须经常测定空气中一氧化碳的浓度，禁止在该处停留。如果必须在该处工作时，要戴供氧式防毒面具。钢铁联合企业要设有瓦斯救护站。工人应熟悉从事有一氧化碳中毒危险的工作的安全操作规程。

（3）防尘：在处理高炉矿料的作业中，很多工序都会产生大量粉尘，应广泛采用喷雾降尘等措施，载料车的操纵室应有防尘设备。

（三）炼钢环节

炼钢是将生铁用氧化的方法来减少其中所含的碳及其他元素（硅、锰、硫、磷）。炼钢的方法有转炉、平炉及电炉三种，老厂多用平炉炼钢法，新建厂采用吹氧转炉炼钢法，特种钢材多用电炉法。

1．平炉炼钢

（1）生产过程：平炉（或称马丁炉）由反射炉和蓄热室构成。蓄热室凭借通道与炉子的熔炼室相连接。燃料煤气和空气通过炉子一侧的蓄热室进入炉子的熔炼室后混合燃烧，加热并熔化池内的金属，此时废气经另一侧的蓄热室由烟囱逸出，并使其加热。借助变向阀来改变燃料煤气和空气的行动方向，每隔 20 ～ 40 min 变向一次。由于蓄热室这样交换加热，燃料煤气和空气在进入反射炉后能加热到 1 000℃，而熔炼室内燃烧时温度可达 1 800℃。平炉的整个炼钢过程为 4 ～ 6 h，炼成的钢由炉子的出钢口沿导槽流至钢水罐中，再从罐底的出口注入钢锭模中，然后运出车间冷却和脱模。平炉炼钢工艺流程见图 2-3。

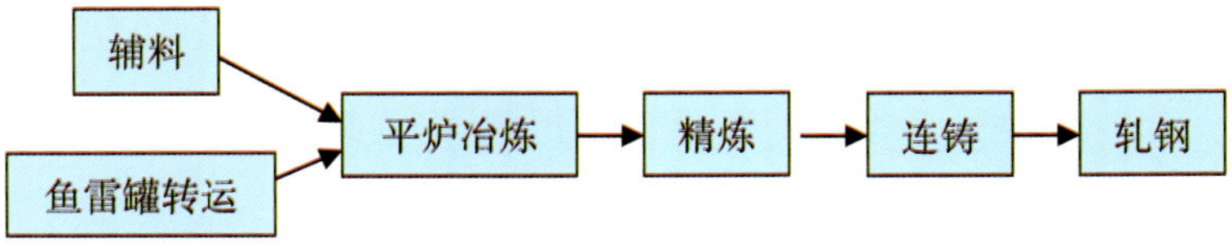

图 2-3　平炉炼钢工艺流程图

（2）职业性有害因素及预防措施

1）高温、热辐射：平炉炼钢时炉内温度达到 1 700℃左右，工作地点有很强的热辐射。在修炉处气温可达 100℃以上，装料台和铸锭处夏季的温度常较室外气温高 15 ～ 20℃以上。车间中炽热的钢渣、钢水和钢锭均可散出大量的热。冬季由于车间内外温差大，发生室内外空气的剧烈对流，可使车间气温显著下降，这也是一种不良的气象因素。

为防止高温、热辐射对工人的危害，应设立多种隔热设备。平炉炉门可用水冷式炉门；车间内应设有移动式石棉遮热板；机械加料时，可用隔热材料将司机室的四周与热源隔绝。在操作室内可装冷风机进行制冷调节，以达到降温的目的。铸钢锭时，待钢水满模后，运至厂房外冷却脱模。

车间应设置有组织的全面自然通风。工作地点附近设置局部送风，最好能将气流送到炼钢工人被照射的部位，或从炉前两侧吹送水雾。此外，还应供给工人防热工作服及含盐饮料，设置半身淋浴以及良好的休息场所，尽可能设置制冷空调工作休息室。

另外，在炼钢过程中，工人要经常观察炉温的情况，眼睛受到炉窗处的强光作用而引起炫目，同时长期受红外线的作用还可能产生职业性白内障。因此，工人应佩戴防护眼镜，镜片常用蓝色或绿色的玻璃。当平炉热修时，不断地向炉内送入冷空气，工人最好穿着“冷风衣”，并采取轮流工作制度。医务人员应对热修工进行观察，注意其心血管系统、呼吸和出汗等方面的变化情况。

2）烧伤：在劳动过程中，工人与钢渣、钢水及火焰接触的机会多，发生烧伤的危险性较大。特别是在机械化不够、体力劳动较多的情况下，如出渣、加料、打开出钢口和浇铸钢锭的过程中最易发生烧伤。最有效的防止烧伤的办法是实行机械化操作，同时加强个人防护。

3）一氧化碳：平炉主要使用煤气做燃料，而煤气中约有 30% 的一氧化碳。因此，在蓄热室、上升道（炉头）、变向装置（蝶形阀）、煤气发生炉及煤气管道等处，如果不加强防护就可能发生一氧化碳中毒。预防中毒的办法是保持煤气设备的严密性，安设警报器，加强有组织的全面自然通风和遵守安全操作规程，经常备有一氧化碳防毒面具等。

4）防爆：炼钢过程中可能引起煤气爆炸及钢水爆炸事故。加料时要禁止加湿料，煤气管道应保持正常压力，地面不可有水或过于潮湿。

2．吹氧转炉炼钢

（1）生产过程：转炉炼钢的主要特点是采用纯度 99% 以上的氧，从炉顶或炉底吹入炉中进行冶炼。钢液沸腾激烈，脱碳升温速度很快，因而冶炼周期短，生产率比平炉、电炉都高得多，而且钢中杂质少，消耗低，原料适应性好。转炉有两种，一种为酸性转炉，一种为碱性转炉。后者可炼含硫、含磷杂质较多的铁，所以多被采用。吹氧转炉炼钢工艺流程见图 2-4。

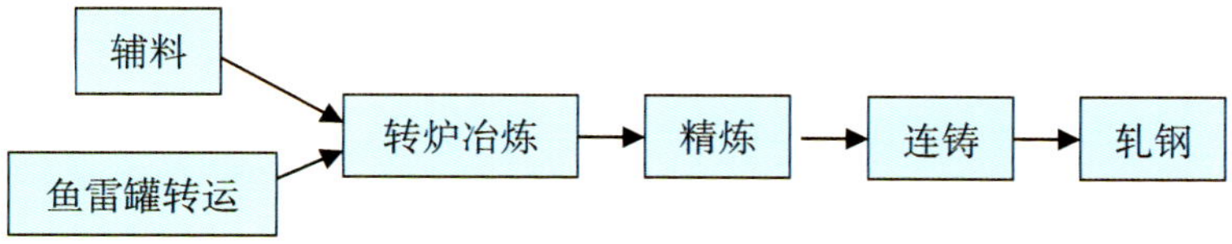

图 2-4　吹氧转炉炼钢工艺流程图

（2）职业性有害因素及预防措施：与平炉相似，在吹氧时，由炉口喷出长达 10 m 的火苗，迸溅的火花不仅易引起烧伤，而且排出大量的热、烟尘和一氧化碳、二氧化硫等。在碱式转炉炼钢时，要加烧碱或石灰，可造成粉尘飞扬。因此，转炉车间的厂房建筑，必须加强有组织的自然通风，天窗挡风板要采用耐火材料（石棉瓦等），以免引起火灾。

天车司机室常受到粉尘、刺激性气体及高温的影响，应采取密闭通风降温装置，加强工人个人防护。

3．电炉炼钢

（1）生产过程：平炉和转炉生产的碳素钢、低合金钢主要供一般工农业生产需要。由于机械制造工业、国防工业的发展，需要炼优质钢和特种钢，这种钢材必须使用电炉冶炼。电炉的种类有多种，如电弧炉、电渣炉、中频感应炉、高频感应炉等，其中较常见的是电弧炉。电弧炉炼钢是利用电能通过石墨制的电极与金属原料之间产生电弧（电弧温度高达 4 000℃）作为热源来进行冶炼。电炉是在较密闭的条件下生产的，全部氧化过程都是利用旧钢、废铁及铸铁中的氧来进行。扒渣后，加入一定量的炭，使氧化亚铁还原为金属铁，并附带有一定程度的渗碳作用。

（2）职业性有害因素及预防措施：与平炉炼钢基本相似，除此以外，在冶炼过程中，还有从电极的插入处冒出的大量热气和一氧化碳，故应采用可以启闭的排烟罩（更换电极时，可以打开）。加料及补炉应尽量实行机械化、自动化来代替人工操作。

（四）轧钢环节

1．生产过程 轧钢厂产品有钢板、钢丝、钢筋、钢轨等多种，但这些产品的生产过程基本相同，即将金属放在加热炉中加热，然后将加热好的金属放在各种轧钢机上轧制成钢材，再加以精整，用剪断机切断，用气切法切割，铲掉不要的部分及进行表面处理（如淬火、酸洗、镀锌等）。轧钢厂的基本设备是加热炉、粗轧和精轧的轧钢机，开动这些机器的动力装置以及各种不同的辅助机械，包括起重运输装置等。现代化的轧钢厂，全套生产中只需少数人在操纵室内管理，其设备有翻钢机、升降机、输钢机（滚道）、自动轧钢机等；轧好的钢材用电磁吊车及时运出车间，堆放在室外空旷场所。

2．职业性有害因素和预防措施

（1）高温和辐射热：轧钢的主要危害因素为高温和辐射热。不仅加热炉表面和被加热的钢铁本身是热源，用金属板铺成的地面及机器设备等也都是热源，因此，轧钢厂夏季室内外温差可达 15 ～ 20℃。在很多散热点，往往同时伴有一氧化碳的存在。为了消除高温、热辐射对工人健康的影响，首先应加强厂房的自然通风，轧钢机旁工人操作地点应设置隔热屏及局部送风，以减少赤热的钢材所散放出的高温、热辐射。吊车及轧钢操作台可安装冷风机，使用制冷空调降温。中小型轧钢厂如不能实行自动化操作，应尽量采用正、反、立围盘来改善劳动条件。此外，可采用小换班制，每 15 min 换班一次，以缩短受高温、热辐射影响的时间，并能及时在凉爽舒适的休息室内休息和饮用清凉饮料。在切断、轧制钢材的机械上进行喷水，可以降低温度和防止钢屑的飞扬。

（2）噪声：轧钢过程中各种机器设备的运作将会产生噪声。防止噪声的影响，可使用防噪声耳塞或耳罩。

（3）电离辐射：采用电子计算机进行生产的轧钢厂，在使用铯及钴 -60 等放射性元素进行测厚等作业时，有放射线（主要是 γ 射线）的危害，须加强对工人的防护措施。

（五）焦化环节

由于炼焦副产品煤焦油中含有极丰富的化学原料，故大型炼焦厂往往和化工厂同时设置，简称为焦化厂。

生产过程、炼焦是在炼焦炉中把炼焦煤通过干馏炼成焦炭。在炼焦以前，煤要经过一定的处理。处理过程一般分为 3 个步骤，即破碎、筛分与选煤、配煤。现代化炼焦炉由连接一体的 50 ～ 70 个狭长炼焦室组成。煤从室顶的小孔装入，装满后密闭，并在与该室相邻的燃烧室中燃烧煤气，燃烧室的温度约为 1 100℃。炼焦时，产生的煤气被引至焦炉，煤从炼焦室推到焦车上，送入熄焦塔喷水冷却。

焦化厂的职业性有害因素主要有高温、热辐射、烟尘、一氧化碳。炼焦过程中产生的焦炉逸散物可引起肺癌，焦炉工肺癌已列入职业病名单。

三、化工行业的职业健康问题

化学原料和化学制品制造业简称化工行业，具体包括基础化学原料制造、肥料制造、农药制造、涂料、颜料及类似产品制造、合成材料制造、专用化学品制造、日用化学品制造等众多与民众生活息息相关的产业。根据产品的化学性质来分，化工行业一般分为无机和有机两类。无机化学工业主要有酸、碱、盐、电化学等工业；有机化学工业主要有有机原料、农药、化肥、高分子合成（纤维、橡胶、树脂及塑料）、染料、涂料、医药、炸药、燃料及试剂等工业。中国化工行业产值占国民生产总值的 10% 左右，其总体规模、投资额巨大，处于世界化工建设前列，化工行业的职业卫生问题也越来越受重视。现选择几种有代表性的化工生产中的职业卫生问题阐述如下。

（一）化学原料制造行业的职业卫生问题

基础化学原料主要包括三酸一碱，即硫酸、硝酸、盐酸和氢氧化钠。三酸一碱是化学工业中产量大、用途广的重要产品。硫酸（H_2SO_4）是一种具有高腐蚀性的强矿物酸，一般为透明至微黄色，在任何浓度下都能与水混溶并且放热。有时，在工业制造过程中，硫酸也可能被染成暗褐色以提高人们对它的警惕性。氢氧化钠（NaOH）又称烧碱、火碱、苛性钠，有强烈的刺激性、腐蚀性，还有很强的吸水性和潮解性，可用做碱性干燥剂。许多工业部门广泛使用氢氧化钠。

1．生产过程

（1）硫酸：制造硫酸的原料主要有硫黄或硫铁矿、有色金属冶炼排出的含硫烟气，或从焦炉气、石油油田气、石油裂化气、天然气中脱除出的大量硫化氢等。目前，工业上生产硫酸的方法有接触法和硝化法。接触法是先破碎含硫矿石、焙烧、进化二氧化硫（SO_2），再将 SO_2 氧化成 SO_3，然后再与水结合成硫酸。硝化法是将 SO_2 在硝石或硝酸的作用下，借助氮氧化物获得 SO_3，再以稀硫酸吸收制成 65% 或 76% 的硫酸。早期硝化法生产主要反应设备是铅室，故又称铅室法，后来进一步发展为填料塔，即塔式法。

（2）氢氧化钠：主要采用电解食盐法生产。用饱和食盐溶液经电解生产氯气、氢气和烧碱。电解方法有隔膜法和汞电极法。基本工序是：①盐水制备；②电解；③氯气处理；④氢气处理；⑤烧碱制成固碱。

2．职业性有害因素

（1）硫酸：硫酸生产过程中危害工人健康的主要是有害气体、粉尘及高温。

1）有害气体：逸出的有害气体主要是 SO_2，在焙烧、精制、干燥、运输及包装等处理过程，都有 SO_2 从设备缝隙中逸出。此外，炉气中还含有少量的 SO_3，微量的三氧化二砷、二氧化硒等，这些杂质在高温下都是气体，其量随温度上升而增加。有害气体外逸主要是由于管理不良所致，通常有正常通风设备发生故障；输气管道由于粉尘堆积淤塞，使炉内压力增高，投料炉口、炉体及管道不密闭；赤热余烬中残存硫黄燃烧形成二氧化硫；违反操作规程等。

2）粉尘：在矿石粉碎、传送、筛分和焙烧炉投料、出料及除尘器周围都有大量粉尘飞扬。

3）高温：焙烧炉在正常操作情况下，炉温控制在 800 ～ 1 100℃，由炉壁、炉口、烟道散发的热量很大。特别是采用沸腾焙烧炉时，炉内温度也很高。从炉内刚清除出来的炉渣温约 500℃，如处理不适当，也可成为车间内的热源。

（2）氢氧化钠：生产中的主要职业性有害因素是氯气。氯气是强烈的刺激性气体，吸入高浓度氯气时，可使人出现“电击样死亡”。采用汞电极电解法时，还有汞蒸气问题，造成汞对生产过程和环境的污染。氢氧化钠有腐蚀和刺激性，人体接触高浓度的氢氧化钠将会造成比酸更深和广泛的灼伤。

3．健康损害

（1）急性刺激作用：当发生刺激性气体 SO_2 或氯化氢泄漏，可出现眼和上呼吸道刺激性炎症，如流泪、畏光、流涕、结膜充血、咽部充血、胸闷等。吸入较高浓度气体时，可引起中毒性咽喉炎、气管炎、支气管炎和肺炎。

（2）肺水肿：吸入高浓度刺激性气体时，可引起肺泡内及肺间质过量的体液潴留为特征的中毒性肺水肿，最终可导致急性呼吸功能衰竭，这是刺激性气体所致的最严重的危害和职业病常见的急症之一。

（3）眼、皮肤的灼伤：硫酸和氢氧化钠具有很强的腐蚀性，在生产工艺过程中，从业人员暴露于硫酸或氢氧化钠时，有可能发生化学灼伤事故。若较浓的硫酸或氢氧化钠溶液溅到皮肤上，会腐蚀表皮，造成烧伤。若不慎入眼，更会破坏视网膜，严重者造成永久失明。

4．预防措施 控制职业性有害因素暴露机会和水平，除了加强个人防护和职业卫生管理外，还需如下预防措施。

（1）工艺改革：提高机械化、自动化程度，尽量选择低害或无害的生产工艺和设备。如从卫生学观点看硫酸的生产，采用气态原料比固态原料好，接触法比硝化法好，因为前者生产过程在密闭的设备中进行，且无氮氧化物。

（2）防尘、防毒、防噪声设施：针对可能造成严重的职业健康损害的工艺流程，设置必要的防尘、防毒、防噪声设施，如通风除尘、通风排毒、湿式作业及防止跑、冒、滴、漏等措施。

（二）肥料制造业的职业卫生问题

肥料供给植物生长所需养分，以提高植物的产量和品质，是农业生产的物质基础之一。目前，市面上出售的肥料种类极多，依原料成分分为无机肥料和有机肥料，前者为矿质肥料，简称化肥，所含的氮、磷、钾等营养元素以无机化合物的形式存在，如硫酸铵、硝酸铵、氯化钾、钙镁磷肥、微量元素肥料等，大多数要经过化学工业生产。后者为天然有机质经微生物分解或发酵而成的一类肥料，又称农家肥，品种有绿肥、人粪尿、厩肥、堆肥、沤肥、沼气肥和废弃物肥料等。按所含养分元素种类又可分为单元肥料和复合肥料，前者指仅含有一种养分元素的肥料，如氮肥、磷肥、钾肥和微量元素肥料；后者指含有两种及以上养分元素的肥料，如氮磷、氮钾等二元复合肥及氮磷钾三元复合肥。

尿素是应用最广泛的化肥，农业需求大，产量大，工业规模大，生产技术先进，因此，下文以尿素生产为例叙述该行业的职业卫生问题。

1．生产过程 尿素是一种高浓度有机态氮肥，可用于生产多种复合肥料。工业上用液氨和二氧化碳为原料，在高温高压条件下直接合成尿素。所以，氨的合成是生产尿素的关键环节。氨的生产过程，主要分为造气、变换、合成和加工四步骤。

（1）造气工段：焦炭在煤气发生炉内燃烧，然后通入水蒸气得半水煤气。

（2）变换工段：半水煤气通过变换机压气，再经碳酸钠液脱硫（硫化氢和其他硫化物），然后送入变换塔，使一氧化碳与饱和水蒸气在触媒的作用下产生氢气。

（3）合成工段：首先高压下用水冲水煤气，再用碱液吸收以清除二氧化碳，最后用醋酸铜氨液除去一氧化碳。精制的氮气、氢气混合送入合成塔，在500℃、高压和触媒作用下，合成氨气。

（4）加工工段：液氨和二氧化碳在高温高压条件下直接合成尿素，氨水与变换气中产生的CO作用可产生碳酸氢铵，氨加硫酸制成硫酸铵等。

2．职业性有害因素 化肥生产过程的主要特点是高温、高压、易燃、易爆、易中毒、强腐蚀、高转速等，生产环境中存在煤尘、噪声、一氧化碳、氨、硫化氢等多种有害因素严重威胁作业工人的健康。

（1）粉尘：肥料制造业的粉尘主要有煤尘、石灰石尘、矽尘等。在焦炭运输、装载、煤震动筛选、破碎时易产生煤尘和石灰石尘，在静电除尘器出灰、造气炉出灰除渣时产生矽尘。

（2）高温：在造气、合成和加工工段均有高温作业，存在高温设备和管道。

（3）化学毒物：生产过程中会产生多种危害工人健康的化学毒物，常以气体或蒸气形式存在。一氧化碳、二氧化碳、二氧化硫、硫化氢、苯并芘、苯酚等主要在造气时产生，氨在氨合成、尿素生产过程中产生，甲醛、甲醇等主要在醇烃化过程中产生。

（4）噪声和振动：主要是在各个设备，如引风机、鼓风机、压缩机、溶液泵等运转时产生。

（5）电离辐射：氨合成冷冻环节使用钴 60 氨液位仪，工人可能接触电离辐射。

3．健康损害

（1）职业中毒：肥料制造过程中产生的化学毒物可以引起各种职业中毒。吸入一氧化碳气体可引起急性中毒、急性一氧化碳中毒迟发脑病或慢性损害。吸入硫化氢可引起刺激反应、急性中毒和慢性损害，主要是对眼、呼吸道和神经系统的损害。二氧化氮、二氧化硫等对肺组织产生剧烈的刺激和腐蚀作用，导致肺水肿。还有其他化学毒物导致的相关疾病。

（2）噪声聋：工人长期接触一定强度的噪声而发生渐进性的感音性听觉损伤，即职业性噪声聋。噪声不仅损害听觉系统，还可影响非听觉系统。

4．预防措施　设置一氧化碳和氨自动报警装置和机械通风装置，及早发现有害气体并及时清除。在配制和使用腐蚀性、刺激性物质的场所安装淋洗器、洗眼器等防护设施，将其安装在与疏散撤离方向一致的相对安全处，一般服务半径≤15 m。定期检修管道、阀门、容器、设备，及时更换老化设备，加强管道、设备的密闭性，减少跑、冒、漏、滴。同时，加强个人安全防护，配备必要的劳动安全防护用品，如防尘口罩、防噪声耳塞、防护服、防护手套和防护眼镜等。

（三）塑料制品业的职业卫生问题

塑料工业在当今世界占有极为重要的地位，多年来塑料制品的生产在世界各地高速发展。根据《2013—2017 年中国塑料制品行业产销需求与投资预测分析报告》中的数据统计，中国塑料制品产量在世界排名中始终位于前列，其中多种塑料制品产量位居全球首位，中国已经成为塑料制品生产大国。塑料制品为人民和社会经济发展带来了便利，但塑料制品在生产和使用过程中也出现了许多问题，如职业卫生危害和环境污染等。

1．生产过程及职业性有害因素　塑料制品业是以合成树脂（高分子化合物）为主要原料，经采用挤塑、注塑、吹塑、压延、层压等工艺加工成型的各种制品的生产，以及利用回收的废旧塑料加工再生产塑料制品的活动。生产过程中存在物理、化学等多种职业性有害因素，如有毒气体（氯乙烯、乙烯、硫化氢及有毒液体的挥发等）、有毒液体（苯、甲苯、二甲苯、二异氰酸酯、苯酚、甲醛、丙酮、糠醛等）、高分子化合物单体、粉尘、噪声、高温等。这些有害因素都可能导致机体皮肤、呼吸、消化、神经等系统的损伤。生产过程中使用的原料、单体、助剂绝大多数具有一定的毒性、变应原性和致癌性。

2．健康损害　塑料行业中出现的职业性健康损害主要与塑料生产过程中使用的原料、单体、助剂有关。病损主要表现为机体多系统、多器官的健康损害。使用的多种化工材料具有强腐蚀性、易燃、易爆、易挥发等特性，极易造成突发事故和急慢性中毒。如原料中的苯、甲苯、二甲苯、单体氯乙烯等及助剂氯化汞、无机铅盐、磷酸三甲苯酯、二月桂酸二丁基锡等可引起急慢性职业中毒；有机溶剂可导致皮肤腐蚀、变应原反应；有毒气体如氯乙烯、硫化氢、甲醛等可损害呼吸道，其中氯乙烯、苯、丙烯腈等有严重的致癌作用。加工时产生的粉尘也可引起鼻炎。

3．预防措施

（1）合理布局：将污染严重的车间设置在下风向位置，污染严重的设施远离非污染设施，产生高噪声的车间与低噪声车间分开，存在职业危害的车间与其他车间用卫生防护隔离带隔开。

（2）生产线的防护设施：加强设备和管道的密闭、通风、维修和保养，防止跑、漏、滴、冒。为减少和防止生产过程中存在的有毒气体、粉尘、高温等职业性有害因素，可采取水帘式抽风排毒系统。在涂装线进出门处设有自动化吹风装置，各操作室装有密闭性能好的门窗，以防噪声的危害。

（3）应急救援设施：设有相应事故防范和应急救援设施、设备，并留有应急通道。

（4）加强作业环境有毒有害物理、化学因素的监测：定期对容易产生职业危害的车间进行环境监测，对毒物剂量超标的作业点进行技术改造，增加通风排毒设备。

（5）个人防护：规范使用个人防护用品，养成良好的卫生习惯。

（6）职业健康体检：接触职业危害的工人应进行上岗前的健康体检和在岗期的定期体检，及早发现职业病损，及时治疗，严重者调离现有岗位。

（四）农药制造业的职业卫生问题

农药是指用于消灭、控制危害农作物的害虫、病菌、鼠类、杂草及其他有害动、植物和调节植物生长的各种药物的统称；狭义上特指农业上用于防治病虫以及调节植物生长、除草等的药剂。农药的种类繁多，按用途可分为杀虫剂、杀菌剂、杀螨剂、杀线虫剂、杀鼠剂、除草剂、脱叶剂、植物生长调节剂等。其中，以杀虫剂和除草剂为主，用量最大。按化学成分可分为有机磷类、有机氯类、拟除虫菊酯类、氨基甲酸酯类等。按农药的大鼠急性毒性的大小，可分为剧毒、高毒、中等毒、低毒、微毒五类。不同的毒性分级农药，在登记时其应用范围有严格的限制。

1．生产过程及职业性有害因素 农药制造行业是职业健康危害严重的行业之一。每一种农药的生产流程均不一样，但生产工艺过程均包括农药制造、配剂和包装三步骤。农药生产中的职业卫生问题，主要是原料、中间体、成品中存在的各种化学毒物及其所引起的职业病。工人在生产和配剂过程中会暴露于溶剂蒸汽，包括补充或隔离产品操作，湿法制粒，不封闭的过滤设备，设备清洗，泵、阀门、管汇站泄漏产生的短时排放（例如萃取和净化过程）。在农药配剂和包装过程中，在进行干燥、研磨和搅拌时工人可能会暴露于气载尘埃。有些药剂如含有高比例活性成分的混合物、填充物以及添加剂，尽管在农药作用于害虫时是不反应的，但是它们可能还是有毒的，应当进行职业健康危险评估。农药生产所有的原料、中间体大都有毒易燃，农药粉尘极易爆炸，因此具有较高的危险性。

2．健康损害 农药制造工人长期过量暴露于职业性有害因素可引起各种健康损害，甚至导致职业病。农药对人体的危害主要表现为三种形式：急性中毒、慢性中毒和“三致”危害。

（1）急性中毒：大量农药经口、呼吸道或皮肤接触进入人体，在短时间内表现出急性病理反应为急性中毒。急性中毒主要取决于农药的急性毒性大小和作业工人短时间内的接触剂量，有时农药的活性成分毒性不大，但是使用的溶剂或助剂却是罪魁祸首。农药急性中毒往往导致神经麻痹，甚至死亡，成为最明显的农药危害。

（2）慢性中毒：农药生产工人长期少量接触农药，短期内虽不会引起人体出现明显的急性中毒表现，但农药会在体内不断蓄积而产生慢性危害，对人体健康造成潜在的威胁，即慢性中毒。农药慢性中毒可降低人体免疫力，致使其他疾病的患病率和死亡率上升。慢性中毒工人可出现习惯性头痛、头晕、乏力、多汗、记忆力减退、脱发、体弱等症状。有些农药慢性蓄积还会影响神经系统，破坏肝功能，造成生理障碍，影响生殖系统，导致癌症等。

（3）致癌、致畸、致突变：多种农药有致癌、致畸和致突变效应，潜在危害大。国际癌症研究机构根据动物实验确认，18 种广泛使用的农药具有明显的致癌性，还有 16 种显示潜在的致癌危险性。其中二溴氯丙烷可引发男性不育，对动物有致癌、致突变作用。三环锡、特普丹对动物有致畸作用。二溴乙烷可使人、畜致畸，致突变。杀虫脒对人有潜在的致癌威胁，对动物有致癌作用。

3．预防措施　农药制造业职业性有害因素种类繁多，长期接触可导致各种职业性病损，预防该行业的职业危害需采取有效的预防措施。

（1）遵守相关的管理条例：严格遵守和执行《中华人民共和国农药管理条例》规定，加强农药生产、使用的监督管理，维护人、畜、环境的安全。

（2）农药制造厂应积极改进农药生产工艺，防止跑、漏、滴、冒，加强通风排毒措施，使用机械化包装代替手工包装，以降低工人农药接触机会和剂量。

（3）身体防护：生产过程中某些易燃物质泄漏，尤其是气体和蒸气泄漏，可引起爆炸，需引起高度重视，加强作业工人的身体防护。易爆炸的物质有：黄磷引燃温度很低，在空气中会自燃；一氧化碳、甲醇、乙醇、苯等都可与空气形成爆炸性混合物；三氯化磷生产中若氯过量会生成极易分解爆炸的五氯化磷；五氯化二磷、三氯硫磷、甲基或乙基氯化物、甲基或乙基硫化物等中间体的合成一旦失控，也会爆炸；烷基氯化物和硫化物自身就不稳定，易分解爆炸。

（4）呼吸防护：所有农药原料、中间体和成品大都有不同程度的毒性。生产过程中，急性中毒都由泄漏引起，有的则是检修失措或个人防护不当造成的。中毒类型可分为：有机磷类农药中毒、氨基甲酸酯类农药中毒、拟除虫菊酯类农药中毒、黄磷中毒、光气中毒、甲基异氰酸酯中毒，为防止中毒现象发生，作业时佩带防毒装备是必需的。

（5）手部防护：长期接触一定量的农药，可使农药在体内不断蓄积，对人体健康构成潜在威胁，必须与农药做好绝缘措施。工人工作时应戴橡皮手套，禁止吸烟或进食，不要用手擦脸或揉眼，皮肤污染时，立即用肥皂清洗，工作服和手套需用碱水浸泡，再用清水洗净。

（6）健康体检：工人应进行就业前和在岗期间的定期体检，通常一年一次，除常规项目外，可针对接触相应的农药增加监测指标，如有机磷接触工人检测全血胆碱酯酶活性。出现疾病表现者应及时就医，出现不适宜从事该类作业的患病者应调离该岗位。

四、机器制造行业的职业健康问题

机器，泛称为机械，是指由各种金属和非金属部件组装成的消耗能源、执行机械运动的装置。机械制造是各种工业的基础，机械制造行业的水平是国家工业化水平和发达程度的重要标志。近年来，我国的制造工业获得持续高速的发展，中国已是一个制造大国。机械工业总规模和总产量仅次于美国，超过日本，居世界第二，出口已超过德国，达到世界第一位。

机器制造行业的范围很广，包括汽车制造、工程机械、军民品加工、泵业制造和配件加工等。从生产工艺角度来说，机械制造的基本生产过程包括铸造、锻压、热处理、机械加工和装配等生产工序。本节重点阐述铸造行业、锻压行业、热处理行业的职业性有害因素、健康危害及其防护措施。

（一）铸造行业的职业卫生

1．生产过程　铸造是指熔炼金属，制造铸型，并将熔融金属浇入铸型，凝固后获得一定形状、尺寸、成分、组织和性能铸件的成型方法。按铸件所用金属的种类，铸造生产可分为黑色金属铸造（铸铁、铸钢）和有色金属铸造（铜、铝合金、镁合金等）。若按工艺过程的特点，可分为砂型铸造、泥模铸造、金属铸造型铸造、蜡型铸造和真空铸造等，其中以砂型、蜡型和泥型最常用。铸造用砂（型砂）中，石英砂是应用最广、用量最大的。

铸造车间的整个生产过程可分以下几个阶段：炉料及型砂的准备、熔炼金属、制型、将熔融的金属浇注到模型中、打箱、由模型中取出铸件、清理和修整铸件，如图 2-5 所示。

图 2-5　铸造工艺流程

（1）型砂调制：型砂是由砂、焦炭、焦炭粉及有机物质组成。由于铸造及干湿型不同，其成分亦不一样。型砂的制成要经过碾碎、过筛混合等一系列过程，这些操作过程，在较大的机械制造厂中，大部分都是机械操作，如使用碾碎机、电动筛等。在中小型工厂还有用手工操作者。

（2）制型：制型是按所要求的铸件形状，预先在木工车间做出木制模型。制砂型时，先将铸件的模型嵌到砂箱里，而后向砂箱内充填型砂、捣实，取出模型并加以修饰而成砂型。

（3）砂芯的准备和干燥：为使铸件内部留出空隙，用特殊调制的砂土做成砂芯，把它放到制成的砂型中。砂芯的基本材料是砂、黏土、有机物质、水、植物油或矿物油等。

（4）熔炼和浇铸：熔炼是在专门的冲天炉内进行。炉内温度一般是 1 300 ～ 1 400℃。铁水流入铁水包后，用机械或人工将铁水包运到砂型处，将铁水浇入模型中。

（5）铸件的打箱、清理和修整：砂箱浇铸后，冷却数小时，然后用人工或振动落砂机方法将铸件由砂型中取出。打箱后还要把铸件上的砂土与毛刺清除掉。大多数铸件的修整主要依靠手工工具和风冲、风铲、高速手提式砂轮、悬挂砂轮等半机械化工具作业。小型铸件用滚筒清砂机进行清理，大型铸件在喷砂室内进行，过去用石英砂喷砂，现多用铁砂代替。

有些小型定型铸件或比较精密的铸件，目前多用蜡型铸造，其主要生产过程如下：首先用铁模制成蜡型并焊成蜡型组，然后涂敷耐火材料（水玻璃、石英粉）、硅砂（二氧化硅），并进行化学硬化（用氯化铵），用热水溶掉蜡型组中的蜡后则成蜡壳。这样的型壳经过高温焙烧除去了水分和发气物质，并提高了其强度。将熔好的高热钢水注入型壳中，冷却后利用振动清除砂壳，即成粗铸件，经进一步清掉氧化皮等工序后，即得到成品铸件。

2．职业性有害因素

（1）生产性粉尘：铸造车间所用原料（砂、陶土、黏土、煤粉等）均含有游离二氧化硅，在型砂调制、制型、铸件的打箱和清理等过程中均有粉尘产生。混砂时，空气中粉尘浓度可达 41.3 mg/m^3，筛砂时达 75.0 ～ 194.3 mg/m^3，打箱时达 40.2 ～ 419.0 mg/m^3，喷砂时达 290 ～ 576 mg/m^3。

（2）高温、热辐射：铸造车间的加热炉、干燥炉、熔化的金属和铸件都是热源，均可产生强烈的热辐射，使车间温度升高。

（3）有害气体：熔炼金属与浇铸过程中，可产生一氧化碳，用脲甲醛树脂作型芯黏结剂时，能产生甲醛和氨。蜡型铸造时，产生大量氨。此外，铸铜车间在熔铜时，有锌的蒸气逸出，可引起铸造热。

（4）噪声和振动：铸造车间压力造型时，应用造型机和捣固机，清砂时应用风动工具和砂轮，这些均可产生强烈的噪声和振动。

（5）其他：铸造车间的工伤率一般较高，主要是由化铁炉出铁水和电炉出钢水以及金属浇铸和打箱时的特殊劳动条件所致。外伤中，以烫伤和机械伤最多。在机械化程度较差的车间还存在繁重的体力劳动。

铸造生产工序存在的主要职业性有害因素如表 2-2 所示。

表 2-2　铸造生产工序存在的主要职业性有害因素

生产工序	职业性有害因素
配拌料	矽尘
造型	矽尘，噪声，振动
砂型与砂芯的烘干	高温，热辐射，燃料燃烧产生一氧化碳、二氧化碳、二氧化硫和氮氧化物，高频感应炉或微波炉加热时存在高频电磁场和微波辐射
熔炼	高温，热辐射，一氧化碳，二氧化碳，金属烟雾、氟化氢
浇注	高温，热辐射，金属氧化物及粉尘
开箱	矽尘，噪声，振动
清砂	矽尘，噪声，振动

3．健康损害

（1）粉尘的危害：铸造生产过程中长期接触生产性粉尘可引起铸工尘肺，其中以铸钢清砂工患病率最高，型砂配制次之，砂型制造工最低。铸工尘肺可并发肺气肿，肺功能损伤程度因人而异。尘肺的发生和发展与作业人员接触粉尘的时间、浓度、分散度、防护措施及劳动者个体条件等因素有关。尘肺的类型取决于采用的铸砂种类和性质，尤其是二氧化硅的含量，如型砂中含游离二氧化硅高的工种所致尘肺为矽肺，而含游离二氧化硅低的工种所致尘肺为混合性尘肺。

（2）噪声和振动的危害：铸造生产过程中的造型、造芯、落砂和表面清理工序都有噪声和振动产生。长期接触噪声不仅影响听觉系统，引起听觉敏感度降低，严重者导致噪声性耳聋，还会对非听觉系统造成影响，包括神经系统、心血管系统、消化系统等。长期过量接触手传振动会引起振动性神经病和振动性白指，也可能造成骨、关节损害和手部肌肉萎缩。

（3）高温与热辐射的危害：在砂型和砂芯的烘干、金属的熔炼和浇注工序中存在高温和热辐射。高温和热辐射可使作业工人出现一系列生理功能改变，主要为体温调节、水盐代谢、循环系统等方面的适应性变化。若接触量超过生理调节范围，则对身体各系统产生不良影响，引起中暑，甚至死亡。在高温和热辐射的环境中，工人的反应速度和注意力、动作的准确性和协调性都会降低。

（4）有害气体的危害：在熔炼和浇注过程中，可产生甲醛、一氧化碳、氮氧化物、二氧化硫及氨等有害气体，均能引起作业工人的急慢性中毒。

4．预防措施

（1）防尘措施：选用低游离二氧化硅含量的型砂，如用石灰石砂或铁砂代替石英砂，来解除铸造过程中硅尘危害。改革生产工艺，减少手工造型和清砂作业，清砂应采用水爆清砂和水力清砂。安装大功率的通风除尘系统，实施湿式作业，降低作业场所空气中的粉尘浓度。作业工人应佩戴符合国家标准的防尘口罩。

（2）预防噪声和振动措施：高强度噪声可采取集中布置的防噪声措施及设置隔声屏蔽，作业工人应佩戴防噪声耳塞或耳罩。对于高强度的振动设备，应采取减振措施或对作业人员实行轮换操作。

（3）防暑降温措施：采取有组织的自然风；加热炉安装排气罩，化铁炉的炉壁和炉门进行隔热，及时疏散热源；设置空调；提供防暑降温饮料等一系列综合性预防措施。

（4）有害气体的预防：厂房车间应合理布局，防止各工序间的职业性有害因素的交叉污染。积极采用清洁化生产。加强职业卫生监督管理，使车间空气质量符合标准。对易产生有毒有害气体的场所，应制定职业中毒应急救援预案，作业人员应佩带防毒面具或口罩等。

（二）锻压行业的职业卫生

1．生产过程 锻造车间的生产过程是将金属预先加热至 800 ～ 1 200℃，在小型或旧式车间用锻炉，在现代化车间用加热炉，然后利用各种锻锤或液压机将钢块或钢锭锻压成一定的形状。一般大锻件用蒸汽锤、压缩空气锤或水压机等锻压，小锻件用手锤。

2．主要职业性危害因素

（1）高温和热辐射：旧式或中小型锻造车间的锻炉，常是敞开式的，温度可达 800 ～ 900℃。所以通过辐射和对流，会将烟热散放到整个车间。应用加热炉时，周围是密闭的，仅在炉子前面设有炉门，故当锻件在炉内加热时，室内气象条件较好，但为了投入或取出锻件而打开炉门时，炉子附近的气温可达 35 ～ 45℃，热辐射也很强。

（2）有害气体：锻造车间的空气，可被锻炉或加热炉产生的一氧化碳、二氧化硫等污染。

（3）噪声与振动：使用各种锻锤时，均可产生极大的噪声和振动，工龄较长的工人可能发生职业性耳聋。

（4）繁重的体力劳动和外伤：用手工锻造时，需要强烈的体力劳动。由于工作是在不良的气象条件下进行的，所以能引起机体体温调节和心脏血管系统的改变。使用气锤及水压机时，由于需要变更铁块的位置和方向，加热时，夹持铁块等仍是繁重的体力劳动。锻工车间特点之一是工伤率较高，主要是由于锤打时，铁渣、铁屑的飞溅所致。工伤中，以手部、足部和眼睛的灼伤较多。

3．预防措施 加强通风。首先，应充分利用有组织的自然通风。其次，在锻炉或加热炉上，安装局部自然抽出式通风设备，用空气淋浴或喷雾风扇向工作地带送风。在加热炉炉壁外面围上隔热材料，利用循环水围屏、水冷式炉门和水幕等，以便降低炉壁温度和防止辐射热。锻好的锻件及时运出车间，减少车间热源。

（三）热处理车间

1．生产过程 热处理工艺主要是使金属零件在不改变外形的条件下，改变金属的性质（硬度、韧度、弹性、导电性等），达到工艺上所要求的性能，从而提高产品质量。热处理包括淬火、退火和渗碳等三种基本过程。

淬火可使金属零件的硬度增高，其过程是将零件放到 1300℃的热炉或高频电炉中加热，然后取出放到水槽、油槽内迅速冷却，再加热，然后使其慢慢冷却。再加热即是回火，其目的是为了增加金属的弹性。这对制造发条和弹簧之类的零件是非常重要的。回火的方法是零件放在盛有硝石（硝酸钾）、融熔钡盐、植物油、矿物油的槽内慢慢加热到 250 ～ 350℃。

如零件在锻造加工时金属结构发生改变（内部强度不正常，结晶分布不均匀等），则需要进行退火，即将零件放到炉内加热 2 ～ 3 h，温度 800 ～ 900℃，然后慢慢冷却。

为增加金属的含碳量，往往在淬火之前进行渗碳。渗碳可使零件在中心部分保持足够韧性的条件下，表面部分得到较高的硬度和耐磨性。渗碳方法有固体渗碳法、气体渗碳法、液体渗碳法。

2．主要职业性危害因素和预防措施 车间内有各种加热炉和盐浴槽，这些热源可造成不良的高温条件。利用高频电炉进行热处理后，劳动条件得到了改善，但高频电磁场本身也是一种职业性危害因素。

氰浴槽可向车间空气中散放氰化物蒸气，应在槽上安装排气罩或槽边抽风装置。

（四）机械加工车间

机械加工车间的生产过程是用各种机床（车、刨、钻、磨、铣等）对金属零件进行冷加工。

机械加工车间的气象条件较其他车间良好，没有大量的有害气体排出。主要是金属切削中使用的矿物油及冷却液对工人有影响。通常所用的冷却液是由矿物油、禁酸或油酸及碱（苛性钠）等所组成的乳剂。因机床高速转动，冷却液四溅，易污染皮肤，可引起毛囊炎及粉刺。为防止冷却液所致的皮肤病，应以水乳剂或肥皂水代替矿物油；冷却液的组成要有一定要求，不得含有过多的刺激物或杂质，有机酸含量不得超过10%，游离碱不得超过0.2% ～ 0.25%（换算成氢氧化钠）。机床上应设置防护挡板，防止冷却液飞溅。在机械加工过程中，有金属和矿物性粉尘发生，在粗磨和精磨过程中，亦有大量粉尘发生，对人体有一定危害。人造磨石（钢玉、金刚砂）中二氧化硅含量极少，而天然磨石含有大量游离二氧化硅，故可能引起矽肺。为消除磨光与抛光时所产生的粉尘，主要用局部抽风装置，并尽可能把磨石全部罩住或采用湿式研磨法。

机械加工车间易发生眼、手指等外伤。机械加工车间应有合理的照明。

（五）装配车间

1．生产过程　装配的生产过程是将加工后的各种零件装配成产品，常见的是钳工对加工部件的锉、刮等操作。在现代化生产中，此过程往往以流水线方式进行。装配车间常配有焊接、电镀和油漆等作业。

（1）焊接

1）电焊：电焊时，电弧温可达4 000℃。优质焊条的外面涂有一层提高焊条质量的涂料，如锰铁、硅铁、氟化物和铬化物等。

2）氢弧焊：在电焊过程中，用氢气保护焊件，防止氧化。

3）气焊：利用氧与乙炔的混合气体进行焊接，温度约3 500℃。

4）等离子焊接：等离子体是一种高度离子化的气体，常处于离子状态。现在把等离子体称为物质的第四态。一种气体经过电离作用后，便产生了带正电荷的阳离子和带负电荷的阴离子，等离子体即正负离子浓度相等。带电离子重新组合时，能释放出巨大的能量、激起很高的温度、发出很强的光。等离子弧是等离子体在工业上应用的一种形式，它是由一种特制的等离子弧喷枪产生的压缩电弧。当喷枪内的钍钨棒（阴极）和工件（阳极）间，或钍钨棒与喷枪内壁之间分别接在电源正负极上，并加上较高的电压，经过高频振荡的激发，就会使通过喷枪的成流气体（氢、氦、氮等）击穿放电。钍钨棒发出的电子高速飞向阳极，途中不断激发气体的分子和原子，使其不断电离。高度电离，并且被高度压缩的电弧，即等离子弧。用等离子弧热源进行焊接（喷焊、堆焊），即等离子焊接。

（2）电镀：电镀是在一内层为铅板的电镀槽内进行，槽内装有电镀液，一般为酸性金属盐（硫酸镍、硫酸锌、硫酸铜）或碱性络盐类（各种氰化物）。电流由电极通过电解质引起电解，此时铬、镍、锌、铜金属离子即附在被镀金属表面上，形成一层金属薄膜。电镀零件在电镀前要用硫酸或盐酸液进行脱脂和酸洗。

（3）油漆：油漆的目的是防止金属制品生锈，并使其美观。涂饰方法有刷漆、浸漆和喷漆，常用的是喷漆法。喷漆是将漆料与稀释剂混合后放入喷枪罐里，用2 ～ 4个大气压的压缩空气，将其喷到部件的表面上。喷漆料含有各种有机溶剂，常用为“信那水”，其主要成分因配方不同而不同。

2．主要职业性危害因素

（1）粉尘：电焊时产生分散度极高的粉尘，其直径在2 μm以下者占95% ～ 99%。粉尘的主要成分是氧化铁，使用含锰焊条时，空气中还含有大量氧化锰，此外，还含有氟化物，等等。长期吸入这类有害物质可发生中毒，长期在密闭状态下操作（如船舱式锅炉）吸入高浓度的电焊粉尘，可发生电焊工尘肺。

（2）有害气体和蒸气：喷漆时，可产生苯、甲苯和二甲苯蒸气和雾。电镀时，有硫酸雾以及铬和镍的酸雾，如用金属的碱性络盐类能产生氰化氢。氩弧焊和等离子焊接时，可产生臭氧和氮氧化物。气焊时，可产生一氧化碳和氮氧化物，在锅炉内电焊时空气中的一氧化碳浓度可能很高。

（3）紫外线：电焊时，能发生强烈的紫外线，波长多在 310 ~ 218 nm 之间，气焊时的紫外线强度较弱。如不注意防护，可发生电光性眼炎。

3．预防措施 焊接时，用自动电焊机代替手工电焊，在工艺许可的条件下，采用含锰少或不含锰的焊条。电焊工应带镶有深色滤光板的电焊面罩，以防紫外线的作用。为保护工作场所附近的其他人员，焊接工作应在单独房间内进行，或用防护屏隔开。在密闭场所内进行电焊时，应保证送入足量的新鲜空气。焊接中小型焊件时，应有固定的电焊台，在台上安设局部抽风装置。在管道内进行焊接时，应在工人背侧用鼓风机向管道内送风，以排出烟尘。

为防止喷漆作业中发生中毒，最好是选用无毒或毒性小的有机溶剂代替苯，目前已有多种毒性低的稀料。采用静电漆法，效果也较好。

为防止电镀时发生中毒，可采用无氰电镀、无铬电镀新工艺。电镀槽和酸洗槽应设槽边抽风装置。电镀液面上使用保护液，如若丁、皂角和磺酸钠类洗剂，可防止有害物质逸出。电镀工人应戴胶皮手套，工作后用 5% 硫代硫酸钠洗手，以保护皮肤。

五、建筑行业的职业健康问题

建筑行业是围绕建筑的设计、施工、装修、管理而展开的行业，其产品有各种工厂、矿井、铁路、桥梁、港口、道路、管线、住宅以及公共设施的建筑物、构筑物和设施。建筑业是我国国民经济的一项支柱产业，为劳动密集型产业，解决了大量人员就业，为社会经济发展作出了重要贡献。同时，建筑业的职业卫生问题也备受人们的关注。建筑业工作场所中普遍存在的粉尘、毒物、异常物理因素以及其他不安全因素，导致建筑工人的疾患和伤亡频发，给国家和人民群众的生命财产带来巨大损失。近几年来，建筑业的事故发生率和伤亡人数仅次于道路交通和煤矿业，已成为事故高发的第三源头。据资料显示，我国每天几乎有 7 人丧生，每年我国在建筑业上死亡的人数相当于美国的 2 倍，日本的 3 倍多。这使得建筑业成为一项高危的行业。

建筑行业的职业卫生主要包括房屋和土木工程建筑业的职业卫生、建筑安装业的职业卫生和建筑装饰业的职业卫生，是对各类工程设施在建造、安装、装饰装修过程中产生的职业危害进行识别和预防。

（一）职业性有害因素

房屋和土木工程建筑、安装及装饰过程存在多种职业性有害因素，包括粉尘、毒物、异常物理因素等。具体来说，由于作业人员工种的不同，其所暴露的职业性有害因素的类型和水平也不一样（表 2-3）[2]。

1．粉尘

矽尘：建筑业中多个工种接触矽尘，如挖掘、装载、铺设砂石料、对建筑体进行打孔或破解操作。

水泥尘：如水泥运输、使用。

电焊尘：如设备固定、金属焊接中的电焊作业。

石棉尘：如建筑拆建，部分管道的保温、防腐，线路绝缘等作业可接触到石棉。

其他：包括木材加工接触木粉尘、钢筋等金属切割产生金属尘等。

2．物理有害因素

（1）噪声：挖掘、装载、搅拌、拆建机械操作，钻孔机打洞穿孔，钢筋等金属切割均会产生噪声。

（2）高温或低温：部分建筑活动存在夏季露天作业，工人会接触高温；而有时在冬季或在温度较低的环境进行。

（3）振动：建筑建设中打桩机操作，挖掘、铲土、搅拌机的驾驶员；安装及装修中较多涉及手动操作的工具，如电钻打孔、电锤的使用。

（4）放射性物质：如大理石、花岗岩、瓷砖中的放射性氡。

3．有毒有害化学物质

（1）有机溶剂：主要包括油漆、黏合胶和聚氯乙烯（PVC）管熔融连接等释放出的苯、甲苯、异丁烯苯、壬烷、甲醛等。多见于粉刷油漆工序、PVC 管熔融连接、使用沥青进行地下管道防腐和家具的释放。

（2）有害金属：电焊作业会产生锰、镁、镉、镍、铁等金属。

（3）高分子材料：主要来源于装饰中所用的塑料、橡胶、涂料、黏合胶等，包括氯乙烯、聚氯乙烯、聚四氟乙烯等。

4．其他　电焊作业中接触的紫外线，高处作业、静力作业、重复作业、强迫体位等。

表 2-3　建筑业不同工种的职业性有害因素

职业 / 工种	职业性有害因素
砌砖工 / 泥水匠	黏合剂皮炎，强迫体位，工作压力
石匠	黏合剂皮炎，强迫体位，工作压力
木匠	木尘，工作压力，重复性动作
干式墙壁安装工	石膏灰，登高行走，工作压力，强迫体位
电工	焊烟重金属，强迫体位，工作压力，石棉尘
电源安装与维修工	焊烟重金属，工作压力，石棉尘
油漆工	溶剂挥发物，颜料中毒性金属，涂料添加剂
裱糊工	胶挥发物，强迫体位
抹灰泥工	皮炎，强迫体位
水管工	铅烟和颗粒物，焊烟
管道安装工	铅烟和颗粒物，焊烟，石棉尘
铺地毯工	膝外伤，强迫体位，胶和胶挥发物
瓷砖安装工	黏合剂挥发物，皮炎，强迫体位
混凝土和磨石子地工	强迫体位
玻璃工	强迫体位
保温 / 隔热工	石棉，合成纤维，强迫体位
铺平夯实地面设备操作工	沥青散发物，汽油，柴油机尾气，高温
铁路和公路铺设设备操作工	矽尘，高温
盖屋顶的工人	焦油，高温，高空作业
结构金属安装工	强迫体位，工作压力，高空作业，噪声
焊接工	焊烟，铅，镉
打孔工	矽尘，全身振动，噪声
气锤操作工	噪声，全身振动，矽尘

续表

职业 / 工种	职业性有害因素
打桩机操作工	噪声，全身振动
绞重机操作工	噪声，润滑油
起重机和塔吊操作工	紧张，中暑
挖掘及装载机械操作工	矽尘，组织胞浆菌病，全身振动，热胁迫，噪声
铲土机、推土机和搅拌机驾驶员	矽尘，全身振动，高温，噪声
公路和街道建筑工	沥青挥发物，高温，柴油机尾气
卡车和拖拉机驾驶员	全身振动，柴油尾气
拆建工	石棉，铅，灰尘，噪声

（二）健康损害

作业工人在施工现场可能接触到多种粉尘，如矽尘、水泥尘、石棉尘、电焊烟尘等。当吸入肺部的粉尘达到一定数量后，就可能损害肺组织，甚至逐渐发生纤维化，导致呼吸功能减退，诱发尘肺病。

房屋和土木工程建筑业的工作场所一般都在户外，作业人员经常在高温、寒冷、潮湿等恶劣环境中作业，容易导致作业人员出现中暑、冻伤，甚至诱发关节炎、风湿病等。建筑施工及安装、构件生产加工过程中多个工种都可产生噪声，噪声的声压级通常在 95 ～ 110 dB。长期在这种环境中工作，不仅会危害听力系统和精神心理，还可能诱发高血压、心脏病、神经衰弱症候群，导致胃肠功能紊乱等。振动是建筑现场常见的健康有害因素，常与噪声一起共同作用于人体。手传振动可使建筑工人出现手指麻木、无力、胀痛、振动性白指，甚至指端坏死等。

建筑工人接触施工现场产生的各种生产性毒物，可引起人体的急、慢性中毒反应。接触油漆可引起苯、甲苯、二甲苯、汽油等中毒；煤焦油沥青挥发物以烟和粉尘的形式经呼吸道和皮肤引起中毒，发生皮肤损害、视力模糊、眼结膜炎、胸闷、腹痛、心悸、头痛等症状，也可引起接触人群肿瘤发病率增高。电焊作业接触紫外线可发生电光性眼炎。

除上述损伤外，繁重的体力劳动易引起工人腰肌劳损、下肢静脉曲张，或由强迫体位和局部紧张导致急、慢性劳损等工作有关疾病。而且，我国建筑业施工安全事故居高不下。作业人员因高空坠落或被高空坠物击中致伤、致死，作业过程中因滑倒和跌倒造成的肌肉骨骼损伤等事件屡见不鲜。

（三）预防措施

建筑业职业性有害因素较多，减少和预防建筑业职业伤害和职业病，最关键的措施是建立和完善建筑业职业安全健康管理体系、广泛开展职业卫生与安全方面的教育培训，具体如下。

1．加强职业卫生管理 建立健全职业卫生管理机构和制度，认真贯彻《职业病防治法》等有关法律法规。

2．使用不产生职业危害的建筑材料、施工设备和装饰材料 使工作场所有毒有害物质的浓度（或强度）达到职业卫生标准要求。施工设施应进行经常性的维护、检修，确保处于正常状态。

3．配备有效的个人防护用品 加强个人安全防护意识，确保作业人员在作业过程中正确佩带工作帽、手套、防毒面具等，穿工作服、防护靴，并对个人防护用品进行定期检查维护，确保防护用品完好。

4．采取湿式作业 钻孔机湿式打洞；设置局部防尘设施和净化排放装置，如焊机配置带有小型排气罩烟气净化装置，钻孔机设捕尘器。

5．制定合理的劳动制度　加强施工过程职业卫生管理和教育培训；在可能产生急性健康损害的施工现场设置检测报警装置、警示标识、紧急撤离通道和泄险区域等。工作时防止强迫体位，减轻静力作业。

6．定期进行作业场所有害因素监测和作业人员职业健康体检　及早发现健康问题，及时防治，确保从业人员身心健康。

六、信息产业的职业健康问题

信息技术产业，简称信息产业，是以计算机和通讯设备行业为主体的IT产业，这是一门新兴的产业。在信息技术革命推动下，世界经济全球化和信息化步伐明显加快，电子信息产业日益成为经济发展的强劲动力。20世纪90年代以来，我国电子信息产业一直保持高速增长，我国由于具备丰富的人力资源、低廉的成本和巨大的市场需求，成为新一轮国际电子信息产业梯次转移的主要目的地之一，带动我国电子信息产品制造业的迅速发展。电子信息产业国际转移在推动发展中国家就业和社会发展的同时，由于管理不善或者法律、法规执行不严，也导致了严重的环境污染和健康问题。

信息产业结构分为信息技术设备制造（硬件）业和信息服务（软件）业两大部分。由于这两部分的工作性质不同，其职业卫生特点也不同。

（一）信息技术和设备制造业的职业卫生

信息技术和设备制造业主要涉及微电子工业生产，支柱产业是以生产集成电路为主的半导体工业。集成电路的生产是采用半导体平面工艺的方法，通过氧化或化学气相沉积，在衬底硅片上表面形成阻挡或隔离层薄膜，通过光刻技术形成掺杂孔，采用离子注入或高温扩散掺杂形成器件PN结，最后通过溅射镀膜形成互联引线，形成电路图形的生产过程。电子产品制造中涉及蚀刻、电镀、喷漆、注塑、焊接等生产工序。在这些生产工序中工人将接触许多有害因素，包括化学性因素和物理性因素。

1．化学性物质　在重复使用的清洗、氧化、扩散、光刻和化学气相沉积工序中使用大量的化学物质，多达近百种。清洗芯片时，清洗液中含有氢氟酸、氨水、硫酸、盐酸、过氧化氢、丙酮等酸碱物质和有机溶剂；氧化扩散过程中使用掺杂剂、三氯乙烷、三氧化磷、乙硼酸、硫酸、氨水、氢氟酸等；光刻工序中涂覆强化剂、光阻剂、负光阻剂、去光阻剂、显影剂、缓冲剂、蚀刻物质等，都含有多种有机溶剂和酸碱物质，如正已烷、甲苯、二甲苯、乙苯、戊烷、氨水、硝酸、磷酸、溴化氢等；化学气相沉积时接触金属卤化物、有机金属、碳氢化合物等；焊接工艺还会暴露于锡及其化合物、甲酸乙酯、丙酮、酚醛树脂、乙二醇乙醚、乙烯酮、氢氧化四甲基铵、已二硅甲基氨烷、过氧化氢等。生产过程中使用一些特殊材料气体，这些气体为电子产品（集成电路芯片）制造过程中制造材料的一部分，它的某些元素以扩散和植入的方式与硅片紧密结合。特殊材料气体种类多，量少，但毒性较强，其中含有高毒性气体如砷化氢、磷烷、硼烷和一氧化碳等，刺激性气体溴化氢、氯化氢、氨和氯气，单纯窒息性气体氮气、甲烷和易燃性气体硅烷、氢气等，以及其他气体如六氢化硼、三氟化硼、三氯氧磷、六氟化钨、氯化硅、四氟化碳、一氧化二氮等。

2．物理性物质　电子产品制造过程中还存在噪声、辐射、微小环境因素及工效学问题。噪声主要来源于洁净车间和支持区的风机、真空泵，以及公共设施的鼓风机、发电机、空压机等，为连续稳态噪声。电子产品生产工艺中，激光、红外线、紫外线、微波、高频电场、γ射线等作为工艺方法使用，若长期或大剂量接触这些辐射也会对人体健康产生不利的影响。除此以外，还有洁净车间的微小环境如温湿度、正负离子、新风量和微生物等。工人在流水线装配操作过程中，由于长时间重复单调操作，或操作台、座椅缺乏工效学设计，过多的强迫固定体位，会使某些特定肌肉处于持续静态收缩状态，容易引起疲劳，出现颈、肩、腕等功能障碍、视觉疲劳等症状。

（二）信息服务业的职业卫生

信息服务业是指有效地运用信息加工机器（如计算机）对信息资源科学地进行加工并将结果提供给顾客的行业。从业人员多为白领，在有空调的环境利用计算机进行紧张复杂的脑力劳动，如从事软件开发、数据管理、政府公务、文秘等行业的工作人员。信息服务业的主要职业卫生问题是视频终端作业、人体工效学问题、心理紧张以及空调环境的微小气候问题。

随着工作节奏的加快以及生活方式的不断改变，新的疾病综合征正侵袭现代白领，即白领综合征。在我国，越来越多的白领职员抱怨他们颈、肩、腰部不适，感觉颈肩腰腕疼痛、肌肉拉紧或无力，有的还有头晕、头痛、记忆力下降、紧张、焦虑、失眠、免疫力降低等症状。“白领综合征”对健康的危害日益凸显，已引起了卫生部门、相关专家和民众的重视，并认识到它的危害性。如何防治“白领综合征”已成为世界职业卫生研究中的热点，也是每个白领职员保护自身健康的关键。

公共卫生专家认为，超正常时间的过量工作是“白领综合征”的主要原因，所以这类疾病也被看作“职业过度综合征”。它的职业危害主要来源于工作量大、时间长、节奏快、脑力工作过度。“白领综合征”常见的表现如下。

1．“病态建筑综合征” 在装修密封良好或超净工作场所里，由于空气过分干燥、室内外空气流通不畅、空气负离子减少，加上电脑、打印机、复印机、工作人员密集等造成室内环境污染，会导致白领出现“病态建筑综合征”。环境医学研究认为室内致病源来自四面八方，包括空调通风管线内的细菌、复印机飘出的粉尘、人体呼出的二氧化碳和墙面油漆溢散的甲醛，都可能是侵害办公室人员健康的元凶，而办公大楼的密闭式中央空调系统则是帮凶，使脏空气和致病细菌不断在大楼内循环。“病态建筑综合征”主要是呼吸道黏膜受刺激或感染，出现炎症或过敏反应。常表现为咽喉炎、支气管炎、咳嗽、流鼻涕、气喘、头晕、头痛、皮肤发痒、情绪起伏大等。

2．肠胃病与富贵病 许多白领，尤其是工作在大城市的白领，追随快节奏的工作和生活，早出晚归，很难保证一天三餐的合理饮食。近八成的办公族缺少良好的饮食习惯：为了节省时间而放弃早餐，工作繁忙忘了吃午饭或以快餐、饼干充饥，而晚餐却很丰盛，甚至宵夜时常常大吃大喝，过量饮酒等，加之久坐办公室，长期缺乏运动，这些不科学的生活习惯为胃肠疾病、富贵病提供了滋生的土壤。调查显示，办公族的胃肠病发病率接近 50%，而脂肪肝、高血脂、高血压、糖尿病等富贵病的发病率为 16%，有些城市甚至达到 25%。这与他们的生活水平相对较高，体力消耗又相对较少有很大关系。

3．视觉损伤 工作场所光线的强度会影响工作人员的视觉系统，出现“光源综合征”。光线太暗会使眼的屈光系统产生变化，导致近视的发生；太亮则会使人感到眩目刺激，严重时还会损害视觉功能。长时间在强烈的灯光下工作会造成视神经疲劳。原因是荧光灯发出的强烈光波，可导致生物体内大量的细胞遗传变性。灯光的过分使用无形中扰乱了生物钟，使人体心理节律失调，精神委靡不振。因此，要注意工作场所光线的亮度。

长期从事电脑操作的人员，由于眼睛长时间注视屏幕，眨眼次数会在无形中减少，由每分钟眨眼 20 ~ 25 次，减少至 5 ~ 10 次，从而减少了眼内润滑剂——泪液的分泌，同时眼球长时间暴露在空气中，使水分蒸发过快，造成眼睛干涩不适，长期如此易造成“干眼症”，严重的甚至损伤角膜。另外，电脑操作者眼睛在视屏、文件和键盘间频繁移动，双眼不断地在各视点调整焦距，加上视屏的闪烁、反光和炫目，超量长期视屏作业容易导致工作人员眼肌疲劳、视物模糊、视力下降和精神高度紧张等不适感觉。

4．骨骼肌肉系统疾患

（1）肩腕综合征：长期操作电脑、敲打键盘、拖动鼠标，或流水线上手臂单调重复操作，加之姿势不当或固定姿势维持太久，会对人体肌肉、肌腱、神经等组织造成伤害，易患颈背部疼痛、滑囊炎、鼠标肘、腕管综合征[4]。早期表现为手指、手腕、前臂、手肘、肩膀的僵硬，易疲劳，随着病情加重，出现手、腕部刺痛，麻木无感觉，手臂无力或无法支配手运作，睡觉时常因手或手臂麻木或烧灼痛而醒来，活动后缓解，严重者最终导致手臂致残。

（2）颈椎病和腰椎病：长期伏案工作的办公室人员或固定姿势的工作人员，由于长时间低头或者曲背工作，使得颈、背、腰软组织慢性损伤，失去弹性的软组织不能承受低头、曲背等高应力，从而使脊椎出现椎间盘突出等问题，如颈椎病、腰椎病[3]。长期低头工作，颈椎长时间处于屈曲位，而第5、6节颈椎受应力最大，颈部肌肉也处于紧张状态，颈后部肌肉和韧带最易受牵拉劳损，椎体前缘因间隙变窄相互磨损、增生，刺激附近神经引起疼痛。当颈椎间盘突出，压迫血管时，造成大脑供血不足，可引起头晕、恶心等症状。腰椎病是由于坐姿不良，使腰部肌肉、椎间盘与韧带组织长期受到牵拉，造成慢性损伤，由此产生腰部疼痛，时轻时重，有时疼起来连弯腰都受不了。长久下去，腰椎间盘弹性减低，结构松弛，最容易导致腰椎间盘突出。

5．慢性疲劳综合征[5]　慢性疲劳综合征以长期疲劳为主要特征，是指一个人在极度疲劳作用下导致的一种身心障碍。据中国健康教育协会最近在深圳、上海、北京、广州等十大城市组织的慢性疲劳综合征初步调查结果显示，各城市人群慢性疲劳综合征发病率在10%～25%。都市白领是高发人群。由于工作时间过长、脑力劳动强度大、疲劳长期积累，最终罹患此症。身体长期处于疲劳状态，会造成人体内分泌代谢失调、神经系统调节功能异常、免疫力减低，出现发热、咽喉痛、淋巴结肿大、肩膀酸痛、头痛、注意力和记忆力降低、全身无力等症状，也易感染疾病。

如果长时间过度劳累很可能造成“过劳死”。近年来，许多年轻精英面临社会和家庭的双重压力，事业心强、期望值高、玩命工作，经常工作到深夜，甚至有通宵达旦，连轴加班，放弃休息和放松的机会，最终引发心理疲劳、抑郁症、脑卒中或心肌梗死。

6．心理问题　现代白领承受的心理压力较大，如软件工作人员，工作的高难度、高效率、超时工作、昼夜颠倒、与计算机交流多于人际交流等都容易导致精神过度紧张、工作倦怠、社交困难等。心理上表现为情绪烦躁、紧张、焦虑、愤怒、抑郁等；生理上也可能随之出现头疼、胸闷、胸痛、腹胀、睡眠障碍、内分泌失调等不适。

（崔立华）

参考文献

[1] 金泰廙．职业卫生与职业医学［M］．6版．北京：人民卫生出版社，2011．
[2] 孙贵范．职业卫生与职业医学［M］．7版．北京：人民卫生出版社，2013．
[3] 王吉顺，李政垚，曲艺，等．唐山市某医院护理人员下背痛流行情况及影响因素［J］．环境与职业医学，2017，34（5）：426-430．
[4] 刘英宇，庞淑兰，安美静，等．唐山市某医院护理人员职业性肌肉骨骼疾患现况调查［J］．中国工业医学杂志，2015，28（2）：127-129．
[5] 2013年职业病防治工作情况通报［R］．北京：国家卫计委，2013．
[6] 林大泽，韦爱勇．职业安全卫生与健康［M］．北京：地质出版社，2005．

第三章

职业健康相关行为

健康是人类生命存在的正常状态，职业人群亦不例外，随着疾病谱的变化、人们生活水平的提高、生产劳动条件的改善、人类行为与生活方式的改变，职业人群的健康除了面临常见危险因素的影响外，同时还受到职业相关因素的威胁，使其身心健康遭受前所未有的威胁。据世界卫生组织估计，全球 60% 的死亡主要归因于不良行为和生活方式。WHO 发布的《2014 年全球非传染病现状报告》数据显示，2014 年全球共有 3800 万人死于由不良生活方式而引起的非传染性疾病[1]。目前研究也已证实，不良行为与生活方式，包括吸烟、过量饮酒、不合理膳食、体育锻炼缺乏等，对慢性非传染性疾病发生发展的影响占据着主要地位。我国职业人群慢性病患病率高与缺乏体育锻炼、膳食结构和饮食行为不合理、睡眠不充足等因素均有密切关系。职业人群既是推动社会发展的主力军，也是近年来慢性非传染性疾病高发人群，所以，改变职业人群的不良行为，教育人们树立健康意识，培养、建立和巩固有益于健康的行为和生活方式，可有效提高职业人群身心健康水平。健康教育的核心是行为的改变，人的行为可以创造环境，亦可影响环境，人的行为具有可塑性，但行为的表现又千差万别。为此，本章从行为、行为影响因素及行为改变理论的角度，阐述职业人群的行为及特点，以及行为干预的策略。

第一节　行为概述及其与健康的关系

一、行为的基本概念

行为（behavior）是有机体在内外界环境刺激下所引起的反应，包括内在的生理和心理变化，是完整有机体的外显活动。根据此定义，美国心理学家 Woodworth 提出了著名的 S（刺激）-O（行为反应）-R（有机体）行为表示模式。

行为既是内外环境刺激的结果，同时又反过来对内外环境产生影响。实际上行为反应的发生比这个公式复杂得多，人类行为受多种因素影响和支配，美国健康教育学家 W. H. Greene 认为，S-O-R 模式过分强调刺激因素在行为过程中的作用，是不全面的，人的行为是一个极为复杂的现象，正是人类头脑中的知识、信念、价值观、态度和掌握的有关技能及其间复杂关系的相互影响和作用，才能解释人类行为的多样性。所以，他将 S-O-R 模式加以补充为图 3-1 所示模式。

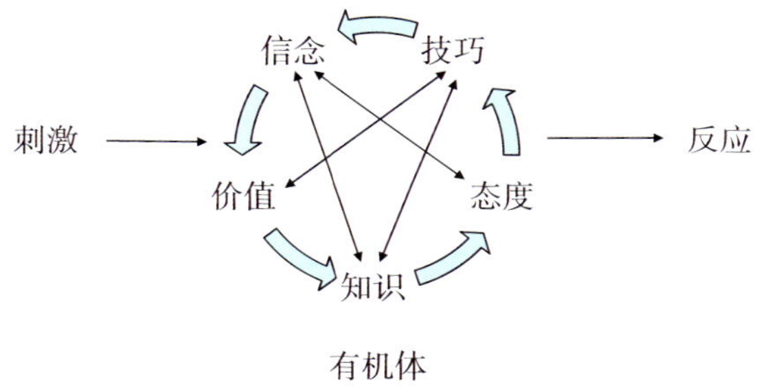

图 3-1　S-O-R 模式

行为是表现人们一定思想动机的行动。人类的行为是人类为了维持自身的生存和种族的延续，在适应复杂的、不断变化的环境时所做出的反应。该“反应”包含三层含义[2]：首先，行为表示一种活动过程；其次，行为表示某人当时的状态；最后，行为表示该人具有的某种行为特征。例如：当别人提供香烟给你时，你若回答“谢谢，我不会抽烟”加以谢绝，表明你正在拒绝抽烟，你不是抽烟者，不具备吸烟者的行为特征；如果接受香烟，则表明你有吸烟的行为，并具备吸烟者通常惯有的行为特征。

人的行为是具有认知、思维能力、情感、意志等心理活动的人，对内外环境因素做出的能动反应，这种反应可能是外显的，能被他人直接观察到的行为，如言谈举止、表情；也可能是内隐的，不能被直接观察的行为，如心理活动。内隐行为需要通过测量和观察外显行为来间接了解。

人类行为由五个基本要素构成：行为主体、行为客体、行为环境、行为手段和行为结果。

- 行为主体：人；
- 行为客体：人的行为所指向的目标；
- 行为环境：行为主体与行为客体发生联系的客观环境；
- 行为手段：行为主体作用于行为客体时所应用的工具或使用的方法；
- 行为结果：行为主体预期的行为与实际完成的行为之间相符合的程度。

人类的行为表现错综复杂，体现为同一个体在不同环境条件下的行为表现不同，不同个体在相同环境条件下的行为表现亦有所差异，即使同一个体在同样的环境条件下，由于其生理、心理等因素的影响，行为表现也不尽相同。然而，人类需要维持自身生存和种族延续，需要适应复杂的、变化发展的环境，其行为特征仍有一定的规律性。

二、行为的特征

（一）人的行为既有生物性，又有社会性

人类行为与动物行为的主要区别在于人的行为既有生物性，又有社会性，即人的行为除了受本能支配外，还受社会生活的支配和制约。

首先，人的生物性决定其行为的生物性[3]，其表现如下。

1．一切行为反应都以生理形态和功能作为基础和前提　受生理功能的限制和调控，如外显行为以人体运动系统的结构和功能为基础得以表现；内隐行为则以人体的神经系统及大脑的结构和功能

为基础。

2．行为表现特征与遗传有关 排除其他因素影响后，亲代和子代、孪生子之间行为的相似性，则证实了行为与遗传有关。

3．人的本能行为 人的本能行为是由人的生物属性所决定，是人的生物遗传信息作用的结果，而非后天习得，人的生理需要是这些行为的原始动力。如：与基本生存有关的本能行为，如摄食行为和睡眠行为；与种族保存有关的本能行为，如性行为；攻击与自我防御行为，这种本能行为广泛存在于低等动物乃至人类，表现为对外来威胁的反抗、妥协和逃避。

其次，人的社会性决定人的行为的社会性，即人的社会行为。人的社会行为的促成和发展都来自社会环境。人的社会性行为是通过社会化过程确立的，人类在进行物质生产的同时逐渐形成了各种文化形态，还产生各种关系，这些因素调节影响身处其中的人的行为，使之符合社会的要求和愿望。人类个体通过与他人的交往、模仿、学习、教育、工作等就形成了得到社会承认、符合社会道德准则、行为规范和价值观念的人类社会行为。社会行为的涵盖面非常广，如职业技能、社会角色行为等。

人是生物性与社会性的统一体，人无论何种行为都带有一定的社会性，包括人的摄食行为与性行为。健康教育就是通过社会化，使每个社会成员养成有益于自身、他人和社会健康的行为和生活方式。

（二）人的行为的目的性

人类行为有明显的目的性。动物多出于本能的驱使，被动地适应自然环境；人的绝大多数行为是有目的性和计划性的，人类不仅能够适应环境，更能通过劳动按照自己的愿望改造和维护环境，包括自然环境和社会环境，以适应人类的发展。人类行为的目的性是健康教育的前提。

（三）人的行为的可塑性及可控制性

人的行为不是千篇一律、一成不变的，不同个体、个体的不同时期，其行为都是在不断变化的，这与他所接受的教育、生活的环境均有很大关系。尤其是当某些行为反应有相对冲突的结果导致正负两方面的强化时，个体常常对自己的部分行为进行控制，以达到社会适应。行为的可塑性特点是实施健康教育的前提。年纪小者行为可塑性较大，健康教育应抓住人们社会化关键期，帮助人们改变不良行为，培养文明、健康的行为。

（四）人的行为的差异性

个体遗传素质不同，其反应存在差异性；行为受个体心理特征的支配，对同一刺激反应不同；受外部环境条件（地理环境、时代特点）影响，个体行为有较大的差异。这就决定了健康教育的实施必须因人而异，因势利导。

（五）人的行为的适应性

指机体与环境变化之间相互作用而相应改变的过程。人会不断调整自身的行为合乎环境的要求，并满足本身的需要。

（六）人的行为的发展性

人的行为是一个连续不断的过程，当个体生理、心理发展到某一阶段，某些主导性的行为就由量变发生质变，呈现出阶段性的特征。

三、行为的分类

人类行为的种类很多，可以从不同角度对其分类。

（一）根据行为的生物性与社会性分类

将行为分为本能行为和社会行为。本能行为包括生存本能、种族保存本能、自我防御本能；社会行为包括社会生活基本技能、社会生活行为规范、社会角色、社会地位等。

（二）根据行为是否符合常模分类

将行为分为正常行为和偏差行为。正常行为包括符合社会和文化所赞许的标准的行为、个人行为与大多数人的行为相似或一致的行为、行为发展符合个人生理或心理发展的行为、个人生理 - 心理 - 社会适应良好及平衡的行为。偏差行为则刚好与正常行为相反。

（三）根据行为是否需要训练分类

将行为分为反应行为和操作行为。反应行为是指不需要训练就具备的行为，也称为不随意反应或无条件反射，如进食食物时分泌唾液、针刺手时手会立即缩回；操作行为指人出生以后通过后天学习学得的行为，也称目的反应或条件反射，如职业技术能力、角色行为等。

（四）根据对行为的理解分类

将行为分为狭义行为和广义行为。狭义行为是指表现于外的、可能直接观察或可记录、可测量的行为；广义行为指各种外显行为和不能被人直接观察到的思想、意识、情感、态度及动机等内在的潜在行为。

四、行为的发展与适应

（一）行为的发展

行为发展是指个体在其生命周期中行为形成和发展的过程，即在个体出生以后，随着生理的发育、心理的成熟以及社会交往的不断扩大和学习的深入，个体行为不断变化、发展和完善的过程。在这个过程中，个体行为由于遗传因素与后天学习的作用，从偶然的、非系统的行为逐渐发展为连续而系统的行为，行为内容也越来越复杂。社会和实践向行为主体提出的要求所引起的新的需要与其已有的心理水平之间的矛盾是行为发展的内因与动力。

人的行为的发展通过量的累积而表现出质的变化，且随着生长发育日臻完善和复杂化，行为发展的特点主要体现在以下几个方面[4]。

1．个体认识活动的深刻化和复杂化　个体通过社会实践活动，认知由具体的、表面的、零碎的感性认识到理性认识并向高度概括发展。

2．个体行为日臻完善　随着生长发育及社会化过程，人的内在心理活动和外在行为表现均日趋成熟；此外，还表现在个体与环境的协调与适应关系上。

3．个体行为发展的连续性　连续性意味着在每一个人的整个一生中其行为是发展变化的：旧的行为反应不断被打破与新的行为反应建立，现在的行为是过去行为的延续，而将来的行为又必然是现在行为的延续，不可能跳过其中的某一阶段而进入下一阶段。

4．个体行为发展的阶段性　阶段性意味着人的行为在不间断发展过程中呈现出阶段特点。个体行为发展在某一阶段内呈量变，这种量变累积到一定程度后发展为质变，进入行为发展的下一阶段。体现在不同年龄阶段，行为特征与规律有不同的表现。

5．个体行为发展的不平衡性　尽管人类行为的发展按照一定的模式进行，但在个体行为的发展过程中存在个体差异和发展的不均衡性。

根据行为发展自身的特征，可将人整个生命周期的行为发展分成四个阶段[4-5]。

（1）被动发展阶段（0 ~ 3 岁）：通过遗传、本能力量的驱使，以及无意识的模仿来发展行为，多种动作、简单语言、基本情绪及部分社会行为初步形成。这个阶段的行为虽大都是被动发展的，但它们是人的社会化最基本的准备时期，而且很容易被训练，培养出一些基本行为。

（2）主动发展阶段（3 ～ 12 岁）：开始主动模仿、探究，行为发展带有明显的主动性，对本能冲动的克制能力迅速提高，婴幼儿期形成的行为进一步发展。由于主动发展受环境的影响很大，人与人之间这种克制能力的差异很大。

（3）自主发展阶段（12 岁～成年）：人们开始通过对自己、他人、环境、社会进行综合认识，调整自己的行为发展。本阶段有两大关键性特征。一是这种自我行为调控主要是通过个体的社会化进程和不断的适应而逐步实现；二是在自己的成长过程中发展起来的行为，大都已经定型。

（4）巩固发展阶段（成年以后）：人的行为定式已经形成，且与周围环境相适应，但是，时代、环境、社会和个人状况（如年龄、身体状况、社会地位、家庭角色等）都在不断改变，人的行为还须不停地加以调整、完善、充实和提高。因此对过去建立的不正确的行为要改正；对过去从没有过的行为则要新建。通过对行为的不断调整实现对自己和周围环境的最佳适应。

在医学实践中，行为发展的动力和发展的连续性为改善服务对象与健康和疾病有关的行为提供了可能性，行为发展的不平衡性则提示要帮助服务对象形成有益健康的行为就必须注意利用与该行为有关的关键发展阶段。例如，过去人们通常认为吸烟是成人和青年的问题，但调查发现半数以上的吸烟者的首次试吸烟发生在小学高年级或初中。而且，从小学到大学，每一次升学前后都伴随着该人群吸烟率的一次明显升高。这意味着：①多数吸烟者的吸烟行为起始于少年，形成于青年阶段；②从少年到成年早期，吸烟率随年龄增长持续升高，但并非是一条平滑曲线，而是表现出不平衡性和阶段特点；③多数吸烟者形成吸烟行为的时期也正是形成自己价值观体系的时期。此外，就总体而言，对吸烟者未形成稳定的吸烟行为前，有针对性地开展预防活动来降低吸烟率的效率和效益，应该比单纯劝说吸烟者放弃吸烟效果要好。因此，控制吸烟的预防医学重点活动应从对象人群的成年期前推至青少年期，并且控烟活动应与其他教育活动相结合。慢性非传染性疾病的预防控制及健康教育活动的开展与控烟的健康教育相似。

（二）行为的适应

行为的适应是指个体与环境之间保持动态平衡的过程。人类个体为了适应环境，就需要认识环境、与其他个体交流，从而发展了语言、感知觉、思维与智力，这种发展反过来又提高了人类适应环境的能力[3]。

行为的适应形式有如下几种。

1．反射 人体通过“反射弧”对外界刺激做出反应，如与本能行为相联系的基本反射，这为人类适应社会奠定了基础。而且，许多适应性较强的行为被作为种族生存与繁衍的基础传承下来，如觅食行为、抚幼行为、自我防御行为。

2．自我控制 当某种行为反应可导致正反两方面结果时，个体就会对自己的部分行为进行控制，增加奖励性后果发生的概率和频率，减低惩罚性后果发生的概率和频率，以达到社会适应。

3．调试 在人际交往过程中，人与人之间相互配合、相互适应、协调矛盾、解决冲突，以达到社会适应。

4．顺应 个体不断接受新的经验改变自己的行为，以适应客观环境的变化。

5．应对 为使行为适合目前或长远的需要，个体决定是否做或如何做某件事情。个体不断修正自身的行为以适应环境。

6．应激 个体对紧张刺激的一种非特异性反应是有益的，应激可以提高人们的警戒水平，动员机体的内部潜能，以应对各种变化。但过分强烈的应激状态可导致机体功能失调，反而有害于身心健康。

第二节　人类行为的影响因素

健康行为学认为，人的健康相关行为是一系列自然因素和社会因素共同作用的产物。健康教育要有效地干预对象人群的行为，就必须对健康相关行为的影响因素进行研究。人类的行为由内因和外因共同决定，即同时受到自身因素和外界环境因素的双重影响。

一、自身因素

（一）遗传因素

许多动物实验和跨文化人类学研究都证实，人的行为是有遗传基础的。基因除了影响行为外，还能决定人的一系列行为性状和趋势。人类通过遗传物质把一些生物特征传递给后代，如性别、相貌、气质特征及某些动作特点等，其中包括某些能影响行为的潜能在内，如素质的潜能、气质的潜能等。研究证明，不少先天愚型的病态行为与遗传有密切关系，同卵双生者的生理指数，如血压、心率、呼吸脑电波图形及一些动作特征都相似。不难理解，子代的生长发育、生活习惯、行为特点无不受到亲代遗传素质的影响[6]。行为的遗传机制体现在以下几个方面。

1．行为遗传的物质基础　一般认为，遗传因素对行为的控制和影响表现为基因的原发效应。其作用途径为：来自机体内外环境的刺激信息，通过各种感觉器官、传入神经系统，在内分泌腺的参与和大脑的控制调节下，经过综合分析，做出反应，产生行为，即：刺激→感受器→改变输入信号，作用于调控系统（神经系统和内分泌腺），改变协调和理解能力，作用于效应器，产生反应。

（1）每一种动物行为都是相对稳定的：不同种类的动物，即使形态相似，而且生活在同一个环境中，它们的行为也会有很大差别，这些行为是由遗传因素决定的。基因上的遗传密码，包含使细胞生长、分裂、分化的各种信息和决定整个动物形体和行为习性的全部信息。

（2）由于控制一个个体发育的遗传密码由亲代的生殖细胞传给子代，这种传递在某些情况下可能会出现误差，使子代接受到的基因与亲代的不完全相同。同时，每种动物都具有许多基因，而且动物个体的数量极多，后代的再组合过程中也会发生基因的改变，从而导致某些行为上的差异。

2．基因突变与行为的改变　基因对行为的影响主要是通过影响某些酶的作用，而酶的改变又间接地影响到神经生化、肌肉发育等情况。研究表明，单个基因的突变即可改变行为。

此外，大量研究资料表明，所有的行为包括学习行为的能力都是能够遗传的。基因的传递使人类在长期进化中获得的优点得以继承，而基因的复杂性导致人类行为的多样性。因为遗传基因具有相当大的稳定性，所以行为能代代延续；遗传基因又在不断地突变、选择和整合，所以人类的行为得以不断地发展和延伸[4]。

（二）心理因素

人的行为是心理活动的外在表现，个性心理特征在个体选择行为目标时起很大作用。心理因素可以从不同的方面，不同程度地影响人的行为[3]。

1．需要、动机与健康相关行为　人的一生中，时时会对有关身体健康的行为做出选择，在决定选择的因素中，首要因素是人的需要和动机。需要（need）和需求（demand）是人的能动性源泉，是人类活动的推动者和积极性的根源。需要是客观的，不以人的意志为转移的。需要包括生理需要和社会需要。被意识到的需要即为需求，需求是客观需要的主观反应。如胃肠的空虚和血糖浓度的降低产生进食的需要，这种客观情况通过感受器反映到大脑皮质，人意识到这一需要即出现需求。

需求并非被动、消极地反映客观需要，需求是在人与环境相互作用的积极过程中发生的。健康是人的客观需要，但许多情况下由于种种原因人并未意识到健康需要。健康教育活动应激发教育对象的健康需求，这是健康教育活动的重要内容。

人在需要和需求的基础上产生动机。动机（motivation）是推动人行动的内在力量、导向某一目标的愿望或意念。它以需要为活动基础，为满足一定的需要服务的。当需要停留在某种紧张或不适状态，且与需要的具体对象及获得这种对象的途径相联系时，需要就转化为从事活动的动机。动机是人的行为的直接发动者，对人的行为起着发动、调节、维持和终止的作用。健康动机是推动人们健康行为的内部动力。一种健康相关行为可以由几种动机引起，一种动机也可以产生不同的行为。如青少年吸烟可能有好奇、模仿、交朋友、烦闷、无聊等多种动机；青年女性保持身材苗条的动机可引发节制饮食、参加健美活动训练、吃减肥药等多种行为。

动机不但在实施行为的客观条件具备时满足需求，也可推动人去创造行为条件，最终实现行为。旧的需求满足了，新的需求又会产生，推动人去从事新的行为，如图 3-2 所示[4]。任何改善健康相关行为的工作如忽视对象的需求和需要，必定失败。

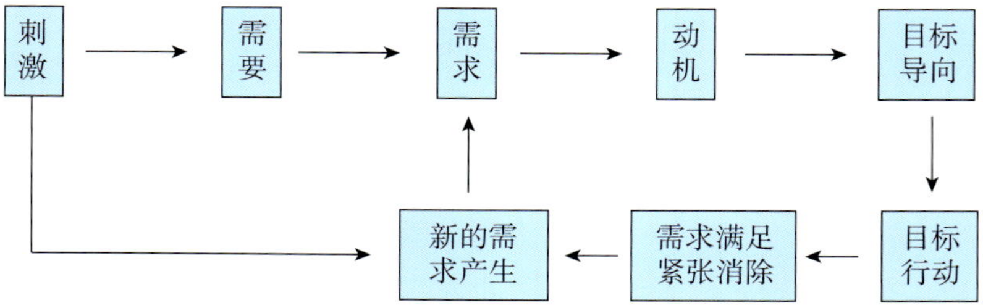

图 3-2 需要、动机和行为的关系

人在同一时间常常是多种需要和需求并存，由此产生的不同动机可能相互矛盾竞争，形成动机冲突（motivation conflict）。冲突的结果是产生出优势动机，决定着发生相应的行为。动机冲突中何种动机成为优势动机，受各种主客观因素的影响。其中，认知因素起着举足轻重作用。

2．认知 可以说人的认知过程是一个非常复杂的过程，指人认识客观事物的过程，即是对信息进行加工处理的过程，是人由表及里，由现象到本质地反映客观事物特征与内在联系的心理活动。心理学家 Neisser 认为：认知（cognition）指“人们获得和利用信息的全部过程和活动”。认知由人的感觉、知觉、记忆、思维和想象等认知要素组成。认知过程可简单概括为图 3-3[3-4]。

认知过程的第一步，注意到传来的刺激、信号；第二步，把传来的信号、刺激转化为某种信息，并做出解释；第三步，采取适当的行为，对信息做出反应。机体内外部刺激信号很多，大脑往往把无关的刺激都过滤掉了，而从无数信号中选择了感兴趣的有特殊意义的信号。例如，当一个人一边看书一边在候车室里等车，广播员的声音并未引起他的关注，当突然听到他要乘的火车的车次时，他会立即警觉起来。所以认知过程对具体信号的刺激是选择性的注意，然后将信号转化为信息（赋予意义）并做出适当反应，产生行为，或修改行为。同样，人们在获得有关健康的信息时，也是一个选择性“拾取信息”的过程。因此健康教育所提供的健康信息应该清晰、鲜明、适合对象与环境，从而能尽快引起对象注意。这种对信号的选择与人们的兴趣有关。如果人们关心自己的某一健康问题，往往力图获得这方面的知识。这种选择也与人们的恐惧有关，如某些人非常害怕某种严重疾病

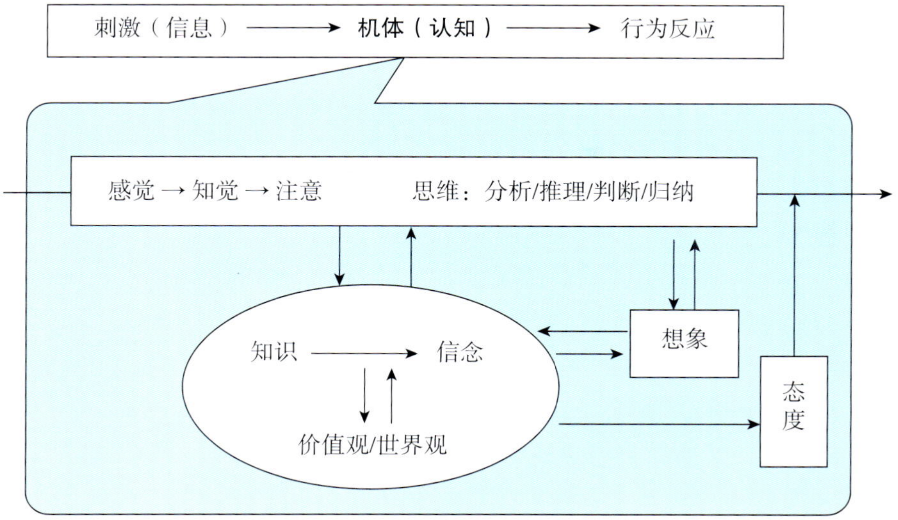

图 3-3　认知过程示意图
（资料来源：傅华．健康教育学．3 版．北京：人民卫生出版社，2017）

而自己又可能已经染上该病，就会有意回避有关的信息。

人们对健康知识有了一定的认知，并不一定有与之一致的行为。这种情况称为“认知不协调”（cognitive dissonance）。例如我国高达半数的男性外科医生吸烟，而他们绝大多数人认为吸烟是有害的。认知不协调的发生可能有多种原因：①同一时间存在不同需要及相应的动机冲突：冲突的结果是人们选择了自认为较重要者或较急迫需应付者，而使另一方表现为认知不协调，如外科医生可能因疲劳或紧张而选择吸烟；②行为条件不具备，如我们提倡饭前便后用流水洗手，但在严重缺水的地区没有足够的水，尽管有知识也无法做到饭前便后洗手；③从众行为，如一个小群体中占主导地位的人都吸烟，个别成员尽管有吸烟危害健康的知识，但为了取得他人的认同也吸烟；④在获得正确的知识之前已形成某种不利健康的行为，后来虽然有了正确知识，但改变行为的代价是行为者不愿付出的或行为者一时还不能改正的行为；⑤虽然人们都力求认知的一致性，但认知元素之间常常发生矛盾，即知识、信念、态度、价值观、能力等发生矛盾，于是不协调便发生了，等等。认知不协调是一种不愉快的心理感觉，具有动机作用，会驱使个体设法减轻或消除失调的状态，使关联的认知与行为变得协调起来。

总之，认知是行为转变的前提。促使人们理解健康、幸福和生活质量的提高，很大程度上取决于对行为和生活方式的选择。人们对健康的关注越大，就更容易做出健康的选择。

3．态度　态度（attitude）是个体对某种事物或对象所持有的一种肯定或否定、接近或背离、拥护或反对的心理和行为的反应倾向，这是一种内部准备状态。态度包括人对对象的某种情感体验，对该对象与自己的需要的关系，以及社会意义的认识和评价。其主要特征是评价性，态度必定具有特定的对象，即评价指向的东西。态度是较稳定的倾向，是跨越时间和情境的。一般认为态度的结构包括三部分：认知成分、情感成分和意向成分。认知成分反映出个人对对象的赞同或不赞同、相信或不相信；情感成分反映出个人对对象的喜欢或不喜欢；意向成分反映着个人对对象的行动意图、行动准备状态。

态度产生常导致某种与之相符合的行动。态度在心理活动中有各种不同的表现，一个人已形成的个性倾向性、世界观等是最概括的态度体系。态度对人有指导性和动力性作用，人们在不同的条件下形成不同的态度，不同的态度决定人的不同行为和生活方式。如怀孕期妇女为生健康宝宝，保持充足营养、适当活动、足够休息、定期产检，保证胎儿正常发育。带儿童进行预防接种的母亲，表现出关心儿童健康、防止疾病传播的社会态度。

有人认为态度改变可能经历三个阶段：服从、同化、内化。

（1）服从阶段：这是从表面上转变自己看法和态度的时期，也是态度转变的第二阶段。处在此阶段的人们只是被迫表现出一些顺从行为，并非心甘情愿，比如一个职工慑于群体的压力，才去参加每天的工间操，做操时也是应付了事。

（2）同化阶段：人们不是被迫而是自愿接受他人的观点、知识、信念、行为等，使自己的态度自觉自愿地顺从他人，比如那个职员每天很愉快地做工间操。

（3）内化阶段：真正从内心深处相信和接受他人的观点、知识、信念，彻底地转变态度，成为内在的行为倾向。如那个职员在做工间操的过程中，充分体会到了精力充沛，舒筋活血，接受了工间操能够促进健康的事实，从而发自内心地坚持做工间操。

对严重危害社会的行为可依法采取强制手段，促使其态度转变，如：在戒毒所，吸毒者开始是被迫服从，并非心甘情愿（“服从”）；一段时间后他开始自愿自觉地服从帮教人员，对和其他戒毒同伴的共同生活感到愉快（“同化”）；以后，他从内心深处接受“吸毒有害”的信念，彻底改变态度，并把这一新观点纳入自己的价值观体系，成为动机的内在行为标准（“内化”）。

态度概念从一开始就是用来说明社会行为的。既然态度是行为倾向，那么态度就要引导或决定行为。一般而言，积极态度可以预期引起赞同行为，消极态度引起不赞同行为。但是，态度与行为的关系并不只是单向的，二者可以相互影响。例如禁止在公共场所吸烟，大家都接受此规定而不在公共场所吸烟，这样的行为也会使相应态度发生变化。

虽然通常态度与行为有密切联系，但态度与行为也可能不一致。例如调查对象回答真心愿意参加关怀照料艾滋病患者的活动，但实际上在活动开展时并未参加。这种情况如同上述认知不协调，可能有种种原因。有人认为，人具有两种态度：一是对客体的态度，一是对情境的态度。在回答问题时表示的是对客体的态度，而行为中表示的是对情境的态度。这种解释强调了情境因素的作用。态度理论在健康教育实践中有广泛的应用。

4. 情感 人们在认识客观事物的过程中，产生的不同性质的体验和内心感受，这种人对客观事物是否符合其需要而产生的态度体验，就是情绪和情感（emotion and feeling）。情绪和情感也是一种心理过程，但有别于认知，它具有特殊的主观体验、显著的生理变化和外部表情。

情绪常指短暂而强烈的具有情景性的感情反应，如愤怒、恐惧、狂喜等；情感相比于情绪更内涵化，多指稳定而持久的、深刻的、具有深沉体验的感情反应，如自尊心、责任感、热情、亲人之间的爱等。情感是情绪的内在体现，而情绪则是情感的外在表现。

在情感和情绪 - 认知 - 行为的相互作用中，情感和情绪可以是认知发展的契机，它激发人去认识、去行动；也可以强烈影响认知过程发展和行为表现，例如痛苦、愤怒或紧张情绪使认知活动变得刻板和狭窄，限制知觉和思维，干扰信息解释利用和做出反应。

情感和情绪在一定环境中发生发展，在人的健康相关行为中有重要作用。积极情绪有益于身心健康，消极情绪有害于身心健康。保持愉快稳定的情绪，要提高道德修养；保持健康的心理状态，还要学会适应外部环境的变化，自觉运用积极情绪克服消极情绪，是促进健康有效途径。

5. 意志 意志（volition）是人有意识、有目的、有计划地调节和支配自身行为的心理过程。人的行为由动机决定，动机在需要的基础上产生。当一个人在动机驱动下有意识地拟定计划、采取行动时，这种行动是自觉的、指向目标并与努力克服障碍相联系的，它所涉及的心理过程就是意志。意志行为属于受意识发动和调节的高级活动，不同于生来具有的本能活动和不随意行为。人的生活、学习和劳动都体现了人类所特有的意志行为。

人的意志品质主要表现如下。

（1）自觉性：表现为自觉地、有意识地确定行为目标和选择达到目标的方法，并积极主动地执行计划，它的反面是行为的盲目性。

（2）果断性：表现为遇到问题时能经过周密考虑而采取果断决定，毅然决然地去完成的意志品质，其对立面是优柔寡断、动摇不定。

（3）坚持性：表现在为达到目标而长时间坚持不懈，不因困难而退缩，不因挫折而灰心。

（4）自制力：即克制个人情感、控制自己行为、使行为服从于目标实现的能力，是一种善于控制自我的意志品质。

改善健康相关行为也涉及意志活动。例如戒烟行为，在确定目标、制订行动计划和实施戒烟的过程中可能会遇到动机冲突和实际困难，能否最终成功实现戒烟即需要一定的意志力量。

人的心理是认知、情感、意志的统一体，三者相互促进、相互影响、相互渗透。意志以认识为基础并随认识的发展而发展。人只有认识客观事物的变化规律，才能有意识地确定行为目标和实施行为，所以意志自由以正确认识客观现实为前提。此外，许多情况下意志过程与人的情感密切联系，高尚的情感可以成为意志的动力，而消极的情感往往成为意志的阻力。

二、环境因素

人的行为是个体心理特征和外部环境相互作用的反应。个体所处的环境是人在遗传基础上作为行为主体的条件和其行为的对象。行为的发生发展，不可能离开环境因素的影响。著名德国心理学家 K. Lewin 认为人的行为是作为行为主体的人与环境相互作用的函数[7]：

$$B = F\ (P \times E)$$

式中 B 表示行为，P 表示作为行为主体的人自身，E 表示环境。实际工作中 P 的内涵多指人的心理活动及其规律，E 的内涵多指社会环境因素。

正如前述 S-O-R 行为表现式所示，人的一切行为均诱发于某种环境刺激；反过来，这些行为都发生在环境中，并对环境造成影响。所以，环境既是行为的激发者，又是其接受者。同样环境下，不同个体会做出不同的行为反应；而同一个体出在不同的环境中也会产生不同的行为。人的行为环境就是围绕在个体周围的客观世界，包括自然环境和社会环境。

（一）自然环境对行为的影响

自然环境指与人类生活和行为相互关联、相互影响的自然条件的总和，是人类赖以生存的自然条件，是人类一切活动的场所，是人类取得各种生活资料的源泉，包括人类生活于其中的一定地理环境、生态环境和地下资源环境等。

不同的自然环境对人的生活和行为有不同的影响，对健康相关行为而言，同一自然环境又总是既存在有利的因素，也存在不利的因素。人类行为是对环境适应的结果，这种适应首先是对自然环境的适应。我国北方和南方、东部与西部、山区与平原、沿海和内地，由于气温、降雨量、地貌、生物种类、地下资源等条件的不同，以及社会经济条件的差异，使人的行为形成一些不同的特点，所以自然环境对健康相关行为的影响首先体现在相应的风俗习惯上。其次，自然环境对健康相关行为的影响还表现在与人类行为有关的可得资源上。最后，自然环境不同，经济活动的内容不同，居民的性格特点往往也不同，性格特点必然影响到行为取向。

因此，健康教育工作者在对某一地区的具体对象的目标行为进行分析时必须注意物理、化学、地理、气象等自然环境因素的影响。

（二）社会环境对行为的影响

社会环境是指人们所处的社会条件，包括社会的政治、经济、文化、风俗习惯、生活方式等，这些条件对人的行为，尤其是健康相关行为有极大的影响。健康教育发生于一定社会中，所以，社会对个体的人的行为的影响无所不在[4,8]。

1．经济发展对行为的影响 经济发展是人类社会发展的主要形式，是社会进步和社会生活的基础，它的发展是人类生存和健康得以保障、人群健康水平得以提高的决定力量，它的发展也必须以人群为前提条件。

（1）经济发展对行为的积极影响：经济的发展，创造出越来越丰富的物质财富，为人们采取维护和增进健康的行为提供了最重要的物质基础。从历史来看，经济发展水平与居民健康水平间呈正相关：经济发达的国家和地区，能为其居民提供更丰富的食品、安全的饮用水、清洁的居室和劳动场所、良好的教育和卫生服务等；社会经济发展，改善了人们的生产和生活环境；经济发展为人们提供了受教育的机会，有利于提高人们的知识水平，促其采取健康行为。因此，经济是影响人类健康不可忽视的重要因素。根据 WHO 在《2019 年世界卫生统计》中的资料显示：发达国家、发展中国家及不发达国家间的婴儿死亡率、出生期望寿命等卫生指标都存在明显的差异（表 3-1）[9]。

表 3-1 经济发展与健康的关系

组别	国家类别	人均 GNP（美元）	孕产妇死亡率（/10 万）	婴儿死亡率（‰）	出生期望寿命（岁）	出生健康期望寿命（岁）
高收入群组	美国	53 960	28	5.9	79	69
	瑞典	44 760	4	2.4	82	72
	日本	37 630	6	2.1	84	75
	平均	40 335	17	5.3	79	70
中上收入群组	马来西亚	22 460	29	7.2	74	65
	巴西	14 750	69	12.3	75	65
	中国	11 850	32	10.9	75	68
	平均	13 403	57	15.6	74	66
中低收入群组	埃及	10 850	45	18.6	71	62
	亚美尼亚	8 140	29	14.0	71	62
	印度	5 350	190	41.4	66	58
	平均	5 953	240	44.0	66	57
低收入群组	孟加拉国	2 180	170	33.2	71	61
	坦桑尼亚	1 750	410	36.4	63	53
	埃塞俄比亚	1 350	420	44.4	65	56
	平均	1 780	450	52.9	62	53

资料来源：WHO《2019 年世界卫生统计》
https://apps.who.int/iris/bitstream/handle/10665/324835/9789241565707-eng.pdf?sequence=9&isAllowed=y[2019]

我国属于发展中国家，随着社会主义市场经济的蓬勃发展，人民的生活水平迅速提高，各种传染病、地方病的发病率大幅度下降，相应的健康水平也不断提高，预期寿命大大提高，不但可以减轻疾病负担，还可以提高生活质量。

（2）经济发展对行为的消极影响：社会经济的发展提高了人们健康水平，但也导致一些不利健康的因素发生发展。生活水平的提高，使人们高热量、高脂肪、高胆固醇、精制食品进食过多，天然食品摄入减少，营养素失去平衡，肥胖者所占比重增加，心脑血管疾病和某些肿瘤发病率上升，社会疾病经济负担加重；由于劳动条件和生活条件的改善，体力劳动的时间减少，强度减轻，越来越多的人久坐不动，特别是电视、手机的普及，不少人一连数小时地观看电视和手机，带来生理功能退化，这也是心脑血管疾病增多的原因之一；一部分人追求刺激性消费，吸烟、酗酒、嫖娼、吸毒、赌博等成瘾行为增加；经济发展、社会生活节奏加快，生活紧张使不良适应行为增多。

经济发展带来的具体经济活动的变化导致人们的健康相关行为发生相应变化，并对健康教育提出新的要求。如城市流动人口文化程度低、保健意识差、健康相关知识不足、缺乏医疗卫生资源的帮助和社会网络支持、劳动和生活条件差，所以健康问题较多，易受到疾病的威胁。所以，应通过健康教育，全面提高人们的健康意识和行为水平，促进健康，延长寿命，以减少由健康问题带来的经济上的巨大损失对社会和个人造成严重影响。反之，健康也可促进经济发展。

2．社会制度对行为的影响 社会制度是一定历史条件下一定组织在某种活动领域中各种基本行为规范的综合系统。社会制度从本质上说是为了限制、制约人们的社会行为，是一定的组织控制其成员行为的重要手段，目的在于保证群体的共同利益。它包括就社会形态而言的社会制度，以及建立于不同经济形态下的各种具体制度的总和，以区别人类社会的不同发展阶段和不同性质，这一层次的社会制度制约着人的一切行为，对人们的健康相关行为有着根本的影响，如奴隶制度、封建制度、社会主义制度等；就某一特定的社会活动领域而言的社会制度，如政治、经济、教育、法律、文化制度等；就某一特定的社会活动而言的社会制度，如作息制度、学习制度、安全制度、清洁制度、服务制度等。如奴隶制度下，奴隶没有做人的资格，因而从根本上被剥夺了寻求健康信息、采取促进健康行为的权力；又如教育制度决定了社会成员系统地接受健康信息的可能性，进而对其有关态度和行为发生影响；再如学校的作息制度、清洁制度等直接制约着儿童、少年的健康相关行为。社会制度对人的健康的影响具有双向性、普遍性或稳定性、变异性、强制性等特点。

社会制度主要通过以下几个方面影响人的行为。

（1）分配制度影响人的行为及健康：Wilkinson 指出，并不是收入的绝对水平，而是一个社会中收入的公平性决定了社会经济状况对健康的影响程度。他对平均期望寿命与社会分配制度之间的研究发现，人均国民生产总值总体水平不高但是分配制度平等程度高、贫富差距小的国家平均期望寿命最高。此外，卫生资源分配不合理是影响人群健康水平的主要原因之一。

（2）社会制度对卫生政策的导向作用影响人的行为及健康：人群健康水平的提高，经济是基础，政策导向是决定因素，社会制度对卫生政策及人群健康影响最广泛、最深远的是政治制度，如卫生保健应面向大众，卫生政策和方针必须坚持这个基本原则，才能有效提高居民的健康水平。我国经济水平低，但居民健康水平较高，主要原因之一就是社会制度优越。

（3）社会制度对人的行为的约束和影响：社会制度是一种社会规范体系，对人的行为具有广泛的导向和调适作用。它通过规定行为模式，提倡或禁止某些行为，保持和促进社会的协调发展。社会制度的健康效应是显而易见的：禁毒、控烟等对维护和促进人群健康具有深远意义。

3．社会文化 文化是一种思考和行动的范型，广义的文化指社会物质财富和精神财富的总和；狭义的文化及精神文化，包括思想意识、宗教信仰、文学艺术、道德规范、风俗习惯、教育、科学技术和知识等。文化对行为的影响有无形性、本原性、软约束、稳定性等特征。社会文化对人的行为及健康的影响体现在以下几个方面。

（1）思想意识对行为的影响：思想意识是人们对客观世界认识的理性化产物，表现为观点、信念等。思想意识的核心是世界观。社会思想意识对人的健康相关行为影响的作用机制在于：通过认知过程作用于个体的意识倾向，进而影响需要、动机和行为。因此，健康教育不但要传播健康信息，而且应该在传播健康信息和行为干预过程中，提倡进步、乐观、健康、积极的思想意识，促进良好的社会风尚和健康行为的形成。由此也说明健康教育是精神文明建设的重要组成部分。

（2）法规对行为的影响：法规是国家制定认可，并由国家强制力保证其实施的社会行为规范。法规首先规定了行为模式，即人们在一定的条件下可以做什么事情、必须做什么事情和不准做什么事情；其次规定了行为后果，即人们的行为在符合行为模式时的肯定性后果，以及违反行为模式时的否定性后果。法规通过教育、威慑、惩罚作用来制约人的行为，因此它是调节和控制人们行为的最强有力的手段。如我国的卫生法规对于我国人民采取促进健康的行为、维护和提高健康水平已经发挥了积极而重要的作用。尽管健康教育强调通过信息传播、培训、行为矫正等方式促使对象人群自愿采取促进健康行为，但是对影响范围较大的危害健康的行为还需通过法规手段解决——宣传法规，普及法律知识，培养守法意识。健康教育是宣传执行法规的手段，同时，其工作的开展也需法律给予保障。

（3）道德舆论对行为的影响：道德是以善恶和荣辱观念来评价和调节人们社会行为的一种社会规范。作为一种行为规范，道德的社会作用主要通过对人的行为提出善与恶、正义与非正义、公正与偏私、诚实与虚伪的社会评价舆论而对社会成员的行为发生导向和制约作用。道德舆论将一定的社会行为准则推荐给社会成员，经过个体的认知过程在其内心树立起某种初步的道德信念，并逐步使其道德认识深化。通过舆论的褒扬、贬抑、谴责而产生作用力，控制和影响个人的需要、动机和行为。如在公共场所禁止吸烟就是通过道德舆论作用约束人的吸烟行为。道德对行为的调节范围要比法规制度更广，其作用程度比风俗习惯更强。健康教育必须重视在健康知识基础上强有力的社会道德的力量，推动道德的进步，积极运用道德舆论来影响人们的健康认知，促使人们的行为向有利于健康的方向发展。

（4）宗教对行为的影响：宗教是人类在自然和社会压迫的条件下产生的信仰体系和实践体系，以对超自然力的崇拜为根本特征。宗教伦理及教规教义以观念意识注入人的思想，强烈影响人的心理过程和行为。最近美国的一项研究表明，信仰任何一种主流宗教的人，其平均寿命、免疫系统功能、某些生理指标均好于其他人，某些疾病的患病率及自杀率也低于其他人。宗教对健康相关行为的影响具有双面性。

积极影响：城市的扩大、设施的高科技化、生活节奏日益加快等，使现代都市人彼此疏远，孤独、空虚、焦虑和精神变态是钢筋水泥丛林中的真切状况，此时宗教作为一种有很强亲和力的特殊组织为人们提供了群体归属和认同感。这种认同和归属的感觉有助于教徒实现心理的平衡和安宁，从而有助于健康；此外，宗教信仰常常使人对自己难以解决或难以回答的问题有一定的归宿，把自己的人生曲折或难题归于天命，从而达到心理平衡；教规教义广泛吸收当地社会的民情、风俗、道德，教导教徒以善、诚为本，且形成强有力的社会支持系统，与社会道德相结合，在一定条件下有利于形成促进健康的行为。

消极影响：宗教一般是保守的，它信奉超自然的力量，与人类的唯物主义认识和探索自然的活动相悖，因而本质上宗教理义与科学是相冲突的，由于教徒的盲目信仰，使得信徒在接受科学的健康信息方面有妨碍，甚至危及生命。

（5）风俗对行为的影响：风俗是特定地域的特定人群在长期日常生产生活中自然形成的、世代沿袭与传承的习惯性行为模式，是一种最普遍、最广泛的行为规范。风俗是一种社会传统，是历史形成的，在人的幼年就对其产生影响，对其有强烈的制约作用，是社会道德和法律的基础和相辅部分。其作用是潜移默化的，然而却又是很强大的。风俗体现于人之行为，影响人之思维，且与环境相关。风俗具有四个特征：广泛性、地域性、约束性、稳定性。习俗对健康相关行为有正反两方面的影响。如我国古代女性缠足，使得其走路的姿势发生了改变，导致胸部畸形；缅甸地区妇女以长颈为美，在脖子上带了很多沉重的钢圈，使颈部肌肉萎缩；美洲土著人视文身为美，用石头、贝壳割破皮肤，涂上泥土形成瘢痕，导致皮肤感染等。风俗习惯对行为的影响还体现在饮食上。习俗是人们在千百年的生活实践中逐渐形成的，包括大量有利于健康的成分，但习俗中有部分行为因时代的局限，是不利于身心健康的。

（6）教育对行为的影响：广义的教育指一切增进人们知识技能、身体健康以及形成和改变人们思想意识的活动，即人们社会化的过程和手段。从根本上讲，教育的基本职能可以归纳为二：一是传授知识和技能，二是传播思想意识和社会行为规范。其目的都是为了把个人转变成为社会中合格的一员，即社会化。在经济水平比较一致的情况下，受教育水平不同的人可能会采用不同的行为与生活方式，由此对健康产生的影响也是不一样的。一般说来，一个人受教育的程度越高，其理性化程度也会越高，由于其获取信息的渠道多，相比较而言获取健康知识的能力就强，可能会更偏重于生活、工作条件的改善及精神生活的丰富，把闲暇时间作为增长知识的机会，能采用比较健康合理的方式安排其生活。

教育对健康相关行为的影响：教育通过知识的传授，促进教育对象对科学知识和技能的掌握，提高其接受和理解应用健康信息与保健设施的能力；教育通过传授知识，直接为教育对象提供健康信息；教育通过传播社会行为规范，使教育对象了解、掌握与健康相关行为有关的法规制度、道德标准等，系统地按社会的需要培养出符合社会行为规范的相应角色行为。

4．社会人口 人口是一定区域内的全体居民。这些居民整体所呈现的状态与特征——人口分布、人口构成和人口流动都可能对人们的健康相关行为产生影响。

（1）人口密度（人口分布）：人们所有的行为都是在一定地域空间进行的。大多数情况下，单位土地面积上的人口负荷越大，则居住、交通、消费品供应、文化教育和医疗保健等活动的压力越大。

人口密度过大对健康相关行为的积极影响：人口密度较大的地区，人们主动参与竞争的精神也较强，容易产生人口聚集的积极效应。加上这些地区的社会组织程度较高、传播媒介效率较高等条件，因而方便健康教育工作的开展。

人口密度过大对健康相关行为的消极影响：人口密度过大会加重社会、教育及卫生事业负担，导致人们平均消费水平下降，使人们缺乏适当资源，以致不能或不愿采取或促进健康行为，影响人群的健康和生活质量。例如，医疗服务供应不足，医务人员因工作紧张而服务质量下降，人们在选择适当的就医行为时可能因害怕排长队、害怕医务人员态度不好而放弃就医。又如，住房拥挤，连最起码的居住面积都不能保证的情况下，人们难以选择居所或采取改善居住条件的行为；人口密度过大使人均教育投资不足，造成人群教育水平难以提高、文化素质低下，从而缺少健康知识，不利于采取促进健康的行为；人口密度过大，拥挤，以及因人口过剩带来的失业等，造成人们的心理紧张、焦虑，失去生活信心，滋长不满情绪，因此某些人的行为取向可能朝酗酒、吸毒、犯罪等越轨行为发展。

（2）人口构成：包括年龄、性别等自然构成，文化、职业等社会构成。人口构成不同，人们在健康相关行为方面的情况会有所不同。例如，社区人口中青少年比重较大，较易接受新的知识和行为准则，有利于新的促进健康行为的建立，但青少年比重过大也可能对社会稳定带来不利的影响。又如，社区人口的平均文化水平较高，则可能人们的健康认知水平和促进健康行为的水平也较高。

（3）人口流动：人口流动是任何社会都经常发生和普遍存在的一种社会现象，人口在地理空间位置上的变动和阶层职业上的变动，给经济和社会的发展带来了积极的影响。但是在某种程度上，人口流动也对人的身心健康带来了不利影响。由于人口的流动，很容易在医疗保健及疾病控制管理上出现盲区，使这个群体成员的保健意识不强，出现不健康或不安全的行为，危害健康。

5．社会关系 人生活在由一定社会关系构成的社会群体之中，包括家庭、邻里、朋友、工作团体等，这些基本的社会群体编制成社会网络。人在社会网络中的相互关系如何将直接或间接影响人的行为。

（1）社会网络和社会支持：社会支持（social support）是指一个人从社会网络中所获得的情感、物质和生活上的帮助。社会支持存在于人与人之间相互关心、相互信任、彼此尊重的基础上。支持是人的基本社会需要。社会支持对行为的影响主要体现在人际关系、社会网络和社会凝聚力三个方面。社会支持是各种生理、心理、信息、工具或物质的协助与帮助，可以使个人更能适应压力，维持心理健康并促进适应。融洽的人际关系不仅可以获得情感上的支持，也是获得社会支持的基础；完善的社会网络，强大的社会凝聚力均可以促使人们采取健康的行为或完成行为的转变。如妇女妊娠期的社会支持和陪伴可减少并发症，缩短分娩时间，分娩结局也更好；艾滋病感染者或艾滋病患者能获得良好的社会支持，也可以使他们以平和的心态去面对生活，避免极端行为的出现，大大提高他们的生活质量。

（2）家庭对行为的影响：家庭是以婚姻和血缘关系为基础的人类社会生活的基本群体。家庭与其每个成员的发育成长、事业爱好、生老病死息息相关。几种重要的健康相关行为（吸烟、饮食习惯、体育锻炼等）都存在家庭聚集现象，因此，家庭与健康有着密切的关系。

模仿是人社会化的首要一步，家庭内部错综复杂的关系提示每个家庭成员都可能模仿其他成员的行为，并提供“行为前件”和“行为后件”而影响其他成员的行为。行为前件是可以引发某种行为的提示事件。人们的生活环境中充满了这种提示，如符号、规则、提醒等，在家庭环境中，物质提示是行为强有力的影响因素。行为后件是紧接行为反应之后发生的，对该行为重复发生的频率或趋势发生影响的事件。如果行为反应后的继发性事件要成为对该行为发生有影响的行为后件，则必须是与行为者的某种需求有关联的条件性事件。

积极的、有利于建立和巩固促进健康行为的行为前件和行为后件都可视为社会支持的组成部分。家庭成员间通过赞扬有利于健康的饮食行为、批评错过了体育锻炼的时间，或者给戒烟者有计划的鼓励等形式来相互支持，也可能采取抱怨在锻炼上浪费时间、抱怨戒烟太难，或者拒绝吃有益健康食物的方式来不支持和反对采取促进健康的行为。

此外，因现代工业的发展，使科学技术密集和都市化进程加快，如生活节奏变快、生活质量改变、都市噪声、交通事故等都在潜移默化地影响人的行为。在知识经济时代，过分膨胀的信息资源给人们健康发展提供有力保障的同时，也严重影响着人的健康，如信息污染综合征。1998 年，在瑞士达沃斯举行的世界经济论坛上，对信息污染综合征的预防和控制已成为信息技术界和心理学界的一大热点。

第三节 健康相关行为

一、行为与健康的关系

随着人类社会的进步与发展，可供人们保护和促进健康的资源越来越丰富，如抗生素的问世、各种疫苗的发现、医疗技术与设备的发展、卫生服务网络的建立等，为人类健康水平的提高奠定了坚实的基础。但是仅有健康资源是不够的，这是因为：第一，已有的卫生服务与资源需要人们采取行动去利用；第二，大量的流行病学研究证实人类的行为、生活方式与绝大多数慢性非传染性疾病关系极为密切，改善行为可以预防这些疾病的发生并有利于疾病的治疗；第三，感染性疾病、意外伤害和职业危害的预防、控制也与人们的行为密切相关。

前已述及，影响健康的因素可以分为四类：行为生活方式、环境因素、卫生保健服务因素和生物学因素。对于不同的健康问题，各类因素所发挥的作用不同。行为与健康的关系已经被大量事实所证实，影响健康的行为也多种多样。美国学者于 20 世纪 60 年代末对近 7 000 人进行了为期五年多的研究，发现了七项与人们的期望寿命和良好健康显著相关的简单而基本的行为。它们是：每日正常而规律的三餐，避免零食；每天吃早餐；每周 2 ~ 3 次的适量运动；适当的睡眠（每晚 7 ~ 8 小时）；不吸烟；保持适当的体重；不饮酒或少饮酒。

在此基础上，我们可以将良好的行为生活方式归纳为：积极休息与适量睡眠；合理营养与平衡膳食；适度的运动锻炼；戒除不良嗜好；预防意外事故；合理利用卫生服务。

二、健康相关行为

行为与健康的关系已经被大量事实所证实，影响健康的行为也多种多样，良好的行为与生活方式是促进健康的重要手段。健康相关行为（health-related behavior）指的是人类个体和群体与健康和疾病有关的行为。按行为对行为者自身和他人健康状况的影响，健康相关行为可分为促进健康的行为和危害健康的行为两种[8-9]。

（一）促进健康的行为

促进健康的行为（healthy-promoted behavior）指个体或团体表现出的、客观上有利于自身和他人健康的行为[8]。

1．主要特点

（1）有利性：行为表现有益于自身、他人和整个社会的健康，如不抽烟。

（2）规律性：行为表现保持恒常的有序重复，不是偶然行为，如定时定量进餐。

（3）和谐性：个体行为表现出自己的鲜明个性，如选择运动项目，但又能根据环境调整自身行为，使之与其所处的环境和谐。

（4）一致性：个体外显行为与其内在的心理情绪一致，无矛盾、无冲突。

（5）适宜性：行为的强度能理性控制，无明显冲突表现，且该强度是有利于健康的。

（6）行为动力定型：也称为“自动化”，即一些经常重复的健康行为已成惯性，无须投入多少精力就能较好地完成。

2．分类　促进健康的行为可分为五大类。

（1）基本健康行为：指日常生活中一系列有益于健康的基本行为，如合理营养、平衡膳食、积极锻炼、积极的休息、充足的睡眠和良好的卫生习惯等。

（2）预警行为：指预防事故发生和事故发生以后正确处置的行为，如使用安全带，溺水、车祸、火灾等意外事故发生后的自救和他救行为。

（3）保健行为：也称合理利用卫生服务行为，指正确、合理地利用卫生保健服务，以维护自身身心健康的行为，包括保健行为、求医行为、遵医行为、患者角色行为等，如定期体格检查、预防接种、发现患病后及时就诊、咨询、遵从医嘱、配合治疗、积极康复等。

（4）避开环境危害：这里的环境危害是广义的，包括了人们生活和工作的自然环境与心理社会环境中对健康有害的各种因素。主动地以积极或消极的方式避开这些环境危害也属于健康行为，如离开污染的环境、采取措施减轻环境污染、不接触疫水、积极应对那些引起人们心理应激的紧张生活事件等都属此类行为。

（5）戒除不良嗜好：在这里不良嗜好指的是日常生活中对健康有危害的个人偏好，如吸烟、酗酒与滥用药品等。戒烟、不酗酒与不滥用药品就属于戒除不良嗜好这一类健康的行为。

（二）危害健康的行为

危害健康的行为（health-risky behavior）是指偏离个人、他人乃至社会的健康期望，即不利于自身和他人健康的一组行为[8]。

1．主要特点

（1）危害性：行为对人、对己、对社会健康有直接或间接的、明显或潜在的危害作用，例如吸烟行为，不仅对吸烟者本人的健康产生危害作用，而且对他人（造成被动吸烟）和社会（影响与吸烟有关的疾病的发病率及死亡率水平）健康带来不利影响。

（2）潜伏期长：行为形成以后，一般要经过相当长的时间才能对健康产生影响，出现明显的致病作用。

（3）特异性差：行为与疾病之间没有明确的对应关系，表现为一种行为与多种疾病和健康有关，而一种疾病或健康又与多种行为有关。

（4）协同作用强：当多种行为同时存在时，各因素之间能协同作用、互相加强，这种协同作用最终产生的危害，将大于每一种行为单独作用之和。

（5）变易性大：行为对健康的危害大小、发生时间早晚存在明显的个体差异。

（6）广泛存在：行为广泛存在于人们的日常生活中，且具有不良行为的人为数较多，其对健康的危害是广泛的。

（7）习得性：危害健康的行为都是个体在后天的生活经历中学会的，故又称“自我制造的危险因素”。

2．分类 危害健康的行为可分为四类。

（1）不良生活方式与习惯：持续的定势化的行为称为习惯。日常生活和职业活动中的行为习惯及其特征称为生活方式。不良生活方式是一组习以为常的、对健康有害的行为习惯，包括能导致各种成年期慢性退行性病变的生活方式，如吸烟、酗酒、不良饮食习惯（饮食过度、高脂高糖低纤维素饮食、偏食、挑食、好吃零食、嗜好长时间高温加热或烟熏火烤食品、进食过快、过热、过硬、过酸等）、缺乏体育锻炼等。不良生活方式与肥胖、心脑血管疾病、早衰、癌症等的发生有非常密切的关系。

（2）致病行为模式：致病行为模式是导致特异性疾病发生的行为模式，国内外研究较多的是A型行为模式和C型行为模式。

A型行为模式是一种与冠心病的发生密切相关的行为模式。A型行为又称为“冠心病易发性行为”，其行为表现为做事动作快、想在尽可能短的时间内完成尽可能多的工作（具有时间紧迫感）、大声和爆发性的讲话、喜欢竞争、对人怀有潜在的敌意和戒心。其核心行为表现为不耐烦和敌意。A型行为者的冠心病发病率、复发率和病死率均比非A型行为者高出2～4倍。

C型行为模式是一种与肿瘤的发生有关的行为模式。C型行为又称“肿瘤易发性行为”。C是癌症（cancer）的第一个字母。其核心行为表现是情绪好压抑，性格好自我克制，表面上处处依顺、谦和善忍、回避矛盾，内心却是强压怒火，爱生闷气。研究表明，C型行为可促进癌前病变恶化。C型行为者宫颈癌、胃癌、食管癌、结肠癌和恶性黑色素瘤的发生率比非C型行为者高3倍左右，并易发生癌的转移。

（3）不良疾病行为：疾病行为指个体从感知到自身有病到疾病康复的全过程所表现出来的一系列行为。不良疾病行为可能发生在上述过程的任何阶段，常见的行为表现形式有：疑病、恐病、讳疾忌医、不及时就诊、不遵从医嘱、迷信，乃至自暴自弃等。

（4）违规行为：指违反法律法规、道德规范并危害健康的行为，如药物滥用、性乱、非婚性行为等。违规行为既直接危害行为者个人健康，又严重影响社会健康与正常的社会秩序。如吸毒可直接产生成瘾行为，导致吸毒者身体的极度衰竭；静脉注射毒品还可能感染乙型肝炎和艾滋病；而混乱的性行为可能导致意外怀孕、性传播疾病和艾滋病。

第四节 健康教育与行为改变

一、健康相关行为改变理论

健康相关行为是指个体或团体的与健康和疾病有关联的行为，它是一种复杂的活动，受遗传、心理、自然与社会环境等因素的影响，相对来说，健康相关行为的改变也比较复杂。健康教育的核心是改变目标人群的不良生活方式和行为习惯，鼓励并引导人们养成促进健康的行为，进而达到预防疾病、增进健康，提高生活质量的目的。但是并不是所有的健康教育活动都能有效实现，行为的发生发展是有过程的，而且这一链条受很多因素的影响，所以我们有必要对行为改变涉及的各个环节进行了解，以便抓住关键步骤，进行有效的健康干预。应用较多且较为成熟的理论模式有知信行理论、健康信念模式、行为改变阶段模式和社会认知理论[4,10]。

（一）知信行模式

知信行模式（knowledge，attitude，belief，practice，KABP或KAP）是知识、态度、信念、行为的简称，是有关行为改变的较成熟的模式。“知”指知识和学习，是基础；“信”指信念和态度，是动力，是关键，它常与感情、信念一起支配人的行动；“行”是指行动，包括产生促进健康行为、消除危害健康行为等行为改变过程，是目标[3]。

从图3-4可以看出，知-信-行三者间只存在因果关系，没有必然性。在信念确立以后，如果没有坚决转变态度的前提，实现行为转变的目标照样会招致失败。要使群众接受知识转化到改变行为是一个非常复杂的过程，在行为改变的过程中，任何一个环节或因素都可能影响到知识到行为的顺利转化，其中有两个关键步骤：确立信念、改变态度[3]。

通常有以下促进态度转变的方法：①利用促进信念建立的方法，如增加信息的权威性、增强传播效能、利用恐惧等因素，只要适时、适当，也有助于态度的转化。②针对明知故犯、知而不行者的具体原因，有针对性地强化干预措施。如戒烟难，有些人是难以割舍嗜好；有些人是缺乏毅力和信心；有些人担心招致团体的排斥；有些人是心存侥幸。所以针对不同类型者除分别采取干预措施外，借助外力如政策法律、经济和组织手段、公众场合秩序、公众舆论等，也能加速态度和行为的改变。③根据“服从、同化、内化”态度改变三阶段理论，对严重危害社会的行为可依法采取强制手段，促使其态度转化。

但在行为改变过程中，由于认知不协调、认知元素间存在矛盾，使得人们从接受知识到改变行

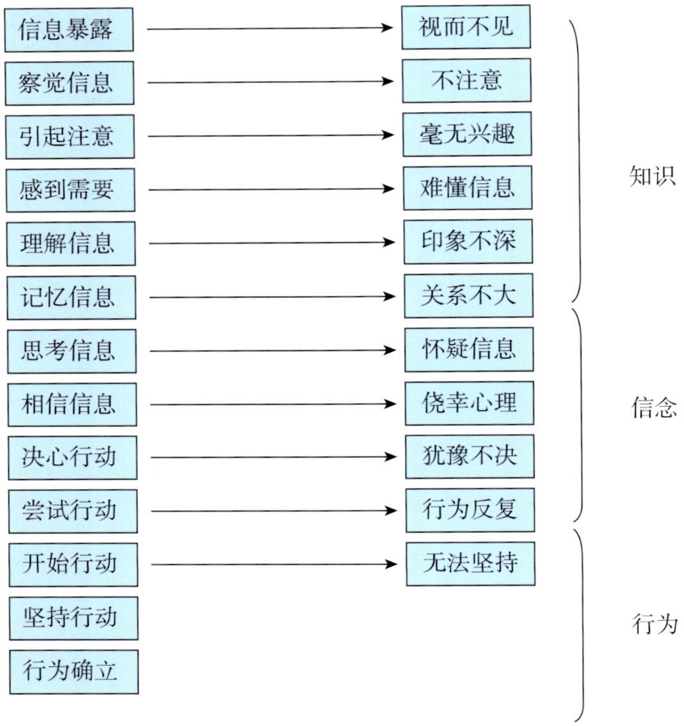

图 3-4 接受信息和改变行为的过程

资料来源：马骁．健康教育学．2 版．北京：人民卫生出版社．2012

为是一个非常复杂的过程，对行为及其影响因素的分析也难以进行，所以该模式指导健康教育实际工作作用有限。

（二）健康信念模式

健康信念模式（health belief model，HBM）是用社会心理学方法解释健康相关行为的重要理论模式，以心理学为基础，由刺激理论和认知理论综合而成。

HBM 遵照认知理论原则，首先强调个体的主观心理过程，即期望、思维、推理、信念等对行为的主导作用。因此，健康信念是人们接受劝导、改变不良行为、采纳健康行为的关键[3-4,8]。

在健康信念模式中，健康信念的形成主要涉及以下几个方面。

1．对疾病威胁的认知

（1）对疾病易感性的认知：指个体在对疾病的发病率、流行情况有一定的了解之后，对自身患此疾病概率大小所做出的判断，其尺度取决于个人对健康和疾病的主观知觉。如某些疾病发病率高，流行范围广，易感性就大，人们就较为关注；而人们往往对遥远的、可能性不大的危害不予关注，年轻人认为肺癌要到六七十岁才发生，所以不予重视。如何使他们通过事实做出主观判断，形成疾病易感性的信念是健康教育成败的关键。

（2）对疾病严重性的认知：指个体所认识到的疾病后果，如疼痛、伤残、死亡的严重性和疾病所引起的社会后果，如工作烦恼、家庭生活、失业、社会关系的严重性。由此产生害怕情绪。

2．对健康行为益处和障碍的认知 前者指个体相信采纳健康行为确实有好处，后者是指个体认识到采纳健康行为中还面临着一些障碍。对健康行为益处的信念越强，采纳健康行为的障碍越小，个体采纳健康行为的可能性越大。

（1）对行为有效性的认知：仅认识到危害和严重性还不够，需要意识到自己在放弃危险行为上所付出的代价，如时间、负担、毅力等，确实能取得预防结果，如降低发病率、减轻疾病后果，人们才会采取行动，并有明确的行为方式和路线。

（2）对实施或放弃行为障碍的认知：即对采取行为是否有困难的认识。如花费大、痛苦、个人爱好难以割舍、与日常生活安排有冲突等，对这些都应有个清醒的认识，在健康教育过程中，都应明确指出，以帮助克服。美国心理学家罗森托斯克认为：知觉到易感性和严重性，的确为行为提供了能量和力量；但只有让公众知觉到效益，并能先了解困难再决心克服之，才算是真正找到了行为的道路。

3．自我效能　自我效能（self-efficacy）是个体对自己能力的正确评价和判断，即是否相信自己有能力控制自身与外在因素而成功采纳健康行为，并取得期望结果。自我效能高的人，更有可能采纳所建议的有益于健康的行为。

4．社会人口学因素　社会人口学因素包括个体特征，如年龄、性别、民族、人格特点、社会阶层、同伴影响，以及个体所具有的疾病与健康知识。具有卫生保健知识的人更容易采纳健康行为。对不同类型的健康行为而言，不同年龄、性别、个性特征的个体采纳行为的可能性相异。

5．提示因素　提示因素（cues to action）是指诱发健康行为发生的因素，如健康宣传教育、医生建议采纳健康行为、家庭成员和团体的帮助和鼓励等。要善于寻找这些可借助的力量，以间接帮助人们实现效果期望和效能期望等，完成行为的改变。提示因素越多，个体采纳健康行为的可能性越大。

但是，在实际生活中有些行为及其影响因素的联系确实很复杂，单靠这些行为模式理论有些解释不通，有些行为的发生与行为收益有关，但与健康相关行为的改善背道而驰，保护动机理论在健康信念模式的基础上增加了两个因素：内部回报和外部回报，即实施有害健康行为带来的主观愉快感受和某种客观好处。有了这两个因素的补充，可更好地解释和预测健康相关行为。另外，在健康教育实践过程中应通过有针对性的工作，帮助对象人群了解相关信息，既做出正确的威胁评估（建立在掌握充分信息基础上的理性思考）又消除恐惧（感知到威胁严重而又不明情况，不知如何应对而产生出的带逃避愿望的情绪反应），以利于疾病防治，保护人的健康和权益（图 3-5）。

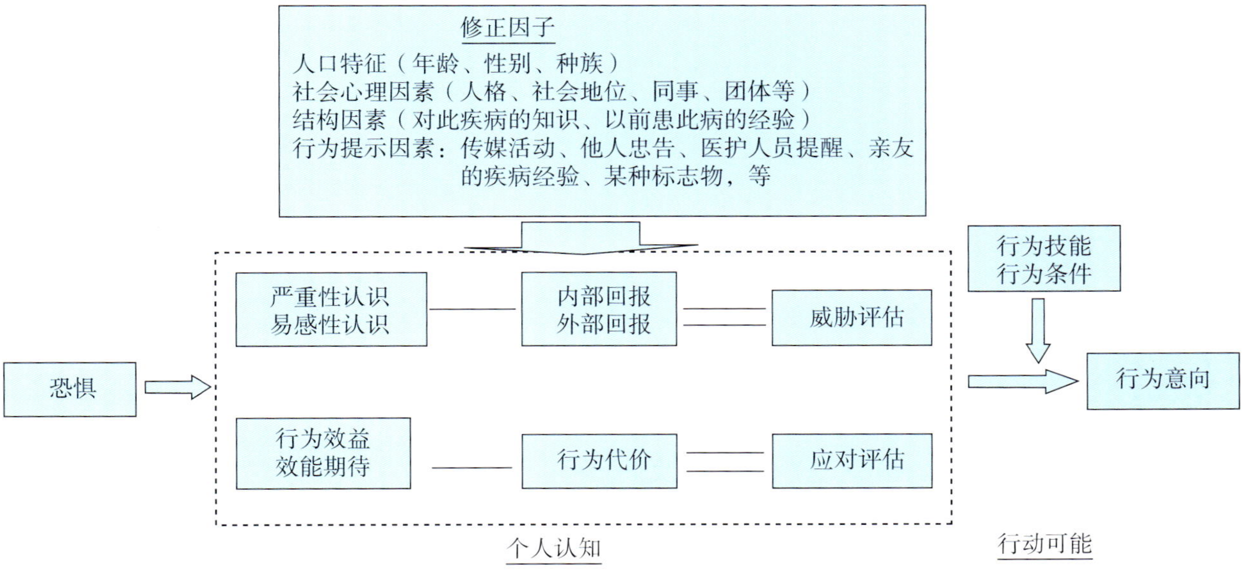

图 3-5　健康信念模式的发展——保护动机理论

资料来源：傅华．健康教育学．3 版．北京：人民卫生出版社，2017

保护动机理论是通过认知调节过程的威胁评估和应对评估，解释行为改变的过程，从影响动机的因素角度探讨健康行为。当人们感知到的严重性和易感性超过内外回报时，或者当感知到反应效能和自我效能感超过反应代价时，才能激发或产生保护性动机。所以在图 3-5 描述中的逻辑关系为：人们感知到的严重性和易感性超过内外回报，才会形成威胁评估，认识到威胁的存在，才会形成行为意向。

（三）行为改变阶段模式

以往人们把行为变化简单理解为是一个事件，但是 20 世纪 80 年代初有学者对吸烟者戒烟行为研究发现人的行为变化实际上是一个连续、动态的过程，人们采取和放弃某种行为实质上是一个决策过程，并由此提出了行为改变阶段模式（stage of behavior-change model），并广泛应用于健康教育领域，进行行为干预[3-4,6,8]。该模式以变化发展的观点看待健康行为。

1．行为变化阶段 该模式认为行为变化经过 5 个阶段：无转变打算阶段、打算转变阶段、转变准备阶段、转变行为阶段、行为维持阶段。

各个阶段人的行为和心理特点见表 3-2。

表 3-2 行为改变阶段模式人的行为和心理特点

行为变化阶段	行为计划	行为心理特点
无转变打算阶段	未来 6 个月无改变行为考虑或者坚持不改	未意识到自身问题行为存在或曾尝试改变，失败后丧失信心
打算转变阶段	未来 6 个月内打算改变问题行为	意识到问题行为存在，并意识到改变行为的益处、困难与障碍，但心理较为矛盾
转变准备阶段	将于未来 1 个月内改变行为	过去一年中已有所行动，或对所采取的行动已有打算
转变行为阶段	过去 6 个月目标行为已有所改变	行为的改变需符合足以降低疾病风险的判断标准
行为维持阶段	坚持健康行为 6 个月以上，达到预期目的	对象对避免诱惑、防止旧行为复发较为自信

行为改变阶段模式将行为改变分为五个阶段，但行为改变并不是单向移动的，一种行为的形成不是一件容易的事，往往经过多次重复尝试才能形成。行为改变阶段模式中行为的改变往往不是以线性的模式来移动，而是以螺旋的模式来改变。举例来说，处于准备期的戒烟者下定决心来参加戒烟门诊，并且对其亲友宣告开始戒烟，就可以算是进入了行为转变阶段，如果戒烟成功持续 6 个月，就称为行为维持阶段，但是如果参与戒烟门诊失败，可能又回到打算转变阶段和转变准备阶段，一段时间后可能又想再度戒烟，进入行动期。螺旋模式比较能够真实地反映戒烟者的行为改变，虽然行为改变有五个阶段，但大部分的戒烟者都处在打算转变阶段和转变准备阶段，来回摆荡，真正进入行为转变阶段的只有少数。而会来戒烟门诊的戒烟者，多半也是处在打算转变阶段、转变准备阶段和行为转变阶段。

以行为改变的阶段模式来解释戒烟有个好处，它可以让戒烟者自我了解本身处于哪一个阶段，帮助医师和戒烟者了解每个阶段所应该面对和处理的问题，当戒烟者成功进入了下一个阶段之后，医师可以给予心理上的正面鼓励，这样能帮助戒烟者维持戒烟成功，直到完全终止戒烟行为为止。

另外，处于不同阶段的人需要不同，所以要根据各阶段的特点和需要，采取不同的措施。

2．行为变化过程 包括认知层面和行为层面。

（1）认知层面：①提高认识：发现和学习科学、健康的事实、思想、知识等，奠定向健康行为转变的理论基础；②情感唤起：知觉到如果采取适当的行动，可减低不良行为给个人和社会带来的负面影响；③自我再评价：在认知和情感上通过对自己的健康风险行为的自我评价，认识到行为改变得重要性；④环境再评价：在认知和情感上通过对自己的健康风险行为对环境（自然和社会）产生的影响进行评价，如评估自己吸烟对他人健康的影响；⑤自我解放：在建立行动信念的基础上做出要改变行为的承诺；⑥社会解放：社会支持，意识到有一个尊重个人和有利于健康的社会环境的支持。

（2）行为层面：①反思习惯：对自身不良行为进行反思，认知到它的危害，有建立健康行为的愿望，并学习一种健康的行为取代它；②强化管理：增加对健康行为的鼓励和奖赏，以保证该行为继续坚持下去；③控制刺激：消除诱使不良健康行为发生的因素，增加健康行为建立的有利提示；④求助关系：在健康行为形成过程中，向社会网络寻求支持。

在健康教育过程中，了解人们的心理活动，有助于人们清楚其行为发展到哪一阶段，有何需要，以便有针对性地采取措施，帮助其进入下一阶段，最终改善健康行为。每一阶段发生的心理变化见表 3-3。

表 3-3　各行为转变阶段中的心理活动

	行为变化阶段				
	无打算期	打算期	准备期	行动期	维持期
心理变化过程	提高认识				
	情感唤起				
	自我再评价				
		环境再评价			
			“自我解放”/“社会解放”		
				反思习惯	
				强化管理	
				控制刺激	
				求助关系	

资料来源：K．Glanz，et al．Health Behavior and Health Education．Jossey-Bass，2008

该模式局限性体现在：对环境影响作用考虑较少；对行为变化是描述性解释，而非原因性解释；行为变化各阶段的划分和相互关系不清。在实际工作中，健康教育工作必须建立在调查研究基础上，清楚了解目标人群行为的实际情况，及不同阶段对象的实际需要，然后设计干预措施和方案，方能体现其实际价值。

（四）社会认知理论

社会认知理论（social cognitive theory，SCT）是 1986 年 Bandura 提出的，该理论认为个体的行为是由认知因素、环境因素和行为因素三者交互作用决定的，而非内部或外部因素单独驱动或控制的（图 3-6）[3, 8]。如饮酒，不同的场合，饮酒的数量、气氛、人的心情等都不一样，这与饮酒对象的背景信息、意图有关。这三种因素不一定同时出现，三种因素对人的行为的影响因人而异，有的因素作用可能强些，有的可能弱些，这主要由特定行为和行为发生的特定情况决定。该理论多用于理解健康相关行为，进而设计促使有利于健康行为形成的干预活动。

社会认知理论主要包括：

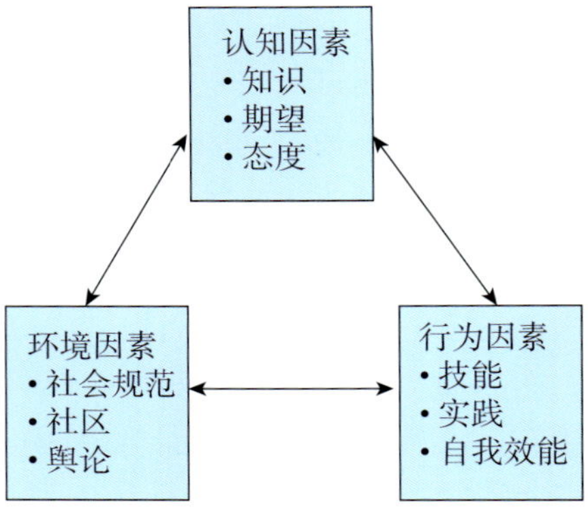

图 3-6 个人 - 行为 - 环境交互作用示意图

1．交互作用 行为的影响因素之间及影响因素与行为之间的作用是双向的，它们之间相互作用、相互影响。如行为与环境之间，环境塑造、影响人的行为；反过来，人的行为又无时无刻不在影响、改变着环境。环境和个人特征也存在双向作用。

2．观察学习 大量心理研究结果显示，人类的多数行为都是通过观察学会的。人通过观察来了解社会，解读他人行为，进而形成自己的行为。如模仿，人的行为很多都是由模仿来的。那么健康教育就可通过榜样的示范作用，通过模仿，诱导人们建立有利于健康的行为。行为的调节和维持由刺激、强化、认知来决定：特定的刺激可以决定某些行为在适宜的时间、地点出现；可以通过奖励手段强化人的行为，使之一旦形成便可持续下去；把行为与内在标准比较，提供自我强化或惩罚，从而指导行为。

观察学习需具备以下条件。

第一，首先引起对象的注意，才能使其接受有关的外界刺激加以学习。

第二，对象要将观察的行为保持在记忆中，以便在一定的情景中加以模仿。

第三，对象具有言语和动作能力，才能模仿一定的行为。

第四，对象要有适当的动机，才会提高学习的效率。

第五，实施正确行为之后应加以强化。

3．自我效能 即相信自己能在特定环境中恰当而有效地实施行为，不同于一般意义上的自信，是对能力的自我认识，是一种信念，是社会认知理论的核心内容，对行为的形成和改变很重要。它以多种方式影响着人的行为。自我效能不是与生俱来的，它在行为实践过程中不断增强。

4．情绪 在行为形成和改变过程中，不可避免地出现一些情感性问题，如不愿改变旧行为、感到紧张、否定新行为等。不同的人，不同的环境下，人们的情感反应不同，这些情感反应直接、间接影响人的行为，所以，情绪的控制是行为形成和改变的重要因素。健康教育过程中，对情绪的控制不可忽略。

5．环境 环境通过人的主观意识（情境）在行为形成过程中起有重要作用。当人们意识到环境提供了行为改变的有利机会时，人们就会努力克服障碍，促进行为形成。当人们未意识到环境提供的机会时，环境的影响力也会受到限制。

6．强化 强化有助于行为的巩固或中断。行为发生与否或发生的频度与行为前件和行为后件相关，尤其是行为后件，其作用强度更大些。强化可分为外部强化和内部强化。外部强化通过他人的反应或其他环境因素来实现。人们通过观察了解到周围的人对某些行为的正面或负面的反应，因而自己的行为受到强化，既可是自己的，也可是他人的。内部强化来自于个人的经验或自身的价值观。

结果预期和结果期望是两个重要成分。结果预期是通过在类似情境中的经验，或观察其他人在该情境的情况，使人相信这样做会达到某种预期的结果。结果期望是对行为结果的价值判断，有助于进一步加强内部强化作用。

社会认知理论为解释、预测健康相关行为和制订健康教育干预策略提供了有用的理论工具。该理论内容广泛、结构复杂，应用该理论需要更广泛的知识、经验和训练。

二、健康相关行为的干预与矫正

我们已经知道健康相关行为分为促进健康的行为和危害健康的行为两大类，健康教育与健康促进的目的就是通过行为的干预与矫正，使人们改变危险行为，形成并保持健康行为。

要使人们的行为向着有利于健康的方向转变，需要通过教育者和受教育者两方面的共同努力，行为转变成功的主要因素有：认知、知识、动机、技能和管理技术、社会支持、评估与监测、责任感。

行为转变成功的步骤包括：第一，教育者和受教育者对健康行为、危害健康的行为有明确的认识，即明确意识到哪些行为有益于健康，哪些行为对健康有害；第二，教育者和受教育者了解健康行为对健康有哪些好处，益处有多大；危险行为对健康有哪些害处，危害程度如何；第三，教育者提倡、鼓励人们采纳健康行为，改变危险行为；受教育者有采纳健康行为、改变危险行为的愿望，并决心采取行动；第四，教育者帮助受教育者掌握行为改变的方法；受教育者明确目标，按照行为改变的方法去做；第五，教育者加强对健康行为的强化和督促；受教育者巩固和发展有益于健康的行为[11]。

（一）个体行为的矫正

运用操作式条件反射及生物反馈的原理和方法，矫正个体偏离正常的不健康行为，称为行为矫正（behavior modification）。行为矫正和行为干预并没有严格的区分。行为矫正首先必须明确问题的所在、起源和程度，分析维持不健康行为的社会和自然环境以及心理因素，据此选用适当的矫正方法并制订矫正计划和监测过程。行为矫正是长期的过程，而不是一次性的，因此需要制订长期矫正计划，并适时进行评估，监测矫正的全过程，直至完全矫正成功，不可半途而废，功亏一篑。

行为矫正指的是按照一定的期望，在一定条件下采取特定的措施，促使矫正对象改变自身的特定行为的行为转变过程。它更注重人们在行为改变过程中的自觉投入。矫正对象是行为改变的参与者、核心，而不是消极的行为受限者。

行为矫正由三方面要素构成：行为矫正对象、行为矫正环境和行为矫正过程。行为矫正环境包括行为指导者、矫正场所和矫正时机。矫正场所可以不固定，但大多数行为矫正的场所是固定的，便于对行为矫正效果进行观察、记录和评价；选择行为矫正的时机也很重要，在易诱发行为改变的特定时机进行行为矫正，容易取得最佳的效果。行为矫正过程就是行为矫正技术的选择和实施过程，其核心是针对矫正对象的具体行为来选择矫正技术。

行为矫正技术是从20世纪50年代末发展起来的，到目前为止，在健康教育领域内运用较为广泛的行为矫正技术有脱敏疗法、厌恶疗法、示范疗法和强化疗法等[6,8]。

1．脱敏疗法　脱敏疗法又可分为系统脱敏疗法、接触脱敏疗法和自身脱敏疗法等。主要用于消除个体对某种因素过于敏感而产生的不良行为表现，如恐惧症、焦虑症和紧张症等。焦虑与放松是互相拮抗的生理过程，系统脱敏法就是运用交叉抑制原理，系统训练患者放松，用放松来矫正焦虑。该方法以认知原理为基础，在治疗中有目的地、循序渐进地主动提供这一刺激因素，适时修正个体对刺激因素的错误认知，再通过反复的操作、强化，就可以达到消除这种过于敏感行为的目的。脱敏疗法的成功依赖于矫治过程的系统性、有专业人员指导和合适的矫正环境。

2．厌恶疗法　厌恶疗法又称去条件反射法，其基本做法是每当矫正对象出现目标行为或出现该行为的欲望冲动时，就给予一个能引起负性心理效应的恶性刺激。反复作用后，在矫正对象的内心就会建立起该行为与恶性刺激间的条件反射，引起内心的由衷厌恶，直至消除该目标行为。厌恶疗法常用于矫正各种成瘾行为、强迫症、恐惧症和异常癖好等，如吸毒、酗酒、吸烟。厌恶疗法在使用时应注意持续性，否则无法建立条件反射；二要注意强度的适宜性，使用不当可能引发新的紧张刺激；三要注意治疗原则的保密性，以防矫正对象产生对抗心理，无法实施行为矫正。

3．示范疗法　示范疗法在应用时，将所要形成的健康行为或所要改变的危险行为分解成不同阶段或不同表现，设计相应的模拟场景，让行为矫正对象扮演其中角色或观察角色行为，身临其境模仿角色的示范，从而形成自己的行为。以现实生活中克服不利于健康行为的人为示范典型，鼓励和帮助矫正对象改变自身行为。

4．强化疗法　强化疗法是一种在行为发生后通过正面强化或负面强化来矫正行为的方法。通常的做法是当矫正对象表现出有益于健康的行为时，对矫正对象施以正面强化，以肯定和巩固健康行为。正面强化的形式有口头表扬、奖状、物质、货币奖励等。反之，当矫正对象表现出对健康有危害的行为时，对其施以负面强化，使矫正对象由于逃避负面强化而放弃不利于健康的行为。本方法是迄今为止在帮助个体矫正危险行为、建立健康行为方面最有前途的行为矫正手段。但在使用该方法时，专业人员应注意选择正确的强化因素，安排适宜的强化活动，并随时听取反馈信息，以确保行为矫正的效果。

（二）群体行为的干预

群体行为干预通常是以行政单位（社区、学校、工厂、医院等）为基础，运用行为团体干预法进行群体行为干预。团体（单位）不仅是社会的细胞，也是社会与个体相互作用的桥梁，是个体成员行为形成的微观环境。个体的行为、习惯、道德、价值观多是通过团体来实现的。另外，人际关系、社会关系以及社会态度的形成与改变等，也都受社会团体的影响。因此，团体可以显著地影响和改变个人的观念和行为。行为团体干预法的优点有：①是一种有组织的行为，以团体决策层为核心，得到组织、政策和资源的保证，全体成员或绝大多数成员的积极支持和参与；②行为干预有明确的目标和目的，这种目标和目的是由决策层所确立，并成为团体内全体成员的行为指向；③是一种有组织、有计划、有系统的教育活动，并得到政策支持，其实施过程处于严密控制之中，有专人负责、进行监测、信息反馈和调节，并对效果进行科学评价；④组织对其较个别或少量的个体给予更多的关注，所以团体促进不健康行为的转变，一旦获得成功，效果将更显著、更持久。

在促使某一特定人群形成健康行为、改变危险行为的过程中，群体行为的综合干预是通常使用的手段，具体的干预机制如下。

1．开发领导　领导对健康相关行为干预目的、意义的理解与支持是目标人群行为干预的重要环节之一，其作用不仅在于领导自身的行为可以成为人群的榜样，更重要的是领导具有决策倾向性。领导对健康相关行为干预的理解和赞同，会使行为干预得到组织、资源、舆论等方面的支持。可见，转变领导的思想观念，使其认识和理解健康教育与健康促进的必要性、重要性和可行性，对在人群中开展健康教育与健康促进，实施群体行为综合干预非常重要。

2．目标人群行为干预　目标人群行为的改变是健康教育与健康促进中行为干预的落脚点，因此通过各种方法促使目标人群中的每一个个体采纳健康行为、改变危险行为是健康相关行为干预的根本所在。通常采用的人群干预方法如下。

（1）传播健康信息，提高群体的健康意识：利用大众媒体、培训与讲座、分发宣传材料等方法，向目标人群传播有关疾病与健康、如何改变行为等信息，提高群众的健康意识，为行为转变奠定基础。

（2）心理支持与压力：群体成员之间往往具有亲密的关系，每个成员有群体归属感和集体荣誉感。在这样的群体环境下，率先改变行为的个体可能成为群体中的骨干，起到示范与带动他人共同行动的作用。另外，由于归属感和集体荣誉感的存在，群体成员会受到群体规范的制约，形成群体压力。这种支持与压力的联合作用，能有效促使群体中的个体形成健康行为，改变危险行为。

（3）竞争与评价：在群体间引入竞争与评价机制，利用群体凝聚力，激发群体的强大力量，促使群体成员健康行为的形成与巩固。评价可以总结成功的经验，发现存在的问题，激励行为干预取得良好效果的群体，督促还存在差距的群体，最终达到增进健康的目的。

3．创造支持性环境　既包括物质环境条件，又包括社会环境。

（1）改善环境条件：环境条件的改善是行为干预中必须考虑的因素之一，如果没有环境条件的支持，即使人们已经做出了改变行为的决定，也会由于环境条件的制约而无法实施。例如，当人们了解了患病后及时就诊的意义，打算采取行动时，医院离家却特别远，给就诊带来了极大的不便，人们就可能放弃及时就诊这样一种健康行为。

（2）社会支持与制约：通过社会舆论的倡导，支持促进健康的行为，反对危害健康的行为。通过有关法规的制定，约束那些既不利于自身健康，又对他人健康造成损害的行为。

三、健康相关行为的评估

促使目标人群形成或巩固有益于健康的行为、改变危害健康的行为是健康教育的目的，而对目标人群健康相关行为的完整了解则是实施群体行为干预和个体行为矫正的基础，为此有必要掌握健康相关行为在人群中的分布及其影响因素，即进行健康相关行为的评估。

健康相关行为评估的方法很多，每种方法各有优缺点。归纳起来，健康相关行为评估方法也与其他社会学研究方法相同，可分为定性研究方法和定量研究方法两大类。在现实生活中，为准确地对健康相关行为进行评估，一般都采用综合的评估方法[9]。

（一）定量评估方法

定量评估方法是进行健康社会学研究最常用的一类方法。通过定量调查，研究者可以对研究对象的健康相关行为进行量化了解，如了解目标人群的吸烟率、出现健康问题后不能及时就诊者占被调查对象的百分比等，从而评估健康相关行为在人群中的发生率，评估与该行为相关的健康问题对人群的危害，为制订健康教育策略与行为目标提供科学依据。在行为干预前后对目标人群的健康相关行为进行定量调查，可以使研究者或健康教育者明确行为干预的效果，检查健康教育目标的实现程度。由于行为发生频度和强度也关系到其对健康的影响，因此进行定量调查还可以确定该行为对健康的危害程度。

定量评估方法通过事先设计好的问卷、量表对调查对象进行行为调查与测量。在调查实施中，可采用面对面访谈、电话问询、个人自填问卷、团体自填问卷等方法进行调查。这些定量调查法可在较短的时间内，以完全相同的提问方式对众多调查对象进行调查，广泛获取资料。这样既节约了时间和调研费用，又减少了系统误差。

定量评估法不利的方面在于：①判定行为的有无以自我报告为依据，缺乏对行为的实际观察，如果调查对象有意或无意隐瞒实际情况，调查者则无法获取真实资料；②定量评估法可以了解目标人群健康相关行为的发生情况，但往往无法对为什么人们有这样的行为，或无这样的行为做出解释，也无法解释目标人群行为改变程度的原因。

（二）定性评估方法

定性评估方法与定量评估方法相对应，侧重于对目标人群健康相关行为的发生、发展、改变、影响因素等进行较为深入的探究。例如，通过定性评估，可以了解目标人群患病后未就诊的原因；了解性活跃人群使用安全套这一行为的障碍以及使用方法是否正确等。了解这些信息，有助于选择适宜的行为干预方法，以达到更好的干预效果。

定性评估可采用专题小组讨论、深入访谈、行为观察等方法进行。

1．专题小组讨论 专题小组讨论是一种较为常见的定性研究方法，是指一个小组的成员在小组主持人的带领下，根据行为评估的目的，围绕某一健康问题涉及的行为及其相关因素进行讨论，自由、自愿地解释自己的行为，描述他人的行为，探讨行为的影响因素。该方法经济、易行，能在相对短的时间内直接听取目标人群的意见，反馈及时。

2．深入访谈 深入访谈一般以一对一、面对面的方式进行，由调查员就调查的相关行为、行为成因、影响因素等问题进行访问式交谈，以评估目标人群的健康相关行为。该方法更适用于有个人隐私的相关行为的调查。

3．行为观察 行为观察指调查者深入目标人群的生活环境，观察其日常生活中的健康相关行为，判别行为影响因素。通过行为观察获得第一手材料。观察前，观察者应明确行为判定标准；观察时，应严格依据标准判定行为的有无，避免主观意志对观察结果的影响。

运用定性评估的方法，无法确定行为发生率。由于调查对象不是经过随机抽样得到的，因此定性评估的结果不具有代表性。

由于定量和定性评估方法各自具有优势与不足，所以在实际应用时通常是定量评估与定性评估方法同时使用，结合二者的优势，互相弥补不足，以全面评估目标人群的健康相关行为及影响因素。

第五节　职业健康相关行为及管理

职业人群约占世界总人口的一半，其年龄一般在 20 ~ 60 岁，在整个职业生涯过程中从事不同的职业劳动，职业人群的职业环境、文化技术素养、生活方式、身心健康和社会适应状态，将直接影响企业的生存和稳定，影响社会经济的发展和进步。保护和促进职业人群的健康是实现人人享有卫生保健的重要组成部分。其健康状况与其从事的职业密切相关，职业健康教育与健康促进就是促使职业人群养成健康良好的生活方式和工作习惯，职业人群不但要了解职业危害因素和职业危害，还需要了解促使或诱发职业危害或职业病发生的健康相关行为有哪些。

一、职业健康相关行为

作为社会群体的一部分，职业人群与广大群众一样面临着不良行为和生活方式对健康的影响，正如本章第三节所述及。然而，作为职业人群，其又面临着职业危害的威胁，职业不良行为会对从业人员的健康造成明显损害。职业人群不良的职业习惯和卫生习惯一方面由客观的从业环境所决定，另一方面也与个人的日常行为生活方式有关[5]。

1．吸烟 吸烟可增加接触铬、镍、石棉和铀等工人职业肿瘤的危险度，吸烟的石棉接触者患肺癌的危险度是接触石棉不吸烟者的 11 倍；吸烟的铀矿工人发生肺癌的风险为不吸烟者的 6 倍。吸烟还可增加工作场所生产性毒物经消化道进入机体的风险。国内外研究结果显示，因吸烟所致的死亡与伤残远比作业环境污染所致的危害更大。

2．高脂饮食　高脂饮食一方面导致某些肿瘤的发生率和死亡率明显增加；另一方面，高脂高热量饮食还会导致肥胖，超重或肥胖工人的缺勤率为正常人的2倍。肥胖又会影响血脂和血压的正常水平，增加机体心血管系统对职业有害因素的易感性。

3．高钠盐饮食　适当的食盐摄入有助于机体对渗透压的调节和酸碱平衡的维持，但是摄入过多可增加高血压、冠心病、脑出血等疾病的发病率。

4．不良饮食习惯　偏食可造成消化系统功能的衰退，消化酶分泌下降，引起胃癌；偏食易导致部分维生素和微量元素的缺乏，进而引发某些癌症。进食过快容易造成消化道损伤，加重胃的负担，影响消化功能。进食过于精细，可导致龋齿和结肠癌的发生。此外，进食霉变、污染的食物，长期食用熏烤、油炸食品，亦对机体健康不利。

5．体育锻炼不足　随着工业化进程的不断加快，体力劳动越来越多地被机械化、自动化生产设备所替代，职业人群工作期间体力劳动比例越来越少；且由于激烈的职业竞争压力，职业人群职业紧张程度相对增加，进而导致机体体力明显不足，免疫力低下，影响健康。

6．酗酒　饮酒可增加某些工业毒物的吸收，加剧其对重要脏器的损伤，导致中毒性肝病、肝硬化，甚至肝癌的发生。过量饮酒还易导致意外伤害和工伤事故的发生。

7．其他　长期站立、坐着作业、不良体位等对职业人群健康的影响；长期视力疲劳对职业人群健康的影响；手动搬运、局部震动等对职业人群健康的影响；自身不良卫生行为，如作业前便后不洗手、蓄长发、留长指甲、不穿戴工作衣帽上岗等对职业人群健康和安全的影响；个体防护行为不当对职业人群健康的影响；不良心理因素对职业人群健康的影响。

二、职业健康相关行为的管理

针对职业人群健康相关行为的管理，除了一般健康相关行为的干预和管理外，不同的企业从业人员所接触到的职业危害是不一样的，要让职业人群充分认识到职业健康防护的重要性、不同职业的防护重点、不同职业的有效个人防护方法和场所防护措施。

要消除职业不良行为对健康的影响，主要措施是采取正确的作业方式，优化劳动组织结构，改善作业环境，坚持正确的工间休息，科学合理组织和安排劳动或工作时间，改变从业人员的职业过程中的不良行为[12]。

1．开矿采矿、机械制造、化工企业、皮革加工、印刷、制鞋业等企业存在粉尘、化学毒物等有害的物理和化学危害因素，所以，工作时应戴好防护面具、防护口罩以及提高个人防护技能，工作时采取降尘和通风等环境防护措施。

2．高空作业建筑工人应采取安全行为，如严格操作规程，系好安全带、戴好安全帽，听从指挥，不违规操作，不冒险操作。

3．在噪声较大的锻压、风钻、磨锯等企业中，采取作业间隙和坚持工间操是一种有效的防护措施。

4．计算机操作员经常变动体位、注意眼睛休息，防止眼疲劳。

（薛　玲）

参考文献

[1] 联合国新闻. 联合国新闻 | 世卫组织呼吁采取行动：减少非传染性疾病导致的过早死亡［R］. 世界卫生组织，2015.
[2] 周亚林，刘海波. 健康教育学［M］. 北京：科学出版社，2008.
[3] 马骁. 健康教育学. 2 版［M］. 北京：人民卫生出版社，2012.
[4] 傅华. 健康教育学. 3 版［M］. 北京：人民卫生出版社，2017.
[5] 胡俊峰，侯培森. 当代健康教育与健康促进［M］. 北京：人民卫生出版社，2005.
[6] 李兴民，王朋旭. 现代行为医学［M］. 北京：军事医学科学出版社，2000.
[7] 吕姿之. 健康教育与健康促进. 2 版［M］. 北京：北京医科大学出版社，2002.
[8] 郑振佺，王宏. 健康教育学（案例版）. 2 版［M］. 北京：科学出版社，2016.
[9] 李鲁. 社会医学. 5 版［M］. 北京：人民卫生出版社，2017.
[10] 常春. 健康教育中的行为理论［J］. 中国健康教育. 2005，21（10）：739-741.
[11] 刘克俭，顾瑜琦. 行为医学［M］. 北京：科学出版社，2003.
[12] 杨军，胡晓云. 职业人群及教育内容探讨［J］. 公共卫生与预防医学，2007，18（1）：109-110.

第四章

职业健康教育与健康促进工作方法

第一节　职业健康教育与健康促进的干预方法

健康教育与健康促进的实质是一种干预活动过程。主要干预方法和手段有传播、教育和干预等形式。

干预（intervention）并非健康教育的专有名词，其含义为在原有的运行模式和过程中加入特定影响，使原有模式、过程终止或发生改变。健康教育是由一系列有组织、有计划的信息传播和教育活动组成，目的在于帮助个体和群体掌握卫生保健知识，树立健康观念，从而采纳有益于健康的行为和生活方式，实现减少疾病、保护健康，提高生活质量的最终目的，健康教育借用了其含义。因此，健康教育干预活动就是对人们已有的行为和生活方式施加一定的影响，结果是改变人们原有行为生活方式中不利于健康的部分，建立 / 加强有利于健康的部分，使之向有益于健康的方向转变。因此健康教育干预（health education intervention）即是健康教育项目中为促使目标人群的行为和生活方式向着有利于健康的方向转化而设计的有机组合的一系列活动和过程。

一、健康教育与健康促进干预方法的类型

（一）干预方法的分类

对于健康教育与健康促进的干预方法至今没有统一的分类方法，多数学者从自己的研究实践对干预方法进行分类，综合各家分类，目前有几种常用的分类方法介绍如下[1]。

1．根据干预对象的多少分为个体干预和群体干预。

2．根据干预手段不同分为信息传播、政策倡导和社区组织与社区行动。

3．根据干预方式的不同分为以传播为主的干预、行为干预以及技能培训三种类型。

4．根据干预场所的不同分为学校健康教育干预、社区健康教育干预、医院健康教育干预、公共场所健康教育干预、家庭健康教育干预、职业场所健康教育干预等类型。

5．根据干预内容的不同分为疾病干预、健康干预（健康管理）、心理干预、生理（身体）干预、生活方式干预、社会干预等类型。

6．根据干预范围大小分为个体干预、群体干预、社区干预、社会干预和全球干预。

7．根据干预对象健康状态分为健康人群干预、亚健康人群干预、疾病人群干预。

8．根据干预的心理层次分为认知干预、态度干预、信念干预、行为干预等类型。

由于采用的分类标准较多，所以，目前健康教育与健康促进干预方法类型多种多样，在实际工作中，应根据各自的研究目的选择适宜的干预方法，优化组合方案，以发挥各类方法的优点，达到预期理想的效果。

（二）选择干预方法的依据

选择经济有效的干预方法是健康教育工作遵循的重要工作原则，所以在选择时应依据健康问题的特点、健康行为的特点、影响健康行为的各种因素以及对象的具体健康状况、条件来进行。在选择的过程中，应该注意以下问题。

1．每项健康教育干预活动，尤其是比较大型的活动，一般来说不能仅仅执行单独的措施，这不仅会影响干预的效果，也可能使活动的对象失去兴趣，产生厌烦的情绪。因此，每项活动至少要选择三项以上的干预措施来结合使用。

2．当专项健康教育计划活动时间延长，所需选择的措施也应该增加。

3．行为问题的原因越复杂，采取的措施和干预的范围也要相应扩大。

4．在选择措施时，要注意针对不同的阶段采用不同的干预方法。

无论按照什么样的标准选择干预方法，都要以满足干预对象的健康需要、促进其健康为最终目的，而且以最少的投入获得最大的健康效果和效益。

二、健康教育与健康促进常用的干预方法

虽然健康教育干预方法种类很多，但以干预方式分类和以干预场所分类最为常用。研究者应根据项目的经济资助情况和当地各部门协调、政府支持情况及自己的偏好等，综合选用不同的干预方法进行优化组合。下面介绍几种常用的干预方法的特点及应用范围。

（一）以传播为主的干预方法

21 世纪的社会是一个信息社会、知识社会，也是一个传播社会。传播是人类认识世界、反映世界和主宰世界的工具和武器，是真正对人的行为发挥促进作用的重要活动。对传播干预一无所知恐怕很难成为一个合格的 21 世纪医疗卫生工作者。

科学、准确的信息和技能是行为转变的基础。通过各种传播方法、渠道和技术媒介传递健康信息，普及健康保健知识，提高人们的健康意识和知识水平，引导人们采纳健康行为和形成健康的生活方式是健康教育与健康促进工作的基础。在健康教育工作中最常用的信息传播方式有人际传播（健康咨询、心理咨询、家庭咨询、讲课、讨论）和大众传播（报刊、杂志、广播、电视、电影、光盘）及网络、手机等[1]。

1．常用的基本传播技巧 基本传播技巧主要是指人际传播技巧。在进行个人与个人之间的传播时，健康教育工作者应针对受教育者的具体情况，通过传播健康知识并传授相关的健康技巧，说服其改变不健康的状态及行为。在此过程中，教育者和被教育者往往构成说服与被说服的关系，前者可根据反馈信息及时调整自己的传播内容、方式和速度，使双方能更好地相互了解和相互影响，从而有效地改变对方的知、信、行，达到健康教育的目的。

在健康传播实践中，传播技巧常常起着举足轻重的作用。在举行学术报告会、专题讲座以及在对街头集市上的公众宣讲时，倘若传播者能掌握演讲技巧，则一定会收到事半功倍的效果。

（1）谈话技巧：掌握谈话技巧的关键是在尊重他人的基础上运用听者能够理解的语言和易于接受的方式向听者提供适于个人需要的信息。用语言说的目的是向别人表达自己的想法和意思，使对方明白的同时产生共识。常用的面对面健康传播活动中可以运用以下方法有效地帮助教育对象较好地理解信息：①讲普通话，语速要慢，吐字清晰；②适当重复重要的和不易被理解的概念；③内容简单明确，尽量使用简单句和通用词语；④及时取得反馈，必要时运用图画或模型等来辅助谈话。

（2）非语言传播技巧：顾名思义，就是无须开口讲话，如点头或摇头即能明确表达赞同或反对的态度。非语言传播技巧运用得当，会成为人际沟通的润滑剂，有利于增进相互理解、融洽相互关系。常用的非语言传播技巧有：①无声动姿，如手势、触摸、眼神或面部表情等；②无声静姿；③有声的类语言，如鼻音、叹息等；④时空语，如提前到达、相对而坐等。

（3）倾听技巧：这里的倾听不是指生理功能的“听力”，而是一种心理功能，是对接收信息所做的积极和能动的心理反应。通过有意识地听清每一个字句，了解每一个字句的表达方法，观察语言或非语言符号所表达的信息。因此说来，善于听可能会使双方传播更具有针对性，常用的听的技巧有：①主动参与；②克服干扰，尽量避免听的中断；③总结要点；④注意观察。

（4）提问技巧：主要有五种类型：封闭式提问、开放式提问、探索式提问、偏向性提问、复合式提问。

（5）反馈技巧：及时有效的反馈会使健康教育者得以了解教育对象的知识、态度和行为状况。重要的反馈技巧有：肯定性反馈、否定性反馈、鞭策性反馈、情感性反馈。

2．传播材料的使用 传播效果的巩固与传播材料的运用密切相关。健康教育传播材料就是指配合健康教育工作使用的印刷材料（如报刊、小册子、传单、折页、墙报、图片、宣传画等）、声像制品（如幻灯片、录像带、录音带、电影片、光盘等）、实物模具（如人体模型、器官标本等）。传播材料是健康传播不可缺少的工具。因此，科学、合理地使用传播材料将有助于传播效果的改善[2]。

（二）行为干预（behavior intervention）方法

在影响健康的四大因素中，行为与生活方式因素是最可防控的因素，其中行为干预是一种促进健康最强有力的措施。当前以个人、群体、社会行为和环境改变为着眼点的健康教育与健康促进已成为全球第二次卫生革命的核心策略。

健康教育最终目的是改变人的不良行为和生活方式，使人们的行为趋向健康。行为干预是健康教育和健康促进的一项重要工作方法，在实际工作中，行为干预是健康教育工作的重点。行为干预可分为行为指导和行为矫正。行为指导是通过语言、文字、声像等材料进行信息传播、教育培训和具体指导来帮助教育对象产生某些健康认知，建立和形成健康的行为和生活方式，如号召人们不要吸烟、告诫人们在呼吸道传染病流行期间不要前往人多拥挤的公共场所[2]。行为矫正则是健康教育工作者按照一定的目标，采用一定的手段，帮助和促使矫正对象改变自身特定行为的干预过程，如组织戒烟班，帮助吸烟者戒烟；组织家庭主妇培训班，教给主妇们怎样烹制低盐菜肴等都是对某些特定行为的干预过程[3]。

1．行为干预的手段

（1）行政干预：指通过政府机构运用行政手段，对社区或团体的不健康行为进行行政措施的干预。行政干预可大可小，大到国家直接干预，小到乡村政府干预。例如北京市政府率先在全市免费向居民发放限盐勺，以鼓励居民每日限盐，就是对居民每日食盐量的一种行政干预。

（2）法规干预：因法规具有强制性和指令性的特点，以法规条例作为特殊手段，使群体的行为符合社会或社区所提倡的健康规范。如《母婴保健法》《妇女儿童保护法》《食品卫生法》等都是行为干预的有力措施。

（3）传播干预：主要是用信息传递的方法干预、影响人的行为。大量的反复的信息传播，可以使人的行为发生改变，正如电视公益广告多次播放会对居民文明素质提高有促进作用。

（4）教育干预：教育干预是较行政干预更专业化、较传播干预更具有针对性的一种以培训为主要手段的社会教育活动。如新婚夫妇讲习班、家庭素质教育[1]等。不仅提供知识信息，唤起人群的健康意识，而且指导受训者建立健康行为。

（5）技能干预：是使目标人群通过掌握自我保健技能来获取健康，如指导主妇识别真假碘盐、教幼儿家长配制口服补液盐和糖盐水、教青少年家长如何与青春期孩子沟通技巧等都属技能干预，通常称为技能训练。

人的行为形成是一个非常复杂的过程，改变行为也是一个相当艰难的过程，因此，干预者应根据需要，综合选用不同的行为干预改变技术才能达到个体或群体干预的预期目的。行为干预的目的是改变不良行为，养成健康生活方式，但需要一定的策略。

2．行为改变技术 是健康管理中生活方式管理的重要内容，常用的技术如下。

（1）教育：传递知识，确立信念，改变态度，改变行为，即所谓的知、信、行。

（2）激励：主要通过强化手段来完成，即通过正强化、负强化、反馈促进、惩罚等措施进行行为矫正。

（3）训练：通过一系列参与式训练与体验，培训个体掌握行为矫正技术。

（4）营销：利用社会营销手段和技术推广健康行为，营造健康的大环境，让百姓接受政府等部门提供的公共卫生产品，促进个体改变不健康的行为。

上述这些技术单独或联合应用都能帮助人们走向健康，但是关键在于行为改变很难，必须形成习惯后终生坚持才能促进健康。这其中有利于健康生活方式形成的各种环境条件和支持系统具有至关重要的保障作用，即健康管理中的生活方式管理应运而生。

3．群体行为干预 人具有合群和从众性，有些行为的形成与群体风俗、信仰、习惯及从事的行业有关，因此，有些行为干预应在群体的环境条件下进行效果更佳，其干预机制如下。

（1）政策倡导：其关键在于开发领导层，使领导群体认识健康教育的重要性、必要性、可行性，并将健康教育工作内容纳入议程，出台相应的政策、法规，使群体行为干预得到组织、资源和舆论等方面支持，这是一个非常有效的干预途径。

（2）动员群众参与：对群体的健康教育，必须通过舆论手段，利用一切可利用的大众媒体和传播技巧，发动团体内每一成员参与。

（3）培训骨干：树立典型模范，供学习模仿。

（4）利用舆论和规范的力量：利用群体舆论和规范的力量，使群体内全体成员目标、行为一致，又要对群体造成一种外来压力，制约危害健康的行为，形成促进健康的氛围。

（5）建立竞争、激励机制：没有竞争就没有激励，开展评比，总结经验，对已改变的态度和行为予以支持和强化，给予奖励，并推广成功经验。

我国有非常强的行政资源，凭借强大的行政资源加上各方面的努力，通过倡导和推动全民健康生活方式，对遏制慢性疾病具有长期、深远的意义。

倡导健康生活方式已有国内外的经验借鉴，倡导健康生活方式有益于防控疾病，已有相关的科学依据。我国正处于慢性病控制的关键期，需要有前瞻的目标。全民健康生活方式需要政府的强力推动、科学组织、长期坚持、逐步深入。

4．行为矫正（behavior modification） 是指按一定期望目标，在一定条件下，采取相应的措施，促使矫正对象改变自身特定行为的过程。这是医学心理学的概念，主要针对个体进行的方法。

行为矫正不是被动过程，而是主动投入。常用行为矫正技术有脱敏疗法、厌恶疗法、示范疗法、强化疗法等（医学心理学中的心理治疗部分）。

5．行为干预策略　策略制定应该充分运用前述健康教育行为改变理论。干预策略一般分为教育策略、社会策略、环境策略以及资源策略四类。必须综合应用各类干预策略方能取得事半功倍的结果。策略制定的任务是根据项目目的（目标）、对象人群特征、环境条件和可得资源等情况选择最佳的干预途径、干预方法及其时间、空间和人群组合。这是一项具有高度创造性的工作。

（1）教育策略：健康教育专门策略极其丰富，具有多样性。常将其分为：信息交流类（即各种大众传播和人际传播策略手段）、技能培训类和组织方法类。

（2）社会策略：即政策、法规、制度、规定及其执行方法等。

（3）环境策略：即旨在改善有关社会文化环境和物理环境的各种策略手段。

（4）资源策略：所谓资源策略即动员、筹集、分配、利用社区中各种有形和无形资源的途径、方法。

6．健康教育行为干预的步骤　从广义而言，健康教育干预是一个完整的过程，应该包括在充分了解目标人群健康问题、健康相关行为、可利用资源的基础上合理设计干预策略和活动，干预活动实施与质量控制，干预效果评估三大阶段。狭义的健康教育干预侧重于干预活动的实施与质量控制。健康教育干预的主要步骤如下。

（1）健康教育项目目的与目标回顾。

（2）进一步对目标人群细分。

（3）确定健康教育干预场所。

（4）建立健康教育协作组织和工作网络。

（5）将健康教育干预活动整合为实施进度表。

（6）培训各层次健康教育骨干。

（7）制作健康教育传播材料，并预试验。

（8）按计划组织干预实施干预活动。

（9）过程评价与督导。

（三）健康教育与健康促进技能培训

1．培训的概念　培训是“教”与“学”两个主体相互作用的活动过程，是培训者与学员有计划、有目的、有组织、有系统地为实现培训目标而完成教学任务的过程。

健康教育培训（health education training）是对负有健康教育责任的人员进行专门化教育和技能培训的过程。其目的是从工作需要出发，使受训者改变原有的知识、态度和行为，学习和掌握从事某些专门任务所需要的知识和技能，为实现健康教育目标服务。实施一项健康教育计划离不开培训工作，因为没有经过专业培训的健康教育工作者就不可能把健康教育计划转变成行动，也就不能实现计划的目标。同时，培训也是实施传播和干预的一种人际交流方式，是常用的健康教育干预方法。因此，开展培训工作是各级卫生和健康教育专业人员的一项重要工作内容，也是健康教育的重要工作方法之一。受训者通常具有明确的学习动机，使其感兴趣的通常是实用的知识和方法，由于他们各自的背景和年龄、经历、文化程度和分工等不同，他们的知识和能力水平存在着差异，对事物的认识也不尽相同。

培训工作需要多层次地开发健康教育人力资源，进行能力建设，提高健康教育人员的数量和专业素质。

2．培训的过程　培训过程包括学习过程、教学过程、评价／反思过程三个方面。

（1）学习过程：是指学员获得、保持和应用知识、技能和道德规范的过程。

（2）教学过程：是教师把知识、技能、观念以有效的方式传授给学员，并引导他们建构自己知识的过程。

（3）评价 / 反思过程：是对学习和教学的效果进行评定和反思，以求进一步跟进的过程。

3．培训原则 健康教育技能培训讲究效率和效果，因此，它的培训工作应该遵循以下基本原则。

（1）按需施训原则：培训时间、培训内容都应针对学员的技能需要。在培训中应针对学员的已有知识结构、学习方式、接受能力、职业性质等安排培训。

（2）学用结合原则：学员接受技能培训后应把所学的知识技能应用到实践中，这样既能检验学员是否真正掌握了所培训的技能，还能在实践中完善提高。

（3）参与原则：培训是一个互动的学习过程，特别强调参与式培训方法的使用，积极参与有助于调动学员学习的积极性，发挥其聪明才智，更好地完成健康教育干预任务。

（4）灵活原则：培训过程是一个教与学的过程，受训对象具有主观能动性，这要求培训者在培训过程中具有灵活应对的能力，根据学员的需要采取不同的授课方式，把握培训进程，营造活跃的培训氛围，激发学员学习热情，达到最佳的培训效果。

4．培训方法 健康教育与健康促进技能培训常用以下方法。

（1）讲授：通过讲解、板书将预先准备的教学内容有条理地讲述出来。它的特点是系统性强，教师在教学中占主导地位，优点是利于教师控制时间和速度，缺点是教师不能充分与学员进行交流，针对性不强。

（2）小组讨论法：这种形式基于学员的工作经验和已掌握的知识，可使学员取长补短，相互受益。这种培训方法能使所有学员都有机会参与讨论，教师和学员、学员和学员之间可以相互交流意见和经验，可以更好地发现和解决问题，并有利于提高学员的认识能力，帮助其阐明态度；缺点是教师需具有很高的引导和控制讨论的能力，而且相对费时。

（3）快速联想：快速联想是讨论的一种形式，可以针对某一事情或问题各抒己见、开展讨论。通过快速联想可以很快得出解决问题的各种方法、建议或意见。

（4）案例分析方法：案例分析方法主要用于学员学习决策技巧，其实质与病案分析相同。案例分析可以个人独立完成，但最好还是分成小组进行，这样参与者之间可以取长补短。

（5）角色扮演方法：角色扮演是一种模拟或演示的方法，通常由 2 ～ 3 个志愿者为大家再现一个现实生活中的真实场面。

（6）参观法：是教师根据教学目的，组织学员深入现场对实际事物进行观察、研究，从而获得新知识或巩固、验证已学知识技能，提高分析问题和解决问题的能力，形成熟练技巧的一种方法。但参观前要根据教学目的制订参观计划，事先向学员讲明参观的目的、程序、要求及注意事项，参观中教师要进行具体指导，最后还要进行参观总结。

总之，选择哪种方法进行培训应根据培训的内容和学员条件决定。一般来说，讲课常用于学习知识，但在学习操作技巧、决策能力及交流技巧或培养态度方面并非很有效，学习操作技巧最有效的方法是示范、现场参观实践，态度培训最好的方法是小组讨论、实习和角色扮演。交流技巧可以通过示范、角色扮演、小组讨论等进行。学习决策技巧的最好方法是案例分析、讨论和现场实习。

另外，培训的内容和方法应该注意把握以下几点[3]：①内容要少而精，注重实用；②培训时间要短；③人数要有限制，以 30 人左右为宜；④要以参与培训为主；⑤在技能方面培训要结合实地操练。

（四）介绍两种常用的健康教育与健康促进干预方法

1．自我导向学习　是指学习者不管在有没有他人协助的情况下，都能以个人责任为出发点，主动诊断自己的学习需求，形成学习目标，应用人、物资源，选择、安排、执行适合自己的学习计划，评估自己的学习成果，达到自我实现目标的学习方式。

（1）自我导向学习的类型：主要有集体式学习、小团体式学习、个人式学习、独立式学习等类型。

（2）自我导向学习法的特点：自我导向学习法非常适合成人终身学习。具有以下特点：①以学习者为中心，教师只是督导者；②学习是建立在学习者已有的经验基础上；③学习者参与需求评估、目标制订和结果评价。

（3）健康教育者在自我导向学习中的作用与职能：主要有以下十个方面：①协助学习者确立学习计划的起始点，了解自我导向学习的方式；②鼓励学习者认识自身健康状况；③协助学习者组成小团体，商议学习计划等；④分析学习者的人格特征和学习特点；⑤协助学习者获得确定学习目标、方法、资源、评价的技能；⑥为学习者提供范例和学习指导等适用教材；⑦协助学习者发现和利用学习资源；⑧运用现身说法、经验交流等技巧，使学习者得以发挥其丰富的经验；⑨为学习者提供反馈、交流学习心得的机会；⑩当学习者达到学习目标时，及时给予承认和积极反馈。

（4）小团体式自我导向学习的步骤：如图 4-1 所示。

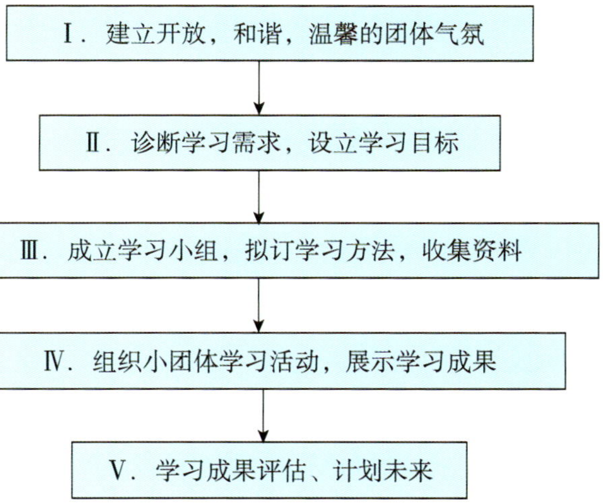

图 4-1　小团体式自我导向学习的步骤

2．同伴教育（peer education）　同伴是指年龄相近、性别相同或具有相同背景、共同经验、相似生活状况（如同事、同乡、邻居等），或由于某种原因而有共同语言的人（如参与特定的活动、到特定的场所），也可以是具有同样生理和心理特征的人（如孕妇、吸毒者、某疾病的患者等）。

同伴教育是以同伴关系为基础开展的信息交流和分享，是同伴在一起分享信息、观念和行为技能，以实现教育目标的一种教育形式。分正式（目标明确）与非正式（随时）两种。一般由经过培训的同伴教育者向同伴讲述自身经历和体会，或充当积极的榜样角色，通过易于理解和接受的方式和被教育者进行交流，以唤起共鸣，激发情感，共同采纳有益健康的行动。

（1）同伴教育的类型：在健康教育中常用的同伴教育有三种类型。第一种是在目标人群中选择一定数量的人，经培训成为同伴教育者，然后再由他们对目标人群进行教育。第二种为召开小组讨论会或座谈会的形式，组织目标人群自由讨论和交流。第三种是以某种形式，在某个指定的合适场所，两人或更多人之间自由地进行信息、观念和技能的分享与交流，如在社区心理健康俱乐部交流心理调节技能。

（2）同伴教育的组织实施：①同伴教育者的选择：这是开展同伴教育的关键步骤，一般采用招募志愿者的方式。同伴教育者应具有四个方面的特征。一是来自于目标人群；二是自愿接受培训，有高度的责任心；三是具有良好的表达能力和人际交往技巧；四是能以倡导者和联络员的身份在干预对象和研究机构之间建立联系。②培训同伴教育者：同伴教育者直接参与项目，所以必须了解项目的目标、干预策略和活动，了解同伴教育在项目中的作用以及与其他干预活动配合的相关事宜。掌握与教育目标有关的卫生保健知识和技能。掌握组织游戏、组织讨论等培训技巧。③实施同伴教育：以一定的组织方式在学校、社区、工作场所等地方开展同伴教育。要有目的地培训同伴教育者的组织和协调能力。④同伴教育评价：为了保证同伴教育活动的质量，需要采用研究者评价、同伴教育对象评价、同伴教育者自我评价等多种评价方式。

（3）同伴教育法的适用范围：同伴教育因其感染力强，经济有效，广泛用于劝阻吸烟、预防和控制药物滥用、艾滋病 / 性病预防教育等诸多领域。

虽然同伴教育是一种行之有效的教育方法，但对教育者要求较高，对受教育者也有一定的要求，所以，并非在所有的情况下均可使用。在实际工作中，可通过对以下问题的判断来决定是否使用同伴教育方法：①是否有可能吸引并保持社区领导的兴趣和支持；②有无足够合格的同伴教育者；③在目标人群中，人们是否有时间、有兴趣、有能力去承担同伴教育者；④能否为同伴教育的开展提供培训和其他技术支持；⑤同伴教育者能否得到持续的支持、资助、指导和再培训；⑥如果同时运用其他干预策略，如何将同伴教育法结合进去。如果上述问题能给予肯定回答，同伴教育才能被采纳，否则应考虑其他方法。

第二节　自我保健

自我保健顾名思义，即是自己努力保持健康。自我保健既是观念，又是知识和方法。自我保健的“自我”，可以泛指人们，也可以指每个具体的人，“保健”，可以指保持和促进人民健康，也可以指个人的健康。其中“健”一般指身体的健康，身体的健康需要生理、心理、社会三方面的完好状态来保证[2]。

从对健康的影响过程来看，自我保健可分为以下三个方面。

1．防止各种有害因素对个体的伤害。

2．增强个体抗病、抗衰老、适应环境等能力。

3．治疗疾病，包括治未病、治潜病、治已病以及康复。

从机体活动特点来看，自我保健可分为四个方面：一进、一出、兴奋、抑制。进，主要指饮食卫生、营养等；出，主要指排泄；兴奋，指工作、学习、活动等；抑制，指休息和睡眠。这四个方面如果符合科学规律或生物钟规律，人就不容易生病。

从健康的有关因素来看，自我保健可分为生理、心理、社会、环境四个方面。生理因素包括遗传、饮食、运动、起居、疾病等；心理因素包括心理特征和心理过程，如个性、意志、情绪等；社会因素包括家庭和社会人际关系、家庭和社会角色适应等；环境因素包括自然环境、居住城市或地区环境、工作环境、室内环境等。

一、自我保健概述

（一）自我保健的定义

“自我”即从个体主观、自我角度而言，“保健”则为保护、保证个体能安全自在地健康生存。自我保健自古有之，只不过在漫长的历史上，没有被抽象上升为普遍概念。本文提出的自我保健是一个普通概念，它是一个由诸多事物组成的一类事物的概念，因此，给它所下的定义为：它是个体运用自助和互助的方法达到健康目的的手段。

（二）自我保健医学的定义

在自我保健医学体系的框架构成之前，我们当然可以仅仅把它看作一个词组，因为它包含着许多假设或者说不确定因素。但是，由于自我保健医学的提出是建立在第一、第二、第三医学的历史成就之上，因此，把它看作一个集合概念更有利于自我保健医学的创建与发展。以临床诊断、治疗为研究对象的临床医学称为第一医学；以人群疾病预防为主要研究对象的预防医学称为第二医学；以患者和残疾人的功能康复为主要研究对象的康复医学称为第三医学。它们的共同特点是：以研究疾病的发生、发展、转归及其防治规律为主，以医学技术服务的应用研究为重点，其中第三医学虽已延伸到恢复生理功能和劳动能力的研究领域，但仍以疾病患者或残疾人为研究对象，自我保健医学（self care medicine）系指个人运用基础医学知识，掌握简易有效的医学预防、医疗技术手段，独立自主地进行养生保健，防范疾病发生。一旦疾病发生后，能比较正确地识别属于何种疾病，明确判断是否需要到有关医疗单位就诊，并能在生活上自我调理和采取必要的治疗、预防措施。

为此，我们给自我保健医学所下的定义是：应用现代科学技术手段，研究健康行为规律及其与自然、社会和现代医学的相互关系；研究传统的和现代的能自我掌握的防病、治病的理论及实践；研究个人和群体在增进健康和同疾病作斗争中自我负责、自我保健、自我防护的心理和行为以及人的机体生命过程中不断形成的自我保健机制；以达到增强体质、维护自我健康的目的的一门有规律和系统的医学科学。这个定义虽然组词繁杂，语句太长，但它概括了自我保健医学的主要内容，即“新的健康观”，实现人人健康的途径和方法。

现代条件下自然与社会对人的心、身健康影响：①传统的和现代的能自我掌握的自我保健理论与实践；②个人和群体在增进健康中的自主作用；③机体在生命过程中不断形成的自我保健机制；④高科技在自我保健医学中的地位和作用。

二、自我保健的意义

WHO 认为，自我保健是指个人、家庭、邻里、亲友和同事自发的卫生活动，并做出与卫生有关的决定。自我保健主要从健康的角度出发，在社会与医疗部门的支持下，利用多种形式，采取一切有利于健康的自我保健措施，运用自助和互助的方式达到健康保健的目的。

主要意义表现如下。

1．自我保健是一种最充分的保健模式，旨在增强人们的健康意识，发挥人的主观能动性　因为个人对健康有着决定性的作用，由过去个人被动地接受医疗机构和医生的诊治，转变为主动地、积极地参与决策自己的保健活动。医生对患者则由过去单一的看病开处方，逐步转变为指导、咨询、教育和共同参与的一种新型的医患关系。正像《医疗自助》一书作者所言：“我们正处于我们卫生保健系统发生非常重大变革的边缘，人们正学会就自己的疾病做出诊断并学会自己照顾自己。”这样就把人们从过去的医疗模式时代带到自助模式时代，也就是自我保健模式时代。

2．自我保健促进身心健康 随着医学科学的发展，人们对健康的定义有了新的认识，即健康意味着整个人的身心与社会环境处于一种积极、和谐的完好状态，全面健康意味着把人的身心和社会活动当作一个整体对待，新的全面保健观念在寻求健康和强健方面打开了一个新领域，即重视人的心理与社会化。自我保健重要的功能之一是使社区居民通过健康心理训练，达到情绪的自我控制与调节、心理刺激的预防、身心健康的完好发展。

3．自我保健有良好的经济效益 自我保健模式的开展在很大程度上能够减少社区卫生资源的耗费。在我国社区卫生资源严重不足的情况下，大力开展自我保健无疑是最佳的卫生服务模式选择，对于提高社区居民的健康水平是一种投资少、见效快的有效途径。

自我保健模式的核心就是强调自己的健康“自我负责”“自我爱护”“自我预防”“自我保健”，以增强身心健康、免除疾患之苦。

4．自我保健医学为新医学模式提供重要的方法论基础 不同时期的医学，受不同医学模式的影响，而对医学发展影响较深远的莫过于近代“生物医学模式”和现代生物 - 心理 - 社会医学模式。生物医学模式之所以对 19 世纪以来的医学发展影响深远，根本原因是其方法论即临床医学和预防医学的突出成就。尽管生物 - 心理 - 社会这一新的医学模式早已提出，但至今尚未真正普及。原因除了生物医学模式定势作用较大和人们思维惯性外，更重要的是新医学模式自身的方法论问题还未完全确立。自我保健医学的兴起就是解决该问题的重要契机。生物 - 心理 - 社会医学模式在肯定生物因素作用的同时，强调心理、社会因素对健康和疾病的影响；而良好的心理状态和社会适应能力归根到底要靠自我来调节和培养。所以，自我保健医学为新的医学模式提供了一个重要的方法论，它的兴起和发展，能从根本上为实现医学模式的转变带来突破性进展。

5．自我保健医学为建立完整的医学体系提供了新内容 当今医学，不论是临床、预防、康复医学，基本上是为疾病或患者进行预防、治疗和康复服务；而从医学的角度，对大多数非病人群的健康保护问题的关心还远远不够，以致于人们往往是生了病才想到医学、医院和医护人员。患者到了医院，又把自己的健康和生命完全托给医务人员，被动地接受医学服务，因而使健康显得被动。自我保健医学的研究对象是所有人群，尤其重视被医学长期忽视的绝大多数非病人群的健康保护与促进问题，并且强调人们要更多地担负起自身健康的责任，要求医护人员注重医学科学技术同人的主观能动性的结合，患者在医疗活动中应与医护人员共同处于主动地位，而不是听命者。可见，自我保健医学是主动医学，它是对当今医学必要和有力的补充，它使医学由被动转为主动，从而拓宽了医学科学的研究领域，使其体系更趋完善。

6．自我保健医学为解决卫生资源的供求矛盾提供了新途径 卫生资源的需求往往是无限的，而卫生资源的提供则永远是有限的，自我保健医学的开展能在一定程度上缓解此矛盾。自我保健医学把个人既看成是卫生资源的消费者，又看作卫生资源的创造者。人人参与自我保健医学实践后，许多基本的保健问题和常见疾病可以通过自我保健来解决，而不一定要求助于医疗机构和医务人员。同时，随着自我保健医学的广泛开展，会使保健工作的重点逐步从医疗机构转移到家庭，家庭自我诊断、治疗、护理费用无疑要比医院低得多。因而，它能克服高新技术医学服务费用急剧增长的弊端，且大量的慢性病和普通急性病采用高新技术疗法常常既无效也无必要，而用自我保健方法则往往能取得满意的效果。DJ Fletcher 在“自我保健：怎样帮助病人为其自身健康承担责任”一文中指出：美国采取自我保健措施后，总求医人数下降 7.5%；美国麻省理工学院学生接受自我保健教育后，2 年内节省共 346 320 美元的感冒治疗费 [4]。此外，据苏联学者测算，国民收入的 20% 是靠降低发病率、死亡率和因病伤缺勤率取得的，自我保健医学的深入开展，无疑将会使上述比例增大。总之，自我保健医学这种既能创造卫生资源，又能合理、节约使用卫生资源的特性，具有巨大的经济学意义。对此，不论是发达国家还是发展中国家都极为关注。

7. 自我保健医学为开拓健康潜能和生命价值提供了新领域　在各种保健工作中，应该承认自我保健是一种充分的保健，它能发挥人在保健中的主观能动性，改变包括心理和环境因素在内的各种影响健康的因素，尤其是当今危害健康的首敌——不良生活方式和行为，这种自我制造的危害因素，更是只有靠自我保健才能根本消除。自我保健医学能把维护健康的钥匙交到人们自己的手中，使人人都拥有改变健康状况的动力，从而使人们的健康潜能得到充分的发掘，使人们更易适应现代社会的工作、生活节奏。健康素质的提高能使人群的发病率、患病率和就诊人数下降，人均寿命延长，生活质量提高和有效工作时间增加，最终带来社会财富增长和人民生活幸福，并把整个社会引上这样一个良性循环。

三、自我保健对健康的作用机制

（一）健康的自我责任制

简言之就是自己的健康要自己负责。因为它是以良好的卫生习惯、合理的饮食、少用药物和采用生物反馈方法等新的保健方式为基础，不仅如此，而且还要认识到自己的身心健康不能完全依赖于医生或药物，而是要创造良好的自然、家庭和社会环境，充分发挥个人在保持健康、防治疾病中的主观能动作用。

（二）健康的“强触发”性

国外学者预言，21 世纪的医学将拥有更多高技术成分，有相当强的“触发”性，意即通过刺激人自身的免疫防御系统而不是控制或抑制症状的治疗系统。自我保健主要依靠自身保健实践、健康计划、适当锻炼、合理营养、应激控制、情绪稳定、心理平衡、有效养生的自我控制、自我转化、自我安慰来激发人体的免疫系统，从而起到保护和治疗作用。

（三）健康的自控性

人的健康和疾病是与人的行为、社会环境、心理因素相互关联和相互调节的，培养良好自控力，锻炼坚强的意志，能够在一定程度上直接控制自己的情绪，一旦情绪变化，能够通过长期的自我保健调节，应用迂回方法转移自己的感情和精力，实现自我转化、自我安慰，达到自控的目的。

（四）健康的内、外环境稳定性

内环境稳定指用微量的天然药物刺激防御系统，激活免疫功能而起治疗作用，使人体的内环境稳定而不抑制机体固有的自身反应，如前述“强触发”引发的机体免疫机制。外环境稳定指人们若能生活在鸟语花香、清洁优美的自然生态环境中以及相亲相爱、和睦相处的家庭环境中，容易保持身心健康。自我保健活动能为社区居民提供这种和谐的生存外环境。

（五）健康的心理调节性

除必要的生理调节外，心理调节是自我保健的重要内容之一。良好的心理素质能使人体内产生有利于健康的一系列生理变化。自我保健强调的是力戒或减少不满情绪，正确处理和适应个人、家庭和社区各种环境因素，通过培养良好的“内心世界”，达到增强体质，提高健康水平之目的。

四、自我保健医学模式

“模式”一般把它解释为人们观察和解决问题的思想和行为方式，也可以说是一种概念模式，即某种事物的标准形式或使人可以照着做的标准式样。

自我保健医学也有自己的模式，不过自我保健医学模式是以整个医学模式的演变和形成为前提的。在医学发展的历史长河中，曾经出现过各种各样的医学模式。这些不同的医学模式，标志着医学科学发展的不同形态和阶段；而各种医学模式的转变，又显示了医学的不断发展和深化。自有人类以来，直至今天，医学模式大致经过如下的演变：自然医学模式——宗教神学医学模式——整体医学模式——机械医学模式——生物医学模式——生物 - 心理 - 社会（伦理）医学模式——自我保健医学模式 [1]。

在各种保健中，应该承认自我保健是一种最为充分的、最为有效的、最为经济的、最易被人类和社会接受的保健方法，这是因为自我保健能发扬人们在保健中的主观能动性。人们越来越多地知道自己在健康中的地位，并正在学会为自己的健康负责，对自己的病症能做出初步诊断并学会自己照顾自己，这就是人们从依赖医疗组织帮助的医疗模式向自我保健医学模式的实质性转变。

自我保健医学模式的特点

自我保健医学模式的主要特点就是强调个人健康，自我保健、自我负责、自我爱护、自我检查、自我诊断、自我护理、自我治疗、自我预防。其主要内容如下。

1．个人健康自我负责　自我保健医学模式的核心，就是强调积极自觉地对自己的健康“自我负责”“自我爱护”“自我预防”“自我保健”，以增进自己的身心健康，免除疾患之苦。它采用良好的卫生习惯，合理的饮食，少用药物和采用生物反馈方法等新的保健方法，故要求人们对自己健康的个人责任必须有一定的认识，不但要认识到自己的健康自己负责，还要认识到自己的身心健康不能完全依赖于医生或药物，而要自己创造良好的自然、社会、家庭环境，充分发挥个人在保持健康、防治疾病中的主观能动作用。

2．强调“强触发”医疗　贝佐尔德、长尔森和佩克等合著的《工作与健康的未来》（The Future of Work and Health）中预言“21 世纪的医学将有高技术成分，只不过有相当强的强触发成分”[5]。这种“强触发”医学是“通过刺激人自身的免疫防御系统而不是控制或抑制症状的治疗系统”。主要系指依靠自身保健实践、健康计划、合理营养、适当锻炼、应激控制、情绪稳定、心理平衡、有效养生的自我控制、自我转化、自我安慰和其他可选择的治疗方法，来激发人体的免疫系统而起治疗作用 [3]。

3．主张药物微量和环境改善　当代医学研究的重点对象是治疗，通过药物的直接作用（重点）和间接作用（第四医学研究内容），影响人体症状的生理过程而达到治病的目的，但药物的毒副作用、抗药性又是其本身的不足，正如微生物学家杜博斯说：“药物治疗甚至在最好的条件下也有其本身的缺点。”

而自我保健医学则主张使用微量的天然药物，刺激人的防御系统，激励免疫功能而发挥治疗作用，有助于人体的自然内环境稳定而不抑制机体固有的自卫反应。自我保健医学对环境改善是其重要内容之一，提出人们生活在鸟语花香、清洁优美的自然生态环境中；生活在没有战争、没有瘟疫、和谐、宽松、安定的社会环境中；生活在结构合理、和睦相处、相亲相爱的良好的家庭环境中；生活在无污染无噪声、团结互助、互尊、互帮、互学的工作环境中，人们就容易保持身心健康。

4．各种自我因素控制与卫生习惯养成　自我保健医学认为，人体的健康和疾病与其行为、状态、文化价值观、信念、社会制度、环境、心理因素、道德及生理条件等各方面因素有关，它们之间是互相影响和相互调节的；培养自制力，锻炼坚强意志，能够在一定程度上直接控制自己的情绪，达到自我控制；当产生不良情绪不易控制时，掌握了自我保健医学知识，可采取迂回的办法，把自己的情感和精力转移到其他活动上去，实行自我转化；当你对某事耿耿于怀、遇到挫折和不幸时，不要灰心，而应想到“事情原本可能更糟呢”的自我安慰。

自我保健医学模式，要求人们养成良好的卫生习惯，改善饮食结构和不科学的烹调方法，合理营养，保持有规律的生活，在各类危害健康的因素中，不健康的生活方式和行为因素约占 50%，比例如此之大，单靠卫生部门提供的医疗服务作用有限，只能依靠自我保健活动才能解决这一问题。改变不健康生活方式和行为因素的内在机制是自我调节与自我控制。

五、自我保健模式的实现途径

人们各种健康行为的产生受着政治、经济、自然环境、知识水平、风俗习惯等各种因素的影响，这决定了自我保健医学普及教育的社会属性，其教育对象是社会各阶层各类人群，教育内容与广大人民群众的工作、学习、生活、社会交往、精神面貌、身心健康等息息相关。因此，自我保健医学的普及教育应结合中国的国情，一切从实际出发，从大卫生观出发，通过自我保健医学的普及教育，使自我保健适应社会发展的需要，适合人群保健不同层次的需要，使自我保健成为一项影响人们观念、树立卫生保健意识的科学生活方式，进而达到人人健康这个最终目标。自我保健医学普及教育没有统一模式，首先要明确卫生系统各部门的工作任务，卫生系统作为发展自我保健服务的专业力量，在自我保健工作中发挥着重要的核心作用。

（一）卫生行政部门

卫生行政部门在培养、扶持和促进自我保健这一新事物发展过程中，具有重要的决策、指导和组织作用，在自我保健工作发展中起调查研究、规划计划、组织试点和加强管理的作用。

（二）医院

医院是创建与发展自我保健模式最直接、最重要的场所。自我保健的发展要求医院的工作目标从传统的“被动型”诊疗模式转为“共同参与型”诊疗模式。作为医护人员不仅要面对患病人群，还要服务于非患病人群，不仅要了解患者的病因和症状，还要了解患者的生活方式、心理特征及社会环境，不仅要研究临床医学技术，还要研究有效的自我保健方法，提供自我保健知识和技能指导，承担推动自我保健发展的责任。

（三）卫生防疫部门

卫生防疫部门的主要任务是研究各种有效的疾病自我预防的方法，指导人们掌握自我预防和保护的方法，养成良好的卫生习惯，采用科学的饮食结构、健康的生活方式，也就是要在一级自我保健中发挥重要作用。

（四）妇幼保健部门

妇幼保健部门的任务是指导人们掌握科学的育儿知识、儿童保健及胎儿教育方法，帮助妇女掌握围婚期、妊娠期、孕产期、哺乳期和更年期等的自我保健方法。

（五）健康教育部门

健康教育部门具有浓重的自我保健教育特征，在开展自我保健知识的普及性教育，促进人们实现“知—信—行”的功能时，能更好地突出“自我”，让社区居民充分认识到自我在健康维护与促进中的主体地位和应发挥的能动作用。

（六）医学教育部门

通过增设自我保健的医学教育内容，编写适宜的自我保健医学教材，广泛开展自我保健医学的基础理论与应用研究，以显示其在推动自我保健发展中的强大优势。

（七）生理和心理调节

选择适合自己喜爱的锻炼身体方法，如跑步、打球、广播操、气功、太极拳、健身操；正常的生活规律、有节奏和有规则的工作，加上充分的营养、休息、睡眠等，都能起到生理性调节作用。心理调节是自我保健医学模式的主要内容之一，良好的心理情绪能使人体内产生有利于人体健康的一系列生理变化。而不良的心理情绪则使机体发生一系列异常的生理、生化改变，如发怒时，血红细胞数剧增，血液凝集增快，血压升高，肾上腺素分泌增加，胃液分泌停止等，从而诱发疾病，影响健康。

为确保自我保健医学的实际与有效，在实施教育过程中要注意以下三点。

1．自我保健普及教育“四落实” 一是组织落实，从中央到地方，要层层设立自我保健医学教育组织及办事机构，协调、检查、督促各部门实施自我保健；二是人员落实，自我保健医学普及教育，各级各层次都应有专人分管负责；三是经费落实，把自我保健医学列入国民经济和社会发展计划，安排自我保健医学所需经费；四是工作落实，各级政府要审定实施自我保健医学的规划并制定保证自我保健医学的政策和法规。

2．有关部门在普及教育中的作用 自我保健是全社会的事，经济、计划、财政、工农业生产、商业供销、城乡建设、文教卫生等几十个部门都负有责任。政府部门应有“红头文件”，规定社会各部门应承担的任务，比如，规定新闻、广播、电影、电视等文化部门负责自我保健医学的宣传报道，传播自我保健知识，普及自我保健教育，提高居民的自我保健能力；教育部门规定在学校开设自我保健课程。如云南省已经颁布了《关于认真开展中、小学健康教育工作的意见》，编辑出版了适应全省实际情况的小学健康教育课本，在全省 15 个市（州）近 50 万小学生中开设了健康教育课，并出版了面向全国，寓科普、文学为一体的《自我保健》周报，对自我保健起到了积极的促进作用[2]。

自我保健医学不是要求取消满意与不满意所产生的情绪，而是善于管理这些情绪。人不是生活在真空之中，社会是复杂的，不满意的事常有，这就要求学会正确的应对办法，多参加实践，使自己能适应社会各种因素，增强自己的体质，达到健康之目的。

自我保健医学模式即保留了生物 - 心理 - 社会（伦理）医学模式的合理内核，又克服了生物 - 心理 - 社会（伦理）医学模式的某些不足，同时又增加了新的内容。在我国人口众多，经济不发达、卫生资源不太丰富的实际情况下，要实现“人人健康”的目标，唯有强调自己的健康自己负责。这就是自我保健医学模式发展的必然趋势。

第三节　传播及行为干预

传播（communication）作为社会信息流动的主要渠道之一，在当今社会发展中起到了重大作用。从健康角度而言，传播同样是健康教育的基本手段之一，健康教育和干预必须依靠传播活动实现。

一、传播概述

传播的概念

传播又称交流、沟通、通讯，含有通讯、通知、交流、口信、通报、传达、交通、联络、疾病传染等不同的含义。1993 年全国爱国卫生运动委员会组织专家编写的健康教育专业系列教材之一《健康传播学》（北京：人民卫生出版社，1993）中对传播的定义为：“传播是遵循一系列共同规则互通信息的过程。”郭庆光著《传播学教程》（北京：中国人民大学出版社，1999）提出了这一定义：传播是人类通过符号和媒介交流信息，以期发生相应变化的活动。上述定义从不同角度反映了人类社会的信息传播所具有的社会性、普遍性、互动性、共享性、符号性、目的性等基本属性[1]。

1．传播具有普遍性　这种普遍性首先是由众多、广泛的传播主体所决定。人与生俱来有传播的本能。在社会交往中，人人都可以是信息的传播者。其次，多样的传播手段保证了传播的普遍性。从运用人体器官进行语言和非语言传播，到现代化电子传播媒介的普及使用，构成了纵横交错的传播网络。最后，不同的传播形式深化了传播的普遍性。例如自言自语的传播，个人与个人间的直接交流，通过大众传媒如广播、电视向社会传递信息等，不同形式的传播有不同的运动方式，发挥着不同的社会作用。

2．传播具有社会性　传播是在一定社会关系中进行的社会行为。传播反映着一定的社会关系，而社会关系的产生和维系也依赖于信息的传播。应从个人、群体和社会三个方面认识传播，传播是个人实现社会化过程的必要条件，是人与人之间建立社会联系的纽带，是人类社会得以形成和发展的工具。

3．传播具有互动性　信息的传递总是在传播者和传播对象之间进行的，因此，传播是一种双向性的互动行为。尽管传播者在信息交流过程中常常占主动地位，但有效的传播是通过信息的传递和反馈而展开的，良好的传播活动必须建立在相互合作、相互了解和产生共鸣的基础之上。

4．传播具有共享性　传播是一种信息共享行为，也就是说，信息交流的目的是使人们共同分享某种知识、观点、事实或情感，它是将一个人或少数人所独有的信息转化为两个人或更多人共有的过程。共享性的另一含义是信息作为一种资源而被共享，传播者传播某种信息后，自己仍拥有该信息，而不像热能等其他资源那样被转移为其他物理形式。

5．传播具有符号性　信息的传播必须借助一定的符号来进行，符号（symbol）是信息的载体，人们在进行传播之际，将自己的意思转换成语言、文字、图画、动作或其他形式的符号。符号具有形式和意义两方面的属性。传播者和受传者之间的沟通必须以对符号的含义的共同理解为基础，否则，就会传而不通，甚至导致传而有误。

6．传播具有目的性　传播过程充满着人的主观能动性。任何信息的传播都是有一定的目的性的，例如，探求、告知、宣传、劝服、宣泄、咨询等。在健康教育与健康促进工作中，明确的目的性更是健康信息传播的突出特征。

二、健康传播基本理论

（一）健康传播的概念及特征

健康传播（health communication）是传播学的一个分支，指通过各种渠道，运用各种传播媒介和方法，为维护和促进人类健康而收集、制作、传递分享健康信息的过程。在这个过程中，大众传播媒介在将医疗成果转化成大众知识加以传播、帮助受传者建立预防观念、形成健康行为等方面都发挥着重要作用。

健康传播作为传播学的分支，既有传播学的基本特点，又有其自身的独立特征和规律，具体如下。

1．健康传播目的明确　健康传播的特定目的是通过传播将医疗成果转化成大众的健康知识，促进人们态度和行为的改变，以降低疾病的患病率和死亡率，有效提高1个人、社区或国家的生活质量和健康水准。

2．健康传播对传播者有特殊的素质要求　由于健康传播拥有特定的传播技巧和计划，所以要求健康传播者是专门的技术人才，具有特定的素质。具有健康传播职能的机构和人员是健康传播的主体。

3．健康传播途径多样化　健康知识要在健康传播活动中到达最终目标，人群必须经过多级传播，并根据信息的特点或受众特点选择多种途径传播。

4．健康传播注重反馈性互动 健康传播注重健康传播过程中的前馈与反馈。在开展健康传播活动之前，注重受者需求评估和健康教育计划和健康教育材料的研究；健康传播活动过程中，注重传播双方的双向交流；健康传播活动之后还应收集反馈信息，以及时修正传播计划，改进传播工作。

5．健康传播具有社会的公益性 公众健康教育和健康传播在改善国民健康水平方面起着不可或缺的重要作用。健康传播通过传播正确的健康知识，从知、信、行三个层次改善个人健康，而受众又作为大众传播者将知识广泛传播，给其他社会成员带来经济的和非经济的收益。

（二）健康传播的基本类型

1．自我的传播活动 自我的传播又称为自身传播或内向传播，指个人接收外界信息后，在头脑中进行信息加工处理的过程。这是人类进行信息内化的必要的生物学基础，也是健康传播得以实现的必要前提。强调受者自主性，获得与个人有关的信息，建立与他人的社会协作关系，达到自我认知和自我提高。一般来说发放给个人或家庭中使用的健康教育处方或宣传手册等主要靠自主性来完成对知识、行为的学习内化。

2．人际传播活动 人际传播活动也称人际交流，是人与人之间直接的、面对面的相互交流信息的活动和过程。是一切传播活动的基础，也是健康教育的基础活动，是人际关系得以建立的基础，也是人与人之间社会关系的直接体现。人际传播活动的成功与否直接关系到一项健康教育活动能否取得成功。在健康教育的实践活动中经常采用多种人际传播形式，其基本形式主要如下。

（1）个别劝导（persuade）：这是行为干预的主要手段，也是健康教育工作采用最多的人际传播形式。多为面对面、一对一的交流，针对某一个干预对象的特殊不健康行为和具体情况向其传授健康知识、教授保健技能，启迪其健康信念，说服其改变态度和行为。

（2）小组讨论（group discussion）：通过一组人参加的面对面的小组讨论，交流传递与健康相关的信息，讨论共同关心的健康问题，影响部分人的信念态度和行为。

（3）讲座（lecture）：传播者根据受众的某种需要针对某一专题有组织、有准备地面对目标人群进行的健康教育活动。可以使较多的目标人群同时接受影响，信息的传播比较直接，如演讲人具有较好的知识基础，又有较好的演讲技巧，则可以给听众较大的感染力，取得较好的传播效果。

（4）咨询（consulation）：近年来，随着人们对健康关注程度的增加，健康咨询兴起。健康咨询是为满足人们对健康的需求而提供的一种健康服务形式，是一项有关疾病、健康、保健、医药、康复等有关信息和专业知识的服务项目。其任务与目标是向求助者提供所需要的科学信息和专业技术帮助，使求助者能够自己选择有利于健康的信念、价值观和行为，了解和学习有关保健技能。主要有门诊咨询、随访咨询、电话咨询、书信咨询等。

（5）培训（training）：是培训者运用讲解、演示等方法逐步使受训者理解和掌握健康保健技能的一种传播形成。培训者和被培训者面对面进行交流充分，反馈及时，具有针对性强、目标明确、现学现用的特点，是促进受训对象建立健康行为的重要环节。具体内容可以参看本章第五节。

3．组织的传播活动 组织的传播是指组织间、组织内部成员之间的信息交流活动，是有组织有计划的、具有一定规模的信息传播。组织传播包括自我传播与人际传播，相对于自我传播和人际传播，组织传播的组织纪律性明显，目的性明确，形式多种多样，集思广益，可为一对多或多对多的交流。

4．大众传播活动 大众传播在健康教育活动中普遍采用，是指通过广播、电视、电影、电子网络、报纸、期刊、杂志、书籍、标语、板报等大众媒介向社会人群传播信息的过程。这些媒介在传播方式、对象等方面具有一些共同点。

（1）间接传播：传播者与受传者之间的关系是间接性的。

（2）覆盖面广：大众媒介的传播，覆盖了社会的各个角落，可将散落在各处的广大受众联系起来。

（3）公开性：大众传播媒介面向整个社会，负有重大的舆论导向和社会责任，如若大众媒介传播出错误的信息，则可对数以百万计的人产生错误导向。

（4）时效性：所传播的信息一要新，二要快，特别体现在新闻报道方面。针对当前社会人群中普遍存在的卫生问题或中心性卫生工作，可以迅速通过适宜的大众媒介进行宣传教育，广而告之。

（5）可确保信息的标准化和规范化：如电视录像、小册子、广播录音节目等传播材料都可以统一成批生产与重复利用，甚至成批复制。

（三）健康传播过程模式

根据传播过程中所经过的层次不同，传播过程可分为一级传播、二级传播和多级传播模式。其中一级传播是二级传播和多级传播的基础，二级传播和多级传播是一级传播的扩展和深化。各种传播模式相互配合发挥作用。

1．一级传播　一级传播是解释传播过程最简单的一种模式。早期传播者将传播过程看成是意思的传授，即忽略传播者和受者的能动作用，将传播简单分为传播者、信息和受者三个方面。著名传播学家哈罗德·拉斯韦尔清晰明确地指出一级传播的五个方面，即传播者（who）、信息（say what）、传播渠道（in which way）、受众（to whom）和效果（with what effects）。该模式包含传播者通过信息加工和渠道选择将健康知识传播给受众的能动过程，以及受者通过自身信息加工所得到的能动反馈，简洁明了，具有综合性，能有效指导健康传播的开展。

2．二级传播　在工作实践中，有时传播者与人数众多的受者之间没有直接联系，缺乏自发的反馈和交流。比如讲座结束后，听讲座的人不能够及时与传播者进行面对面的沟通，传播者基本上很难得到受者的直接反馈，其态度改变的直接作用一般不是来自传播者，而是来自身边的一些“意见领袖”或“舆论领袖”，这些人一般都是社会上有影响力的热心人士，或者是与这类信息有更大关系的积极分子，这些人通过对信息进行选择和补充，并通过种种亲身传播传输给身边的人，如此而发生的由传播者先传给舆论首领人物，再由其进行人际传播的模式称为二级传播。

3．多级传播　现实生活中，健康传播是多渠道、多层次相互结合的传播过程。通过多级“舆论领袖”将健康知识进行内化，用自己的理解或意见将健康知识采用不同的渠道进行传播，最后还是将传播定义在直接亲身传播的领域，反馈及时，说服力强。多级传播的主要特点是受者通过接受大众传媒传播、组织传播、人际传播及自身传播等多种传播途径接受健康信息。由于受者知识水平及观念差异导致在人群中接受健康信息的进度不同，此特点就决定了健康信息必须反复强化，通过反馈和沟通不断改善传播方法和技巧，达到传播目的。

（四）健康传播的意义

人民的健康不仅是国家发展的基础，健康问题的解决本身也能促进经济的增长。随着媒体宣传途径的发展，健康传播已成为普及健康知识、增强全民健康意识的重要方法，对促进人们健康整体水平的提高具有重要意义。

1．健康传播有助于增强公众健康意识，促进我国经济发展　健康是一切活动最基本的前提，健康的人力是国家和民族生存和发展最基本的要素和最宝贵的资源，是中国经济腾飞的主要动力之一。经济学理论告诉我们，健康对经济的增长有反作用。而真正实现全民健康素质的提高，除了政府重视，加速形成比较完善的全民健康和医疗卫生体系外，大力倡导养成科学健康的饮食习惯和生活方式，宣传健康生活方式的理念和行为也对公众健康意识的形成起到重要的催化作用。

2．健康传播是公众获得健康信息的重要途径　健康传播是将各方有利的健康知识加以整合，通过有效的传播途径将之宣传开来，以便加深公众对各类健康知识的认识和理解，告之、影响和激励公众、社区、组织机构人士（政府、非政府机构、社会团体、私人机构等）、专业人员及领导，促使相关个人及组织掌握知识与信息、转变态度、做出决定并采纳有利于健康的行为。它不仅收集健康需求信息，而且通过传播影响决策者制定健康促进政策，并激发各社会团体和群众关注、支持和参与健康教育与健康促进，有效地促进行为的改变、疾病的早期发现与治疗，从而降低危害公众健康的疾病的严重性、危害性，是公众获得健康信息的重要来源。

3．健康传播以“预防”理念改变公众健康观 随着疾病谱的改变，导致死亡的疾病由单纯生物病原因素影响的急性传染病过渡到由社会、心理等多因素作用或影响的慢性非传染性疾病。中国慢性病死亡人数占总死亡人数的81%，而这些慢性病可通过改变生活习惯预防；传染病可通过阻断传染三环节中任何一个环节得到控制。让公众了解并掌握防治的方法与技能，尽早控制或减少疾病的发生，相当于为公众打了知识“预防针”，保护了公众的健康。健康传播利用各种有效的传播途径，积极传播各类健康预防信息，可经济有效地促进全民健康。

第四节 职业健康咨询

健康咨询（health consultation）是健康教育人员解答来询者提出的各种健康问题，帮助个人避免或消除不良心理因素，做出健康行为决策，以增进身心健康的过程。健康咨询有个别咨询、集体咨询、门诊咨询、电话咨询、街头咨询等多种形式。随着人们和社会对健康需求的不断增长，健康咨询在基层健康教育中越来越显得重要。

一、健康咨询的基本原则

（一）建立良好的关系

健康咨询者要和蔼可亲，以诚待人，努力与咨询对象建立良好的咨询关系，使来访者感到咨询者是可以依赖的、诚恳的和有能力的，乐于与其信任的人谈自己的问题。

（二）针对性原则

由于存在个体差异，每个人在健康困扰方面的表现也不尽相同。即使是同一类问题，其表现形式也不一样。因此，咨询者应了解问题的特殊性及其背景，有针对性地运用不同的咨询方法。

（三）中立情感的原则

咨询者应当站在当事人的角度去看待问题，理解和接受对方的情感，但又不能使自己的情感随着来访者的情绪变化而转移。咨询者在情绪方面保持中立状态，才能对事物做出客观判断和客观分析。

（四）保密性原则

尊重咨询者的权利和隐私，是咨询人员最基本的职业道德。保密性原则包括如下内容。

1．不能在任何场合谈论来访者隐私，包括与专业人员或非专业人员谈话。

2．不能向来访者的亲属、朋友、同事、领导等谈及来访者的隐私，除非征得来访者本人的同意。

3．除本部门确定的专业人员外，不允许任何人查阅咨询档案。

4．除来访者触犯法律，并经公检法机关认定出具证明外，任何机构和个人不得借阅健康咨询档案。

二、健康咨询的常用技巧

（一）交谈技巧

交谈是个双向交流的过程，咨询者要使用对方能够理解的语言和能够接受的方式，向教育对象提供适合个人需要的信息。

1．提供的信息应尽量做到清楚、具体而又谨慎　所谓谨慎是指咨询者在讲话时，注意语言表达方式，而不至于使对方感到恐惧或威胁。

2．把握谈话分寸，避免把话说得太绝对　当对来访者进行信息反馈时，不能把话说得十分绝对。通常，较好的方法是从肯定开始，以指出弱点或问题症结结束；如果反过来做，来访者可能会变得充满戒心，情绪低落，以致听不进对问题讨论的重要部分。

3．使用建议性语言　咨询者应使用建议性语言，不是命令或者劝告的语言。例如，咨询者不能说“你不要太担忧”一类的话。人们对问题自然会产生担忧和恐惧心理，出色的咨询者要理解和接受对方的情感，要帮助人们正确地认识自己的感情，并且善于克服心理压力，寻找解决问题的途径。

4．注意观察，及时取得反馈　交谈过程中对方常常不自觉地以表情、动作等非语言形式表达他的感受，要注意观察其情感变化及其内在含义，这将有助于对其谈话的深入。

5．交谈过程适当停顿　交谈过程中作适当停顿，给对方以提问和思考的机会。

6．充分听取对方的讲话　倾诉与倾听，构成了咨询交流的基础。听的过程中，不断进行分析，抓住要点。不轻易打断对方的讲话，不轻易做出判断，也不要急于做出回答，但对讲话离题过远或不善言表者，可给以适当的引导。

7．采用开放式和探索式提问　在咨询开始时，可运用开放式、探索式提问技巧提出问题，以收集到预期想要了解的信息。

（二）强化技巧

在咨询对象认识到问题所在，选择行为决策，实现咨询目标后，给以积极性强化是巩固咨询成果的一种重要手段。积极性强化是通过语言和非语言反应来表扬、激励他人的过程。在结束交谈前，除再次强调本次交谈的要点，征求教育对象对本次交谈的看法外，还应用积极的语言对教育对象的表现加以鼓励和肯定，为下一次交流打下良好的基础。

1．语言性强化　是用语言激励咨询对象保持某一行为。语言性强化大致可分为四种类型。

（1）自然性强化：指用词汇或短句来表示同意对方的言论或行为。如“好”“对”“是的”。这一类不太强烈的强化技巧，有时只是礼节性的表达，但它是讲话人所期望的反应。

（2）评价性强化：对当事人做出的努力给以正面评价，这是一种强有力的强化手段。例如：“你已经尽了力”“说得好”“这是个成功的尝试”。评价性强化通常由咨询人员用来激励当事人继续努力。

（3）支持性强化：用于表达对对方的理解和鼓励，表明咨询者是在公正客观地考虑和感受当事人的处境。例如，“我十分理解你的感受”，支持性强化适用于咨询对象需要同情和理解的情境，在咨询过程中广泛应用。

（4）个人性强化：与评价性强化不同，个人性强化着眼于对人身体的某些方面进行评价，而不是针对他的行为表现。例如：“你今天看来气色很好”或“你的新发型很适合你”。面对情绪正在好转的当事人、康复期患者、下定决心的戒烟者，适时的几句“奉承”，无疑是对他最好的行为强化剂。

2．非语言性强化　微笑、点头、目光注视对方是常用的非语言强化手段。某些身体接触，如用手拍拍对方肩膀；某些手势，如竖起拇指都是用来表示支持、鼓励、赞赏的非语言强化技巧。

（三）自我开放技巧

相互了解是建立融洽人际关系的基础，也是开展咨询的必要前提。在人际交流过程中，相互了解在很大程度上取决于双方的自我开放。

自我开放（self-disclosure）亦称自我暴露，即向他人揭示自我内心世界，使他人了解自己的愿望、感觉和行为。自我开放是激发更深层次交流的必要手段。在咨询过程中，自我开放的一个重要作用就是通过鼓励咨询对象自我开放，不仅使咨询人员获得有价值的信息，而且使当事人更多地了解自己，发现自己，从而更全面地认识自身存在的问题。

关于自我开放的基本理论，可通过心理学家约瑟夫·鲁夫特（Joseph luft）和哈里·莫厄姆（Harry Ingram）二人提出的“约哈瑞窗”作一浅析[2]。如图 4-2 所示，一个人的自我包含四个方面：①开放区域，关于自我的自知，他人亦知的信息，如个人的相貌、身材、社会背景等；②盲目区域，关于自我的他知而自不知的信息，如一个人具有的某些缺点，旁观者清，而自己都浑然不觉；③隐秘区域，关于自我的自知，而他不知的信息，如个人的某些隐私，内心的愿望等；④未知区域，关于自我的自不知、他人亦不知的信息，如人的潜在意识潜在才能。

	自知	自不知
他知	1 开放	2 盲目
他不知	3 隐秘	4 未知

图 4-2　约哈瑞窗（Johari Window）

以上几个区域的大小，在实际交流过程中会发生相对变化。其基本原理是，通过双方的自我暴露，把个人的思想情况告知他人，使自我信息由隐私区向开放区转化，从而扩大了自我了解和相互了解。

（四）克服不良的咨询行为

1．说教　以教育者自居，用教训人的口吻进行交谈，过分责备，这样做不能促进深入的交谈，只能使咨询停滞。

2．不成熟的劝告　见于在问题尚未了解清楚或需要交谈对象自己做出行为决策时，急于提出建议或劝告，其结果是咨询对象服从了健康教育者的观点，但没有满足来询者的真正需要。

3．刺探　用刺探的口吻询问患者不愿说出或不可能说出的信息，容易导致患者的不信任或防备心理。

4．轻率的保证　不负责任的承诺，事后又不能落实，实际上不能帮助咨询对象解决问题，只会增加群众对基层健康教育人员的不信任感。

5．轻视的态度　以轻视的态度对待咨询对象，如认为“这么点小事你就受不了”，这样容易导致与来访者的关系不融洽，阻碍有效的交谈和深入讨论。

第五节　职业健康教育与健康促进培训

一、培训工作的意义

WHO 指出："初级卫生保健和健康促进的概念必须融入医学课程，并作为培养护士和其他卫生工作者的必备内容，同时要求健康专家和健康促进领域的其他相关人员接受继续教育和培训，以加强规划设计者、倡导者、协调者、联盟建设者以及管理者的执行能力。"（《行动起来，发展中国家的健康促进》）[6]。培训工作是对人力资源进行开发的一种活动。健康教育与健康促进计划或项目广泛地涉及多人群、多场所、多种健康相关行为问题和多学科领域，需要多层次地开发健康教育人力资源，进行健康教育能力建设。

职业健康教育与健康促进培训计划的实施需要有相适应的人员，由实施人员把计划分解并用具体的方法表达和体现计划的思想和实现计划目标的过程。为使计划成功完成，实施人员必须经过必要的培训。培训工作可以使实施人员熟悉计划的管理程序，使其掌握相关的知识与技能，学习新的工作方法。只有经过了培训的人员才能够适应实施工作的需要，培训工作是能否成功实施职业健康教育与健康促进培训计划的一个重要的基本内容。

二、培训过程及其特点

（一）培训过程

职业健康教育与健康促进培训是对负有健康教育与健康促进责任的工作人员进行专门化教育和技能培训的过程。其目的是为职业健康教育与健康促进目标服务，使受训者改变原有的知识、态度和行为，学习和掌握从事职业健康教育和健康促进工作所需的知识和技能。职业健康教育与健康促进培训是"教"与"学"两个主体相互作用的过程，是培训者与学员之间有目的、有组织、有计划、有系统的为实现培训目的而完成教学任务的过程。这一过程的四个基本要素是培训者、学员、培训内容、教学环境，其相互作用、相互联系。具体见图 4-3。

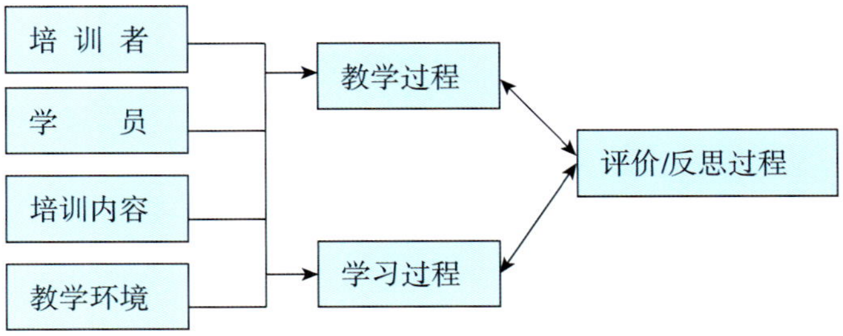

图 4-3　培训过程的宏观模式

1．培训者　培训计划的制订者和实施者，是教学过程的组织和指导者，在教学中起主导作用。

2．学员　培训的对象，是培训目标、教学要求的体现和落实者，是学习活动的主体。

3．培训内容　教学的客体，是教学过程中所传递信息的主要部分，由特定的培训性质和目标决定。

4．教学环境 包括教学方法、教学媒体、教室的物质环境、教学气氛、教师与学员的关系等，是影响培训过程的客观因素和条件。其中教学方法和教学媒体是教学内容的载体，是实现教与学双向活动的媒介，是实现培训目标的重要条件，对教学效果起保护作用。

5．教学过程 指职业健康教育与健康促进工作者把与工作场所相关的保健知识、技能、观念等传授给职工并引导职工构建自己知识的过程。培训者是培训计划的制订者和实施者，是教学过程的组织和指导者，一般在教学过程中起主导作用。

6．学习过程 指学员获得、保持和应用保健知识、技能和道德规范的过程。职工是培训的对象，是培训目标、教学要求的体现者和落实者，是学习过程中起主体作用的因素。

7．评价 / 反思过程 培训中或培训后对教学过程和学习过程进行评定和反思，以求进一步改进培训工作的过程。

这三种过程相互影响，同时也受上述四个因素的制约。

（二）培训过程的特点

培训是学习者认识活动发展的过程，即行为习得和改变的过程。职业健康教育与健康促进培训的对象主要是企事业单位领导、管理人员、职工、职工家属等工作场所相关人员，大多来自于工作岗位的成年人。这种健康教育与健康促进培训除了具有一般教学过程的特点及生活经验丰富、理解能力强、个体差异大等特点外，还存在着不同的学习障碍，诸如家务繁重、时间紧张、文化水平及专业限制、工作压力大、思维模式较为固定等情况，因此也决定了职业健康教育与健康促进培训自身的特点。

1．培训内容强调职业性和实用性。

2．学习者具有组织性和自主性。

3．教学活动重在参与性和实践性。

4．认知活动具有交叉性（在职岗位培训与工作交叉进行）和间断性。

5．供学矛盾。

三、培训的基本原则

（一）按需施教原则

从学员的工作需要出发安排培训的时间、内容和方法，应尽量使教学内容、教学方法和教学环境适合不同学员的年龄、职业、经历、知识结构、学习方式、接受能力等个体特点。

（二）学用结合原则

与被培训企事业单位相结合后，其培训内容、时间应取决于工作场所人员的工作需要，强调理论联系实际，与具体工作任务结合。一般情况下，培训的参加者对培训内容有实用性强的要求，培训的重点应围绕工作中的实际问题，提高应用健康教育理论和方法来解决问题的能力。

（三）少而精原则

培训的目标要明确，主题突出，培训的内容精炼，语言通俗易懂，能够使学员学以致用，力求在较短时间内达到较好的培训效果。

（四）参与性原则

由培训者与被培训者共同完成教学活动，最大限度地使用参与式培训方法，强调学员学习的主观能动性，引导和帮助学员学习。

（五）灵活性原则

培训者应具有灵活应变能力，灵活运用多种教学手段，灵活掌握培训计划的各个环节，及时调整培训活动，以更好地达到预期的培训目的。

四、培训方法

培训方法是培训者和学员为完成健康教育培训任务而采用的教与学的方法的综合，是实现培训目标的手段，直接关系到健康教育培训的工作效率。掌握科学的教学方法是教师做好培训工作的必要条件。同样的培训内容，同样的培训对象，因教学方法不同，可导致培训效果大不相同。

（一）培训方法的选择

"教学有法，教无定法"，职业健康教育与健康促进培训者应根据教学目的和任务、学员的特征、教学条件、教学方法的优化组合等因素，选取适当的教学方法，以提高教学效果。

1．依据培训的目的和任务　一般讲一次培训围绕一个专题，每个教学单元都有一定的教学目的和特定内容。例如，讲述新理论、新知识，就要选用讲授法、问答法等，人际传播技能培训则适合选择角色扮演或小组讨论等方法。

2．依据学员的特点　不同年龄、职业、经历的学员，其知识结构和认知能力的发展水平是不同的，其学习方式也存在差异，因此应根据学员的特点来选择教学方法。例如，青年职工的思维敏捷，精力充沛，富于想象力，记忆力较强，但他们缺乏实际工作经验，可多采取讲授法、案例分析法等；而中老年职工实践经验丰富，理解能力强，可采用讨论法、参观法等进行教学。

3．依据实际的教学条件　从实际出发，充分考虑教学需要的同时，还要考虑到当地/企事业单位的实际情况。根据培训内容，结合培训需要，合理采用不同形式的教学方法，以期达到教学方法的优势互补。

（二）具体的培训方法

1．讲授法　讲授法是教师运用语言和辅助手段来系统连贯地向学员传授知识的方法，主要形式为讲述、讲解和演讲。讲述是指教师用口头语言叙述事实材料，重在客观表达；讲解是教师运用分析、解释、说明、论证来传授知识，强调知识结构的逻辑性；演讲是进行专题性的理论阐述，是进行健康教育专题讲座的常用手段。其特点是易于发挥培训者的主导作用，有利于理论知识的系统学习。

在职业健康教育与健康促进中，由讲授法演变而来的一种教学方法称为"小讲课"，其在传授基本理论和知识的同时，强调"小"，即讲授时间段，一般为10～20分钟为宜；讲授内容精，主要集中在一个重要的知识点；学员人数少，以30～40人为宜。小讲课具有短小精悍、重点突出的特点，可以克服传统讲课中一次授课内容过多，学员难以掌握教学重点的不足，适用于参与式培训中与其他培训方法穿插使用。

由于讲授法是以教师的"讲"为主要手段，因此对教师的专业知识水平、语言表达能力和材料组织能力等有较高的要求。

运用讲授法时应注意讲课前要了解学员的基本情况和对授课内容的了解程度，使学员在获得知识的同时，改变态度和信念。讲授的内容要有科学性、系统性、思想性、针对性，讲授的观念要正确无误，理论知识要内容全面、重点突出，讲究语言艺术，要求语言通俗易懂、条理清晰，注意运用非语言手段和启发式教学，适当运用辅助教具，及时取得学员的反馈。

2．谈话法　谈话法（或问答法）是教师根据学员已有知识和经验提出问题，引导学员经过思考，对问题做出自己的结论，从而获得或巩固知识的一种教学方法。常用的问答方法为"头脑风暴法”或快速反应，即教师在没有给学员任何提示的情况下提出问题，要求学员立即做出回答，促使学员开动脑筋，积极参与，课堂气氛活跃，犹如一场头脑风暴的来临。

教师在运用问答法时要有充分的准备，提前设计好问题和提问的顺序；讲究提问的艺术（明确、具体，包括知识、理解、分析、应用等多个层次），提问后要留给学员思考时间；鼓励学员勇于发表自己的见解，在发言过程中不急于做出判断、评价或指导；对学员的回答给以适当的评价和鼓励，对所提的问题及时归纳总结，并注意指出学员存在的认识上的不足，使学员明确认识，提高分析判断问题的能力。

3．讨论法 讨论法是在教师或组织者的引导下，通过集体讨论的形式，加深对已学知识的理解和增长新知识的教学方法。一般是结合讲授、演示、参观、案例分析等教学活动进行，可以活跃学员思维，充分调动其学习的主动性和积极性。讨论有助于学员加深对已有知识的理解，讨论法还适用于以改变态度、提高决策能力和沟通技能为目的的学习。

讨论的组织方法可采用全体讨论、分组讨论等，由于工作场所人员有着较丰富的生活经验并有一定的表达能力，讨论法在健康教育培训中被广泛应用。

在运用讨论法时应注意以下几点。

（1）培训者事先出好讨论题目：所命题目要有吸引力，能激发学员的兴趣，富有启发性和开放性，能引起学员发表不同见解，展开争论。

（2）提前布置，做好充分准备：在培训过程中穿插的讨论也要给予一定的思考、议论时间，使讨论在每个学员都认真思考的基础上进行。

（3）注意启发和引导：鼓励学员积极参与，勇于表达自己的见解，要善于把学员的注意力集中到讨论主题和争论的焦点上。

（4）及时归纳总结：在适当时机对讨论的情况进行必要的概括，并对讨论结果做出明确的结论，如有必要则提出有待于进一步讨论和思考的问题。

讨论法的局限性在于需要占用一定的培训时间，有时会造成课堂秩序的混乱；由于个人原因可能有些人在讨论中缺乏发言和交流机会；若小组讨论，则要求小组主持人具有较强的组织和引导能力。

4．演示与练习 演示与练习是进行操作技能训练的一种教学方法。演示（示范）是教师配合授课内容，以实物、模型、标本等直观教具展示给学员，或给学员做示范性试验。练习是在演示的基础上，指导学员按照要求和操作步骤，实践这一正确操作的过程。操作技能是指运用知识和经验执行一定活动的方法和技巧。例如学习如何测量血压、如何正确佩戴安全帽等。由于操作技能的学习离不开反复观察、模仿和练习，演示与练习法突出了健康教育培训的实践性和实用性，为学员提供了巩固知识和提高技能的机会。

教师在运用演示与练习时应注意：

（1）做好课前准备：备齐教具，明确培训的目的、内容和要求，具体的操作步骤和考核评价方法，撰写实习指导。

（2）介绍演示与练习的目的、内容、方法、步骤、观察要点和注意事项等。

（3）面向全体学员进行示教，保证每个人都能观察到正确的操作步骤，示教时应与语言的指导相结合，鼓励学员随时提问。若学员较多或技术较为复杂，可分组或请助手帮助。

（4）指导学员练习，学员独立或分组按照实习指导完成相应操作。

（5）对学员的操作质量和结果及时归纳总结，必要时要求学员写出书面报告。

5．自学指导法 自学是在一定指导下，由学员自行学习的过程。自学指导法符合成人学习的特点，有利于合理安排工作和学习日程，解决工学矛盾，同时可扩大学员的知识领域，培养自学能力，养成良好的读书习惯。运用自学指导法应有明确的自学计划，提供自学指导教材，辅导学员自学的方法，及时疑难解答。

6．案例分析法　案例分析或个案分析，是将案例和一系列思考题提供给学员，要求学员联系所学过的知识，进行思考和分析讨论，提出可行的解决措施。所选案例是根据培训目的和要求，以真实事件或假设会发生的情景为基础编写的分析性材料。案例分析法有助于学员的决策能力、分析和解决问题能力的培训。案例分析法是健康教育培训最常用的方法之一，其用途十分广泛，可用于巩固和强化培训中学到的知识，也适用于对学员决策能力、分析和解决问题能力的培训。

案例分析法具有生动、易激发学习兴趣，集思广益、开阔思路、相互学习、共同提高等优点，同时培训者可以从学员那里得到大量的信息，获得新的知识和经验，实现教学相长。其局限在于，若案例选编不好，学员会认为虚假、无实用性；案例分析需要较多的培训时间。

在运用案例分析法时应注意案例编写要精炼，组织案例分析，参与小组讨论，及时归纳总结。

7．角色扮演法　通过组织学员扮演特定角色，表现一个情节，使学员亲身体验在实际生活或工作环境中可能遇到的情景、行为或问题。角色扮演法具有生动有趣、参与性强的特点，主要用于改变态度、观念的培训，也适用于人际传播技巧的训练。态度改变是培训的重要目标，但很难用语言和文字下定义，因此通过角色扮演去实践体验是一种较好的培训方法。

教师在运用角色扮演法时应注意选择学员熟悉的内容给出故事发生的人物、时间、地点和场景，进而密切结合培训内容来编写角色扮演脚本，明确培训的目的；选择与训练角色扮演者，简单设置道具以体现表演效果；合理设计角色扮演的程序，表演结束时提出讨论题目，组织全体或分组讨论，及时归纳总结。

这一方法的局限性在于不适用于传授知识和理论，在表演中培训者难以真正控制角色扮演者的言行，使之符合教学要求，如果表演者没有表现特定角色的能力，将达不到预期的效果。

8．参观法　是教师根据教学目的，组织学员深入现场对实际事物进行观察、研究，从而获得新知识或巩固、验证已学知识，提高分析问题和解决问题的能力，形成熟练技巧的一种方法。应用时要注意制订参观计划，事先向学员讲明参观的目的、程序、要求及注意事项，参观中进行具体指导，进行参观总结，必要时写出调查报告。

9．参与式培训　参与式培训（participative training）是指培训者和培训对象共同参与教学过程，共同完成教学活动的综合性教学方法。参与式教学方法主要有小组讨论、小讲课、头脑风暴、角色扮演、案例分析等。

参与式培训有助于培训对象理解和掌握新观念、新知识和新技能，并促使他们将自己的知识和经验作为学习资源与他人共享，使学员和教师都能从中受益。

参与式培训的基本特色为以解决问题为目的，以学员为中心，教学相长的主动参与式教学方法，主要体现在如下几个方面。

（1）培训的目标：参与式培训的目标紧紧围绕实际工作的需要，以解决实际问题为目的，着眼于改变解决实际问题所需要的知识、技能和态度。

（2）培训的时效性：参与式培训注重急用先学，强调带着问题学，力争在短时间内，以较少的投入取得相对较大的成效。

（3）培训的内容：参与式培训强调理论联系实际，做到学以致用，重点突出，适当超前，便于应用和推广。注重鼓励学员发现问题，提出问题，并进一步寻找切实可行的解决方法。

（4）培训的方法：采用学员主动参与的教学方法，组织多种形式的教学活动，注重讨论法、操作式的教学活动运用，提倡自学与辅导相结合，鼓励相互交流的协作精神，调动学员自主学习的积极性。

教师在运用参与式培训法时应注意让学员参与确定培训内容和目标，制订参与式培训的授课计划，吸引和组织学员自始至终参与教学活动，培养学员运用参与式教学法，组织学员参加教学质量与教学效果的评估。

参与式培训的实施要点如下。

（1）学员参与确定培训的内容和目标：培训前向学员交代培训的意图和预期目标，征求学员的意见和建议，就培训的内容、日程等展开讨论，根据学员需求进行必要的调整和完善。

（2）制订参与式培训的授课计划：根据不同培训单元的教学内容，设计参与式教学活动的授课计划，准备必要的教具，必要时做好课前培训，如角色扮演的脚本编写和表演者的训练。

（3）吸引和组织学员自始至终参与教学活动：培训过程中运用多种教学方法和手段，使学员发挥自主学习的主动性，动手、动口、动脑，相互学习，交流经验，取长补短，吸取新知识，获得新技能。

（4）培养学员运用参与式教学法的技能：通过培训方案的设计、教学活动的实施和对参与式教学法的介绍，使学员切身体验并学习到必要的教学技巧。

（5）学员参加教学质量与教学效果的评价：采用培训前后测试、填写调查问卷、专题讨论等方式对学员的学习效果、教师的教学情况和培训班的整体情况做出评估，请学员对今后的培训提出改进意见和建议。

10．同伴教育 同伴是指具有相同背景、共同经历或由于某些原因具有共同语言的人，这种共性主要体现在年龄、性别、生活环境和经历及文化和社会地位等方面，如同事、好友、同种疾病患者、健康俱乐部的成员等。同伴教育（peer education）是同伴在一起分享信息、观念和行为技能，以实现教育目标的一种教育形式。由经过培训的同伴教育者向同伴讲述自身经历和体会，或充当积极的榜样角色，与被教育者进行交流，以唤起共鸣，激发情感，共同采纳有益于健康的组织方式，及时进行同伴教育评价。

（1）同伴教育的类型：主要有以下三种：①在目标人群中选择一定数量的人，经过培训后成为同伴教育者，然后由他们对目标人群进行教育。中国医科大学周宝森教授等（2010）采用同伴教育方法对中国医科大学研究生进行系统培训，学习已经准备好的艾滋病相关知识的宣传材料，解释相关问题，相互提问并讨论，采用多种形式不定时地向同班或本宿舍同学宣传、讲解，回答同学提出的疑问，解释同学提出的疑惑，讨论相关问题，研究者时常督促和提醒同伴教育者要多次重复地向周围的同学或同班同学宣传、讨论艾滋病知识，取得了满意的干预效果[3]。②目标人群自由讨论和交流。由健康教育人员确定讨论过程中的组织者，也可由目标人群自发组织，推选出带头人，交流形式如座谈会或小组讨论等。③两人或多人之间自由进行信息、观念和技能的分享与交流，如相同疾病的患者之间现身说法、交流保健信息等。

（2）同伴教育的组织实施：①同伴教育者的选择：同伴教育者应具备以下特征：与目标人群具有某些共性，并熟悉该群体的文化和思想，这将有利于他们更好地鼓励同伴接受健康的生活方式；自愿接受培训，且具有高度的责任心；具备良好的表达和表演能力及人际交流技巧；能以倡导者和联络员的身份在研究机构和干预对象之间架起桥梁。②培训同伴教育者：通过对健康教育与健康促进项目目的、教育内容、方法和人际交流的培训，使同伴教育者了解项目目标，干预策略与活动，了解同伴教育在其中的作用，以及如何与其他干预活动进行配合；掌握与教育内容有关的卫生保健知识和技能；掌握人际交流基本技巧和同伴教育中常用的其他方法，如组织游戏、辩论、小组讨论、幻灯放映等。③实施同伴教育：活动开始前应注意场地、桌椅、使用仪器设备等的准备和调试，以保证同伴教育活动的质量。同伴教育可利用的方法多种多样，包括咨询、展览、发放教育手册、社区动员、聚会、角色扮演、演讲、录像/VCD、专题研讨等。④同伴教育评价：主要关注同伴教育者的实施过程和同伴教育者的工作能力，可以采用研究者评价、同伴教育对象评价、同伴教育者自我评价的形式进行。

（3）同伴教育法的适用范围：同伴教育具有形式多样、感染力强、经济实用等特点，广泛适用于劝阻吸烟、预防和控制药物滥用、艾滋病/性病预防教育、营养改善计划、社会教育和语言教育等诸多领域。近年来国内外实践表明，由于青少年群体易受环境影响，同伴的行为往往比家庭的影响更大，青少年已成为开展同伴教育的重要对象。

虽然同伴教育是一种行之有效的教育方法，但并非适用所有情况。要认真分析应用这一方法的客观条件及其是否达到目标人群的最佳途径。实际工作中可通过对以下问题的判断来决定是否使用同伴教育方法：①是否有可能吸引并保持社区领导的兴趣和支持；②有无足够的同伴教育者；③在目标人群中人们是否有时间、有兴趣、有能力去担任同伴教育者；④能否为同伴教育的开展提供培训和其他技术支持，如教材、设备、场所等；⑤同伴教育者能否得到持续的支持、资助、指导和再培训；⑥如果同时运用其他干预策略，如何将同伴教育法结合进去。

如果上述问题是肯定的，即可采用同伴教育法，否则尚需创造条件，或寻找其他可行的教育策略和方法。

11．自我导向学习　自我导向学习（self-directed learning）是指学习者以个人责任为出发点，主动诊断自己的学习需求，形成学习目标，应用人、物资源，选择、安排、执行适合自己的学习计划，评估自己的学习成果，达成自我实现目标的学习方式。

自我导向学习是一种适用于成人的重要学习方式。国际上自20世纪60年代兴起对自我导向学习的研究，20世纪90年代以来我国台湾学者继续从不同领域、不同角度对自我导向学习进行探讨，并将这一方法引入健康教育的干预研究。1998年中国台湾师范大学健康教育系郑惠美等学者来大陆进行首次海峡两岸健康教育学术交流，向内地同行介绍了自我导向学习的研究成果[1]。

（1）自我导向学习的类型：依据学习内容的弹性和学习者之间的互动性，可以将自我导向学习分为四种类型：①集体式学习指自愿与他人一起学习，课程内容是既定的，如听保健课、参加培训班等；②小团体式学习是指自愿参加某学习组织，大家共同学习，资源共享，互通有无，学习内容弹性很大；③独立式学习指自己一个人学习，在学习内容的选择上有很大的自主性，如查找资料、请教别人；④个人式学习同样也是自学，但学习内容弹性较小，而是依据某种指导程序进行自学，如跟着广播、电视中的电化教育节目一起学习。经研究证明，在四种类型中，以小团体式自我导向学习的效果最好。

（2）小团体式自我导向学习的步骤：①建立开放、和谐、温馨的团体氛围：由于小团体式自我导向学习注重学习者之间的互动，在学习活动之处，需要在指导者、老师或比较熟识的团体成员的引导下，相互介绍，彼此认识，在轻松愉快的气氛中初步建立良好的关系，消除生疏感。为了使学习者能尽快适应，可以事先在其中挑选和培训若干位骨干分子，但骨干分子只能起引导作用，而不能包办代替。②诊断学习需求，设立学习目标：在此过程中，辅导员或老师要引导每个成员自己诊断自己的需求，从习惯于传统的教师导向的学习方式转变到适应小团体式的参与式学习。辅导员或老师可以给学习者提供学习需求表格或清单，学习者可以根据自己的需要增减，并拟定一段时间内的学习目标。③成立学习小组，拟定学习方法并收集资料：由于每个成员的具体需要不甚相同，可以依据需求资源结成若干学习小组，一般以6～8人为宜，小组成员共同讨论学习内容和方法，并形成学习契约以督促小组成员按照学习计划进行学习，提供计划书的参考格式有助于小组成员制订自己的计划。每个小组成员通过挖掘各种资源获得资料，如借书、录像带、光盘、查阅报刊、上网、请教专家、咨询病友等，收集资料后进行小组内学习。④组织小团体学习活动，展示学习成果：所有小组集中起来，小组成员可以将学到的东西相互交流，互通有无。可以采用角色扮演、示范操作、做游戏、编歌谣、口诀等轻松又实用的活动，各组展现自己的学习成果。⑤学习成果评估并计划未来：在小团体学习活动结束之前，要进行成果评估，目的在于帮助学习者确认自己的学习收获和成果，为进一步学习树立信心和提供参考。可以采用自评、互评、讨论等方式评估学习成果，以最初确定的学习目标为评估依据，确定目标的实现程度和今后努力的方向。

（3）健康教育者在自我导向学习中的作用与职能：健康教育工作者可以运用自我导向学习法在社区、医院、工作场所等多个领域开展健康教育活动。健康教育人员是自我导向学习的协助者和促进者，其职责是：①协助学习者确立学习计划的起始点，了解自我导向学习的方式；②鼓励学习者认识自身健康状况，认识自我学习的价值，树立自信心；③协助学习者组成小团体，商议学习计划、目标、方法及评估标准；④分析学习者的人格特征和学习特点；⑤协助学习者获得确定学习目标、方法、资源、评价的技能；⑥为学习者提供范例和学习指导等实用教材、教具；⑦协助学习者发现和利用学习资源；⑧运用现身说法、问题解决、经验交流等技巧，使学习者得以发挥其丰富的经验；⑨为学习者提供反馈、交流其学习心得的机会；⑩当学习者达到学习目标时，及时给予承认和积极性反馈。

（陈银苹）

参考文献

[1] 常春．健康教育与健康促进．2 版［M］．北京：北京大学医学出版社．2010．

[2] 张晓燕．健康教育概论［M］．武汉：武汉大学出版社．2010．

[3] 吕姿之．健康教育与健康促进．2 版［M］．北京：北京医科大学出版社．2002．

[4] Fletcher DJ．Self-care How to help patients share responsibility for their health［J］．Postgraduate Medicine，1985，78（2）：213-220，223．

[5] Goldin EC，Bezold C，Carlson RJ，et al．The Future of work and Health［J］．Journal of Kisk & Znsurance，1989，56（2）：364．

[6] WHO. A Cell for Action：Promoting Health in Developing Countries［R］．Geneva：WHO，1990．

第五章

职业健康教育与健康促进诊断

在职业人群中开展职业健康教育工作，首先必须掌握关于人类健康的相关行为以及对其进行干预的基本理论和方法，其次要掌握职业健康教育诊断（行为危险因素评估）和职业健康教育计划、实施（行为危险因素干预）、评价（干预效果评价）的基本知识和方法。

职业健康教育的诊断工作是为设计职业健康教育活动计划、实施干预和评价干预效果服务的调查研究工作。职业人群的调查研究理论和方法主要采用流行病学、卫生统计学、社会医学和职业卫生与职业医学的理论和方法。在此基础上，我们开展职业健康教育诊断工作，必须掌握职业健康教育诊断的基本思路，并且将职业健康相关行为的基本理论和职业健康教育诊断相联系。因此，本章将重点介绍职业健康教育与健康促进诊断。

第一节　职业健康教育诊断的基本思路

一、职业健康教育诊断的概念

职业健康教育诊断（occupational health education diagnosis），又称为职业健康教育需求评估、计划前研究或行为危险因素评估等，是指针对作业场所人群的健康问题，通过系统调查、测量收集各种影响作业场所人群健康的资料，并将这些资料进行整理、分析、归纳、推断，判断或推测与此健康问题相关的行为及行为影响因素，以及职业健康教育资源可获得情况的过程，从而为确定职业健康教育干预目标、策略和措施提供基本依据。同时，职业健康教育诊断的过程亦是收集职业健康教育干预效果评价的基线资料。

职业健康教育诊断工作资料的收集，需要应用各种心理学、社会学、文化人类学的定量和定性的调查研究方法收集职业人群的行为因素及其行为的影响因素；同时也可应用医学检查检测方法收集行为因素所导致的健康结局。在职业健康教育诊断中，调查设计和数据资料处理阶段需要利用流行病学、卫生统计学、职业卫生与职业医学、职业卫生安全技术和计算机技术。

二、职业健康教育诊断的基本思路

目前，格林（Green L.）为首的美国学者在 20 世纪 70 年代提出的 PRECEDE-PROCEED 模式是最有代表性、使用最为广泛的健康教育诊断基本思路，又称为格林模式（图 5-1）[1-2]。

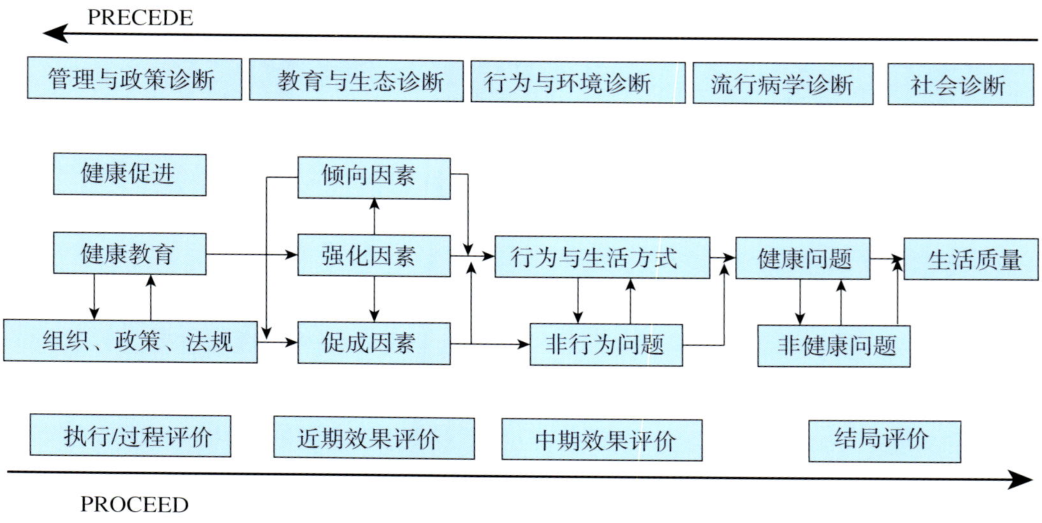

图 5-1　PRECEDE-PROCEED 模式

PRECEDE 是 predisposing，reinforcing and enabling constructs in educational/ environmental diagnosis and evaluation 的缩略语，是指“在教育 / 环境诊断和评价中的倾向因素、促成因素和强化因素”；PROCEED 是 policy，regulatory and organizational constructions in educational and environmental development 的缩略语，是指“在实施教育和环境发展中运用政策、法规和组织手段”[3]。

PRECEDE-PROCEED 模式分为 8 个阶段，如图 5-1。PRECEDE 是指健康教育的诊断阶段，格林工作的模式是由右向左；PROCEED 为健康教育干预阶段，工作方向是从左向右。职业健康教育亦遵循这一模式。

在职业健康教育与健康促进的诊断中，是以影响职业人群生活质量和健康问题作为调查起点，通过系统收集职业健康相关信息，采用多层次、多维度和多因素分析逐步明确影响职业健康问题的主要职业健康相关行为，以及确定影响该职业健康相关行为发生发展的主要的倾向因素、促成因素和强化因素。

职业健康诊断需要逐步明确的主要内容如下：①影响职业人群生活质量的因素：包括健康问题和非健康问题，其中职业健康问题是最为关心的问题。通过分析影响职业健康最大（较大）的问题，明确职业健康问题中的目标健康问题，即职业健康问题中要优先解决的问题。②影响职业健康的问题：包括行为因素和非行为因素，其中行为因素是职业健康教育工作者最为关心的问题，通过分析影响职业健康问题最大（较大）的行为因素，明确职业健康教育中的目标行为。③在 PRECEDE 模式中，影响职业健康的相关行为因素分为三类，即倾向因素、促成因素和强化因素；通过分析影响目标行为最大（较大的因素），明确职业健康教育中的干预目标因素。④在此基础上，明确职业健康干预方法中，有助于改善倾向因素、促成因素和强化因素的方法。⑤最后，得出职业健康教育诊断的基本结论。

在格林模式基础上，20 世纪 80 年代美国疾病预防控制中心（CDC）提出了一种以社区为基础的健康教育项目的诊断和干预思路，职业健康教育亦遵循这一步骤。

职业健康教育和干预的五个步骤：①企业动员：职业健康教育项目的工作人员首先在目标企业开展与项目有关的宣传工作，并要说明项目目标与企业发展的关系，动员企业领导和职工；进而在企业依托工会等组织，建立各种开展项目必需的组织，如企业职业健康管理促进工作组、职业健康指导委员会等，并建立企业各部门间的合作网络、工作机制和信息系统；同时争取工人的参与和企业资源的投入。②调查企业情况：在企业职工的参与下，采用定性和定量方法收集、分析企业的职业健康问题和影响职业健康的行为问题，以及企业的资源、环境和政策信息等。③确定主要的职业健康问题及其行为影响因素：在基线调查的基础上，分析并确定该企业存在的主要职业健康问题、影响该职业健康问题的行为与生活方式、影响行为和生活方式的企业环境、企业效益、企业政策、企业文化因素等。④制订职业健康教育干预计划并实施计划：在第2、第3步骤所提供数据的基础上，根据企业具体情况确定改善目标人群职业健康相关行为的干预策略，设计干预方案，并组织实施。⑤评价效果监测和评估职业健康教育干预计划工作进展，及时调整干预方案；评价干预效果，并将结果及时反馈给企业领导层及员工。

第二节　职业健康教育诊断的基本步骤

一、社会诊断

矿山企业职工的生活质量和职业健康问题相互影响。职业健康教育实践主要是通过干预解决职业健康问题对生活质量的不利影响，但职业健康教育同时也关心企业政策等对职业健康的影响。

职业健康教育健康促进的社会诊断目的和任务主要有三项：评估目标企业或企业员工的生活质量并明确影响其生活质量的职业健康问题；了解目标企业或企业员工的社会环境、企业环境；动员企业或企业员工参与职业健康教育项目。

（一）企业职工的生活质量

测量企业职工生活质量的指标包括主观和客观两方面。客观指标用以反映目标企业和企业员工工作环境的理化因素、企业效益、企业文化和疾病等状况；主观指标用以反映企业员工对生活质量满意程度的主观感受。

反映企业员工生活质量的客观指标涉及范围很广，可以从地理环境到社会、企业政策和社会、职业卫生服务等方面。但职业健康教育主要关注的是影响企业员工生活质量的疾病或健康问题指标，例如，死因顺位、疾病经济负担顺位、归因于职业有害因素的疾病经济负担、女职工孕期的流产率、死胎率、职工的期望寿命等。客观指标的数据主要通过查阅政府及卫生机构、企业的统计资料、文献回顾、专家咨询等方式获取，一些资料需要通过作业场所现场实地观察来获得。

反映职业人群生活质量的客观指标中，除上述指标外，最重要的是指企业环境、企业的政策、职业卫生服务等。

反映生活质量的主观指标主要指目标企业或目标企业员工对生活满意度的主观感受。主要通过问卷调查或访谈、座谈会、小组讨论等半定量和定性的方法收集这些资料。

（二）企业作业场所的环境资料

企业作业场所的环境包括企业的经济、文化、服务和政策等多个方面。

1．企业的经济指标 人均销售收入、人均净利润、人均资产总额、人均工资等。

2．企业文化指标 职工的文化程度、生活文化设施、企业的信条等。

3．企业卫生服务指标 每千人职业卫生专业人员数、职业卫生服务机构分布及运行情况。

4．政策及资源 职业卫生服务法规及政策的执行情况、企业领导对职业健康教育/健康促进的态度和承诺等；职业健康教育及健康促进可利用的资源等。

收集作业场所环境信息资料的主要目的：一是确定影响生活质量的主要职业健康问题；二是分析影响职业健康问题和健康相关行为问题发生发展的原因；三是了解作业场所（企业）可供职业健康教育项目利用的资源情况；四是为职业健康教育干预方案设计时，策略和措施的制订提供基本信息。因此，在进行作业场所健康教育基线调查时，要根据实际需要有针对性地调查相关信息。

收集作业场所环境资料的方法根据指标的不同而不同。对客观指标的数据主要通过统计资料查阅和文献回顾、专家咨询和现场调查等方式获得；主观指标主要通过现场调查或访谈、座谈会、小组讨论等定量、半定量和定性方法获取。同时，某些情况需要通过现场的实地观察来了解。在职业健康教育工作中，现场实地观察至关重要。

（三）企业的社会动员和社区组织

职业健康教育的社会诊断过程应同时被认为是职业健康教育项目的社会动员工作的一部分。了解作业场所的实际情况和下一步计划与实施职业健康教育干预，作业场所的安全部门、工会组织和企业职工人群的参与是成功的必要条件。所以在开展职业健康教育的社会诊断时应进行充分的宣传和劝说工作，邀请作业场所各层次的成员参与社会诊断，职业健康教育工作人员与作业场所工作人员、职工共同制订诊断健康教育干预计划，并且付诸实施，建立有关的职业健康教育组织，比如各企业的职业健康教育团队。

二、流行病学诊断

流行病学诊断的主要任务是确定哪个/哪些疾病或职业健康问题对作业场所工作人员的人群生活质量有最大/较大的不利影响，以及这些疾病或职业健康问题的分布特征及影响其分布特征的原因或因素。

流行病学诊断的主要作用包括：①作业场所主要疾病或健康问题在职业人群、时间和空间上的分布情况及分布特点；②分析影响作业场所职业健康的最主要疾病或健康问题，或者对作业场所人群生活质量影响最大的疾病或健康问题，或者是作业场所人员最为关注的疾病或职业健康问题；③分析影响职业健康问题发生发展的职业因素、社会因素等，分析因素中的可变因素和不可变因素，改变可改变的因素；④分析改变影响职业健康或相关疾病的因素，需要利用的条件和资源；⑤职业健康教育在控制最主要职业病及工作有关疾病或健康问题，或改变这些疾病或健康问题的影响因素中可能发挥的作用有哪些？

流行病学诊断可以确定影响作业场所人群生活质量的若干职业病及工作有关疾病，以及职业健康问题中最主要的健康问题。流行病学诊断体现了将有限的资源应用于解决对作业场所人群生活质量影响最大/最重要的健康问题。

在流行病学诊断中，职业健康教育工作者可以用现有的职业健康体检资料、职业病诊断资料，职业健康调查资料、人力资源登记资料等，整理出二手数据资料进行分析。通过分析这些资料，可以获得职业健康人群职业病及工作相关疾病的发病率、患病率和死亡率，并且能够获得各个亚人群，特别是高危人群的健康情况。亚人群的人口学特征根据年龄、性别、种族、教育、家庭结构，职业因素（工种、工龄、工时制度）等人口学因素来描述[4]。

在职业健康教育的流行病学诊断中，流行病学调查收集原始数据资料是开展流行病学调查必要和重要的一步。此外，对熟悉职业人群健康的医学专家进行咨询对流行病学诊断也具有非常重要的价值。通过流行病学诊断数据资料的收集和分析，可为确定职业健康教育干预计划目标提供可靠的、有效的指标。

利用作业场所职业人群疾病/健康问题的数据和资料，职业健康教育工作者可以发现作业场所职业人群应优先解决的职业健康问题，并根据优先问题确定职业健康教育干预计划的目的和目标。职业健康教育计划优先和重点解决的问题是对作业场所人群生活质量有严重影响的健康问题，并且这一问题具有现实可行的健康教育干预方法，但尚未进行干预或以往干预不成功。职业健康教育工作的决定还要以作业场所职业人群的需求为导向，有些疾病或职业健康问题虽然不是最重要的死亡或致残原因，但作业场所人员高度关切，即应该给予特别重视。

三、行为与环境诊断

在流行病学诊断基础上，进行行为与企业（作业场所）环境诊断也是职业健康教育诊断关键的一步。行为危险因素是导致目标健康问题发生和恶化的行为与生活方式。环境因素是社会与物质因素，在职业健康教育中，环境因素主要包括作业场所环境，这些环境因素一般超出了个人控制的范围，但是可以采取职业健康促进措施使之改善，以支持健康行为或影响健康的结果。例如，在作业场所职业危害综合干预的控制项目中，职业健康教育提倡作业场所人员佩戴防护用品，遵守正常的操作规范，使用操作设备，比如，在煤炭的开采过程中，矿工要按规定采用湿式作业、佩戴防尘口罩等，但是在一些私有或小型煤矿中，煤炭开采过程中未安装防尘设备，或者由于各种原因矿工破坏或不使用防尘设备，不按要求佩带防尘口罩。因此针对这些情况，需要采取针对煤矿企业，提供防尘设备，或者建立严格的奖惩制度的健康教育干预措施，以及针对矿工的个人防护意识差，开展佩戴个人防护用品的健康教育干预措施。

（一）行为诊断的任务

1．区分引起职业健康问题的行为与非行为因素。

2．区别重要行为与相对不重要的行为，与职业健康问题联系的密切程度以及该行为发生频度等。

3．区别高可变行为与低或不可变行为，即评估行为的预期干预效果。

在职业健康教育中，理想的目标健康相关行为是高可变的重要行为。

（二）行为诊断的内容

一旦确定了职业健康教育的目标行为，就应对其进行明确和具体的限定。一般情况下需要确定如下四项内容。

1．希望行为发生改变的对象。

2．希望改变的行为。

3．希望行为改变的程度。

4．职业健康教育干预的时间，即确定开始干预的时间及预期所需的时间。

（三）行为诊断的步骤

行为诊断的方式通常包括现场调查、查阅文献资料、专家咨询等。行为诊断包括5个步骤，下面通过实例说明。

假设某钢铁企业已经完成了一项生活质量评价和流行病学诊断，确定代谢综合征是目标健康问题。流行病学诊断表明，健康教育干预应针对无症状企业职工进行初级预防[5]。

第一步，区别引起职业人群健康问题的行为和非行为原因。

首先，将导致钢铁工人代谢综合征发生的危险因素排列如下。

吸烟、过量饮酒、糖尿病、性别、久坐生活习惯、肥胖、高血清胆固醇、高血压、高脂饮食、年龄、家族史、职业因素（高温、噪声）、职业紧张、倒班等工时制度。

分析上述因素，吸烟、过量饮酒、高脂饮食、久坐生活习惯和倒班等属于行为因素，而性别、年龄、家族史、糖尿病和职业因素等属于非行为因素。虽然肥胖、高血清胆固醇、高血压不是行为因素，但是它们与某些行为因素（如缺少锻炼和活动等）密切相关。通过上述分析可以确定哪些因素是行为因素和非行为因素。

第二步，拟出行为目录。

1．确定与目标职业健康问题有关的行为，并据此确定采取的措施。

2．按顺序确定处理问题的步骤。人们根据推荐的预防或治疗方法所必须经过的步骤，每一种步骤都代表一种行为。

在钢铁工人代谢综合征的预防中，每一种行为既是预防行为，又是治疗行为。这种情况是非常常见的，而且具有非常重要的价值。如果一个行为问题，如吸烟在预防和治疗栏目中都出现，那么这种行为的改变在一级预防和二级预防水平都可提高获得积极健康效益的可能性。

表 5-1 中的行为目录是由几种不同行为组成，但还是比较粗糙或缺乏特异性。表 5-1 中的有些行为实际包括数个特定行为。例如“减少或避免职业有害因素的暴露”的行为是一系列行为的结果，这一系列行为包括减少暴露高温、噪声等的工作时间，暴露时采取个体防护措施，暴露后及时采用降温方法等。

因此，在行为诊断中，需要将某种行为分解成人们为达到既定行为目标而实际应该采取的步骤。

如果需要更具体的分析行为的途径，需要把行为自始至终的起因或转变的过程用流程图来表示。例如，“遵从医嘱治疗方案”需要几个行为步骤：就诊、得到治疗方案和根据治疗方案降低血压。在这个过程中，如果某些行为脱节，就会无法保障正常的行为流程。例如，代谢综合征患者未能去就诊，因而治疗方案就没办法得到更新。

表 5-1　钢铁工人代谢综合征的行为目录

预防行为	治疗行为
1. 保持或达到理想体重	1. 决定是内科治疗、外科手术或其他
2. 戒烟或不开始吸烟	2. 遵从医生的治疗方案
3. 戒烟或不开始饮酒	3. 保持或达到理想体重
4. 继续或开始有规律运动锻炼	4. 戒烟
5. 避免过度持久的紧张和（或）做放松运动	5. 戒酒
6. 参加高血压筛检计划	6. 继续或开始有规则运动锻炼
7. 暴露职业因素采取防护措施	7. 避免过分持久紧张和（或）做放松运动
	8. 减少或避免职业有害因素的暴露

第三步，依据重要性将行为分级。

有了行为目录，就可确定哪些行为是最重要的，从而将行为目录缩减到方便处理的范围。依据下面几条指导原则有助完成此项工作。

在行为诊断中，最重要的行为应为：①调查资料清楚地表明，行为与职业健康问题密切相关；②经常发生的行为。

最不重要的行为是：①行为与健康问题的联系不是很密切或仅仅间接地与职业健康问题有关或与预期结果有关；②行为出现频率很少。

如果强有力的理论依据证明某行为与职业健康问题存在因果联系，那么也可以认为这种行为是重要的，在没有足够现场资料的情况下或可通过系统的文献复习而获得有关证据。理由越充足，选择为职业健康教育干预的目标行为的可能性就越大（表 5-2）。

表 5-2 与钢铁工人代谢综合征预防相关的行为的重要性分级

行为的重要性	具体行为	行为分级基础
重要的		
	吸烟	极强相关：高发病率
	高脂饮食	强相关：高发病率
	暴食	中度相关：高发病率
	缺乏锻炼	中度相关：高发病率
	无放松运动	中度相关：高发病率
	无防护措施	中度相关：高发病率
不重要的		
	不检查血压	与初级预防计划的预期结果无关
	不坚持治疗	
	不遵从医嘱	

第四步，依据可变性将行为分级。

对于某一职业健康问题来说某一行为是极为重要的，但这种行为不能通过职业健康教育改变。例如，许多研究表明职业紧张与代谢综合征有关，但是在职业紧张得到改变之前，工作场所和家庭环境必须发生改变，而在这些方面，职业健康教育干预的可能性不大。

行为可变性的判断因素首先要考虑的是时间因素，行为形成的时间越久，时间因素就越重要，所需改变的时间长度就越长。

使行为可变性增高的行为包括：①正处发展时期或刚刚形成；②仅表面上与文化传统或生活方式有关；③在其他计划中已经成功改变。

导致行为可变性降低的行为包括：①形成已久；②深深地根植于文化传统或生活方式中；③在以前的尝试中未得到成功的改变（表 5-3）。

表 5-3 根据行为归因法判定各种行为的相对可变性

健康行为	相关性	社会赞成	优越性	复杂性	价值观经验和需要的可比性	可分性或可试性	显著性
1. 戒烟	+	+	+	-	-	+	+
2. 控制体重	+	+	+	-	-	+	+
3. 服药控制血压	+	○	-	-	-	+	-
4. 保持低盐饮食	+	-	-	-	-	+	-
5. 保持低胆固醇饮食	+	○	+	-	-	+	-
6. 运动锻炼	+	+	-	-	+	+	+
7. 预防性体检	+	○	-	+	+	-	+

注："+" = 积极的（正向作用）；"○" = 中性或两可；"-" = 消极的（负向作用）

在行为发生发展的过程中，越早进行干预，行为改变的可能性就越大，见表 5-4。行为的顺序依据为：钢铁工人作为我们的目标人群，钢铁工人作为一个壮年群体，很多行为已经根深蒂固，因此我们改变他们具有一定的阶段性。

表 5-4 与钢铁工人代谢综合征有关的行为的可变性顺序

可变性因素	行为顺序
吸烟	1
高脂饮食	2
暴食	3
缺乏锻炼	4
无放松锻炼	5
倒班	6

通过行为可变性的检查可以初步得出结论：进行行为干预的因素应该包括哪些。

第五步，选择目标行为。

在将行为以重要性和可变性分级后，设计者就可着手选择作为职业健康教育干预重点的行为，为了便于选择，可依据表 5-5 进行选择。

表 5-5 行为重要性和可变性的分级

行为可变性	行为重要性	行为
可变	重要	计划重点考虑的行为
可变	不重要	计划很少考虑的行为，除非出于特殊需要
不可变	重要	可在一定条件下作为计划的重点行为
不可变	不重要	计划不予考虑的行为

职业健康教育目标行为的选择决定于计划的目的。目标行为的选择以行为的重要性作为第一选择要素，计划重点考虑的行为或可在一定条件下作为计划的重点行为非常可能成为目标行为。对于

可变、不重要的行为，除非特殊需要（政治需要），不可能成为目标重点行为。但是在实际情况下，可能确实没有职业健康问题非常紧迫，也就是不存在计划重点考虑的重要行为。在这种情况下，职业健康教育就需要做广泛的教育、行为研究和评价。通常职业健康教育组织都是依据行为的重要性和可变性来决定他们自己的研究重点。

预防钢铁工人代谢综合征的重要行为中主要包括吸烟、高脂饮食、暴食、缺乏运动、无放松锻炼和倒班等行为。但是，这些行为很难通过职业健康教育干预而轻易地发生行为变化。在选择作为干预计划重点的行为时，同时做多个行为的干预将会分散有限的资源。因此，职业健康教育应选择重点行为进行多阶段干预。鉴于此，第一阶段决定选择一种行为进行干预，第二阶段再选出一种行为进行行为干预。钢铁工人代谢综合征健康教育工作小组一致认为应做饮食干预，因为通过饮食干预能降低血脂、血糖等指标，能提高工人的生活质量，延长其预期寿命。饮食干预主要根据不同年龄组和不同工种的作业工人，提出适宜的饮食改变方案，这样的干预工作不需几年就会出现有益的结果。饮食干预已有成功的经验，因此目前的工作重点主要是针对饮食进行干预。

表 5-6 预防钢铁工人代谢综合征的重要行为选择

行为可变性	行为重要性	行为
可变	重要	没有
可变	不重要	没有
不易变	重要	吸烟，高脂饮食，暴食，缺乏运动，无放松锻炼、倒班
不易变	不重要	没有

最后一步，阐明行为改变的目标。

一旦确定了目标行为，职业健康教育工作人员就要进行最后一步：阐明行为改变的目标。如果行为目标不明确，那么职业健康教育就失去了针对性而无的放矢。假定行为改变目标是理想的、可能的和合适的，正确阐明行为目标就是职业健康教育工作者的重点。要实现每一个行为的改变，都必须回答下列这些问题。

1．谁（who）— 希望其行为发生改变的人。

2．什么行为（what）— 要求改变的行为。

3．程度大小（how much）— 行为改变需要达到的程度。

4．时间（when）— 预期改变所需的时间。

钢铁工人代谢综合征职业健康教育工作小组决定在某钢铁集团实施职业健康教育干预项目。

在这个项目中，4 个需要回答的问题如下。

1．“谁”：是指在某钢铁集团全部在职职工。

2．“目标行为”：即“改变什么”：降低血脂水平、血糖水平及血压水平。

3．“降低多少”：根据慢性病干预中血脂、血糖逐步下降的趋势将改变程度分别定到有临床意义的水平。

4．“时间”：即进行干预随访评价的时间，规定为从计划开始执行后 2 年的时间。

简言之，某钢铁集团在职职工在代谢综合征干预实施的两年内血压、血脂、血糖下降到有临床意义的水平。

四、教育与生态诊断

教育与生态诊断的目的和任务就是在确定了影响目标疾病/健康问题的主要的行为问题的基础上，调查和分析导致该行为/行为群发生发展的因素，从而为制订职业健康教育干预策略提供基本依据。

影响行为发生发展的因素主要来自三个方面：一是行为者自身，从遗传因素到心理因素；二是行为者日常生活所接触的人文和物理环境，即微观环境因素，主要包括亲属、同学、老师、同事、邻里、办公室、校园、小超市、体育馆等；三是来自社区或社会的人文和物理环境，即宏观环境因素，如大众媒介、食物供应、卫生服务、宗教团体、交通运输、法律法规、地理位置和气候等。职业健康教育环境因素还包括作业场所中物理、化学环境因素，工时制度等环境因素。在格林模式中这些因素可分为三类：倾向因素（predisposing factors）、强化因素（reinforcing factors）和促成因素（enabling factors），相当于个体心理因素、微观环境因素和宏观环境因素。

任何一种职业健康相关的行为都将受到上述三类因素的影响。每类因素对职业健康相关行为产生的影响不同。因此，改变健康相关行为的职业健康教育计划必须要包括多种影响因素。在职业健康教育计划中，如果只考虑到健康信息传播措施而未同时考虑促成因素和强化因素，就可能出现传播健康信息的活动对目标行为没有任何影响。

但是，健康相关行为的三类影响因素并非包罗万象，因为每类因素需要不同的干预策略和方法，分类的目的是为了方便更好分析和制订计划。

1. 倾向因素 倾向因素是目标行为发生发展的主要内在基础，包括个人的知识、态度、信念、自我效能认识以及行为动机和意向。倾向因素可看作是“个人”的偏爱，职业健康教育过程中这类因素可出现在一个人或一组人的身上。这种偏爱不是趋向于有利职业健康的行为就是趋向于不利职业健康的行为。

2. 促成因素 促成因素是使行为和意愿得以实现的因素，即实现或形成某行为所必需的技能、资源和社会条件。正如提倡接尘工人佩戴防护口罩防止尘肺发生，就要提供防尘口罩及佩戴防尘口罩和降尘的方法。这些资源也必须包括医疗卫生服务、职业健康信息和促使职业健康相关行为变化所需的新技术以及行政部门的支持、立法等，也包括一些影响行为实现的物理条件，如作业场所交通运输等公共设施等。

因此，确认促成因素应包含环境因素评估，职业健康教育尤其应注意作业环境因素的评估。在大多数情况下，进行促成因素的诊断可以与社会诊断分享调查资料。

3. 强化因素 “根据格林模式，强化因素是在行为发生之后提供持续的回报或为行为的维持和重复提供的奖励”[1-3]；包括父母、同伴、保健人员和领导的赞扬劝告等社会支持、影响，也包括自己对行为后果的感受，如社会效益、生理效益、经济效益和心理受益等。

在这一诊断步骤中涉及如此多的行为环境因素，因此被称为教育与生态诊断。

以粉尘危害防治项目职业健康教育诊断为例，三类因素需要考虑如下这些内容。

1. 倾向因素 粉尘危害的健康知识；对粉尘危害防治的态度；对采取防尘措施和个体防护设备能够有效防治粉尘危害的信念等。

2. 强化因素 管理人员、工友对粉尘危害防治的认识和态度；管理人员和工友对防尘的重视程度；通过采取防尘措施有效减轻粉尘危害的呼吸系统疾病症状等。

3. 促成因素 国家、企业的政策；作业场所粉尘危害防治中防尘设备的安装及运行情况；企业宣传部门对粉尘危害防治的参与程度等。

进行职业健康教育诊断的关键是如何进行教育与生态诊断。具体步骤是直接在目标人群中开展定量和定性调查，同时借助查阅资料、咨询专家、现场观察等方法获取资料，最后，通过深入细致的分析来完成职业健康诊断。在职业人群中开展职业健康教育调查，必须运用职业心理学、社会学和职业卫生学等学科的理论和调查方法，设计调查表和调查提纲，再应用流行病学和统计学知识进行周密的调查设计。

为了选择适当的干预策略服务，教育与生态诊断过程中必须融合不同的行为理论（表 5-7）。一般来说，分析倾向因素最适合个体层面上的理论，分析强化因素最适合人际层面上的理论，分析促成因素最适合人群和社区层面上的理论[6]。

表 5-7　基于 PRECEDE-PROCEED 模式构建应用行为理论的框架

不同水平的行为行为理论和原则	PRECEDE-PROCEED 模式的不同阶段				
	阶段 1 社会诊断	阶段 2 流行病学诊断	阶段 3 行为与环境诊断	阶段 4 教育和生态诊断	阶段 5 管理和政策诊断
社会水平					
参与及适宜性	×	×	×	×	×
社区组织	×		×		
组织改变				×	×
创新扩散				×	×
人际水平					
社会认知理论			×	×	
成人学习				×	
人际交流				×	
个体水平					
健康信念模式				×	
阶段变化理论			×	×	
理性行为理论				×	
计划性行为理论			×	×	
信息处理				×	

例如，一个企业的职业病及工作有关疾病发病率均较高，经过在理论指导下的教育与生态诊断，发现企业的规范和工人的态度都利于防护设施、个人防护用品的使用，但是工人对于防护设施及个人防护用品的使用都需要企业的支持。在这种情况下，组织转变理论可以提供较好的指导。根据该理论可以建议企业安装防护设施并定时发送个人防护用品。要改善防护设施及个人防护用品的使用，需要对组织政策、程序或过程有所了解。如果在进行职业健康教育诊断时没有根据理论指导设计调查内容或者根本没有进行调查，就难以发现存在的问题，并提出有针对性的策略建议和具体措施建议。

五、管理与政策诊断

组织评估和资源评估是管理诊断的核心内容。组织评估包括两个方面：组织内分析，即有无职业健康教育机构，该机构是否具有实践经验和组织能力，现有资源状况如何等；组织间分析，如职业健康教育规划与本企业职业健康规划的关系，企业行政部门对职业健康教育的重视程度和资源投入状况，本企业其他组织机构参与职业健康教育的意愿和现况，企业员工接受和参与职业健康教育的意愿和现况，企业是否存在志愿者队伍等。

政策诊断的主要内容是审视企业现有政策情况，如有无与项目计划目标一致的支持性政策，该政策是否完善等。

管理与诊断主要是通过查阅文献资料、专家咨询、定性调查等方式来进行。

第三节　职业健康教育诊断资料的收集和分析

职业健康教育诊断是针对职业人群健康相关行为的调查研究工作，调查研究设计和资料收集处理方法在卫生统计学、流行病学等课程已作了系统的介绍，本节重点介绍职业健康教育诊断中资料的收集和分析工作。

一、职业健康教育诊断资料的收集所需具备的知识和技术

格林模式为职业健康教育诊断提供了逻辑思路，在完成思路到实践的转变之间还需要有方法学作为桥梁。职业健康教育诊断需要收集的资料是比较复杂的，内容涉及各个方面，所需的方法学涉及社会学，心理学和人类学调查方法、流行病学和统计学调查设计方法、数据资料处理方法和职业卫生与职业医学研究方法等。

职业健康教育诊断需要完成格林模式各步骤所提出的任务。在这些提出的任务中，其中需要通过现场调查收集资料，因此在职业健康教育诊断中，要充分应用流行病学和统计学的理论和方法，选择调查研究的种类和设计方案，明确调查对象、确定样本量和抽样方法，选择资料收集方法和技术、考虑确定资料的分析方案和方法、调查员培训、现场组织、调查质量控制、资料的核对、整理和录入，根据研究目的进行数据分析等。鉴于此，作为从事职业健康教育工作的公共卫生医师，必须具备流行病学和统计学调查研究的相关理论和方法。在职业健康教育工作中，还要考虑工作场所作业环境及作业工人的特点，因此职业卫生与职业医学的相关调查理论和研究方法也是一名职业健康公共卫生医师所必须掌握的。

依据格林模式，健康教育诊断过程包括 5 个步骤，但在实际工作中不需要通过 5 轮调查来完成。针对此种情况，美国 CDC 提出的社区健康计划策略（planned approach to community health，PATCH）具有一定的指导意义。PATCH 是美国 CDC 设计的用于提高州及当地卫生部门对优先的卫生问题采取的健康促进活动的计划、执行和评价。一个职业健康教育项目需要通过现场调查方式完成诊断，首先要充分查阅文献及进行专家咨询，尽可能利用现有信息了解作业场所、职业人群、目标健康问题（职业病及工作相关疾病）和相关行为等情况；然后在现场进行社会诊断，了解作业场所的基本情况及针对目标健康问题采取的措施，从而为下一步现场调查作准备；再者，在以上工作基础上，仔细设计综合性调查，尽量在一轮现场调查中获得流行病学诊断、行为与作业场所环境诊断、教育与生态诊断所需的资料，可以减少调查支出及对作业场所的干扰。

在实际工作中，职业健康教育诊断常常不是从社会诊断来确定目标疾病或职业健康问题开始，而是在已明确目标疾病或职业健康问题的情况下，从流行病学诊断开始，或者从行为与环境诊断开

始，但必须收集和分析作业场所的相关资料。同时，职业健康教育干预效果的评价需要有基线资料作为干预效果评价的基础，因此，多数情况下基线资料收集是包含在职业健康教育诊断调查内容中的。

在职业健康教育诊断调查中要充分利用应用心理学、社会学以及职业卫生与职业病学等的各种资料收集方法，同时要选用各种经济、有效、适宜的医学、卫生检验及监测的指标。例如，一项针对粉尘作业工人粉尘危害的职业健康教育诊断调查中，采用流行病学、统计学、职业卫生与职业医学和社会学的调查设计方法设计调查方案，调查内容既包括一般人口学特征、吸烟及饮酒等个人嗜好，同时设计了粉尘危害的知识、态度及行为的问题，并且设计了作业场所采取了哪些措施等专门问题，也包括心理学人格量表，还包括检查粉尘作业工人肺活量、拍摄高千伏 X 线片以及血液中氧化损伤指标的检测等。

职业健康教育诊断必须采用定性调查（qualitative survey）和定量调查（quantitative survey）相结合的方法。定性调查是采用非定量的标准和技术进行的调查研究方法。定性调查方法有访谈（interview）和观察（observation）两类。访谈是预先列出访谈提纲并采用口头提问，记录访谈信息收集资料的方法；观察是以视觉观察访谈对象的表情、形体等姿势的收集资料的方法。如果研究者参与被观察对象的行列之中，则称为参与性观察（participatory observation）。专题小组讨论（focus group discussion）亦称为焦点组访谈，是一种常用的调查研究方法，可用来收集定性和定量的资料，主要应用非标准化形式讨论和观察的方法。

定量调查是指采用定量的理论和方法，并需要经过统计学分析才能下结论的调查研究方法。定量调查是职业健康教育诊断的主要方法。调查步骤：在初步定性调查的基础上，设计定量调查内容，在分析定量调查数据获得各因素间的关系后，再有选择地进行较深入的定性调查，以进一步弄清问题发生发展的原因。基于行为问题的复杂性，目前对多数行为危险因素进行评估，很难像预防医学其他学科进行“量 - 效”分析，即对行为危险因素和职业相关健康问题间的关系进行有普遍意义的定量描述，并依据“量 - 效”分析数据决定干预策略和管理措施。但在某些情况下，毒理学与职业健康相关行为研究的交叉可以提供危害健康行为“量 - 效关系”，例如粉尘游离二氧化硅的含量与某种疾病的发生。

循证医学的产生成为了指导职业健康教育实践的基础，对问题的判断和干预方案的确定应建立在全球范围的对照试验证据的基础上，而不是仅依靠个人 / 小组经验或个别研究结果。职业健康教育的“最佳实践”是基于循证医学思想开展的。

现场调查资料的收集方法包括：直接询问、电话调查、通信或电子邮件调查、集体讨论及利用已有文献或资料进行分析，这些方法的适用对象、所用时间和费用、获得结果等方面各有不同，应根据实际情况选择采用，见表 5-8。但不论定性调查还是定量调查，都有优点和局限性，因此要根据实际需要和可能性来采用相应的资料收集方法，切忌根据主观偏好选择。

目前，针对一些重大疾病，包括职业病的行为监测已经成为常规措施。这些行为监测资料具有跨时段、连续性的特点，用于职业健康教育诊断及其对健康教育效果的评价具有重要的价值。

二、职业健康教育诊断资料收集涉及的内容和变量

职业健康教育诊断调查的一般要求与其他调查研究相同，但因行为问题及其影响因素比较复杂，涉及范围广，而且调查任务不仅涉及对调查情况进行描述，还要进行变量间关系的推断，所以所用指标有一定的特殊性。根据职业健康诊断步骤的目的任务及健康相关行为理论的内容，职业健康教育调查涉及的内容和变量如下。

表 5-8 资料的收集技术与方法比较

条目	特征	电话调查	直接询问	通信调查	集体讨论	利用已有资料
方法						
	可进一步讨论	3	5	1	2	NA
	控制调查员偏倚	3	2	5	4	5
	能控制调查过程中的意外情况	4	5	2	3	4
	能从收集过程中进行反馈	4	5	2	5	2
	允许进行口头解释	1	5	2	5	2
	能对资料收集过程进行评价	3	5	1	4	5
内容						
	内容复杂的变量	3	5	4	4	3
	复杂主题	3	5	4	4	2
	收集时间资料	3	5	3	4	4
	收集历史资料	5	5	4	5	3
	能够从样本中反应总体	4	5	4	5	4
	抽样方法	3	2	4	4	5
	使用大样本	4	3	5	4	5
	被调查者文化限制	4	5	4	3	NA
时间经费						
	节省时间	2	3	1	1	5
	节省成本	3	1	1	1	5
	现场工作人员量	5	?	5	?	?
	交通费	5	?	5	?	?
	人员培训	2	1	5	3	5
	总成本	3	1	5	4	1
结果、质量						
	回收率高低	4	5	3	5	1
	随访的可能性	5	5	3	4	5
	增加准确性	4	4	4	4	3
	可靠性、真实性	4	4	2	4	5

注：1．很低程度；2．低程度；3．中等程度；4．高程度；5．很高程度；NA，不明确。

根据调查对象的不同，确定不同的调查内容及调查变量。

（一）针对每一调查个体情况的调查内容及变量

1．人口学资料 如年龄、性别、受教育程度、职业等。

2．社会学资料 如宗教信仰、同伴关系等。

3．行为资料 如吸烟、饮食习惯、性活动等。

4．心理学资料 如需求 / 需要、知识、信念、态度、行为意向和性格等。

5．生理与生化指标 体重、身高、血脂、血糖、血压等。

6．作业场所职业有害因素 如高温、噪声等物理因素；如一氧化碳等毒物化学因素、生物因素、工时制度等。

7．每一个体健康结局资料 如尘肺病、慢性职业中毒、噪声性耳聋等职业病或工作有关疾病。

（二）针对人群情况的内容和资料

指对整个职业人群中疾病、健康问题、社会关系等的了解。

（三）针对作业场所情况的变量

主要包括社会经济状况、企业经济状况、教育、宗教、大众传媒、卫生服务、商业服务、作业场所如工会，或者非政府组织。

应根据作业场所面临的重点危害职工健康的问题、拟完成的目的和任务和所应用的理论知识，选择研究的内容和相应的变量、确定分析指标及所需原始资料的类型，再分别应用公共卫生、职业卫生与职业医学、临床医学、社会学、心理学、文化人类学的各种调查检测工具和方法收集资料。注意调查工具的选择要根据调查目的、研究对象和现场特点以及所应用的理论进行，如调查表不是研究内容和变量的简单堆砌，而是根据研究目的、对象、现场及运用理论的有机结合，是一个完整的系统。如煤矿接尘工人尘肺结核的防治项目所开展的尘肺结核防制的知信行调查，就是职业健康教育诊断的范例。

三、职业健康教育诊断思路的逻辑关系

职业健康教育诊断的格林模式 PRECEDE 部分包含几层逻辑递进关系，多种行为与职业目标疾病或职业健康问题间可能存在某种因果关系；多种倾向因素、促成因素和强化因素与目标行为间可能存在着某种因果关系。这是形成假设的基础：即通过对倾向因素、促成因素、强化因素和职业健康相关行为的职业健康教育干预，有效控制和减少职业病及工作有关疾病 / 职业健康问题的危害。

根据上述逻辑假设来设计职业健康教育诊断调查和数据分析，可能得出很有意义的结果。而这些结果又为职业健康教育干预效果的评价提供了基础。

四、职业健康教育诊断调查中的伦理道德问题

医学伦理道德的第一份国际文件是 1947 年颁布的《纽伦堡法规》（*Nuremberg Code*），1964 年 6 月在芬兰的第 18 届世界医学大会上颁布了《赫尔辛基宣言》（*Decelaration of Helsinki*），此后又经过 1975 年 10 月于日本东京、1983 年 10 月意大利威尼斯和 1989 年 9 月于中国香港举行的第 29 届、第 35 届和第 41 届世界医学大会的修订。1993 年又由国际医学科学委员会与世界卫生组织合作出版了 *International Ethical Guidelines for Biodelines for Biomedical Research Involving Human Subjects*。对研究工作中的伦理道德问题，该指南作了更详细的叙述和补充说明。

为了切实保护调查对象的利益，在许多职业健康教育诊断调查中都将涉及知情同意（informed consent）和隐私（primary）两个重要问题。因此现场调查，工作人员必须做到：

（一）知情同意

在职业健康教育诊断调查时，首先需要征得调查对象同意，并在知情同意书上签字，尤其是调查内容涉及调查对象的职业病及工作有关疾病、职业健康问题，甚至职业健康相关行为问题时。调查对象同意并签字的前提是理解并知道调查工作的内容及意义。因此，职业健康教育诊断的调查人员有义务向调查对象说明调查工具等要点。

（二）隐私

职业健康教育诊断调查时会涉及隐私，最常见的问题有下列两种。

1．敏感信息　对调查对象而言，如果扩散可能带来某种损害的一些信息属于敏感内容，例如：个人收入、性关系、家庭财产等都可能是敏感信息。因而，对可能的敏感信息，从道义上调查者应保护调查对象，同时取得调查对象的信任。调查对象同意将某些信息告知调查员本人，但调查员本人并没有权利将此信息扩散出去。因此，调查对象同意的前提是调查员必须承担相应保密义务和具备职业道德。

2．所观察的事物　现场观察的事物可以是公开的，也可以是“不宜”或调查对象不愿“公开”的。例如个人住室，可能调查对象就不愿他人窥视；并且一些国家的法律规定没有主人允许，他人不能进入其居所。

（三）匿名和保密

在现场调查中需要保护调查对象的隐私，常用方法有匿名（anonymity）和保密（confidentiality）。

1．匿名　匿名是把调查对象的姓名与其提供的信息分离，任何人无法将具体信息与具体提供者匹配。在访谈中无法做到匿名，此时可在问卷中使用一些只有调查员本人知道的代号，别人不能识别。

2．保密　指调查员和调查机构将信息妥善处理和利用，限制可接触者范围，保证这些信息不能被范围之外者了解。

访谈的知情同意书

样式如下，供参考。

知情同意书

我们邀请您参加一次小规模的课题研究。

本研究的目的是通过个体访谈和座谈会，了解你们对职业卫生服务的需求及利用情况，并利用研究结果提出相应的政策及建议，以便改善贵企业对职工的职业卫生服务。

欢迎您参加座谈会，希望您介绍自己的经历并提出自己的看法。在访谈或座谈中，我们将记录您发言的内容。但您的所有个人信息都被严格保密，你的看法信息也将被严格保密。同时，也希望您为其他参与者的姓名和观点保密。

本研究秉承自愿参与原则。您可以回答某一问题，也可以不回答。您拒绝参与不会给您及今后您的职业卫生服务利用发生任何影响。

如果您同意，个体访谈和座谈会将要作录音，以避免记录遗漏或错误。这些录音或记录仅限于本次研究使用，研究结束后将不予保存。

如果您同意，您的观点在研究报告中可能被引用，但您的个人信息是始终保密的。

时间：______________

编码：______________

在此，我证明，参加者已接受并理解上述全部信息，同意并参加该项研究。

征求意见者姓名：______________

调查对象签名：________________

（范红敏）

参考文献

[1] Green LW，Kreuter MW，Deeds SG，et al．Health education planning：a diagnostic approach［J］．Mountain View CA：Mayfield，1980：2-17．

[2] Green LW，Kreuter MW．Health promotion planning：an educational and environmental approach（2nd ed）［J］．Mountain View CA：Mayfield，1991：44-214．

[3] 马骁．健康教育学［M］．北京：人民卫生出版社，2012：156-157．

[4] 谭红专．现代流行病学．2 版．［M］．北京：人民卫生出版社，2008：730-743．

[5] 李雪．某轧钢厂工人代谢综合征综合干预效果评价［D］．河北联合大学硕士学位论文．2013：20-35．

[6] Kreuter M，Farrell D，Olevitch L，et al．Tailoring health messages：Customizing communication with computer technology［J］，Mahweh，NJ：Lawrence Erlbaum Associates，2000，19（3）：350-351．

第六章

职业健康教育计划和干预实施

职业健康教育诊断是职业健康教育规划制订的基础。在职业健康诊断的基础上确定作业场所重点健康问题、影响健康问题的行为、导致行为发生发展的倾向因素、促成因素、强化因素等之后，开展职业健康教育计划。

第一节　职业健康教育计划

计划是指通过预测和研究，对未来的事情做出有条理的决策。职业健康教育规划是指通过预测和研究，在职业人群中对未来职业健康教育活动做出有条理的决策。

任何一项职业健康教育与健康促进活动都必须具有科学的计划设计、计划实施（职业健康教育干预）和评价三个重要组成部分。三者之间相互联系，相互制约，是密不可分的整体。计划设计即制订职业健康教育计划，基于职业健康教育诊断调查确定影响作业场所人员生活质量的职业病和工作有关疾病的健康问题、与此健康问题有关的行为、导致行为发生发展的倾向因素、促成因素、强化因素，以及企业目标人群的基本情况、可获得的职业卫生服务等资源情况，通过分析研究形成理论假设，提出解决该问题的目标以及为实现该目标所采取的策略和一系列具体的方法、步骤，为计划实施奠定基础，为科学评价提供量化指标。计划设计是职业健康教育活动成功与否的关键环节。

一、职业健康教育计划制订的任务

职业健康教育与健康促进是一项复杂的社会系统工程，职业健康教育计划是科学管理职业健康教育与健康促进活动的体现，职业健康教育计划的任务就是在众多的职业健康问题和有限的人力、物力、财力资源的矛盾中，根据职业人群和（或）作业场所的需要和主客观条件，选择优先项目，制订明确的目标和具体的量化指标，从一系列可行的策略和措施中做出最优选择，提高资源的利用率，给管理工作一个详细具体可行的方案，指导和协调各有关部门和有关人员共同行动，克服工作中的盲目性和无序性，强调科学性、有效性，及时纠正偏差。

职业健康教育计划是实现职业健康教育目标的行动纲领，也是检查、监督计划进行过程，开展质量控制的标尺和效果评价的依据。

二、制订职业健康教育计划的原则

计划设计（plan designing）是根据实际情况，通过科学的预测和决策，提出在未来一定时期内所要达到的目标及实现这一目标的方法、途径等所有活动的过程，包括计划、实施和评价的全过程。职业健康教育计划的制订过程就是计划设计，应当遵循以下原则。

（一）目标指向原则

职业健康教育计划设计必须坚持以正确的目标为指向，做到目标明确、重点突出，计划干预活动紧紧围绕目标开展，使有限的资源集中使用，切忌包罗万象，面面俱到，保证计划目标的实现。

职业健康教育计划应当有明确的总体目标，即宏观计划的终极目标和切实可行的具体目标或具体的、量化的、可测量的目标，从而体现计划的整体性和特殊性、可行性，确保以最小或最少的投入取得最大的产出和效益。

（二）参与性原则

企业职工积极参与职业健康教育的各项活动是职业健康教育成功的基础。只有把计划目标和企业职工人群所关心的职业健康问题紧密结合起来，才能吸引职业人群参与。制订职业健康计划应做到让企业职工早期参与职业健康需求分析，确定优先项目和制订项目目标，鼓励企业职工积极参与计划的制订以及计划的各项干预活动。

厂矿、企业等作业场所员工共同参与作业场所职业健康教育决策，参与职业健康教育计划和行动、评估和管理，是保证作业场所职业健康教育项目成功的重要原则。任何一项职业场所职业健康教育项目都必须十分强调企业、厂矿等员工参与的原则和过程，要建立参与机制，明确职责分工，全力争取车间、班组的参与。

（三）整体发展原则

职业健康教育是整个职业卫生事业发展系统中的一个重要部分，制订职业健康教育计划既要立足于大卫生观念，以健康为中心，在社会发展的过程中明确与一般人群相同的居民健康发展目标；又要立足于职业健康的观念，以职业健康为中心，在工作场所中解决与职业卫生有关的健康问题，制订职业健康的发展目标。在职业健康教育计划设计中，职业健康教育总体目标必须建立在社会及工作场所未来发展方向的基础上，要考虑社会及工作场所长远发展对职业健康的要求；职业健康教育计划要体现整体性和全局性，目标要体现出长远性和先进性；职业健康教育计划的制订者要具有全局观念及预测和把握未来的能力。

（四）可行性原则

在制订计划时要一切从实际出发，尽可能地预见到在实施计划过程中可能发生的情况，因地制宜地进行计划设计。要清晰地掌握职业人群的健康问题、知识水平、经济状况、风俗民情、生活习惯、作业环境、工时制度等一系列主客观资料，提出符合实际、易为职业人群接受、切实可行的干预计划。在职业健康教育计划中，具有客观的评价指标和效果测定方法，有利于长期观察和随访。

（五）灵活性原则

职业健康计划设计要留有余地，尽可能预计计划实施过程中可能发生的其他变化，并制订基于过程评价和反馈问题的应变对策、计划修订指征和原则，以确保计划的顺利实施。

三、制订职业健康教育计划的基本步骤

职业健康教育计划制订是在职业健康教育诊断的基础上，对计划干预活动本身的具体内容、干预方式和干预步骤进行研究设计的过程，核心是确立干预目标与对策。职业健康教育计划的制订过程和形式依据内容不同而有所差异，基本步骤大同小异。在实践中人们逐渐形成了职业健康教育计划设计的逻辑思维和系统工作方法。主要有以下 6 个步骤（图 6-1）。

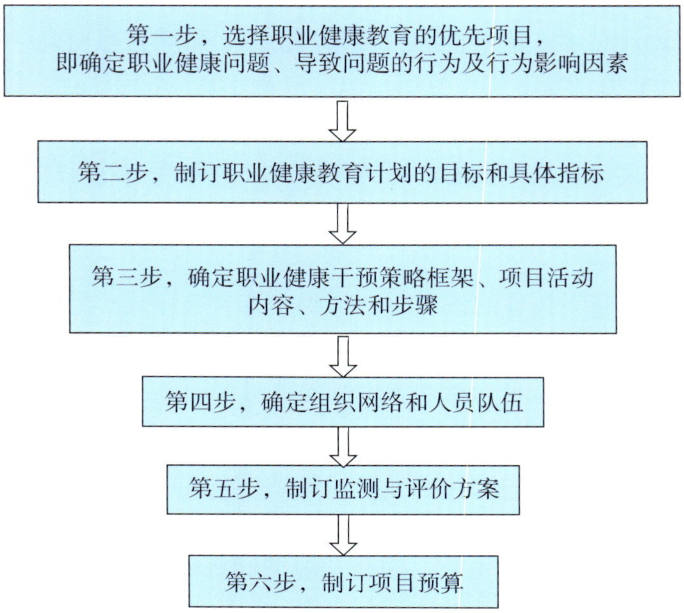

图 6-1　制订职业健康教育计划的基本步骤

联合国儿童基金会（UNICEF）提出了制订健康教育计划设计的 9 个步骤，按照计划设计的内容可分为 2 个阶段，一是计划前的准备工作阶段，主要包括 3 个步骤：①问题与政策分析；②形势分析；③目标人群分析，这个阶段的核心是需求评估，通常是在职业健康教育的诊断中完成。二是对计划阶段本身的具体内容进行研究设计的活动，主要包括 6 个步骤：④确定目标；⑤制订教育策略（干预策略）；⑥教育活动材料制作与预实验计划；⑦人员培训活动计划；⑧计划活动与日程管理计划；⑨监测与评价计划，此阶段核心是制订对策。这 6 个步骤可与图 6-1 中的职业健康教育计划的 6 个步骤相互补充 [1]。

PRECEDE-PROCEED 的模式提出了健康教育计划设计、执行和评价的 9 个连续步骤，其中 5 个步骤是社会需求评估的内容，这一模式主要强调从果追因，并且要考虑影响健康因素的多重性，有助于计划制订者把上述因素作为重点干预目标。

职业健康教育计划的制订同样遵循上述模式和步骤，重点干预目标的制订首先要考虑职业人群的特点，如文化程度、工作环境及劳动强度等。

（一）确立优先项目

通过职业健康教育诊断 / 工作场所人群需求评估，可以发现工作场所人群的健康需求是多方面、多层次的，职业健康教育项目必须选择一个优先项目，用最少的投入获取最佳的效益。优先项目要能真实地反映工作场所人群最重要、最关心、预期干预效果最好、所用人力和资金相对较少的职业健康

问题。明确优先项目的核心是在影响工作场所人群众多的职业健康问题中，在工作场所人群最关心、反映最迫切的健康问题中，确定最重要、干预最有效、所投入资源最少而效益最大的那些项目。

确立优先项目需要遵循的基本原则如下。

1. 重要性原则 指选择涉及面广、发生频率高、对作业场所人群健康威胁严重，对社会经济发展、工作场所经济稳定影响较大，发病频率或致残、致死率高，后果严重，职工最关心的健康问题。

2. 有效性原则 指选择通过职业健康教育干预，能有效地促使其发生可预期的改变。干预措施简便，具有可行性，易为目标人群所接受，有明确的客观评价指标的职业健康问题。

通常可根据重要性和有效性原则，即根据职业健康问题对职业人群健康威胁的严重程度、危险因素的可干预性排序，采用四格表专家评分方法确定职业人群健康教育计划的优先项目（表 6-1）。

表 6-1 确定优先项目的专家评分四格表

重要性	有效性	
	高	低
高	Ⅰ	Ⅲ
低	Ⅱ	Ⅳ

一般情况下，处于第Ⅰ格的项目为优选项目；处于第Ⅱ格、第Ⅲ格的项目可根据具体情况加以比较选择；处于第Ⅳ格的项目为非选择项目。实际上，职业健康问题的重要性和干预的有效性是相对的，即在不同时间和环境条件下，同一职业健康问题可能会分布在四格表不同的位置，即便是目前处于第Ⅳ格的非选择项目，随着时间和环境的变化，也有可能位于第Ⅰ格。特别是处于第Ⅲ格的项目，在不作为职业健康教育优选项目时，可将其作为职业健康教育方法学研究的优选项目。

3. 可行性原则 指职业健康教育的干预策略、措施和方法以及各种干预活动是否能够开展和实施。可行性主要与目标工作场所的背景、政策对职业健康问题干预的支持力度和有利条件有关。有利条件具体是指职业健康教育计划要考虑工作场所领导的支持，社会相关部门的配合，人力、物力、财力、技术资源等支持条件的配备等。

4. 成本 - 效益原则 职业健康教育计划要考虑用最低的成本投入，获得最大的经济效益和社会效益的职业健康问题。

例如：假定有两项针对粉尘危害的职业健康教育计划：计划 A 用 10 000 元干预 1 000 个对象，预期有 20% 的对象能够受益；计划 B 用 20 000 元干预 1 000 个对象，预期有 60% 的对象能够受益，两相比较计划 B 优于计划 A，见表 6-2。

表 6-2 职业健康教育计划 A 与计划 B 的效果比较

计划编号	目标人群	预算	预期有效率（%）	单个有效对象的成本
计划 A	1 000 人	10 000	20	50 元
计划 B	1 000 人	20 000	60	33 元

（二）确定优先干预的行为

当明确了优先干预的职业人群健康问题后，就应该确定与该职业健康问题密切相关的、可干预的优先目标行为。对与该职业健康问题密切相关的行为问题进行分析，从众多的相关行为中选择出具有特异性的、预期可改变的关键行为作为干预的目标行为。选择优先干预行为的基本原则如下。

1．辨别引起职业健康问题的行为与非行为因素　任何一个职业健康问题的起因都有可能存在行为因素和非行为因素，只有行为因素才可能成为职业健康教育计划选择的目标行为。行为因素是指可直接引起某种职业健康问题的健康危险行为，如高血压的危险行为因素包括高盐饮食、酗酒、过于紧张、不锻炼、倒班等，而遗传、年龄等为非行为因素。辨别导致职业健康问题的行为与非行为因素，就是要对一个已知的职业健康问题进行分析，分析该职业健康问题是否因行为因素的影响所致，并从众多影响因素中辨别出在目前情况下，有哪些行为是该职业健康问题的行为因素。

2．辨别重要行为与不重要行为　主要依据是行为与职业健康问题联系的密切程度、二者之间是否有明确的因果关系以及该行为的发生频率。重要行为是指与职业健康问题的发生有直接关系、联系密切且经常发生的行为。如是否佩戴防尘口罩与尘肺等职业病的相关性非常强，不佩戴防尘口罩的人数越多，患尘肺病的人数越多，且目标人群中防尘口罩的佩戴率明显比其他人群低，因此可以认为佩戴防尘口罩是该职业健康教育项目应干预的重要行为。如果行为与健康的关系不甚密切或仅存在间接关系和（或）行为很少出现，可认为是不重要行为。

3．辨别高可变性行为与低可变性行为　高可变性与低可变性行为是指通过职业健康教育干预，某行为发生预期改变的难易程度。判断行为的高可变性和低可变性标准通常包括：①文化关联度，即与企业、地方文化传统的联系，如果某行为已深深根植于企业、当地的文化传统或传统的生活方式之中，则很难改变，反之则易改变。②社会地位（企业地位），即该行为是否为社会所认可。社会不赞成的行为，社会主流观念都认为某行为是不良行为时，则相对可变性高，反之，可变性低。③宗教与风俗，风俗、宗教都可对社会成员提供行为规范和约束，如果某行为与当地社会主流宗教的行为规范一致，或与长期形成的地方风俗习惯相关联，则很难改变，如与宗教、风俗无关则相对易改变。④有成功范例，在以往和（或）其他的职业健康教育项目中，如果该行为得到过成功改变，则容易改变。⑤行为发展阶段，如果是刚刚形成的行为或正处在发展时期尚未得到巩固的行为，一般较易改变；如果某行为由来已久，已经根深蒂固，则可变性较低。

选择职业健康教育优先干预行为的方法通常可依据重要性和可变性的程度进行排序选择，即依据行为对职业人群健康威胁的严重程度、危险行为因素的可干预性排序、评分，对职业人群健康威胁的严重程度越高，危险行为的可干预性越高，则分值越高，一般得分最高者原则上可考虑为优先干预行为。实际情况中，某一确定的职业健康问题常常会同时存在多个行为因素，某些行为因素之间也会存在相互关系。许多职业健康教育项目，特别是针对职业健康问题的职业健康教育项目最终选择的优先干预行为常常并非一个，而是多个。

（三）确定优先干预的倾向因素、促成因素、强化因素

在格林模式中影响特定行为的各种复杂因素分为3种，即倾向因素、促成因素和强化因素。

确定优先干预影响特定行为因素的方法与选择优先干预行为的方法类似，可采用按程度进行排序选择的方法，但是因素更多、更复杂。首先是这些因素与行为之间以及因素间在时间上有联系，例如，在以煤矿接尘工人为对象防治尘肺病的职业健康教育项目中，煤矿接尘工人对尘肺病和防尘口罩的认识与对防尘口罩的使用意愿是倾向因素，煤矿企业的制度和管理者的态度是强化因素，防尘口罩舒适性是促成因素。煤矿接尘工人的认知可以改善，不佩戴防尘口罩的行为也可以改变，但可能因佩戴防尘口罩不舒服或因防尘口罩未能及时发放而导致煤矿接尘工人不佩戴防尘口罩的行为改变无法实现。因此，欲提高煤矿接尘工人中防尘口罩的佩戴率，改善煤矿接尘工人、管理者对粉尘危害导致的尘肺病等相关疾病的严重性和紧迫性的认知和态度，比改善防尘口罩的舒适性更先实现，即倾向因素、强化因素在干预中应先于促成因素得到处理。又如欲提高煤矿接尘工人职业健康

体检率的职业健康教育项目，则首先必须有规范的职业健康体检机构及专业人员，如不能同时处理倾向因素和强化因素，则培训有关人员（有关人员为促成因素）应先于处理倾向因素；其次是这些因素相互之间和它们与行为之间在空间上有交错联系。许多因素可能是互为因果、交互影响的，弄清这些因素间的相互关系有时是很复杂的。建议首先以唯物辩证法抓主要矛盾和主要矛盾方面的思想及运动发展的思想为指导；其次借鉴卫生管理学和卫生经济学课程中关于决策方法的内容，在认真调查研究的基础上具体问题具体分析。

（四）确定计划目标

在确定优先项目后，然后要确定计划项目的目的和目标。任何一项职业健康教育计划都必须有明确的目标和具体的指标，它是计划实施与效果评价的依据。确定计划目标是将职业健康教育诊断结果转换成计划具体目标的过程。

1. 总体目标 计划的总体目标（goal）又称计划目的，指在执行某项计划后预期达到的计划理想的最终结果，具有宏观性、长远性，是一个计划的总体上的努力方向。总体目标不要求具体指标，即达到可测量的效果，一般用文字表述，有时总体目标可能永远不能实现，但它给计划指明了努力方向。

2. 具体目标 总体目标可以分解为各方面、各阶段、各层次的具体目标（objectives）。计划的具体目标又称计划目标，是为实现总体目标设计的、具体的、量化的具体结果指标，是目的的具体体现。如远期的疾病控制目标、中期效果评价的健康相关行为改善目标、短期效果评价的各种教育目标（包括倾向因素、强化因素、促成因素等教育目标）、执行阶段的各种工作进度目标（即过程评价目标）等。具体目标一般可分为教育目标、行为目标和健康目标[1]。教育目标是为实现行为的转变而开展的，职业健康教育计划应考虑到目标人群达到行为转变所必需的知识、信念、态度和技能等；行为目标是该计划执行一定时间后有关行为的改变率；而健康目标是指在执行期内产生的健康效应，如职业人群中高血压的健康教育中，血压下降即为健康效应指标。具体目标形成目标体系，反映出健康教育项目作为一个系统其各部分之间的结构关系。

如降低煤矿接尘工人尘肺发病率的健康教育项目。

（1）教育目标：提高煤矿接尘工人及管理者对粉尘所致尘肺病的认识。

（2）行为目标：改善煤矿接尘工人在生产操作过程中防尘设施的使用率、防尘口罩的佩戴率等行为。

（3）政策 / 环境目标：改善支持性环境，落实企业管理的奖惩政策等，提高企业职业卫生服务的服务质量。

（4）健康目标：改善煤矿接尘工人职业健康状况，降低煤矿接尘工人尘肺的发病率。具体目标要求有明确的、具体的、可测量的指标（表 6-3）。

表 6-3 职业健康教育计划的具体目标必须回答“3 个 W、2 个 H”：

目标	目标解释
Who	职业健康教育的对象是谁
What	职业健康教育改变或改善的目标是什么
When	实现目标需要多长时间
How much	目标变化程度如何
How to measure it	怎么测量该变化

确定具体目标还要考虑使每个具体指标符合 SMART 要求。

S—special 是指所选择指标要具有特异性；

M—measurable 是指所选择指标必须是可以测量的；

A—achievable 是指该指标经过努力是可以达到的或是能完成的；

R—reliability 是指该指标具有可靠性；

T—timebound 是指该指标要有时间界限，即在明确规定的时间内能够完成。

具体目标形成目标体系，反映出职业健康教育项目作为一个系统其各部分之间的结构关系。

例：煤矿职业人群高血压病的职业健康教育干预项目的目标

主要问题：高血压。

危险因素 1：高盐、高脂饮食。

危险因素 1 归类：不知道高盐、高脂饮食与高血压有关，作为重体力劳动者，需要多吃盐（倾向因素），家里和食堂的饭菜也是口味重。

危险因素 2：不知道需要定期测量血压、血脂；高血压患者不知如何控制血压。

危险因素 2 归类：不知道正常血压值和应该定期测量血压（倾向因素）；周围的同事和邻居都是这样，家里祖祖辈辈都是这样（支持因素）；血压测量不及时。

总目标：至 2020 年煤矿职业人群高血压流行率由 38% 下降至 20%。

针对危险因素 1 分目标：高盐、高脂饮食分别从 75% 和 70% 下降到 30%。

针对危险因素 1 策略目标：高盐、高脂饮食与高血压关系的知晓率分别从 40% 和 45% 提高到 90%（技能改变）；50% 的炊事员将烹饪低盐、低脂的食品（环境支持）。

针对危险因素 2 分目标：35 岁以上人群每年测血脂率从 5% 提高到 60%；35 岁以上人群每年测血压率从 60% 提高到 90%；高血压患者饮食控制血压及服药控制血压，治疗率从 30% 增加到 70%。

针对危险因素 2 策略目标：职业人群正常血压知晓率从 45% 提高至 95%；80% 以上的医生掌握健康促进有关知识，并且对患者给予健康促进咨询；职工保健站应建立血压测量制度。

3．指标体系目标 需用相应的指标描述，因此与各方面、各阶段、各层次的具体目标有关的指标及其权重（如果需要，需专门确定）、预期指标值、指标的使用方法等形成指标体系。指标体系是项目管理和评价的基本工具。

例如，预防煤矿接尘工人高血压的职业健康教育项目[2]。

（1）目的：（总体目标）通过健康教育预防煤矿接尘工人高血压。

（2）具体目标：1 年内使煤矿接尘工人高血压患病率下降 5%。

指标：煤矿接尘工人高血压患病率 =（高血压的患病人数 / 调查人数）×100%。

预期指标值：降低 5%。

（3）具体目标指标见表 6-4。

（五）职业健康教育干预策略和干预框架的确定

职业健康教育的目的主要是帮助工作场所人群掌握卫生保健知识，树立健康观念，形成有利于健康的行为和生活方式，因此职业健康教育干预策略和方法应该围绕职业健康教育的目的来选择和设计。在一个职业健康教育项目中，通常不能只通过一个干预活动就能够实现目标，而是要通过若干职业健康教育干预策略和一系列具体的干预活动的有机组合来实现职业健康教育目标。

表 6-4 预防煤矿接尘工人高血压的职业健康教育项目具体目标指标

指标类型	所达目标	指标解释
行为指标	① 1 年内高盐、高脂饮食率下降 25%	高盐（高脂）饮食率 = [高盐（高脂）饮食人数 / 被调查人数] × 100% 预期指标值：下降 25%
	② 1 年内吸烟率下降 20%	吸烟率 =（吸烟人数 / 被调查人数）× 100% 预期指标值：下降 25%
认知指标	① 6 个月内煤矿工人对高血压的知晓率提高 40%	高血压的知晓率 =（高血压知晓人数 / 被调查人数）× 100% 预期指标值：提高 40%
	② 6 个月内煤矿工人对高血压危险因素的知晓率提高 50%	高血压危险因素的知晓率 =（高血压危险因素知晓人数 / 被调查人数）× 100% 预期指标值：提高 50%

职业健康教育干预策略和方法的确定是整个干预过程的中心，即灵魂；合理、可行的策略设计从根本上保障了预期结果的实现，否则，即使各项干预活动的实施质量再高，也很难达到项目目标，只能造成资源的浪费。因此职业健康教育策略应把适合目标人群的特点、当地工作场所的具体情况、工作条件与职业健康教育理论相结合，实事求是地确定干预策略，并创造性地设计干预措施和工作方法，保证措施、方法与策略一致，共同为实现项目目标服务。

1．确定职业健康教育干预策略和方法 策略是一种指导思想，即职业健康教育干预需要达到的总体目标及具体指标应包括的内容；而方法则是在策略指导下的具体干预方法和活动。职业健康教育干预策略是在干预目标确定之后，根据项目目的 / 目标、对象人群特征、环境条件和资源的可及性等情况，选择达到目标的最佳干预方式、方法和干预途径及时间、空间和人群组合中的安排过程。职业健康教育干预策略也是将职业健康教育干预活动的各个要素具体化，综合归纳成一个可操作的活动方案的过程。

职业健康教育干预策略包括信息交流、技能发展、社会行动等，应充分发挥每一干预策略活动的优势，以取得最佳干预效果。

（1）信息交流（information communication）：通过信息交流向目标人群提供职业卫生及健康信息，不仅能帮助作业场所人群了解卫生保健知识，也是帮助其树立健康观念、采纳促进健康行为的基础。体现信息交流策略的方法和活动很多，一般可以分为三类：大众传播、人际交流和其他媒介传播。大众传播具有高速、快捷的特点，可使信息高效到达大众之中，常用于提供普及性信息，引导公众（作业场所人群）对健康相关问题的关注，实现社会动员；人际交流具有沟通深入、针对性强、反馈及时的特点，对目标人群的态度、信念影响深刻，可以向目标人群提供具有特殊性的信息，以满足目标人群的特定健康教育需要。在职业健康教育干预中还常用其他传播媒介（材料），包括小册子、小折页、健康教育处方、传单、宣传画、壁报、墙传栏等。目前，信息交流的传播媒介已经由传统的电视、广播发展到以网络信息平台为基础，尤其是手机客户端的微信平台。

（2）技能发展（skill development）：职业健康教育干预不仅要告诉人们有利于健康的技能，以及有利于健康的原因，还必须指导人们解决“怎么做”的问题，否则难以达到改善人们行为和生活方式的目的。技能发展就是在人们掌握必要健康知识和信息的基础上，帮助其形成和发展采纳促进健康行为的能力，包括决策能力和操作技能两方面。下列方法可以用于目标人群的技能发展：如，小组讨论可以分享、交流信息和感受，了解其他人在特定情况下的决策，帮助自己树立信心，学会正确操作技能；案例分析可总结经验和教训，能使目标人群对照自己熟悉的事例分析自己，从中获取对健康问题的感性认识。技能培训是目标人群技能发展的重要途径和方法，旨在帮助目标人群熟练掌握促进健康行为的操作技能。请医务人员或目标人群中有经验的人进行操作示范，把动作分解演示给目标人群，使之能掌握演示的技能，如向煤矿工人宣传通过使用限盐匙来限制饮食中盐的摄入量，来防止高血压的发生。

在技能发展中，上述各种方法的共同特点是强调可操作性，因此，在实际运用中，不仅要注意事例选择恰当，讲解、示范人员操作规范，还应给目标人群足够的操作练习，使之在操作中学会相关技能。

（3）社会行动（social activity）：社会行动策略不仅要注重活动效果，更要关注活动的影响力和新闻效果。通过社会活动主要是形成声势，引发关注，营造社会氛围。如竞赛和大众传媒联合行动，通过报纸、杂志、网络刊登竞赛题，通过电视直播竞赛等，寓教于乐，形式活泼，能广泛地发动社会大众的关注和参与；咨询与义诊是卫生部门较多采用的一种服务社会、对民众开展健康教育的形式，在咨询与义诊过程中，既能对部分群众的健康问题和相关行为问题进行有针对性的指导，又能吸引群众参与。

社区活动也是一类被经常应用的社会行动策略，主要指由社区组织的以改善社区环境、维护社区居民健康为目的的各种活动，如清除垃圾、为社区居民免费体检等。这些活动既能够增加社区的凝聚力，又使社区居民更加爱护社区，积极参与各项健康教育活动。职业健康教育活动可与职业安全生产教育活动相结合，将竞赛、测量血压等活动与安全生产活动联合开展，建立日常的健康监测制度，从而有利于吸引广大职工的参与。

2．确定职业健康教育干预框架 职业健康教育干预必须针对一个确定的项目目标/职业健康问题综合各类干预策略和方法才能取得事半功倍的效果。将职业健康教育干预策略和方法与目标人群、目标行为、行为影响因素及干预场所相结合，综合考虑，形成职业健康教育干预整体方案，即职业健康教育干预框架。

（1）确定目标人群：目标人群是指职业健康教育计划干预的对象或特定群体。通常基于职业健康教育诊断的结果和优先解决的健康问题，就可以明确特定疾病或健康问题在社区（工作场所）人群中的分布及分布特点。受疾病和健康问题影响最大、问题最严重、处在最危险状态的职业人群，一般确定为职业健康教育干预的目标人群或一级目标人群中的高危人群。依据不同标准和特点可将目标人群分为三类。

例如：根据目标人群与行为的关系可分为：

一级目标人群：在干预计划中实施职业健康教育项目所建议的健康行为的目标人群。如煤矿工人粉尘项目中，煤矿工人为一级目标人群；又如化工厂工人的健康教育计划，一级目标人群是化工厂工人。

二级目标人群：对一级目标人群有重要影响的人；或能激发、教育和加强一级目标人群行为和信念的人，如职业卫生安全人员，有关行政领导、亲属、朋友等。

三级目标人群：行政决策者、经济资助者和其他对计划的成功有重要影响的人。

在上述分类基础上，还可根据各类目标人群内部的一些重要特征分为亚组，有利于制订策略和工作开展。比如：可根据一级目标人群的生理状况、从事危害健康行为的程度等，进一步分为高危人群、重点人群和一般人群。

例如：煤矿工人高血压综合干预项目，具备下列前4项因素中1项危险因素者作为高危人群，并且可作为重点干预对象，其他人作为一般目标人群。

1）具有高血压病家族史者。

2）每天食盐量超过10 g以上者。

3）超过标准体重 20% 以上者。

4）有吸烟史，每天吸 20 支以上超过 1 年者。

5）经常饮高度白酒，每天 100 g 以上者。

6）经常接触噪声者。

7）情绪易激动者。

（2）确定干预内容：干预内容的确定主要是确定影响三类行为的因素；可将三类行为的影响因素作为重点干预指标。三类行为影响因素的倾向因素、强化因素和促成因素，与目标人群的类型或亚型、干预阶段的时期有关，即不同的目标人群，不同的干预阶段有不同的特点或侧重。每种影响因素也与内部的亚因素有关，因此需要根据不同的目标人群分类来进一步区分三类行为影响因素中的重要因素，最后根据计划目标选择干预内容。

（3）确定职业健康教育干预场所：职业健康教育干预场所是针对项目目标人群开展职业健康教育干预活动的主要场所，也是将职业健康教育干预活动付诸实践的有效途径之一。职业健康教育项目的干预活动的有效实施，一定程度上与场所的适宜程度有关。

近年来，以场所为基础的健康教育（sector-based health education）干预理念在国际健康教育与健康促进领域得到广泛推崇，导致以往以疾病预防控制为中心和以人群为中心的健康教育干预更具有可实践性和可行性，最终形成三维定位的健康教育干预活动地点、目标人群和干预内容的模式，从而使我们能更清晰地理解针对特定人群的特定健康问题进行健康教育，在哪个（些）场所更适合开展干预活动。

在健康教育活动中，一般健康教育干预场所涉及学校、医院、社区、工作场所和商业场所等。职业健康教育的特定场所为工作场所，并且健康教育干预活动需要在工作场所不同地点和工作的不同阶段。

（4）建立干预框架：在职业健康教育计划制订过程中，职业健康教育干预框架结构一般按教育策略、社会策略、环境策略及资源策略等方法分类建立。

通常职业健康教育干预框架设计多个方案供选择，干预方案及其每一部分的确定需要根据标准分析和优选。

1）教育策略：职业健康教育计划目标的不同导致目标人群常具有各种不同的社会特征和生理、心理特点，同时由于健康教育内容广泛、场所各异，从而职业健康教育策略常具有多样性。通常教育策略可分为：①信息交流类，即各种大众传播和人际传播策略手段；②技能培训类；③组织方法类等。例如，针对目标人群的教育策略：①大众传媒：广播、电视、报纸、网络；②传播材料：折页、墙报、标语、传单、DVD；③讲座、培训；④医务人员入户指导；⑤社区活动，如咨询、义诊、义务大扫除；⑥同伴教育、“小手拉大手”。

在确定教育策略时，要注意技能发展和个性化服务相结合，进行可行性与成本分析。

2）社会策略：即政策、法规、制度、规定及其执行方法等。职业健康教育项目的顺利开展最重要的是健康政策的支持和配合。要发掘并充分利用已有相关政策、法规，同时注意促成新的健康相关政策的形成。例如：①向有关部门提交职业健康教育报告或做专题汇报；②与当地媒体合作，形成舆论关注；③请领导参加职业健康教育会议、活动、现场考察等。

3）环境策略：即改善有关社会文化环境和物理环境的各种策略手段。包括社区身体锻炼设施，减少售烟亭，增加社区卫生服务站、厂矿卫生保健站等。例如：①对已有职业健康服务、设施的完善和改造；②增加职业健康服务内容、新建职业健康服务设施。

4）资源策略：即动员、筹集、分配、利用社区中各种有形和无形资源的途径、方法。加强动员多部门的合作。

以工作场所粉尘危害的健康教育为例，以三种不同干预策略和五类不同职业健康教育场所为基础，针对不同目标人群，制订职业健康教育框架结构（表 6-5）。

表 6-5 粉尘危害健康教育框架结构

策略	场所				
	教育机构	卫生机构	工作场所	公众场所	家庭
教育策略	专题讲座	技术培训	班前讲座	粉尘危害防制培训	宣传资料，如粉尘危害日历
	防尘技术	粉尘危害咨询		标语、宣传画	
社会策略	防尘条例	职业健康体检	防尘条例	防尘条例	模范家庭条件
	奖惩办法	佩戴防尘口罩	奖惩办法	奖惩办法	
环境策略	宣传画等	粉尘危害标志	粉尘危害标志	粉尘危害标志	
	领导及同事	尘肺病宣传	尘肺病宣传	尘肺病宣传	

3．确定干预活动日程 是保证计划顺利实施的重要条件，包括科学合理地安排职业健康教育项目的干预活动日程、准备教育材料、进行人群的组织培训。一个职业健康教育项目包括职业健康教育计划设计、准备、实施与总结评价四个阶段，具体为：健康教育诊断与计划设计阶段、干预准备阶段、干预方案实施阶段、项目总结评价阶段。

（1）计划阶段：包括健康教育诊断、制订项目计划、监测和评价计划。

（2）准备阶段：包括制作健康教育材料、预实验、人员培训、资源筹集分配、物质材料准备等。

（3）干预阶段：争取领导、应用媒介的支持，启动监测和评价计划。

（4）总结阶段：整理分析材料和数据，撰写项目总结报告。

根据干预策略设计的各阶段，各项干预活动的内容、实施地点、方法、所需材料和日程表等，形成干预活动日程表。干预活动的日程安排表即可体现该职业健康教育项目的技术路线。

4．干预活动组织网络与人员队伍建设 项目成功与否的关键之一是职业健康教育的组织网络及人员队伍。

健康教育工作具有社会性、复杂性的特点，因此，应根据工作需要形成多层次的、有多部门参与的网络组织。除各级健康教育专业机构外，网络中还应包括有关政府部门、大众传播部门、教育部门、社区基层单位、医疗卫生部门等。各部门目标的统一和行动的协调配合对健康教育干预工作的开展至关重要。

人员队伍是执行计划的根本保证。应以专业人员为主体，吸收网络组织中其他部门人员参加。应根据工作需要对参与执行计划的各类人员分别给予培训。对各类人员必须明确其职责与权利。

职业健康教育要以职业卫生专业人员为主体，吸收干预活动网络组织中的其他部门人员参加。

5．确定监测与评价方案 监测与评价贯穿于项目的全过程，是控制项目进展状态、保证实现项目目标的质量控制措施。建立系统、完善的质量控制与监测体系，及时发现干预计划、材料、策略及实施中的问题并进行调整，是保证项目目标实现、评价计划实施效果的重要措施。

在计划设计阶段同时完成监测与评价方案的设计，并确定指标内容、测量方法与工具、检测时间与执行人员（检测人、评价人、负责人）等。

6．确定干预项目预算 干预活动预算是干预经费资源的汇总与分配方案，确定干预活动预算的原则是科学合理、认真细致、节省成本、留有余地。

根据职业健康教育资源分布的基础建立项目预算，主要根据职业健康教育项目活动的目标人群、计划时间、项目内容、方法和规模，分别预测出每项活动的开支类别及所需费用，最后汇总即可得出整个项目的预算。预算应切合实际，合理利用当地一切可以利用的社会资源，包括政策资源、人力资源、物资设备资源、交通资源等；同时在低投入高产出的原则上，尽可能节省开支。

系统归纳、整理以上6个步骤并撰写职业健康教育干预方案，即职业健康教育计划，最后形成职业健康教育项目计划书。

（六）职业健康教育计划评价（形成评价）

在规划执行前或执行早期对项目计划本身的评价又称为形成评价，主要任务是评估目标是否明确，指标是否适当、合理；计划设计是否符合实际，策略和方法是否足以达到目标，及其计划的可行程度、资源的动员与分配是否达到最大可能以及是否合理、对可能出现的困难的估计是否充分及干预措施是否恰当等。

形成评价是对职业健康教育项目的前馈控制，评价目的是使职业健康教育计划更完善、更合理、更可行、更容易为目标人群所接受。尽管项目评价不能完全保证项目成功，但它能在很大程度上降低项目失败的风险，从而避免资源的浪费。形成评价的主要评价方式包括专家评估和模拟试验。

形成评价的内容如下。

1．科学性 项目计划的目的是否明确；目标的合理性；目标和指标体系的一致性；计划实施方案和干预框架是否明确；监督和考核措施以及实施方案是否明确。

2．针对性 目标人群分类的合理性；目标人群和目标人群特点的一致性。

3．可及性 计划干预方式与方法的目标人群可获得程度和可接受程度。

①了解目标人群的各种基本特征和目标人群对于各种措施的看法和建议。②选择教育信息并做预试验。了解教育资料发送程序，包括生产、贮存、批发、零售以及免费发放渠道。③通过调查获得有价值的信息（如方言、术语用词、文化程度等），为制订评价问卷提供依据。④提供定性资料为定量资料作解释，补充定量方法无法得到的有关效果方面的资料。⑤及时发现计划实施早期阶段可能出现的问题，以便采取有效措施解决。

第二节 职业健康教育干预实施

职业健康教育干预是实现职业健康教育目标的途径，是按照职业健康教育计划所规定的方法和步骤组织的具体活动。在一项职业健康教育计划设计完成后，可通过有效的干预活动使计划的目标得以实现，以达到预期的效果。在职业健康教育的整个过程中，实施计划的干预活动是职业健康教育的主体工作，也是职业健康教育工作的重点和关键。

一、职业健康教育干预的概念和基本步骤

（一）职业健康教育干预的概念

“干预”（intervention）的基本含义是在事物原有的运行过程中人为加入影响因素，使原有运行模式和过程终止或发生改变。

职业健康教育工作是针对特定的职业健康问题和目标人群，有目的、有计划、有组织地系统综

合使用各种传播、教育和其他措施，影响和改善人们的健康相关行为的活动和过程。因此，健康教育活动本身，无论是采用信息传播方式还是其他措施，就是对人们已有的健康相关行为、生活方式施加的一种干预，主要目的是改变人们原有的行为和生活方式中不利于健康的部分，建立/加强有利于健康的行为、生活方式，使之向有利于健康的方向转变。

Green 等提出的 PRECEDE-PROCEED 模式强调在职业健康教育计划实施中应充分发挥政策、法规和组织的作用。该模式提出项目实施中的首要任务应该是机构建设和政策改革，这有利于动员多部门的参与、加强多部门的协调，有利于建立一个完善的政策支持环境，更有利于帮助目标人群改变不利于健康的行为和生活方式，减少疾病发生的危险因素。同时还强调要建立系统、完善的质量控制体系，重视干预活动实施中的监测评估，以便提高项目管理、实施人员的技术水平和工作能力，确保健康干预活动的质量。

职业健康教育项目实施的 SCOPE 模式将实施工作归纳和总结为以下五个主要环节：制订计划实施时间表（schedule）；控制计划实施的质量（control of quality）；建立计划实施的组织机构（organization）；配备和培训实施工作人员（person）；配备和购置所需设备物件（equipment）。SCOPE 模式是对复杂的健康教育干预活动的概括，同时为健康教育工作者提示了做好健康教育干预工作的关键和要点[1]。

（二）职业健康教育干预的基本步骤

任何一项职业健康教育干预项目都应建立在调查研究的基础上，通过调查研究诊断出与职业健康教育目标相关联的关键行为和影响关键行为发生发展的因素，确定目标人群和目标地区的社会环境和可利用资源等。健康教育诊断、计划的形成与实施过程是统一体，不能截然分开。

职业健康教育诊断、计划与干预也是不能截然分开的。

职业健康教育干预活动实施与质量控制的主要步骤如下。

1．职业健康教育计划重新审视与干预时间表的制订。

2．目标人群的划分。

3．职业健康教育干预的社会动员和组织管理。

4．职业健康教育干预的项目人员骨干培训。

5．职业健康教育材料的发放与应用。

6．职业健康教育干预的质量控制。

职业健康教育干预活动的实施还要充分发挥工作场所的特点，以及广大职工有组织和纪律性的特点，以便保证职业健康教育干预活动的实施和质量控制。

二、干预计划的重新审视和干预时间表的制订

（一）干预计划的重新审视

在实施监控教育干预活动前有必要再次对职业健康教育项目的背景情况、项目的总体目标和具体目标进行重新审视和梳理，从而进一步明确目标人群、职业健康教育的干预场所、职业健康教育干预策略和活动，以确保实现项目目标。

（二）干预时间表的制订

1．制订干预时间表的意义 职业健康教育干预活动的实施是按照计划要求组织实施各种干预活动，实现计划目标、获得效果需要采用有序和有效的工作方式。干预实施时间表是各项干预活动和措施在时间和空间上的整合，各项干预活动的实施工作需要以干预时间表作为指引，逐步实现阶段

目标和总体目标。

干预时间表亦是一个计划实施的对照表，主要用来对照检查各项工作的进展速度和完成数量。一个科学的时间进度表是整个计划执行的核心。它是进行项目过程评估的主要依据，亦是实现目标管理的体现。因此，干预执行小组应首先制订一个科学的时间进度表，才能有效地完成各阶段的干预工作。

在项目评估过程中，评估人员主要依据干预时间表来检查每项工作是否按计划执行，以及提前和滞后于时间表的项目数、正在使用的资源数。根据按时完成工作项目占计划中应该完成的工作项目总数的比例计算出任务执行率和经费执行率。

任务（工作项目）执行率 =（按时完成的工作项目 / 同期计划工作总项目）× 100%

经费（经费使用）执行率 =（按期发生的经费数额 / 同期预算经费总额）× 100%

一般实际经费开支与预算之间的允许误差为 10%。

2．计划时间表的制订与内容　职业健康教育干预时间表的制订是以时间为引线，整合、排列出各项干预活动的实际操作程序、运作过程、可能遇到的困难等因素，根据人力、物力条件，结合以往工作经验做出科学安排。

实施时间表制订的重点应考虑时间计划和经费预算两个方面：时间安排和计划是职业健康教育实际工作经验与科学相结合的产物；经费预算要保证做到资源的合理分配和重点应用。计划时间表的制订主要考虑干预活动内容、工作目标、负责人、所需设备物品和特殊要求等（表 6-6）[1]。

表 6-6　项目实施进度表样表

实施时间（2010—2012）													工作内容	负责人	地点	预算（元）	设备物件	备注
5	6	7	8	9	10	11	12	1	2	3	4	5	成立领导小组	***	企业办公室	150	投影仪	
													社会动员大会	***	企业礼堂	2500	投影仪 幻灯机	各分厂厂长参加
													印制宣传材料	***	印刷厂	800		
													培训职业卫生医生	***	企业宣传室	3000	教室、投影仪、其他	使用全国职业危害统一教材
													培训班小组长	***	企业宣传室	9350	同上	同上
													制作传播材料	***		20000	音像材料	供厂矿宣传和企业职工使用
													人际传播 大众传播	***		7600	传播材料	
													中期评估	***	5 个车间	5000		定性评估
													监测	***		900	照相机	
													终期评估	***	8 个车间	19600	同上	定量调查
													总结报告	***		2400		

三、职业健康教育干预的社会动员和组织管理工作

（一）社区参与社会动员

1．社区参与 健康教育是满足居民健康需求的社会活动过程，社区参与是一项健康教育干预必须强调的。职业健康教育是满足工作场所职工健康需求的社会活动过程。工作场所的社会参与主要是指工作场所领导、机构和居民共同参与职业健康教育决策、职业健康教育行动、职业健康教育评估和管理的全过程。

职业健康教育的范围和内容主要是关于工作场所作业人群、家庭和个人的身心健康，涉及整个作业场所各个方面的卫生保健和健康服务。职业健康教育干预在改变工作场所职业人群健康水平上取得的成就并不是体现在职业健康教育干预过程结束时，而是体现在职业健康教育所提倡的健康行为和生活方式在作业场所人群中长久存在。只有真正的作业场所参与作为基础，才能使作业场所人群生活在健康的社区环境中。任何职业健康教育干预取得的成功都是与作业场所的参与、合作与支持密不可分的。职业健康教育干预必须有工作场所环境的支持与参与作为基础。

2．社会动员的概念 社会动员（social mobilization）是通过采取一系列综合的、高效的策略和方法，来动员社会各阶层的广泛参与，将健康教育目标转化为满足广大社区居民健康需求的社会目标，并将其转变为社区成员广泛参与的社会活动，从而最终实现这一社会健康目标的过程。社区健康教育活动的全过程都必须进行社会动员。

UNICEF将“社会动员”定义为：社会动员是人民群众广泛参与，依靠自己的力量，为实现特定的社会发展目标而开展的大规模的持久的群众性运动[1]。这一定义强调了社会动员需要人人参与、自力更生以及具有持续性的特征。社会动员与健康促进不仅在健康目标转化为社会目标方面一致，同时在采取的一系列综合的、高效的动员社会、政治和群众方面的策略方面也是不可分割的，它们共同体现了先进的公共卫生概念。

社会动员是职业健康促进活动的重要策略。通过社会动员可提高和改善企业职工人群参与职业健康教育工作的积极性，将职业健康教育的观念融入到作业场所的实际工作中，影响整个作业场所的行为，从而推动工作场所资源、强化政策的支持、统一规划作业场所的职业健康教育行动、改变社会环境危险因素、改善作业场所人群的行为与生活方式、依靠作业场所自己的力量实现健康目标。职业健康教育的社会动员尤为重要，只有依靠工作场所广大职工自己的力量才能更好地实现职业健康目标。

社会动员有利于促进职业健康相关行为改善的作业场所环境的形成，具体表现如下：①促使职业健康教育项目内容、目标真实反映广大作业场所人群的健康需求。②激发决策者和领导层支持职业健康促进计划和意愿，并促成相应的政策、法规的制定。③促成社会相关行业、部门为一个共同目标而有效合作，促使社区部门、政府部门、非政府部门（NGO）和各界群众都能积极主动参与职业健康教育活动的过程，包括作业场所健康需求评估、健康教育活动计划的制订、实施与评估。④激发作业场所人群的健康需求，调动其参与的意愿与积极性，促使个体获得更多的自我保健信息和技能，并担负起更多的促进健康的责任。⑤可争取更多的人力、物力、财力等社区资源的投入，合理分配及协调利用。⑥可建立强有力的职业健康教育执行与技术管理体系，获得必要的社会资源，可形成有效的职业健康教育组织机构和工作程序。⑦可建立多学科间的广泛联系，促进跨部门的合作，并与相关组织机构形成密切的合作伙伴关系。

3．社会动员的对象

（1）作业场所领导层具有政治影响力，具备将大众传播媒介、有限的社会资源等的优先配置权。

实现职业健康教育目标的重要保证是政府的承诺、政策配置和媒介支持等。职业健康教育顺利开展和可持续发展的重要条件之一是争取各级政府领导对职业健康教育的重视和支持。这一条件也是职业健康教育工作成败的关键。充分利用各种机会，积极主动地争取各级领导将职业健康教育作为改善作业场所人群健康和生活质量的政府职责，将职业健康教育目标作为当地政治经济发展的一部分，使作业场所人群健康与社会经济同步发展。

（2）作业场所人群的健康问题关系到社会生活的各个方面，要解决与职业健康有关的各种问题不能仅依靠职业卫生部门的参与，还需要多个部门的参与合作。职业健康教育干预计划实施需要作业场所有关组织、机构、团体等参与到计划的实施中，他们的参与关系到计划的顺利实施以及能否取得预期效果。在政府协调和项目执行机构的统筹安排下，作业场所基层组织、非政府组织、工商、教育、传媒等部门进行协调，明确共同目标和各自的责任。有关团体和个人在合作的基础上，充分发挥各自的优势，创造良好的作业场所健康教育干预的内外环境，保证职业健康教育目标的实现。

（3）相关专业人员是职业卫生服务的提供者，尤其是基层职业卫生工作者，他们既是基层职业健康服务的提供者，又是很多职业健康教育项目工作的具体执行者，作业场所人群的保健意识和健康行为与专业人员的工作态度和行为息息相关。在艰苦教育工作中，广大基层卫生工作人员的参与是职业健康教育项目成功的关键。例如，厂矿的保健医生负责职工健康的全面维护，和职工建立良好的人际关系，利用各种机会和形式对服务对象随时进行深入细致的健康教育，从而促进职工健康生活方式的形成。

（4）其他相关专业人员如新闻媒体、教师等人员，他们参与到职业健康教育工作中，对职业健康教育工作的顺利进行具有重要意义。根据职业健康教育工作需要，需要对参与职业健康教育工作的各类专业人员进行多种形式和途径的动员、培训，有助于使其明确职业健康教育的意义及各自在项目实施中的职责。更新健康观念，提高健康知识和有关技能来保证职业健康教育目标的实现。

（5）作业场所人群的健康教育是促进作业场所人群共同采取健康行动，保证作业场所群体健康水平处于良好的状态。职业健康教育的基本对象是班组和家庭，改善作业场所人群健康的干预活动要发挥班组和家庭成员的作用，使他们意识到自身对个人和家庭、班组成员健康的责任；使他们认识到人人有权享受基本的卫生保健，每个社会成员有义务积极参与社区的健康教育活动；并提供各种机会使他们能参与到职业健康教育活动中，使他们掌握影响环境和行为改变的健康知识和技能，并将职业健康教育目标和作业场所人群参与的力量紧密结合，促进职业健康教育活动的发展，保证作业场所群体健康处于良好状态。在职业健康教育活动中，家庭成员对职工的健康教育也起到至关重要的作用，家庭成员的行为生活习惯、生活态度将影响企业职工的思想意识。

4．社会动员的手段

（1）利用社会市场学的原理和技术：社会市场学是应用商业市场学的基本原理和技术，根据人民群众需要，设计社会发展的项目，通过恰当传播途径，实现既定社会发展目标。基本步骤如下：首先，根据目标对象的特点分类和分组，找出有共同价值观、共同兴趣、对信息有相同反应的同质人群；然后，分析不同目标人群的需求、心理特点、偏爱途径和激发行为改变的可能因素。主要涉及的基本技术包括受众分析、检验和激励机制。

（2）应用传播技术和理论：传播是人们通过符号进行各种信息交流，来共享知识、观念、消息或行为。运用传播学原理与技术将项目问题、干预方法、行动计划安排、进展等告知群众。根据项目的不同阶段设计不同的传播信息和选择适宜的传播媒介。传播对不同参与者发挥的作用不同。对领导决策层，传播起到创造一个认识和支持项目相关决策的环境，引导资源分配向项目倾斜的作用；对于基层工作者，传播的作用是承上启下，在现场和政府之间进行沟通；对接收者来说，传播促使他们多种方式自觉参与。

（3）应用人员培训方法：人员培训在于强化各类专业人员对职业健康教育项目中的有关知识和技能的掌握和应用，保证项目顺利进行。人员培训本身也具有社会动员的作用，可以动员、提高项目参与人员的自豪感和奉献精神，让他们知道自身在健康教育工作中所起作用的重要性，以及他们对目标人群健康相关行为和生活方式的影响，激励参与者努力工作。

（4）应用健康教育项目管理技术：项目管理技术包括职业健康教育项目的计划、实施和评价。一项完善的计划是实现项目目标、成功地进行社会动员的保障；有效的实施是按照计划来实现目标、获得效果的过程，也是体现计划根本思想的具体活动和行动；严密的评价是保证计划方案设计先进、成功实施，并取得应有效果的关键性措施，应贯穿整个计划实施的始终。三者之间是相互制约、密不可分的统一整体。

（二）职业健康教育干预组织管理机构的建立

职业健康教育是一项有组织的作业场所健康促进活动，其干预计划的实施需要多部门的参与合作。计划顺利实施的重要组织措施是做好各组织间的协调与合作。职业健康教育的组织管理机构是进行职业健康教育的组织、动员及管理的部门，因此该组织结构要适用于作业场所干预项目内容。它的职能之一是促进作业场所人员相互信任、加强合作并增加工作成员的相互了解，保证健康教育的顺利实施。

实施任何职业健康教育计划时，首要任务是建立领导机构和承担实施任务的执行机构，以及确立相关的协作单位。

1．领导机构（如工作场所健康教育领导小组） 主要包括与该计划实施直接相关的部门领导和主持实施工作的业务负责人。领导机构成员要了解和熟悉计划的目的、内容。计划的执行要有决心、信心和政策支持。

领导机构一般由原行政机构兼任、替代，也可另行成立。领导机构的成员根据职业健康教育干预工作所涉及的范围和部门来确定。领导小组是职业健康教育项目政策支持的提供者，是解决健康教育干预工作中的困难和问题的执行者。领导机构的政策支持主要是指，政府部门根据职业健康教育活动某些方面的内容制订发布相关的条例、方针或规章制度。工作场所制订有利于职业健康教育计划的政策对健康教育工作有很大的影响，支持性的政策可以动员更多当地资源的投入，创造多部门协调合作的局面；可以影响当地权威部门的参与态度，创建有利于健康教育工作的工作场所环境。

2．执行机构的职责 是具体负责落实和执行健康教育计划，分解项目计划中的每项活动，开展干预活动，实施职业健康教育干预计划，实现作业场所健康教育干预计划的目标。执行机构的设置主要是在某一相关业务部门，吸收相关部门的专业人员参加，它的确定主要依据职业健康教育计划项目申请单位和经费的来源，如职业健康教育工作执行机构可设立在安全环保部门。

根据职业健康教育干预计划内容确定执行机构的人员数量和专业。职业健康教育干预活动是一项长期的活动，因此在实施周期内健康教育工作人员必须保持稳定，而且要始终以该项工作为主。

3．协作单位 职业健康教育干预活动的实施是一项社会工程，多个部门的协调与合作是非常重要的。职业健康教育干预工作的基础是建立社会多部门的联合组织网络，即通过协作单位组织网络建设参与到健康教育计划中。

（三）职业健康教育干预工作网络的建立

职业健康教育干预工作网络是以基层职业健康教育服务网或基层医疗卫生服务网为主体的网络化服务组织。职业健康教育干预工作网络的基础是建立三级卫生服务网，在不同级别的卫生服务网中开展健康干预项目。在健康教育干预活动中，采用某种组织形式将目标人群组织起来，形成各种健康教育组织。健康教育网络组织的形成既方便沟通和管理，也有利于健康教育干预措施的落实。

社区健康教育要依赖社区政府组织和非政府组织。职业健康教育既要利用工作场所管理部门，又要利用工会及民间组织。完整的社区应有完善的社区管理组织，涉及社区政府、文化教育机构、市政建设机构、医疗保健机构、生活服务机构以及传媒、环保机构等。健康教育工作者重点关注社区中的机构或团体、在社区中的作用及对社区健康的关心程度等。NGO是非政府组织，主要指妇联、共青团、红十字会、宗教团体、志愿组织等。非政府组织的作用在健康教育活动中的作用不容忽视，在社区健康教育活动中应以多种形式邀请非政府组织参加干预项目会议和宣传活动。职业健康教育应广泛邀请工会、志愿组织参与职业健康教育的干预活动。社区健康教育机构须与社区组织机构（政府组织机构和非政府组织）、医疗机构和非医疗机构建立广泛的联系，获得必要的社会资源，做好跨部门的合作，建立牢固的、有效的合作机制，形成密切的合作伙伴关系和长期、有效的工作网络，以便保证社区健康教育干预工作的需要。

根据工作场所职工的健康需求，可在干预工作场所的社区内建立以自愿为基础、布局合理、功能定位准确、方便快捷并能满足工作场所职工需求的职业健康教育服务网络，如职工之友健康促进会、周末保健沙龙、职工高血压或糖尿病之家等。使职业健康教育机构与职业健康干预目标人群的关系正式化、稳固化，同时在沟通和了解的基础上，揭示新的职业健康需求点，使职业健康服务得到延伸。完善的职业健康教育基层组织与服务网络的建立，是职业健康教育项目成败的关键因素。

职业健康教育干预的网络化建设的主要要求包括以下两个方面。

1．社会各界广泛参与 职业健康问题涉及社会及工作场所生活的各个方面，需要政府倡导、企业工作场所参与、卫生专业机构等多部门的协调工作。如，当前粉尘的职业危害在我国依然十分严峻，粉尘危害的防治不只是职业卫生部门的事情，更需要政府政策及立法支持，企业宣传部门等多部门参与。因此粉尘危害的防治工作需要政府及企业领导下的各个部门互相支持和参与，社会的广泛关注、共同参与，动员包括非政府组织在内的所有力量，才能有效控制粉尘的职业危害。这种全民参与行为本身说明职业健康教育工作开展需要一个庞大的社会支持网络。

2．组织建设层次分明 职业健康教育组织是在卫生行政部门指导下组建的，组织结构层次清晰、分工明确。职业健康教育领导小组是最高领导和决策部门，负责职业健康教育的宏观管理、协调各部门关系，制订职业健康教育发展规划和战略目标。职业健康教育工作组负责健康教育服务项目计划的实施。指导职业健康教育服务网络的日常工作，随时随地为目标人群提供健康服务。

四、职业健康教育干预的项目骨干培训

（一）干预人员培训的概念和原则

1．职业健康教育干预培训的概念 职业健康教育项目中的骨干人员培训，是对承担职业健康教育责任的工作人员进行专门化的知识教育和技能训练的过程，是干预项目顺利实施并取得成功的必要保障。即根据特定的职业健康教育项目目的、执行手段、教育策略和项目目的等其他要求，对项目相关人员所进行的人员培训。通过培训使骨干人员熟悉项目的管理程序，掌握相关知识和技能，学习职业健康教育干预的工作方法。

2．职业健康教育干预培训的原则 职业健康教育项目的目的和任务、培训对象特点决定了项目骨干人员培训的基本原则如下。

（1）目的明确：干预项目人员培训班应明确目标，突出主题，充分体现项目的目的和学员特点。一个培训班应围绕一个专题，内容精炼，方法灵活，学以致用，力求在较短的时间内达到较好的培

训效果。

（2）按需施教、学用结合：职业卫生骨干人员的培训方法要根据职业健康教育的需求和学员的特点来选定，强调采用参与式培训方法，调动学员学习的主观能动性。职业健康教育干预项目的人群培训为成人培训，在教学活动中，应是教师和学生共同完成教学活动。在职业健康教育培训中，“教”的目的在于促进学习，教的方法在于最大限度地引导和帮助学员学习。

（3）灵活应变：职业健康教育培训者要具有灵活应变的能力，在培训中善于采用各种教学手段，创造良好的教学气氛。在职业健康教育培训中，要收集学员的各种反馈信息和意见，灵活掌握职业健康教育培训的各个环节，对职业健康教育培训中遇到的新情况、新问题，要及时发现，并及时调整，以便更好地满足培训需求，达到职业健康教育培训的目的。

（二）职业健康教育干预培训的特点和内容

1．职业健康教育骨干培训人员的来源、特点 职业健康教育干预的骨干人员主要来自项目执行机构和相关业务部门，一般是有工作经验的成年人。职业健康教育培训的目的是为了开展某项健康教育工作，解决现实工作中可能存在的问题；职业健康教育培训人员的选定要根据干预计划的具体内容来确定，主要考虑人员的专业能力和数量。通常职业健康教育干预的骨干人员分两类，即项目管理人员和干预技术人员，这两类人员在项目中的角色不同。项目管理人员主要负责职业健康教育项目的组织、协调、支持、保障，使项目的各项干预活动能够顺利开展；干预技术人员的主要职责为具体实施项目干预，比如制作传播材料、开展人际交流、与媒体合作制作栏目 / 节目、组织社区活动等。

在大型职业健康教育项目的实施过程中，人员分工较细，各司其职，分工合作，不但要配备专职的职业健康教育人员，同时还要有许多兼职人员参与，有时甚至需要临时配置辅助人员。在小型项目中一般是职业健康教育项目干预人员身兼数职。职业健康教育培训内容应包括职业健康项目管理知识、专业知识和专业技能三个方面。

2．职业健康教育干预的培训内容

（1）职业健康教育项目管理人员的培训内容包括：①项目计划：即如何开展职业健康需求评估，并能根据评估结果、资源情况和项目要求制订职业健康教育项目计划、实施方案及效果评估等；②质量控制：包括质量控制的目的、内容和方法，能依据职业健康教育项目目标和各项干预活动的技术指标开展项目监测与质量控制；③人员管理：使学员能在项目管理中合理分配人力资源，并能运用领导艺术与激励理论等鼓励项目参与者努力工作；④财务与设备管理：使职业健康教育学员了解基本的财务管理和设备管理的知识和方法，包括经费的预算和审计、项目可用资源的合理分配等，并能合理应用；⑤项目评价与总结：包括项目评价指标与评价方法，使学员能组织实施项目评价，资料汇总，能完成职业健康教育项目的阶段性报告和最终报告。

（2）职业健康教育项目干预技术人员培训内容一般包括：①专业知识：根据职业健康教育干预项目的目的和干预内容确定专业知识的培训内容；②传播材料制作：包括职业健康教育信息需求评估方法、传播材料设计、制作流程和预试验等；③人际交流技巧：主要包括倾听、表达、提问、反馈等技巧；④人员培训方法：主要包括培训班组织、基本教学技巧、参与式培训方法等；⑤健康干预方法：主要包括职业健康教育干预活动可用到的各类干预方法的内容和应用技巧。

为了适应职业健康教育培训的性质、目的和内容的需要，职业健康教育培训工作要有培训计划、培训组织，并进行职业健康教育培训评价。

（三）职业健康教育干预培训计划的制订和组织实施[3]

1．制订培训计划 在职业健康教育培训开始前，培训工作负责人需全面了解项目人员构成及项目中需要完成的任务，评估各类职业健康培训人员的培训需求，在此基础上制订职业健康教育培训计划。通常职业健康教育培训计划的内容包括：培训目标、培训时间、地点、课程安排、师资、培训效果评价以及预算等。培训教师的授课计划应由各门课的授课教师准备，应包括教学目的、授课内容、教学时间和教学方法等。

2．培训组织必要的物质条件　是保障培训顺利进行的基础，如安静的学习环境、适宜的培训场地、恰当的作息安排和餐饮等。及时与培训教师沟通，掌握培训进度，密切联系学员，及时发现培训过程中存在的问题并解决，保障培训顺利完成，达到职业健康教育培训的效果。

3．培训方法的选择　职业健康教育项目培训师为了完成特定任务，针对有工作经验的成年人进行教育教学工作，因此，应用的培训方法与通常的学校教育不同，主要以参与式（participant）教学方法为主。参与式教学方法主要根据学员的经验进行，要求教师能够调动学员的积极性，鼓励学员积极参与教学讨论，分享工作和学习中的经验，使整个学习过程生动、不枯燥，便于学员理解和记忆，往往能达到较好的职业健康教育培训效果。常用的参与式教学方法如下。

（1）头脑风暴（brain storming）：教师一般不给学员任何准备的情况下提出问题，要求学员立刻做出反应，促使学员产生快速思考，像大脑中掠过“风暴”一样，有助于学员集中注意力；另外，学员大脑中率先反映出的问题更可能是固有的，没有经过“加工”的认识。

（2）角色扮演（role play）：由数个学员在课堂上表演一个与职业健康教育内容有关的情节，角色的语言可以事先设计，也可以根据内容即兴发挥。通过角色扮演，教师和学员可以观察扮演者对内容的理解。在表演结束后组织讨论，帮助大家更准确和深入理解培训的内容。

（3）小组讨论（group discussion）：把学员分成 6 ～ 8 人一组，每个小组分配一个题目（或者是讨论同一个题目），每个小组指定一个组长。要求小组长主持，小组成员针对题目开展讨论，在讨论结束后，小组长综合小组意见后向全班介绍讨论结果。这种方法有利于促进学员人人参与，有利于学员交流经验和教学相长。

（4）案例分析（case study）：教师提供或由学员收集一个实际例子，分析其决策，发生、发展的过程，从中发现问题，寻求适宜的解决问题的方法。这种方法既可以提高学员的主动性和分析能力，又适于学员交流经验。

4．职业健康教育培训工作的评价　评价是培训工作中重要的环节，主要目的是评价和检验培训的效果。培训评价主要包括以下几方面内容。

（1）培训效果评价：职业健康教育培训的目的是使受培训的人员能够胜任实际工作，因此，培训效果既包括培训完成时学员掌握培训知识和技能的情况，也包括学员在实际工作中将所学到的知识和技能应用到实际工作中的情况和所产生的结果。评价方法包括：培训前后问卷考核、教师评议、学员评议、操作技术考核、工作追踪等。

（2）培训教学评价：进行培训教学评价有助于总结教学经验，探索更适宜不同培训对象特点的教学方法。评价内容一般包括教师授课能力、教材适用性、培训内容适宜性、课程安排是否恰当，学员上课出勤率等。采用的评价方法主要有针对学员的问卷调查、学员小组座谈、培训组织者的评议等。

（3）培训组织评价：培训组织评价的内容包括职业健康教育培训的时间、作息时间、教学条件、生活条件等。培训组织评价一般在培训当时进行，如教师与学员问卷调查时，或组织教师和学员开座谈会时以及培训组织者评议时，目的是了解教师与学员对培训组织的满意程度。

五、职业健康教育材料的发放与使用

职业健康教育传播材料是职业健康教育干预实施的坚实物质基础。在职业健康教育干预中关键性的工作之一就是如何选用合适的传播材料和选择有效的传播渠道。

（一）职业健康教育传播材料的发放

在职业健康教育传播材料的发放中，如何选择职业健康教育传播的渠道是最重要的问题之一。要保证传播材料的可得性和可接受性，避免信息失真，只有通过选择正确的传播渠道才得以实现。同时还要避免传播材料制而不发、发而不用和不考虑教育对象特点而乱发的浪费现象。传播材料的发放应做到如下三个方面。

1．培训发放人员 使其了解这些职业健康教育传播材料的内容、发放及使用方法、注意事项、意义及作用，及适用的目标人群等。

2．有计划地发放传播材料 要有准备、有计划地进行传播材料的发放，并且认真监督职业健康教育材料发放及使用情况，从而保证其使用效果，并为职业健康教育传播材料的进一步修改完善提供反馈意见。

3．做好传播材料的保管和再利用 目的是最大限度地发挥传播材料的作用。

（二）职业健康教育传播材料的使用

在职业健康教育活动中，适当地使用健康教育传播材料，有助于吸引目标人群的注意，提高职业健康教育目标人群对传播的知识理解和记忆；可以帮助传播者准确、完整地在不同场合向不同目标人群提供标准化信息，从而保证职业健康教育的效果；更有助于解释抽象或敏感性问题，以及目标人群学习和掌握某些操作技能，比如粉尘作业工人佩戴防尘口罩、穿防护服等。

根据职业健康教育对象的不同，职业健康教育材料可以分为如下几种。

1．面向个体的材料 使用发放给个人或家庭的材料，一般需要对材料的使用方法给予具体指导。发放给个人和家庭的材料主要包括图片、小册子、折页、健康教育处方材料。除了上述材料外，还要增加职业危害防护的处方。具体指导方法包括如下内容：①说明学习和使用材料的重要性，引起目标人群的重视；②指出材料中的重点内容，引导职业健康人群加强学习和记忆材料的方法；③介绍具体的操作和使用方法，使目标人群能够遵循有关步骤自行操作；④随访传播材料的使用和保管情况，必要时再次给予辅导。

2．面向群体材料的使用 在组织职业健康教育培训、小组讨论或专题讲座时，常常利用幻灯、挂图、模型等辅助性教材。在使用这些辅助性材料的时候应遵循以下规则：①辅助材料放置位置与观众之间应该距离适当，使观众看得见、看得清；②讲解人员应面向观众，避免挡住部分观众的视线，并且边讲解边指示；③要有计划地提出问题，预留时间让大家提问，对大家不清楚的地方需要进一步解释；④ 活动结束前要总结指导方法的要点，使观众加强印象。

3．面向大众材料的使用 在公共场所或工作场所张贴的宣传画、卫生报刊、布置的宣传栏等均为面向大众的材料。应用时的注意事项如下：①在目标人群经常经过且易停留观看的地方布置；②相同的传播材料不宜留置过久，应定期更换，以便让读者保持新鲜感；③所挂贴的高度应参照成人看阅时不必过于仰头；④注意定期维护和保管，发现有损坏者应及时修补或更换。

六、职业健康教育干预的质量控制

（一）职业健康教育干预过程质量控制概念

职业健康教育干预过程的质量控制与职业健康教育干预实施相伴而行，它是职业健康教育干预实施的技术保障，能够了解干预计划实施的运行过程和结果，并及时发现和妥善解决实施工作中存在的问题，是保障职业健康教育计划干预过程顺利进行和取得计划预期效果的重要环节。其核心任务是使干预活动按照计划要求的进度和质量运行，让项目始终向着目标实现的方向前进。

在实施职业健康教育干预活动时，通常各项活动安排先按照时间先后顺序进行，并确定实施各项活动的具体质量要求及负责质量的承担者。只有各项职业健康教育干预活动能够达到预定的质量要求，才能保证预期的结果产生，即产生理想的干预效果。质量控制通常是和干预活动的实施相伴随的，主要体现在干预活动开始前技术、资源的保证，干预活动是否按质量要求进行，以及干预活动实施后活动进展及资源消耗的回顾分析三方面。实施项目质量控制的必要保障是质量控制体系的建立。

建立质量控制体系既包括实施质量控制的人员和人员结构，也包括实现质量控制的方法和运作制度。

职业健康教育干预的质量控制一般采用双向信息流通和阶段性质量检查相结合的机制。自上而下的质量控制主要包括发布质量标准，明确考核要求，建立定期逐级上报项目监测数据和定期反馈的制度，保证质量控制有据可依，有章可循。自下而上的质量控制是指干预活动的组织者能够按照质量标准组织实施干预活动，并及时收集体现各项干预活动质量的第一手资料，汇总后逐级上报，及时发现问题、提出问题。阶段性质量控制是指一些阶段性的评估、考核，一般可由项目内部管理者和实施者联合进行，也可聘请项目以外的独立评估专家进行。例如可以采用项目的季度考核、年度考核、中期评估和终末评估等。

（二）职业健康教育干预质量控制的内容

质量控制的内容主要是了解各项活动是否在预定时间进行的工作进程监测；实际开展的活动内容、数量是否与计划要求的活动内容、数量一致的监测；监测实施人员工作状况、目标人群参与状况、相关部门的配合状况等的监测；项目活动的知识、态度、行为及影响因素有效性效果的监测；监测实际开支与预算符合程度的经费开支的监测等。

1．监测工作进度　反映项目质量的一个方面是干预活动是否按时间进度表进行。符合质量要求的干预项目能够严格执行进度表上的进程，保障按时完成干预活动及整个项目。如遇特殊情况需要调整干预活动的时间安排，需要与项目管理者沟通，做出统一部署，以免对其他干预活动或整个进程造成不良影响。

2．监测干预活动质量　各项干预活动都有特定的质量要求。例如发放职业健康教育干预手册覆盖率要达到职业危害人群的 90%；组织 5 期讲座，使 85% 的工人参与；培训内容主要是职业病及工作有关疾病。监测干预活动的质量主要是评价各项干预活动是否与计划活动的内容一致，并达到了预期数量，覆盖了预期的职业人群，一般可用数量、干预活动暴露率、媒体覆盖率、有效指数等指标表示。若发现干预活动质量不能达到要求，并影响项目目标实现时，要考虑干预活动的重复进行和调整。

在多部门合作的项目中，对其他部门的干预活动也要进行质量监测，例如广播节目的播出时间、内容、次数等，若发现问题及时与合作伙伴协商解决。

3．监测项目工作人员的能力　项目工作人员的能力将直接影响项目工作的顺利开展及干预活动的进行。监测工作人员能力主要考查其是否按计划接受了培训；培训后知识和技术的运用情况；是否有新问题出现，进行再培训的必要性；并提出工作人员调整的建议。

4．评估阶段性效果　干预活动进行到一定阶段进行阶段性评价，有助于总结经验，及时纠正错误，确保项目目标的最终实现。在阶段性效果评估中通常会对以下内容进行考核：工人职业健康知识、态度、信念、健康相关行为等。

5．经费使用监测　主要从两方面监测使用经费，一是审计活动的实际开支与预算的符合程度；二是分析经费开支与预算之间出现差距的原因。尽管我们希望尽可能少花钱，多办事，但在预算合理的情况下，经费使用也是反映干预活动质量的一个重要指标。若支出明显低于进度要求，可反映干预活动没有按时或按质量要求进行。此外，若支出远远超过进度，可反映干预活动中有没预计到的问题出现，提示需要调整活动，否则可能出现项目后期因经费短缺而无法完成其余的活动，导致项目无法实现预期目的。

（三）质量控制的方法[4]

质量控制方法包括：记录与报告制度，即各分项目负责人要做好实施记录；现场考查和参与的方法；监测财务经费的管理和使用的项目审计方法；定量、半定量及定性抽样方法等。

1．记录与报告　在职业健康教育项目中，如实记录干预活动和其他工作是项目实施中的一项重要任务，主要目的是提供项目干预实施的基本数据，真实反映干预实施质量，并通过这些资料数据的显示，揭示干预中存在的问题，为项目活动的调整提供依据。

干预活动记录由干预活动的具体组织者进行。记录内容包括干预活动的时间、地点、参与者、内容、现场实施情况等。例如记录职业健康教育培训参加人数、培训时间、培训内容、培训现场情况、工作人员情况等。

各项干预活动的基础资料要定期上报实施干预的负责人、项目管理者，从而项目管理者能够及时掌握项目动向、监控实施质量，并根据上述资料进行决策。报告制度根据项目规模、周期等确定。一般规模大，多合作伙伴的项目报告制度更严格。

2．定期召集例会　例会制度是质量控制的另一种常用方法，一般与记录、报告结合使用。召集例会，主要是各部门汇报项目进展和质量，管理者提出阶段目标和要求，可以使各级项目实施人员、管理人员面对面交流沟通，集中研究、解决问题，提高工作效率。

3．现场督导　现场督导可纳入实施活动时间表，有计划地实施；也可不定期进行，以便更真实地暴露问题、分析问题和解决问题。

4．审计财务方面的质量控制　主要是采用审计的方式进行。通过审计，发现各项活动经费是否有效使用，财政支出是否存在不合理的现象，从财务方面反映干预实施的质量，及时发现问题，为进一步决策提供依据。审计依据项目的规模来确定。一般而言，大型项目的经费开支审计复杂，可包括分项目审计、阶段性审计和总体审计。

在审计中，如果发现事先没有预料到的开支，而这些开支又是合理和必需的，要根据实际情况调整项目活动，并调整预算和争取经费补充不足，保障项目目标的最终实现。

5．专项调查　专项调查是为特定目的进行的资料收集和调查研究。在职业健康教育干预质量控制中，反映干预质量的资料可通过专项调查收集，如可以收集干预活动数量、受益者人数、工作人员能力、阶段性效果等资料。在专项调查中资料收集方法，包括定量调查、半定量调查和定性调查。

（1）定量调查：定量调查需要采用抽样调查方法用样本推断总体，因此要保证有足够的样本量，需要耗费较多的人力、物力和时间，不适宜频繁进行，一般适用于基线调查和终末效果评价，对于周期长的项目，也可以用中期效果评价；在定量调查成本低、容易进行时，采用年度调查可以获取连续的监测资料，能更客观真实地反映项目干预质量。

定量调查一般采用结构式问卷进行，包括访谈式问卷调查、自填式问卷调查、电话调查和信函调查等。

（2）半定量调查：半定量调查是介于定量调查和定性调查之间的调查研究方法，在一定程度上可以用数据表达问题，但是不能获取定量调查所能得到的完整量化资料。

批量保证抽样方法是半定量调查常用的一种调查方法，具有抽取样本量少、节约资源的优点。它的基本原理是在已经确定某职业健康行为发生率达到标准的情况下，将不同企业或车间看作是不同的批次，根据分级监督抽样样本确定表获得需要调查的职工人数，并抽取这些职工进行调查。如果被调查的煤矿接尘工人全部佩戴防尘口罩，即阴性接尘工人数 d=0，则说明煤矿接尘工人的防尘口罩佩戴率为 100%。批量保证抽样方法的原理显示，该方法比较适用于职业健康教育项目的质量监测与评价。

（3）定性调查：定性调查研究方法侧重定量调查不易了解的问题，或不需要获得确切数据的问题，具体方法包括参与式快速评估、深入访谈、小组讨论、观察等。通过定性研究可以了解现场背景、干预活动的进行过程、目标人群满意程度、完善建议等。通过这些信息可以单独界定干预活动的质量，也可以和定量或半定量调查结果结合运用，揭示定量资料的形成原因，也是项目质量控制中常用的方法。

（范红敏）

参考文献

[1] 马骁．健康教育学［M］．北京：人民卫生出版社，2012：156-157．

[2] 郭素娟．预防煤矿接尘工人高血压的健康教育效果评价［M］．河北联合大学硕士学位论文．2012：15-40．

[3] Michael P. O’Donnell．Health Promotion in the Workplace Fourth Edition［M］．Inc.，Troy，Michigom，2014．

[4] 谭红专．现代流行病学．2 版［M］．北京：人民卫生出版社，2008：121-135．

第七章

职业健康促进效果评价

第一节　职业健康促进评价概述

一、健康促进评价的定义

健康促进评价是一个系统收集、分析、表达资料的过程，旨在确定社会政策或项目的价值，帮助决策的过程。可为健康教育计划的进一步实施和以后的项目决策提供依据。通过对健康促进计划的评价，我们可以进一步了解其干预效果，同时也可以通过全程跟踪式评价，对整个计划进行质量监测和控制，最大限度保证实施计划的科学性和先进性[1,3-7]。

健康促进评价贯穿于项目的始终，全程监控计划的实施和效果。评价分为三个阶段：①立项与计划阶段，此阶段为形成评价的阶段，对健康促进干预计划进行前期评价，确定项目的先进性与合理性；②执行阶段，此阶段为过程评价，即对项目进行检测，确保范围、质量、进度、费用等符合计划要求；③评价阶段，为效果评价，即确定项目达到预期目标的程度，剔除混杂因素，说明项目绩效以及社会效益[8-10]。

二、健康促进评价的性质

（一）评价是管理的重要组成部分，贯穿于健康教育的始终

健康促进评价可以有效判定该干预过程实施效果，是否能达到预期目标。同时，在干预项目的计划设计和实施过程中，评价还可以监测项目的可行性和科学性，把控项目的实施质量，及时对不合理的细节做出调整。

（二）评价的基本原理是比较

评价即是通过在干预项目的各个阶段进行比较，如在实施过程中客观条件与预期目标之间的比较，得出项目的实施效果和应用价值，进而根据实际情况调整计划，以便干预计划能取得更好的效果。

（三）确定评价标准是评价的前提

评价是对某一特定的目标与一个可以接受的标准进行比较。评价标准是评价者价值取向的一种体现，而这种价值体现可以是公众认可的，可以是根据实际情况制订的，也可以是成功事实（先例）。

（四）测量是评价的重要手段，而准确的信息是评价成功的保障

测量是指用一定的标准和工具，按一定的方法去获得反映客观事物某种状态或特征的信息。通过正确的测量手段，对应用指标进行定性、定量测量，才能得到准确的评价结论[1,3-4,10-15]。

三、健康促进评价的目的

1. 确定计划的先进性与合理性。

2. 确定计划的执行情况，包括干预活动的数量与质量，以确定该项干预是否适合目标人群，以及各项活动是否能达到预期目标。

3. 确定项目达到预期目标的程度，判断实施计划的可行性和持续性。

4. 判断项目中是否存在混杂因素以及混杂因素的影响程度。

5. 向公众和投资者说明项目效果，扩大项目的影响范围，争取获得广泛人群以及整个社会的支持和配合。

6. 总结经验，明确改进方向。

四、健康促进评价的意义

1. 评价是健康教育项目是否能取得成功的关键，是重要保障。在制订健康促进计划的过程中，需要事先评估该项目的必要性和可行性。要充分考虑到该项目是否适合目标人群，有限的资源能否满足项目的实施；在计划执行阶段，要及时对项目的执行情况进行检测和评价，保证计划执行的质量和进度，并且可根据实际情况及时调整干预计划和实施细节。

2. 评价可以科学地说明健康促进活动的价值。健康促进和健康教育旨在通过有目的性的干预改变人们的健康相关行为，从而全面提高职业人群的健康状况。然而很多项目在实施过程中都会存在很多的干扰因素，妨碍项目的顺利实施甚至是影响干预效果，因此评价该项目对提高目标人群健康水平的效果可以客观说明该项目的价值，同时也可为后续的健康促进计划提供参考和理论依据。

3. 评价是改善计划的手段。计划是健康教育项目实施过程中的行动纲领，需要通过及时的评价来修正和完善，使计划更适合目标人群特点和需要。评价可以为决策者提供对项目进行科学管理的依据。

4. 评价结果可以科学地向公众、社区阐述项目效果，扩大项目影响，争取更广泛的支持。

5. 评价可以提高健康教育专业人员的理论与实践水平。通过对项目效果的评价，可使项目的计划和实施人员在活动过程中发现自身的不足，可以更好地将理论与实践结合起来。在实践中丰富理论知识，完善健康教育项目。

第二节　职业健康促进评价的种类和内容

职业人群作为社会群体，面临着与一般人群相同的公共卫生问题，而同时作为某一特定的职业

群体，又面临着诸如化学性、物理性、生物性的职业危害因素，以及职业性心理紧张等因素的威胁，故职业人群面临着双重的健康问题。同样，职业健康教育和健康促进也应包括与职业卫生有关的健康教育和与一般生活习惯有关的健康教育。职业场所的健康促进包涵了很多方面，如企业管理政策、支持性环境、职工参与、健康教育、卫生服务等方面[16]。不仅要对个体员工实施健康教育使之改变行为和生活方式，更要注重增进和改善作业场所的自然和社会环境，注重对影响职业人群健康的企业管理者和在公共事务中起决定作用的管理人员开展的健康促进干预活动[3,9,17]。通过对管理人员的健康教育，使之带动广大的职业人群共同完善健康相关行为，以促进健康。

职业人群健康的决定因素复杂多样，因此职业人群的健康促进难度大、周期长、见效慢。在制订职业健康促进规划时应注意以下三点：第一，符合健康促进定义；第二，涵盖健康促进领域；第三，规范健康促进步骤[1,3]。

健康促进的基本步骤包括：①社区需求的评估，即格林模式中生活诊断和流行病诊断；②确定优先项目，格林模式中的行为和环境诊断；③确定总体目标和具体目标，格林模式中教育学和生态学诊断；④制订干预策略，格林模式中的管理和政策诊断；⑤实施，即执行 / 过程评价；⑥近期、中期、远期效果评价[1,3-4,8]。目前国际上较为流行的工作场所健康促进的规划、实施、评价模式见表 7-1。

表 7-1 国际上流行的工作场所健康促进的规划、实施、评价模式

阶段分类	要点	主要工作内容	阶段目标和特点
第一阶段	启动	开发	改变领导和管理阶层的观念
		承诺	获得有效的支持
		组织机构建设	建立“松散型”工作小组
			建立管理者与联络员
		发现并激励	发现并激励基层积极分子
		关键人员	建立志愿者队伍
第二阶段	需求评估	评估职工的实际需求	从需求中评估出真正需求
		评估管理层的实际需求	决定管理者的期望
		评估工作机构的文化	决定优先项目
		评估环境因素	对上述因素进行分析
		评估场所管理因素	需求与社会规范相结合
第三阶段	制订行动计划	组织建设	建立体现多部门合作机制
		对决策层提供建议	审查并完善健全政策制度系统
		培训与教育	发现并鼓励机构和人员潜在能力
		改善环境	作业环境的治理、文化环境的改善
		提供支持性服务	体现平等原则
第四阶段	实施	提供信息及增强意识	知信行评分（KABP）的提高
		提供综合的健康教育	全方位控制危险因素
		提供环境支持	营造健康的作业环境
		权力授予	职工的高参与率
第五阶段	评估监测	过程评价	各种危险因素监测
		近中期效果评价	

一、职业健康促进评价程序

进行职业健康促进评价工作，首先应成立领导和工作协调机构，制订详细可行的实施方案和评价指标，并有充足的人力、物力和财力做保证，具体实施可参考下列程序[3,7]。

（一）成立领导小组、工作小组和质量控制小组

领导小组应由有关部门包括卫生行政部门、安全生产监督管理部门、职业健康促进实施单位（如职业病防治机构）、健康教育机构、企业领导、工会负责人等组成。主要的任务包括协调解决出现的各种问题，指导和监督健康促进工作的开展，确保促进工作的顺利实施。工作小组成员包括职业健康促进实施单位、健康教育机构、企业等相关技术人员以及职工代表等，具体任务包括从技术层面制订职业健康促进实施方案和计划，在领导小组的指导下具体负责职业健康促进实施并定期向领导小组汇报。整个实施过程由质量控制小组负责监督和质量把关，质量控制小组的人员可由相关领域内的专家担任。

（二）制订职业健康促进方案和计划

工作小组首先对目标人群进行初步的调查，了解目标人群知识水平和行为能力情况，评估存在的主要健康问题和需求。结合职业健康的短期目标和长期目标以及实际情况制订科学可行的健康促进方案和计划，并且方案和计划应请领导小组和质量监控小组的成员审核，并在目标人群中进行预测试，根据预测试的结果进一步调整实施方案和计划，检验各调查表的信度和效度，检测各仪器的精密度和准确性，提高工作人员的调查经验和工作能力等。促进方案和计划不是一成不变的，可在实施过程中根据实际情况作适当的调整。

（三）基线调查和需求评估

成立相关的协调机构，建立促进方案和计划后，对目标人群和促进场所进行详细的基线调查和需求评估，主要内容包括目标人群的健康状况、生活方式、相关知识的知晓水平、现场职业病危害因素、企业的组织管理方式、劳动者的作业方式、职业卫生技术服务的水平和覆盖率等。尤其需要注意的是，在基线调查过程中主要应充分科学地利用统计抽样和调查方法，以期获得详实可靠的基础数据和真实需求，提高后续干预和促进措施的针对性。

（四）干预和健康促进的实施

职业健康促进是多方面、多部门联合协作的项目，需要各有关部门支持、参与、齐心协力、各负其责才能顺利完成。通过对政策制定者、企业管理人员和技术人员以及劳动者的健康教育、作业场所环境改善和防护水平提高三级预防方法、政策制定等健康保护方法对职业人群进行干预。由于整个项目是系统动态工程，即使到了实施阶段，方案设计也未必趋于完善，因此需及时反馈信息并对方案和计划进行必要的校正。

（五）检测与评价

健康促进项目实施的时间和方式各异，在整个实施的过程中应根据不同的阶段实施严格的检测和评价。评价的意义包括：①评价是健康促进/健康教育计划取得成功的必要保障；②评价可以科学地说明健康促进/健康教育计划的价值；③评价是一种改善计划，为决策者提供决策依据的管理工具；④评价结果可以科学地向公众、社区阐述项目效果，扩大项目影响，争取更广泛的支持；⑤评价可以提高健康教育专业人员的理论与实践水平。

（六）质量控制

职业健康促进实施应严格对其质量进行监控。具体的内容包括选用客观科学的评价指标、对调查员进行培训和考核、提高调查技巧和技术、并设置质量监督员、实时记录和监控项目的开展情况、职

业病危害因素的检测，及目标人群的职业健康检查均按国家相关标准进行。对调查问卷、检测资料和医学诊断要及时整理，并进行逻辑性检验。发病情况（如门诊，住院）、死亡情况等均需正式的医疗文件复本（门诊记录、出院小结、死亡证明等）作为凭证。资料的整理过程应注重采用正确的统计方法等。

二、职业健康促进评价的种类

对于职业健康促进的评价，可根据内容、指标和研究方法的不同，分为以下几种[1,3]。

（一）形成评价（formative evaluation）

形成评价是对项目计划进行的评价活动，是一个完善项目计划，避免工作失误的过程，包括评价计划设计阶段进行的目标人群选择、策略确定、方法设计等，其目的在于使计划符合实际情况。健康促进评价是为保证计划的科学性与合理性而进行的评价，是一个为健康教育 / 健康促进计划设计和发展提供信息的过程，使计划在实施开始之前就具有最大的成功机会。在计划执行过程中及时获得反馈信息，纠正偏差，进一步保障计划的成功也属于形成评价的范畴。

1．形成评价的内容

（1）对健康问题的定位是否准确。

（2）对行为问题及其影响因素的分析是否合理，是否在最初的计划执行阶段根据出现的新情况，新问题对计划做有针对性的调整，以适应实际情况。

（3）对环境、政策情况和活动的可行性是否了解，如目标人群的文化程度、媒体的可及性、测量工具是否经过检验以及传播材料发放系统等。

（4）资源与目标、干预活动是否匹配。

（5）干预活动是否符合目标人群的特点，如卫生保健知识水平、态度、健康相关行为、健康状况、对健康教育活动的可及性。

2．形成评价的方法

在形成评价中，有多种技术可作为评价方法，举例如下。

（1）计划书引用的文献、资料、数据。

（2）向有既往工作经验的专家进行咨询。

（3）专题小组讨论，专家进行现场考察，进行专题小组访谈、目标人群调查等。形成评价的执行者为第三方。

（4）对目标人群进行调查和试点研究。形成评价的指标一般包括计划的科学性、政策的支持性、技术上的适宜性、目标人群对策略和活动的接受程度等。

形成评价并不是健康促进干预活动成功的唯一保障，却是健康教育项目中十分重要的环节，它能评估计划目标是否明确合理，指标是否恰当，资源的种类和数量、资料收集方法是否可行等。总之，形成评价能有效降低项目的失败风险，增加成功的机会，为项目的顺利实施奠定基础。

（二）过程评价（process evaluation）

过程评价起始于健康教育 / 健康促进计划实施开始之时，贯穿计划实施的全过程，目的在于监督和保障计划实施的进度和质量，从而促进计划目标成功实现。完善的过程评价资料可以为解释健康教育 / 健康促进的结果提供更丰富的信息。在进行过程评价的时候，要着重考虑评价内容与干预活动的内容、进度、预算是否相对应。

1．过程评价的内容

（1）针对个体评价的内容：包括哪些个体参与了健康教育项目？在项目中运用了哪些干预策略

和活动？这些活动是否按计划进行？计划是否做过调整？为什么调整？具体是如何调整的？目标人群对干预活动的反应如何？项目资源的消耗情况是否与预期的一致？如果不一致，原因是什么？

（2）针对组织的评价内容：包括项目涉及了哪些组织？各组织之间是如何建立沟通的？他们参与项目的程度和决策力量如何？是否需要对参与的组织进行调整？该如何调整？是否建立了完整的信息反馈机制？项目档案和资料的完整性、准确性如何？

（3）针对政策和环境的评价内容：包括项目涉及哪一级政府？具体与政府的哪些部门有关？在项目执行过程中有无政策环境方面的变化？这些变化对项目有什么样的影响？在项目进展方面是否与决策层保持良好的沟通？项目是否按计划的进度、数量、质量以及资源消耗在执行？

2．过程评价的方法 过程评价方法可以分为查阅档案资料、目标人群调查和现场观察三类。例如项目活动进度、目标人群参与情况、费用使用情况可以通过查阅档案资料来获得。目标人群的参与情况和满意程度可以通过对目标人群的定性和定量调查获得；而干预活动的执行情况、目标人群的参与情况和满意度也可以通过现场观察来获得。

（1）过程评价资料收集：①项目活动记录、档案；②目标人群定性、定量调查；③项目工作者访谈、讨论、会议；④直接观察；⑤开通网络、电信反馈通道。

（2）在过程评价中，数据 / 资料的使用：①对各种渠道收集的数据 / 资料进行汇总、分析；②比较数据 / 资料分析结果与计划（实施方案），看二者是否存在差距；③无差距，各项活动符合要求或超过计划要求，无须调整项目计划，继续执行；④有差距，但差距不大，可以接受，不需要进行补救，继续后续活动；⑤差距大，肯定或极大可能会影响结果，不可以接受，需要采取应对措施；⑥以会议纪要（或月度、季度报告）的形式向上级报告和在项目团队内通报。

3．过程评价常用指标[18-24]

（1）项目活动执行率

$$项目活动执行率=\frac{某时段已执行项目活动数}{某时段应执行项目活动数}\times 100\%$$

（2）干预活动覆盖率

$$干预活动覆盖率=\frac{参与某种干预活动的人数}{目标人群总人数}\times 100\%$$

（3）干预活动暴露率

$$干预活动暴露率=\frac{实际参与项目干预活动人数}{应参与该干预活动的人数}\times 100\%$$

（4）有效指数（effectiveness index，EI）：

$$有效指数（EI）=\frac{干预活动暴露率}{预期达到的参与百分比}$$

在计算每项干预活动的有效指数的基础上，还可以求出项目的总有效指数（program effectiveness index，PEI），即各项干预活动有效指数的算术平均数。

$$\mathrm{PEI}=\sum_{i=1}^{n}(E)_i / \mathrm{n}$$

（5）目标人群满意度：包括①对干预活动内容的满意度，如培训内容是否符合自己的需要，干预活动是否对自身及职业人群健康的改善有帮助；②对干预活动组织部门的满意度，如干预活动在时间上的安排是否方便目标人群的参与，服务设施是否充足，材料的内容与目标人群的文化程度是否适合，材料的发放途径是否合适，服务价格是否合理；③对干预活动形式的满意度，包括对已执行的活动形式的满意程度，对未来活动的建议；④对组织活动内人际关系的满意程度，如对项目工作人员服务态度的满意度，与其他参与者相处的满意度，参与干预活动时的愉悦度等。

（6）资源使用进度指标

1）活动费用使用率

$$活动费用使用率=\frac{某项干预活动的实际费用}{该项干预活动的预算费用}\times 100\%$$

2）年度费用使用率

$$年度费用使用率=\frac{某年度项目活动实际费用}{该年度项目活动预算费用}\times 100\%$$

3）费用进度比　费用进度比指的是项目实施到一定阶段时（如半年、一年），费用使用情况与项目活动执行情况的比较。

$$年度费用进度比=\frac{年度费用使用率}{年度活动执行率}$$

质量控制在过程评价中是一个重要内容，可保证评价的准确性。质量控制包括内部质量控制（internal quality control）和外部质量控制（external quality control）。内部质量控制主要依赖于项目工作人员在活动执行过程中能否准确记录项目活动的进行情况，有无操作性评价指标以及能否严格把握指标在评价中的应用。外部质量控制一般由项目以外的、有项目评价经验的专业人员或专家小组进行审查，以便能从多角度综合对项目的实施情况进行评价。

（三）效应评价（impact evaluation）

效应评价是对健康教育/健康促进计划实施后所导致的目标人群健康相关行为及其影响因素（倾向因素、促成因素、强化因素）变化的评价，与健康结局相比，健康相关行为的影响因素及行为本身较早发生改变，又称近期和中期效果评价。在健康促进干预项目进行效应评价时，应着重考虑与项目目标的对应性，即教育目标、行为目标和健康目标。

1．效应评价的内容

（1）倾向因素：该内容要考虑的是在项目执行前后，目标人群的基本卫生保健知识水平、健康价值观、对健康相关行为的态度、对疾病易感性和严重性的信念、采纳促进健康行为的动机、行为意向，及自我效能等因素发生了哪些变化。

（2）促成因素：健康促进计划能否顺利进行并取得预期效果受很多因素的影响，在进行效应评价时要了解目标人群实现促进健康行为所需要的个人保健技能、环境条件、卫生保健资源、服务、技术等方面的变化。

（3）强化因素：是指与目标人群关系密切的人、公众等对目标人群采纳促进健康行为的支持程度、个人感受等方面在项目前后的变化，如同伴的评价、家人的理解、社会道德、公众舆论等。

（4）健康相关行为：项目实施后在目标人群中产生了什么样的作用，他们的健康相关行为发生了怎样的变化，以及各种变化在人群中的分布如何。

2．效应评价的方法

（1）定性研究法：个别访谈、专题小组讨论、观察。

（2）定量研究法：问卷调查、标准量表的使用、仪器设备的使用。

（3）利用现有资料和数据进行计算，如孕产妇死亡率、住院分娩率。

（4）对通过专项调查获得的资料和数据进行计算。

3．效应评价常用指标

（1）卫生知识均分

$$卫生知识均分 = \frac{受调查者知识得分之和}{被调查者总人数}$$

（2）卫生知识合格率

$$卫生知识合格率 = \frac{卫生知识达到合格标准人数}{被调查者总人数} \times 100\%$$

（3）卫生知识知晓率（正确率）

$$卫生知识知晓率（正确率）= \frac{知晓（正确回答）某卫生知识的人数}{被调查者总人数} \times 100\%$$

$$卫生知识总知晓率（正确率）= \frac{被调查者共知晓（正确回答）卫生知识题数}{被调查者人数 \times 每人回答题数} \times 100\%$$

（4）态度（信念）流行率（持有率）

$$信念持有率 = \frac{持有某种信念的人数}{被调查者总人数} \times 100\%$$

（5）行为流行率

$$行为流行率 = \frac{有特定行为的人数}{被调查者总人数} \times 100\%$$

（6）行为改变率

$$行为改变率 = \frac{在一定时期内改变某特定行为的人数}{观察期开始时有该行为的人数} \times 100\%$$

（7）环境、服务、条件、公众舆论等方面的改变，如安全饮用水普及率

$$安全饮用水普及率 = \frac{某地使用安全饮用水户数}{当地总户数} \times 100\%$$

（四）结局评价（outcome evaluation）

结局评价是对健康教育 / 健康促进项目实施后导致的人群健康状况乃至生活质量的改变进行的评价，对于不同的健康问题，从行为改变到出现健康状况改善所需的时间长短不一，此差异受多种因素影响，如个体接受能力、项目实施情况等，但所有健康状况的改善都应出现在行为改变之后，因此结局评价又称远期效果评价。

1．结局评价的内容

（1）健康状况：健康状况有无改善是评价干预最直观的方法。

（2）生活质量：通过对目标人群进行健康促进而改善人们的生活质量是健康促进的最终目标，因此，衡量干预活动的效果与价值可通过观察目标人群的生活质量有无提高。

2．结局评价的指标

（1）健康指标

1）生理健康指标：生理健康如身高、体重、血压、体重指数、血红蛋白等生理指标在干预后的变化。

2）心理健康指标：如人格、情绪、智力等方面的变化。

3）疾病与死亡指标：如某种疾病的发病率、患病率、伤残率、死亡率、婴儿死亡率、孕产妇死

亡率、减寿人年数（PYLL）、期望寿命等在实施健康促进干预项目后的改变。

$$两周患病率 = \frac{两周患病人次数}{被调查人数} \times 1000‰$$

$$慢性病患病率 = \frac{慢性病患病例数}{被调查人数} \times 100\%$$

（2）生活质量指标

1）生活质量指数（physical quality of life index，PQLI）

$$PQLI= \frac{婴儿死亡率指数 + 1岁平均寿命指数 + 识字率指数}{3}$$

其中，婴儿死亡率指数 =（229 －婴儿死亡率）/ 2.22

1 岁平均寿命指数 =（1 岁平均寿命－ 38）/ 0.39

识字率指数 = 识字率 ×100%

2）美国社会健康协会（american social health association，ASHA）指数

$$ASHA= \frac{就业率 \times 识字率 \times 平均寿命/70 \times 人均国民生产总值增长率}{人口出生率 \times 婴儿死亡率}$$

3）日常生活能力量表（activities of daily life，ADL）

4）生活满意度指数（life satisfaction index，LSI）。

对于健康促进 / 健康教育干预项目而言，评价指标体系的内容更为广泛，除了上述指标外，还可以从以下几个方面进行评价：①社区行动与影响：如社区参与程度、人群卫生知识知晓率、社区能力发展程度、社会规范和公众舆论；②健康政策：政策条文、法律法规等的出台，财政资源配置情况等；③环境条件：如卫生服务提供情况、卫生设施、自然环境条件等。

（五）总结评价（summative evaluation）

总结评价是指形成评价、过程评价、效应评价和结局评价的综合以及对各方面资料做出总结性的概括，它能全面反映健康教育项目的成功之处和不足，为今后项目计划的制订和决策提供依据。

健康教育 / 健康促进计划评价的种类与内容可通过表 7-2 来表示。

表 7-2　健康教育 / 健康促进评价的种类与内容

	项目设计阶段	项目实施阶段	评价阶段			
			中间目的	行为改变	健康状况	生活质量
评价内容	计划设计的合理性	计划实施情况	健康相关行为的影响因素（倾向因素、促成因素、强化因素）	健康相关行为	健康状况	生活质量
评价指标	科学性 适宜性 可接受性	干预活动次数 参加人数 干预活动暴露率有效指标	知识知晓率 信念流行率 资源分配 社会支持	行为流行率 行为改变率	生理指标 疾病指标 死亡指标	PQLI 生活满意度
评价种类	形成评价	过程评价	效应评价（中间目的、行为改变）		结局评价（健康状况、生活质量）	
				总结评价（效应评价、结局评价）		

三、近期、中期和远期的效果评价

（一）近期与中期效果评价[20-21,23]

近期效果着重评价影响行为的倾向因素、促进因素和强化因素的改变情况，倾向因素包括知识、态度、价值观等变化；促成因素包括政策、法规、服务可及性、技能等方面的改变；强化因素包括同伴观点、公众舆论、自身感受等变化。

中期效果主要评价行为和生活方式的改变、常见病、多发病的控制以及作业环境改善等，例如：①企业领导和工人对所接触的职业危害认知程度，包括职业卫生知识，尤其是如何防护的知识水平的提高；②企业领导和工人预防职业危害的行为改变，包括企业改善环境的经费投入、技术改造项目的多少以及工人参与环境改善的程度、防护用具使用率及正确使用率等；③企业大环境卫生状况的改善情况；④作业点有害因素的浓度或强度的变化，符合国家卫生标准的比例等，这需要定时定点按国家职业卫生标准进行检测；⑤有害作业点环境监测覆盖率；⑥有害作业工人职业健康检查覆盖率；⑦职工患病诊治率（包括职业病和工伤）；⑧职工一般疾病发病率的下降比例；⑨职工因伤病缺勤工时下降比例；⑩职业病发病率下降比例等。

（二）远期或结局评价

实施职业健康促进的最终目的是行为、环境、服务和管理的全面改善，以促进劳动者的身心健康，提高职业生命质量，推动经济社会的和谐发展。远期效果着眼于评价健康教育项目导致的职业人群健康状况乃至生活质量的变化。评价指标主要包括发病率、患病率、伤残率、死因结构的变化、存活率的变化、人均期望寿命、生活质量、干预投入、产出的成本效益分析和成本效果评价等，医疗卫生服务方向和内容的改进，以及企业的经济和社会效益的提高等。鉴于从认识转变、危险因素控制、行为矫正到某种疾病发病率的降低、健康状况的改善和医疗费用支出的减少需要一个相当长的过程，因此远期或结局评价需要通过长期观察、随访和评价才能获得比较真实可靠的结果，但同时，这其中有涉及长期坚持和经费持续支撑的问题。

第三节　职业健康促进评价设计方案

为了建立健全我国职业安全健康管理体系，2020年国家颁布了《职业健康安全管理体系要求及使用指南》(GB/T 45001-2020)。采用职业健康安全管理体系是使组织能够提供健康安全的工作场所，防止与工作相关的伤害和健康损害，并持续改进其职业健康安全绩效。健全企业自我约束机制，标本兼治，综合治理，是把职业安全生产工作纳入法制化、规范化轨道的重要措施之一，也是建立现代企业制度，贯彻“安全第一、预防为主”方针，提高企业竞争力的重要内容。因此企业职业卫生管理应围绕《职业病防治法》《安全生产法》等法规的要求，以建立健全本企业“职业安全健康管理体系”，开展工作[1,3,7,10]。

一、不设对照组的前后测试

这是评价方案中最基础最简单的一种，通过比较目标人群在干预项目实施前后健康状况、健康相关行为等情况的变化，通过项目的效果进行评价。

此方法设计上和操作上都比较简单，测试人群单一，能节省人力、物力和财力。但是由于目标人群单一，可能造成测试结果的不准确。在项目的实施过程中，很多因素都会对干预的结果产生影响，如自然环境、目标人群的文化程度、对健康的认知水平、现场的实施情况，但是不设置对照组的测试，只对目标人群进行项目实施前后的比较无法控制这些因素的影响，也无法评价这些因素对项目的影响程度，因此可能造成测试效果不准确。基于以上原因，这一方案比较适用于短周期或者是资源有限的健康促进项目。

二、简单时间系列设计

简单时间系列设计即不设对照组，在对目标人群进行多次观察之后，实施健康促进干预，干预活动后再对同一组人群进行反复多次观察。通过这种方法，我们可以通过多次观察了解目标人群在健康促进干预活动前后的健康相关行为的特点，从而进一步了解干预与行为之间的计量反应关系。

有专家认为简单时间系列设计至少需要对目标人群观察50个时间点，但是，在实际操作中可能因为失访、拒访等原因而造成所收集到的资料缺乏准确性和真实性，因此评价过程中较大的困难是不易获得可靠的观察结果。同时，这种方法因为需要较多的观察时间点，所需的人力、物力、财力也相对较大。

三、非等同比较组设计

非等同比较组设计是类实验设计的一种，其设计思想是设立与接受干预的目标人群（干预组）相匹配的对照组，通过对干预组和对照组在实施项目前后变化的比较，来评价健康促进干预项目的效果。

该评价方法的优点在于通过对干预组和对照组干预结果的比较，可较客观地了解到干预项目的效果，有效排除一些混杂因素的影响，如时间因素、测量与观察因素等。在非等同比较组设计方法中，对照组的选择会在很大程度上影响着结果的准确性。选择对照组时要确保该组的主要特征与干预组人群的主要特征相似，这样既可保证两组的可比性，同时又可避免选择因素对该项目效果的影响。更为重要的是，要保证对干预组和对照组的观察时间点和观察方法相同，以便更科学、更准确地了解和评价健康促进干预活动对人群健康状况、健康认知水平、健康相关行为，甚至是生活质量的作用效果。

四、复合时间系列设计

复合时间系列设计在思想上融合了简单时间系列设计与非等同比较组设计，即对目标人群进行多时间点观察，又建立了对照组。

复合时间系列设计同时兼具简单时间系列设计和非等同比较组设计的优势，但是由于观察时间点多，观察周期长，所需的人力、物力和财力相对较多，不仅增加了资源的消耗，也增加了对照组研究对象失访的可能性。

五、实验研究

本评价方案的特点是将研究对象随机分为干预组和对照组，随机性保证了对照组和干预组人群特点的统一性和可比性，因此降低了选择因素对评价结果的影响，同时又避免了历史因素、测量与观察因素及回归因素的影响。实验研究是最理想的评价方案，但是在实际操作中却存在很大的难度。主要是随机性很难真正实现。

第四节 职业健康促进评价的指标体系

职业健康促进是一项政策性很强同时又需要较长周期的工作，因此做好职业健康促进评价的关键在于指标的选择及评定指标的权重大小。用于评价的指标大致可归纳为支持指标、工作指标和效果指标[18-20,23]。

一、支持指标

（一）领导支持

试点地区或企业重视，成立领导小组，制订实施方案。将厂矿企业的健康教育 / 健康促进工作纳入本地区或企业经济和生产发展计划，作为考评指标，认真组织实施。

（二）组织支持

企业内部各部门配合，有各级健康促进网络组织，有专、兼职健康促进人员，有以法制为基本特征的健康教育服务体制。

（三）经济支持

企业保证健康促进和健康教育经费的投入，并逐年有所增长。

二、工作指标

（一）企业领导、管理人员和技术工程人员接受职业健康促进 / 健康教育（包括安全职业安全法规和职业危害防治知识）和一般健康教育的培训率。

（二）职工接受职业健康教育 / 健康促进（包括职业安全法规和对职业危害的知情权）和一般健康教育（培养良好的行为生活方式）的培训率。

（三）企业职工健康监护档案建档率。

（四）企业职工就业前体检和定期体检率。

（五）企业环境卫生检测率。

（六）建立健全有关工作场所健康促进的规章制度。

（七）厂区绿化覆盖率。

三、效果指标

（一）近期效果

如企业领导职业健康教育和一般健康教育知识的知晓率；职工职业健康教育和一般健康教育知识的知晓率。

（二）中期效果

如职工健康行为形成率（吸烟、体育锻炼、劳动防护用品的使用等）；职工健康监护合格率；厂区、公共场所、办公室、宿舍、食堂等卫生达标率（一般生活性环境监测）；工作场所环境监测合格率（尘、毒、噪声等有害因素的职业环境监测）。

（三）远期效果

如职业性病伤发病率逐年递降率；职业病发病率逐年递降率；职工年均医药费；非职业性慢性病发病率（如高血压、糖尿病、肿瘤等）。

四、效益指标

评价健康促进干预项目是否成功也取决于投入的成本效益分析和成本效果分析结果。在人们对健康日益重视的同时，对卫生服务的需求也越来越高。随之而来的问题就是卫生资源的相对不足。这种资源的稀缺性迫使我们去寻求使有限的资源取得最大利益的途径。成本效益分析和成本效果分析就是检验投入与产出比例的最好办法，更是检验干预项目是否成功、能否在未来广泛推广的方法。

成本 - 效益分析（cost-benefit analysis）的基本思想就是通过比较项目的总成本和总效益（以货币值表示）来确定投入一定单位成本的产出。然而，卫生领域中的很多效益难以转化为货币值，如疼痛是否减轻、满意度是否增加等。为此使用成本 - 效果分析（cost-effectiveness analysis），即成本以货币值体现，效益改用效果指标表示，如行为改变率、发病率，确定单位成本取得的效果。因此，成本 - 效益（效果）分析是通过对卫生项目所消耗资源与健康收益的分析比较，以确定项目价值的一种比较分析方法，它既可以用于项目设计阶段对项目可行性的评估和方案比较选择，也可以用于项目评价阶段对其实际效益（效果）的评估。

在进行成本 - 效益（效果）分析之前，一个需要明确的问题是从哪个角度考虑成本与效益。通常有三个方面，项目参与者、资金提供者以及全社会。

（一）成本

成本（cost）是开展一项计划所需要投入的资源，包括人力、物力、财力的投入，并以货币值表示。可以将成本分为直接成本（direct cost）和间接成本（indirect cost）。

1．直接成本 健康促进 / 健康教育的直接成本通常包括：①工作人员的工资、津贴、专家咨询费，培训费，劳务费等；②设备、材料费用，如计算机、健康传播材料等；③交通、通讯费用，包括交通、电话、邮件等；④日常消耗费用，如纸张、文具、场地租用等。

2．间接成本 间接成本指与项目有关，但并未直接用于项目的那部分成本，也可以理解为由于项目的实施而引发的其他资源的消耗。如目标人群因参与项目而付出的花费，为克服某些副作用而花费的成本。

（二）效益与效果（benefit and effectiveness）

1．效益（benefit） 指开展健康教育 / 健康促进项目所得收益或节省的开支。从社会效益角度出发，可以将效益分为直接效益、间接效益、额外效益、无形效益四类。直接效益指实施健康教育 / 健康促进项目后节省的疾病费用；间接效益指实施健康教育 / 健康促进项目后减少的其他方面的经济损失；额外效益指在计划外得到的收益；无形效益指健康促进干预带来的精神愉悦、家庭幸福等。

2．效果（effectiveness） 指实施健康教育 / 健康促进干预项目后的实际结果，常以项目效果指标直接衡量项目收益，如知识水平提高率、行为改变率、发病率、死亡率等。为了比较不同项目的成本与效果，可以使用质量调整生命年（QALY）。

3．成本 - 效益（效果）分析原理　进行成本 - 效益（效果）分析的目的是确定健康教育 / 健康促进项目的可行性，优选符合经济原则的项目方案，同时也可以评价项目的实际效益（效果）。

从经济学角度讲，当一个项目的收益大于成本时，项目就是值得开展的、有价值进行推广的。在实际工作中，我们会选择成本相同的情况下效益最大的项目，或者效益相同的情况下成本最低的项目。通常可以通过计算净效益和成本效果比来反应项目的价值。

$$\text{净效益（net benefit）} = \text{效益} - \text{成本}$$

$$\text{成本效果比} = \frac{\text{净成本}}{\text{质量调整生命年}}\quad（\text{净成本} = \text{总预算} - \text{项目节余资金}）$$

4．成本 - 效益（效果）步骤　成本 - 效益（效果）分析由五个基本步骤组成：

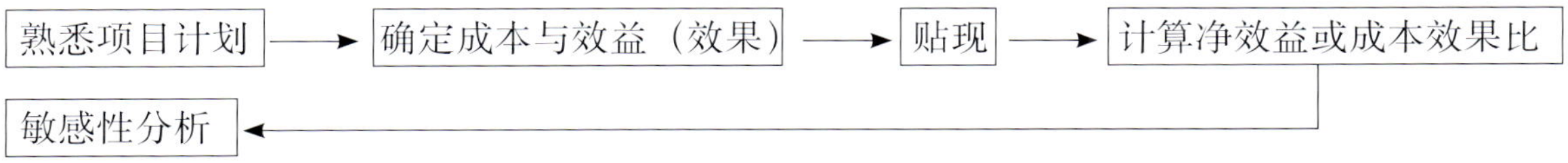

当项目周期较长，超过一年的时候，成本和效益将发生在不同年份，因此需要通过贴现，以现值表现各年的成本和效益。当需要贴现时，贴现率的变化等可能会影响净效益和成本效果比，而成本效益相对稳定的项目方案受贴现影响的可能性小，敏感性分析的目的就是分析当贴现率发生变化时成本 - 效益（效果）的稳定性，寻求敏感性较低的项目。

第五节　影响职业评价结果的因素

在对健康促进干预项目做评价时，应考虑到在现场实施时的各种影响因素，并应尽量避免这些混杂因素对干预结果的影响。常见的影响评价结果的因素有五大方面[3,7,10,21]。

一、时间因素

时间因素是指在健康促进 / 健康教育计划执行或评价期间发生的重大的、可能是对目标人群健康相关行为及其影响因素产生影响的因素，又可称为历史因素。如与健康相关的公共政策的出台、重大生活条件的改变、自然灾害等。时间因素不属于干预活动，但是却可以对目标人群的行为、健康状况、对健康的认知程度等产生较大影响，从而影响干预活动的效果。在实际干预活动中，时间因素往往需要较长时间才能体现出它的影响程度，因为随着时间的推移，目标人群的社会价值观、经济状况、健康状况、健康相关行为、对健康的认知程度，对干预的接受程度等均会发生变化。因此，当健康促进干预项目周期长时，这些历史事件会作为时间因素影响到干预活动的效果、评价以及对项目真实效果的确认。

二、测试或观察因素

在评价过程中，需要对项目的现场实施情况、目标人群的健康状况、健康相关行为等进行观察和测量。而这些测量与观察得出的结果是否真实准确又受很多因素的影响，主要取决于测试者（观察者）、测量工具、目标人群（测量对象）三个方面。

（一）测量者（观察者）因素

1．测量者的成熟度 测试者（观察者）的技术水平、工作态度、对项目的熟悉程度等都影响着评价结果。随着项目的进展，测量者及其他项目工作人员能越来越熟练地实施干预活动和使用测量工具。因在干预活动的早期和晚期测量者的成熟度不同，即使是用同样的测量工具和方法测量相同的内容，也会出现不同的测量结果，对项目的操作也会出现测量偏倚，从而对评价结果的真实性和准确性造成影响。

2．暗示效应 测量者或评价者在实际干预活动中的言谈、举止、态度、行为等可使目标人群受到暗示，并按照测量者的希望进行表现的现象称为暗示效应。尽管测量者测量到的是受暗示时目标人群的状况，但是其知识、态度、行为等表现并非健康促进或健康教育干预所致，而是接受暗示的结果。

3．评定错误 健康促进/健康教育项目实施后，测量者的主要目标是干预活动能够取得预期的效果。但同时，这种主观愿望可能导致测试者在效果评价中有意无意放松对评价的客观标准的把握，这也可能造成测量出的结果偏离真实情况。

（二）测量工具因素

健康促进项目中能够应用到的工具有问卷、仪器、试剂等，这些工具的有效性和准确性直接影响着测评的结果。因此，在进行测量之前，应选择适宜的测量方法和工具，并检验测量工具的可靠性，以确保测量结果真实准确。

（三）目标人群（测量对象）因素

1．霍桑效应 人们在得知自己正在被研究或观察而表现出的行为异常的现象称为霍桑效应。在健康促进项目评价中，霍桑效应也是影响测量结果的一个因素。

2．测量对象成熟度 在项目进行过程中，目标人群也在不断成熟，对健康促进项目的了解和接受程度逐渐加强，这可能使测量结果好于项目干预的真实结果。

三、回归因素

回归因素是指由于偶然因素，个别被测试的对象在测试时的某特征水平过高或者过低，在以后又恢复到实际水平的现象。回归因素的影响不像其他因素一样比较清晰可识别，因此矫正起来相对困难，可采用重复多次测量的方法来尽量减少回归因素对测量结果和干预效果的影响。

四、选择因素

设立对照组的目的是为了克服时间因素、测量因素、回归因素等对干预项目的影响。因此选择干预对象和设立对照组的时候，要尽量做到两组人群的特征一致，如果对照组的主要特征指标与干预组的特征不一致，则使两组失去可比性而失去对照组的作用。

五、失访

失访是指在健康促进/健康教育计划执行或者评价的过程中，目标人群因为种种原因不能接受干预或者是评价。当目标人群的失访率过高（超过10%）或者是非随机失访，即只是其中有某种特征的人失访时，会影响评价结果，使结果失去代表性。因此应尽量减少失访率，保证目标人群的配合度；同时对应答者和失访者的主要特征进行比较，以鉴别是否为非随机失访，从而估计失访是否会引起偏倚及其程度。

（任 琦）

参考文献

[1] 江志荣．作业场所职业安全与健康促进知识读本［M］．北京：中国环境科学出版社，2009．

[2] Eakin J．Work related determinants of health behavior．In Goehman，DS，Handbook of Health Behavior Research：Personal and Social Determinants［M］．Plenum Press，New York，NY，1997．

[3] 金泰廙．职业卫生与职业医学［M］．上海：复旦大学出版社，2015．

[4] 孙贵范．职业卫生与职业医学［M］．北京：人民卫生出版社，2012．

[5] Sorensen G，Himmelstein JS，Hunt MK，et al．A model for worksite cancer prevention：integration of health protection and health promotion in the WellWorks Project［J］．Am J Health Promot，1995，10（1）：55-62．

[6] Heaney CA，Goetzel RZ．A review of health-related outcomes of multi-component worksite health promotion programs［J］．Am J Health Promot，1997，11（4）：290-307．

[7] Cohen RY，Stunkard A，Felix MR．Measuring community change in disease prevention and health promotion［J］．Pre Med，1986，15（4）：411-421．

[8] 宁丙文．环球职业安全健康动态［J］．劳动保护，2007，11：108-109．

[9] Glasgow RE，Vogt TM，Boles SM．Evaluating the public health impact of health promotion interventions：the RE-AIM framework［J］．Am J Public Health，1999，89（9）：1322-1327．

[10] 米歇尔 P．奥唐奈．工作场所健康促进［M］．北京：化学工业出版社，2009．

[11] 梁友信，何凤生．世界卫生组织的职业卫生策略［J］．中华劳动卫生职业病杂志，2002，20（3）：236-237．

[12] 韩毓珍，王祖兵，顾明华，等．我国农民工职业病危害现状［J］．环境与职业医学，2006，23（3）：285-287．

[13] Kendall E．Occupational stress：Forefather contributes occurrence and effective management［M］．Shelton，Worker Cover Western Australia，2000．

[14] 傅华，李枫．现代健康促进理论与实践［M］．上海：复旦大学出版社，2003．

[15] 梁友信．职业健康促进：职业卫生实践的新拓展［J］．劳动医学，1999，16（2）：120-122．

[16] 周梅，姜润生，何小凤，等．厂矿企业实施职工健康促进的现状研究—厂企职工生命质量影响因素分析［J］．中国全科医学，2006，9（19）：1592-1597．

[17] 卫生部统计信息中心．中国卫生服务调查研究．第三次国家卫生服务调查分析报告［M］．北京：中国协和医科大学出版社，2004．

[18] Schmitz K，French SA，Jeffery RW．Correlates of changes in leisure time physical activity over 2 years：the Healthy Worker Project［J］．Prev Med，1997，26（4）：570-579．

[19] 王群．社区心理健康服务评价指标体系研究［D］．上海：复旦大学，2012．

[20] 王芳．社区卫生服务绩效评价指标体系研究［D］．武汉：华中科技大学，2006．

[21] 全国人民代表大会常务委员会. 中华人民共和国职业病防治法（最新修订）[M]. 北京：中国法制出版社，2016.
[22] 李德鸿. 我国尘肺防治工作 50 年 [J]. 中华劳动卫生职业病杂志，1999，17（5）：258-561.
[23] 李贤相，洪倩. 卫生综合评价方法研究进展 [J]. 实用预防医学，2003，10（6）：1035-1038.
[24] 朱伏平. 职业安全健康管理体系（OSHMS）应用研究 [D]. 成都：西南财经大学，2003.

第八章

职业卫生与安全健康促进

职业卫生（occupational health），主要是研究劳动条件对劳动者健康的影响，目的是为了创造适合人体生理要求的作业条件，研究如何改善劳动条件使工作适合于劳动者，又使每个劳动者适合于自己的工作，其主要的任务是识别、评价和控制不良的劳动条件，以保护和促进劳动者的健康，这是促进职业人群健康的前提。职业安全（occupational safety），也称劳动安全，是研究预防和控制职业性伤害事故的一门专业，是指在生产过程中，为避免人身和（或）设备事故，创造安全、健康的生产和操作环境而采取的各项措施及相应的活动，最终促进经济发展，提高职业人群生命质量。它以保护劳动者的生命安全为基本目标。职业卫生和职业安全是一个事物的两个方面，均是防止劳动者在工作当中受到伤害，一方面表现在防止生理功能的伤害；另一方面表现为防止躯体外伤。职业卫生问题与职业安全问题既可以独立存在，也可以并存，只要是在劳动生产过程中就可能存在着安全和卫生的问题，因此国外许多国家在立法和行政管理上均将职业安全和职业卫生结合在一起。

劳动与健康是互为因果，和谐发展的。然而，由于某些生产方式的独特性、政策的偏差、公众认知和管理水平的局限，以及经济、技术发展的滞后，往往使生产环境和劳动过程中存在危害劳动者健康的因素，即所谓“职业性危害因素”（occupational hazard factors），包括生物性、物理性和化学性因素，以及与劳动过程或作业场所不良条件等有关的危害因素，如过度负荷、职业性紧张、不适体位、不良照明等。国内外的卫生学专家都深刻认识到保护职业人群健康的关键，不在于治疗“有病的工人”，而在于治疗“有病的作业场所”，因此职业人群健康促进又称作业场所健康促进（workplace health promotion），指从企业管理策略、支持性环境、职工参与、健康教育、卫生服务等方面，采取综合干预措施，以期改善作业条件、改变职工不健康生活方式、控制健康危险因素、降低伤病及缺勤率，从而达到促进职工健康、提高职工生命质量和推动经济可持续发展的目的。

职业人群的健康问题受职业有害因素和非职业有害因素两个方面的影响。职业有害因素主要包括在职业生产过程中所接触到的生物因素（如病原微生物、寄生虫等）、物理因素（如噪声、高温、振动）和化学因素（如生产性粉尘、有毒物质）；非职业有害因素包括日常危害健康的行为，如吸烟、酗酒等不良生活习惯等。因此，职业人群的健康促进工作应该针对不同行业、不同性质的企业及其存在的具体问题而进行，满足不同层次员工的需求。

第一节　生物因素所致危害的职业健康促进

生物性有害因素是指存在于生产原料和作业环境中的、对职业人群健康造成危害的一类生物因素，包括致病微生物、寄生虫及动植物、昆虫等及其所产生的生物活性物质。例如，附着于动物毛皮上的支原体、衣原体、炭疽杆菌、布氏杆菌、钩端螺旋体、森林脑炎病毒、孳生于霉变蔗渣和草尘上的真菌或真菌孢子（吸入霉变草粉尘所致的外源性过敏性肺泡炎）之类致病微生物及其毒性产物；某些动植物产生的毒性、刺激性或变态反应性生物活性物质，如鳞片、毛发、粪便、粉末、毒性分泌物、酶或蛋白质和花粉等；禽畜血吸虫尾蚴、钩蚴、蚕蛹、蚕茧、蚕丝、桑毛虫、松毛虫等。上述生物性有害因素对职业人群健康的损害，除引起法定职业性传染病，如炭疽、布氏杆菌病、森林脑炎外，因病原体不同，也可引起鼠疫、口蹄疫、鸟疫、牧民狂犬病、挤奶工结节、放射病、钩端螺旋体病、寄生虫病如牧民包囊虫病、矿工钩虫病等。尤其是 21 世纪流行的传染性非典型肺炎、人类禽流感和猪链球菌感染等传染性疾病对禽、畜类相关职业人群的健康造成了较大的影响。

职业性传染病是指在生产过程中，接触某种传染病病原体而引起的疾病。职业性传染病涉及范围较广，可见于诸多行业。职业性传染病根据其病原体的不同，一般可分为：①职业性细菌传染病，常见有炭疽、布氏杆菌病等；②职业性病毒传染病，如森林脑炎、狂犬病、口蹄疫等；③职业性真菌病，如放线菌病、皮肤真菌病等；④职业性螺旋体传染病，如常见的钩端螺旋体病；⑤职业性寄生虫病，如包囊虫病、钩虫病等。这些职业性传染病往往与非职业同时存在，具有明显的地区性。随着当今社会的快速发展，将会有更多职工接触到生物性有害因素，也可能会发生一些新的职业性传染病[1]。

现如今是生命科学的时代，生物基因工程技术的发展在为人类创造巨大财富的同时，基因重组和基因突变有可能产生新的生物致病原的潜在危害。基因产品对人类安全性的问题也是值得关注的。因此，生物性有害因素对职业人群的健康损害不容忽视。随着社会生产力的发展，健康促进在健康保护中的作用将越来越重要。健康促进就是增进健康、提高生命质量，其核心是增强人的适应能力。

一、炭疽杆菌

炭疽杆菌（bacillus anthracis）于 1876 年被德国科学家 Robert Koch 首次证明为炭疽病的病原菌。

炭疽（anthrax）是由炭疽杆菌引发的一种人兽共患的急性传染病。这种疾病通常发生在动物之间，但人类可能因为接触病兽及其产品或食用病兽的肉类而发生感染。草食家畜是主要易感动物，猫、狗、猪等杂食动物，狮、虎、狼、豹等肉食动物也可能因误食炭疽病畜肉而感染致死。

（一）生物学特点

炭疽杆菌是一种需氧或兼性厌氧、无鞭毛革兰氏阳性的粗大杆菌，两端平切，排列如竹节，不能运动。在人和动物体内，以及在含血清和碳酸氢钠的培养基中可形成荚膜，是毒力的标志。在人工培养基或外界环境中能形成芽孢。有氧条件下，普通培养基上生长良好。炭疽杆菌繁殖体的抵抗力弱，在 56℃ 2 h、75℃ 1 min 即可杀灭。但由于芽孢位于菌体中心，有强抵抗力，一般的消毒方法不能将其杀死，在自然条件下能存活数十年，在皮毛制品中可生存 90 年。在清水或粪尿、腐败的血液和泥土中均能长期生存。煮沸 10 ～ 15 min、110℃高压蒸汽 5 ～ 10 min、10% 甲醛 15 min、5% 石碳酸浸泡 24 h，均可将芽孢杀灭。炭疽杆菌的芽孢对碘敏感，在 1 ∶ 2 500 碘液中 10 min 即可杀灭芽孢。新配置的 20% 石灰乳、20% 漂白粉浸泡 48 h 亦可将芽孢杀灭。炭疽杆菌含有菌体抗原、荚膜抗原、芽孢抗原和保护性抗原等多种抗原，其中保护性抗原为一种蛋白质，有很强的免疫原性，注射动物可使其产生免疫力。另外，炭疽杆菌繁殖体可分泌炭疽毒素。

炭疽杆菌有三个毒力因子：荚膜和两个毒素，分为 PX01 和 PX02L 两种质粒编码。在体内，荚膜有抗吞噬作用，有利于细菌在体内的生存、繁殖和扩散；荚膜在体外能掩盖噬菌体受体，阻止噬菌体裂解菌体。炭疽菌在生长过程中合成毒素，毒素由水肿因子（EF）、致死因子（LF）和保护性抗原（PA）三部分构成。炭疽外毒素主要损害微循环，导致弥散性血管内凝血和感染性休克而引起死亡。此外，细菌形成的荚膜也具有抗吞噬作用。

（二）致病机制

炭疽杆菌的毒性取决于其外毒素和抗吞噬作用的荚膜。荚膜和毒素是炭疽杆菌的两种主要致病物质。炭疽杆菌可经皮肤、呼吸道和消化道侵入机体，引起炭疽病。

炭疽感染是由炭疽杆菌的芽孢直接吸入肺部或经消化道进入黏膜或由破损的皮肤进入皮下，被局部存在的巨噬细胞吞噬，并在适当的环境下，芽孢逐渐发育形成繁殖体，在细菌大量繁殖的过程中，产生外毒素和抗吞噬作用的荚膜物质。外毒素可引起感染部位的组织细胞坏死和水肿。抗吞噬荚膜能阻止细胞吞噬作用，使细菌易于扩散，引起邻近淋巴结炎，甚至进入血液循环引起败血症。例如食用带菌肉类，可引起急性出血性肠系膜淋巴结炎。吸入性炭疽的病理过程与皮肤炭疽有所不同。炭疽芽孢经呼吸道进入肺泡后，被肺部的巨噬细胞吞噬，部分炭疽芽孢死亡，但存活的芽孢被巨噬细胞带到纵隔和肺门淋巴结，在此处炭疽芽孢发育成繁殖体，产生大量的毒素，导致巨噬细胞溶解死亡。同时，在局部淋巴结炭疽杆菌大量的繁殖和细菌所产生的荚膜或毒素对宿主免疫应答的抑制作用，使炭疽杆菌突破宿主的免疫系统进入血循环，引起严重的败血症，甚至感染性休克。

（三）职业接触途径

炭疽的传染源主要包括食草动物，例如牛、马、羊、驴、骡，其次是猪、狗、猫等。人的炭疽一般在畜疫发生后随之出现，接触感染是炭疽的主要途径。从事牧场动物饲养、剪羊毛、屠宰、搬运、纺毛、缝皮、皮革鞣制等作业以及兽医、牲畜检疫和实验室人员等较易感染本菌。

主要传染因素包括：①接触病畜，例如在喂料、修毛或屠宰时；②接触被污染的皮革、皮毛、羊毛、猪鬃或病畜的肉；③接触经炭疽杆菌污染的物品，如畜粪、破烂物品等。炭疽病的发病与劳动条件及劳动过程关系密切相关，如剪羊毛工人剪毛时两前臂需要紧靠羊身，可能导致前臂发生皮肤炭疽；搬运时常将皮毛扛在肩上，颈部亦可发生皮肤炭疽；制革厂发生的炭疽病多见于接触生皮的工人；工作环境的灰尘浓度越高，发生内脏炭疽（如肺炭疽）的机会越大。

（四）职业健康促进

炭疽病死率较高，在法定传染病中位居第五。一般在适当治疗时皮肤型炭疽的死亡率为 5% ～ 11%，如果未经治疗或治疗不及时发展成重症后，死亡率可达 20% ～ 25%。其他临床型，由于病情发展迅速并且较难及早确诊，病死率较高：肺炭疽病的死亡率在 80% 以上，肠炭疽病死亡率为 80% ～ 100%，所以炭疽病的治疗应该尽早、及时。因此，职业健康促进必须贯彻“预防为主，治疗为辅”的原则，炭疽的预防主要针对构成炭疽传播的三个条件采取综合性措施。

1．严格管理传染源　炭疽为乙类传染病，而肺炭疽应按甲类传染病进行管理。加强兽医监督，如发现动物有炭疽，应禁止屠宰作为肉食品或工业用品。家畜食用或吸入被炭疽芽孢污染的水、草或饲料后，芽孢可在家畜体内迅速增长、繁殖，进而发病，表现为急性败血症，常突然死亡，并伴有自然孔出血；血液不凝固，并含有大量细菌，细菌遇到空气形成芽孢，造成新的环境污染。因此，炭疽感染的病 / 死畜严禁剥皮、解剖，必须整体深埋并覆盖生石灰。对可疑病畜进行隔离观察，对疫区草食动物采取包括动物减毒疫苗接种、动物检疫等在内的兽类医疗措施。患者应隔离至创口愈合、痂皮脱落或症状消失，分泌物或排泄物培养 2 次为阴性（每次间隔 5 日）为止。

2. 切断传播途径，必要时封锁疫区 对患者的分泌物、排泄物、衣服、用具、废敷料等分别采取煮沸、漂白粉、环氧乙烷、过氧乙酸、高压蒸汽等消毒灭菌措施。对工业、农牧业人群接触的污染物进行甲醛消毒处理。对从事可疑污染物的接触人群加强劳动保护。牧畜收购、调运、屠宰加工必须有兽医检疫，被污染的土壤要进行消毒，将表层土壤铲除，埋入深坑中，防止水源污染，加强饮水饮食监督。兽皮、毛的加工制品，用高压蒸汽消毒；皮毛加工生产过程应机械化，如用刮皮机、洗皮机代替人工操作，以传送带代替手工搬运等；作业场所配备防尘设备。

3. 保护易感人群 个人的卫生防护对职业性接触家畜及畜产品人员十分重要。加强卫生宣传教育，皮毛加工厂工人、牧场处理皮毛及其他接触者均应了解有关预防炭疽病的知识，提供防尘工作服、口罩、防护眼镜、鞋帽及手套；换下来的工作服、帽、手套等应进行高压消毒，防护眼镜、鞋等用漂白粉液消毒；工作后应洗手消毒并淋浴，洗手消毒可用 1% 的汞溶液浸泡 1 ～ 8 min；养成良好卫生习惯。工作中如有皮肤破损，应立即停止工作，并立即涂擦 3% ～ 5% 碘酒，以防引起感染，时刻注意观察伤口。因为肺炭疽早期症状与感冒相似，发现有感冒患者时，应有专人跟踪访视患者；确诊后立即送传染病院治疗。

对易感职业接触人员进行就业前及定期体查，凡患有呼吸道疾病、皮肤病者及年老体弱者，不宜分配到传染机会较多的工作岗位。

二、布氏菌

布氏菌（brucella）是职业性布氏菌病的病原菌。布氏菌病（brucellosis）为全球性疾病，几乎遍及世界各地，凡有畜牧的地区都会有此病的流行，我国主要发病地区为内蒙古、吉林、黑龙江、新疆、西藏等省、自治区的牧区和半农牧区。近年来，农村、乡镇、小城市甚至大城市的病例有逐年升高的趋势。

（一）生物学特点

布氏菌是一种微小的球状、球杆状、短杆状革兰氏阴性短小杆菌，无鞭毛，不形成芽孢，但光滑型菌株有荚膜。布氏菌染色后油镜下形态及菌落形态为两端钝圆，油镜下染色弱，呈细沙样，有人称之为沙滩细沙样排列，这一特点有助于该病的初步诊断。

布氏菌在自然条件下易于繁殖生长，生长最适温度为 37℃，最佳 pH 为 6.6 ～ 7.4。布氏菌对常用的物理消毒法和化学消毒剂较敏感。直射日光 10 ～ 20 min，湿热 60℃ 30 min 即可杀灭，100℃立即死亡，30% 漂白粉和甲醛皂溶液数分钟内就能将其杀灭，但其对外界环境有较强的抵抗力，土壤中能生存 24 ～ 40 d，在畜肉制品中可存活 40 d，羊毛中可存活 40 ～ 120 d，衣物中可存活 14 d。

（二）致病机制

布氏菌是一种胞内寄生菌，其体内侵袭的主要目标细胞是巨噬细胞。布氏菌在宿主细胞中的生存和增殖能力对于布氏菌的毒力是至关重要的。它能够在胞内广泛复制，但细胞的基本功能并不受影响，也不会引起明显的细胞损伤。在低营养、缺氧、酸性环境和活性氧条件下，布氏菌的致病力依赖于其在体内的存活和增殖能力。光滑型布氏菌抑制宿主细胞凋亡，并通过逃避宿主免疫应答而在胞内存活；粗糙型则引起巨噬细胞坏死。

布氏菌有 6 种 20 型，感染人的主要是牛、羊、猪 3 种 16 型，因较强的致病力，可破坏机体的细胞免疫和体液免疫，造成机体终身致残的严重后果。布氏菌的毒力分子和保护性抗原主要是 LPS、

膜蛋白 $BCSP_{31}$、$BCSP_{39}$ 和核糠体蛋白 L_7/L_{12}，它们在布氏菌的致病性方面起着至关重要的作用。布氏菌病是威胁人类健康和畜牧业发展的重要传染性疾病，布氏菌强毒株 544A 是典型的胞内致病菌，主要在宿主单核巨噬细胞等免疫系统的细胞内存活和繁殖，进而引起布氏菌病。布氏菌减毒株 104M 不但能逐渐被宿主清除，而且可产生抗布氏菌的抗体，进而对宿主起到保护作用。

（三）职业接触途径

接触污染源的主要人群为从事畜牧的工作人员、挤奶工、饲养工、屠宰工、肉品包装工、兽医、卫生检疫人员、畜牧化验人员等。牛、羊、猪感染布氏菌后常表现为慢性长期患病，其阴道分泌物、胎盘、羊水或流产胎中含有大量的布氏菌；患病羊还可表现为乳腺炎，其乳汁排菌的时间较长，可长达数月；布氏菌也存在于病畜的尿液、皮毛、组织中。另外，布氏菌也可通过皮肤黏膜、消化道、呼吸道侵入人体。农牧民放牧，接触病畜的排泄物，剪羊毛、挤奶等；兽医为病畜接生、处理难产及流产，检查牲畜；实验人员进行细菌培养、制备生物制剂；畜产品加工人员屠宰病畜、加工肉类等，均可经皮肤黏膜感染，也可吸入被污染的飞沫、尘埃而经呼吸道感染，另外，食用染菌的生奶制品、生肉或未煮熟的肉类，病菌均可经过消化道进入体内。

（四）职业健康促进

治疗布氏菌病的重点是控制疾病的发展，防止由急性期转为慢性期并减少复发，因此应早期用药，彻底治疗。

布氏菌病的防治既要考虑布氏菌病的流行规律及特点，又要考虑经济条件和技术条件，贯彻预防为主的卫生工作方针。我国根据“因地制宜、分类管理”的原则，采取“畜间免疫、检疫、淘汰病畜和培育健康畜群”为主的综合防治措施。

1．管理传染源　加强疫区、运输、海关及皮毛市场等的检疫力度及时发现病畜，彻底消灭传染源，建立检疫隔离制度，是根除传染源的首要条件。要定期检疫，健康畜群（牛、羊群）每年至少检疫 1 次，对污染群每年至少检疫 2 ～ 3 次。检出的阳性病畜，若数量不多可采取淘汰法进行处理；如果数量较大，应立即成立病畜群，严格控制与健康动物直接或间接的接触，并制订相应的消毒制度，防止疫情扩散。污染畜群所产的子畜，应分别设群饲养，喂以健康乳或消毒乳，每只 2 ～ 3 个月检疫一次，连续 1 年呈阴性反应的即可认为是健康幼畜。外地输入的牧畜需经血清学和细菌学检查证实无病后方可合群放牧。布氏菌病患者应住院隔离治疗，直至症状消失，血培养呈阴性为止。患者的尿液需消毒处理。

2．切断传播途径　加强粪、水管理，防止病畜或患者的排泄物污染水源；污染的场地、用具均需严格消毒处理，可采用 3% ～ 5% 甲酚皂溶液、酚、漂白粉等进行消毒；为病畜接生的人员、屠宰厂及皮、毛、乳、肉加工厂等的工作人员应穿工作服、戴口罩及手套，做好个人防护。家畜流产胎儿等物应加生石灰深埋或焚烧；各种奶及奶制品需经消毒处理后方可食用。禁止销售及食用病畜肉类，把好“病从口入”这一关。自疫区收购的皮毛需检验或消毒处理才可出售。

3．保护易感人群及家畜，增强免疫力　如果动物群经过多次检疫，并将患病动物淘汰后仍有阳性动物不断出现，则可应用菌苗进行预防接种。对健康牲畜的预防接种应有连续性（连续免疫 3 年以上）和连片性。牧民、兽医等相关职业人员、实验室工作人员及疫区人群均应进行预防接种，用减毒活菌苗皮肤划痕法，每年需加强接种 1 次，疫区人群在产羔季节 2 ～ 4 个月接种。

4．加强健康教育，提高群众自我防病意识　尤其是牧民、饲养工、挤奶工、毛皮处理工、屠宰工等易感性职业人群应加强个体防护，增强自身学习，不断更新相关防治理论。

三、森林脑炎病毒

森林脑炎病毒（forest encephalitis virus）是职业性森林脑炎的致病原。森林脑炎是由森林脑炎病毒经硬蜱媒介所致的自然疫源性、急性中枢神经系统传染病。野生动物，尤其是野鼠，是本病的传染源，蜱是其传播媒介。本病目前在世界范围内广泛存在，在我国主要见于东北及西北地区，以黑龙江省、吉林省为主，四川、云南、河北、新疆等省、自治区也有发生。

（一）生物学特点

森林脑炎病毒为直径 40 ～ 70 nm、表面带棘突的球形颗粒。外覆囊膜，膜内含由病毒 RNA 及衣壳蛋白组成的核衣壳。囊膜由病毒蛋白 M（prM）、E 及宿主细胞膜组成，芽生时获得。每个成熟病毒颗粒含 90 个平覆于表面的 E 蛋白二聚体，排列成 T=3 的对称二十面体结构，M 蛋白位于三次轴上；未成熟的病毒颗粒 prM、E 形成异二聚体。

森林脑炎病毒对乙醚、氯仿等脂溶剂敏感，不耐酸、不耐热，60℃加热 10 min 即可灭活，耐低温，在 pH7.6 ～ 8.2 的条件下 50% 的甘油中低温保持数年仍具感染性。

森林脑炎是一种由蜱为传播媒介的自然疫源性疾病，是侵犯中枢神经系统的急性传染病，多发在春夏季。感染森林脑炎病毒后可引起发热、循环系统障碍、神经系统障碍等。根据系统进化论，森林脑炎病毒可分为远东亚型、西伯利亚型、欧洲亚型，此种分类与 E 蛋白同源性一致。其中，远东亚型毒力最强，临床症状重，脑神经症状明显，患者恢复期长，常留有麻痹性后遗症，病死率达 20%；欧洲亚型毒力最弱，临床症状轻，以脑膜炎为主，较少出现后遗症，死亡率为 1% ～ 5 %。

（二）致病机制

森林脑炎病毒致病性与乙脑病毒相同，主要是侵犯中枢神经系统。被带有病毒的蜱叮咬后，病毒在局部淋巴结、脾、肝及其他单核 - 吞噬细胞系统中复制。复制的病毒不断释放入血，大部分患者无症状或出现一般病毒血症症状。仅一小部分患者，病毒随血流侵入神经细胞，亦可通过淋巴及神经途径抵达中枢神经系统而产生广泛性、炎症性病变，临床上表现为脑炎症状。居住在疫区的人群，因受少量病毒阴性感染而产生中和抗体，对病毒有免疫力。病愈后可产生持久牢固性免疫力。

（三）职业接触途径

森林脑炎病毒寄生于啮齿类动物（如松鼠、野鼠及鸟类等）血液中，通过吸血、昆虫（蜱）媒介传染。当人类进入有森林脑炎存在的森林地区时，被感染性蜱蛰咬后就可能感染，因此感染者多与森林作业有关。例如，森林调查队员、林区采伐工人、放养蜜蜂人员、筑路工人等。近年因旅游事业的蓬勃发展，旅游者感染及儿童感染也屡有报道。另外，受感染的牛、羊与患者均可随乳汁排出病毒，若大量饮用含有病毒且尚未煮沸的奶汁，也可感染本病。同时也有实验工作人员因经口吸入或黏膜被病毒污染而染上森林脑炎病毒致死的报道。

（四）职业健康促进

患者早期应卧床休息，补充液体及营养，并加强护理等。森林脑炎患者一般不具传染性，故不需隔离。但本病有严格的地域性，凡进入森林地区人员，必须积极做好预防措施。

1．加强个人防护 在林区、野外活动时，应穿“五紧”的防护服：即扎紧领口、袖口、裤脚口，以防止蜱的叮咬，领口可喷洒杀虫剂，头戴防虫罩。身体外露部分如手、颈、耳后等处，可涂驱避剂，如硫化钾，每隔 2 ～ 3 h 涂擦一次，在森林地区野外活动时，每隔 3 ～ 5 h 要互相检查一次衣服、身体上有无蜱，尤其注意颈、腋、腰、阴部，发现后立即杀灭。因为蜱攀附宿主后先到处爬行 2 h 后才开始叮刺并缓慢吸血。如果发现蜱已刺入皮肤，不可猛拉，以免蜱的刺器断入皮肤内。可用烟头烫蜱的尾部使之退出，也可用油类或乙醚滴于蜱体致死，然后轻轻摇动，缓缓拔出。

2．灭蜱及灭鼠 在森林驻地及工作所在地周围，搞好环境卫生，清除杂草、枯叶，减少来往人、兽受蜱袭击的机会，加强灭鼠、灭蜱工作。

3．预防接种 预防接种对象为准备进入疫源地的所有人员，因疫苗产生免疫需 1 ～ 2 个月，因而接种疫苗应在每年 3 月份以前完成。其有效期约为 1 年，故林区工作者每年均需重复注射疫苗。

四、寄生虫

寄生虫包括钩虫、节肢动物等，其中节肢动物为无脊椎动物，种类繁多。与职业卫生学相关的主要是虱、蜱、螨、松毛虫、桑毛虫等。

（一）生物学特点

寄生虫（parasite）指长期或暂时性寄宿于另一种生物体内或体表获取营养，并给对方带来损害的低等动物。

寄生虫长期依赖于寄生环境，在不同程度上丧失了独立生活的能力，对于营养和空间依赖性越大的寄生虫，其自己生活的能力就越弱；寄生生活的历史愈长，适应能力愈强，依赖性愈大。寄生虫只能选择性地寄生于某种或某类宿主。寄生虫对宿主的这种选择性称为宿主特异性，实际是反映寄生虫对所寄生的内环境适应力增强的表现。

（二）致病机制

钩虫寄生于小肠上段，虫卵可随粪便排出体外，十二指肠钩虫引起皮炎较多，其成虫致宿主贫血也较严重，还是引起婴幼儿钩虫病的主要虫种；蜈蚣、松毛虫、桑毛虫等，叮咬吸血或袭击人的同时释放有毒物质，可引起局部损伤，甚至出现全身反应；某些节肢动物，如尘螨，其唾液、分泌物、排泄物和皮壳、鳞片等属于异性蛋白，可引起变态反应；作为某些病原体的宿主或中间宿主，携带病原体而传播疾病，不仅能在人群间传播，也可在动物间或动物与人之间传播。

（三）职业接触途径

温度适宜的环境有利于钩虫卵发育成幼虫，因此农民（尤其是菜农）、井下矿工、下水道清理工等较易感染钩虫病；尘螨的排泄物、分泌物、皮壳和死螨等都可作为致敏原，尤以粪便致敏原性最强，吸入或皮肤接触这些物质可产生过敏性鼻炎、过敏性哮喘和过敏性皮炎等，从事粮食和饲料加工、翻晒、贮存人员等接触尘螨的机会较大。

（四）职业健康促进

1．加强接触人群健康教育，提高自我防病意识。

2．保护易感人群及家畜，适时进行预防接种，增强免疫力。

五、致害植物

某些蔬菜、花草、树木，其根、茎、叶或花粉、树汁、木尘等具有刺激性、致敏性或毒性，有的甚至有致癌性。

致皮肤损害的植物：有毒常春藤，有毒苏槐、栎树、漆树等可致接触性皮炎；水仙花、郁金香、报春花等可致变应性过敏性皮炎；酸橙、佛手、芸香、兰石竹花有光敏作用，可致光敏性皮炎；豚草花粉可致湿疹样皮炎。

致呼吸道损害的植物：现已证实梨等水果花粉、甘蓝等蔬菜花粉具有变应原性，吸入后可致过敏性呼吸道炎症反应或支气管哮喘。吸入紫檀木、柳木、桑木、枫木、栎木的木尘可致哮喘。

随着农业经营规模、种类及生产条件的不断发展与扩大，接触各种动植物有害因素的人数在不断增加，接触强度在增大，接触机会亦在增多。除了粮食作物、水果、蔬菜等植物的加工人员以外，绿化、园艺园林、林业、木材加工、农林科技人员等都有机会接触到动植物性有害因素。

第二节　物理因素所致危害的职业健康促进

在生产和作业环境中，与劳动者健康密切相关的物理性有害因素包括不良气象条件、生产性噪声与振动、电离辐射和非电离辐射等。物理因素具有如下特点：①绝大多数物理因素在停止接触后，不在体内存留。对物理因素造成的损害进行治疗时，采取相应的对症治疗即可。②作业场所中的物理因素来源明确，处于生产状态时，可出现这些因素并可能对劳动者造成健康危害。一旦工作结束，生产设备停止运转后，相应的物理因素便可消失。③物理因素多为自然存在的因素，一般强度低、作用时间短，不但对人体无害，反而是人体生理活动或从事生产劳动所必需的外界条件；但如果强度大、作用时间长则可能对机体产生不良影响。④对物理因素所采取的预防措施不是消除或减少到越低越好，而是将其控制在一定的适宜范围内。如果采取预防措施后仍不能达到要求，可采取缩短接触时间法以保护劳动者的健康。⑤物理因素对人体的作用，常表现为在某一强度范围内是人体生理功能所必需的，如果强度过高或过低则对人体产生不良影响，而不是呈现一般的接触水平 - 反应关系。例如，气温过高可引起中暑，气温过低则引起冻伤。⑥机体在接触物理因素（如高低温、噪声等）时，多会产生适应现象，这是机体的自我保护现象，但这种保护作用有一定限度，长期接触高强度的这些因素，就可对机体健康造成损害[2]。

根据物理因素的特点，在对作业场所进行劳动卫生学调查时，需要对相关参数进行全面测量。每种物理因素都具有特定的参数，如表示气温的温度、电磁辐射的能量或强度等。其对人体是否造成危害以及危害程度的大小，与这些参数密切相关。

一、不良气象条件

生产环境中的气象条件包括空气温度、湿度、风速和热辐射。在高温、低温或异常气压下的作业就属于不良气象条件下从事的劳动，可对人体健康造成一定的损害。

（一）高温作业

1. 类型　高温作业（work in hot environment）是指工作地点有生产性热源，以本地区夏季室外平均温度为参照基础，工作地点的气温高于室外 2℃或 2℃以上的作业。一般将热源散热量大于 23 W/m^3 的车间称为热车间或高温车间。高温作业按其气象条件的特点可以分为如下三类。

（1）高温、强热辐射作业：例如冶金行业的炼铁、炼钢、炼焦、轧钢和机械制造业的铸造、锻造、热处理等车间；玻璃、陶瓷、搪瓷、砖瓦等工业的窑炉车间；轮船锅炉间和火力发电厂等。这些生产场所的气象特点是气温高、热辐射强度大，相对湿度较低，易形成干热环境。

（2）高温、高湿作业：如机械制造行业的酸洗、电镀以及屠宰车间；印染、造纸等工业中的液体加热或蒸煮车间、潮湿矿井等。如果通风不良就容易形成高温、高湿和低气流的不良气象条件，即湿热环境。其特点是高气温、高气湿，且热辐射强度不大，形成湿热环境。

（3）夏季露天作业：常见于夏季的农田劳动、建筑、搬运等露天作业，此类作业的特点是除受太阳的直接辐射作用外，劳动者还要受到加热的地面和周围物体二次辐射源的附加热作用。

2．对机体生理功能的影响

（1）体温调节：机体与环境的热交换可以热平衡公式表示：

$$S = M - E \pm R \pm C_1 \pm C_2$$

式中：S 为热蓄积的变化，M 为代谢产热，E 为蒸发散热，R 为经辐射的获热或散热，C_1 为对流的获热或散热，C_2 为传导的获热或散热。

在高温环境作业时人的体温调节主要受气象条件和劳动强度的共同影响。气象条件诸因素中，气温和热辐射起主要作用。这些内外环境的热负荷因素使机体获热。在中枢神经系统调节下，可出现皮肤血管扩张，大量血液流向体表，使皮肤温度上升，机体通过对流、热辐射和汗液蒸发散热，同时产热会降低，以维持正常体温。若环境温度高于皮肤温度（皮肤平均温度为 35℃），机体只能通过汗液蒸发散热，湿热环境可降低蒸发散热的效率。蓄热过量，超过体温调节能力，可能出现过热而发生中暑。

中心体温也称深部体温，严格概念上是指下丘脑灌流血液的温度，但一般以直肠温度表示。普遍认为中心体温 38℃是高温作业人员生理应激范围的上限值。

（2）水盐代谢：环境温度越高，劳动强度越大，人体出汗则越多。有时一个工作日的出汗量可达 5 ~ 8 L。机体出汗量取决于气温、气湿、热辐射和劳动强度等，因此，出汗量可作为高温作业者受热程度和劳动强度的综合指标。一个工作日的出汗量在 6 L 左右是生理最高限度，失水不应超过体重的 1.5%。另外，高温作业者大量出汗可造成盐的丢失，故易出现体内缺盐。体内缺盐时，尿中的盐含量明显减少，因此，尿盐含量可作为判断体内是否缺盐的指标。高温作业人员补充水分的同时尚应补充盐分。

（3）消化系统：高温作业时消化液分泌减弱，使胃液分泌减少，酸度降低，胃肠道蠕动减少，消化道血流减少，大量饮水又可将胃液稀释，这些因素均可引起食欲减退、消化不良、胃肠道疾患增多等症状。且工龄越长，患病率越高。

（4）循环系统：高温作业时从事体力劳动，造成机体大量出汗使血液浓缩，血黏稠度增大，有效循环血量减少；为了增加散热，皮肤血管扩张，末梢循环血量增加，使血液发生重新分配，进而保证工作肌的活动。这种供求矛盾致使循环系统处于高度应激状态，使心肌负荷加重，久之可造成心肌代偿性肥大。高温作业时皮肤血管扩张，末梢阻力下降，血压降低，而体力劳动又可使血压上升。机体出现收缩压增高而舒张压相对稳定、脉压加大的表象。

（5）泌尿系统：高温作业时大量水分随汗液排出，导致尿量减少，肾负荷加重。如不及时补水，将使肾负荷加重，可致肾功能不全，尿中出现红细胞、蛋白、管型等。

（6）神经系统：高温作业可使中枢神经系统受到抑制，肌肉工作能力降低，动作的准确性和协调性下降，致使工作效率降低，更易发生事故。

3．热适应　热适应（heat acclimatization）是指在热环境工作一段时间后机体对热负荷产生适应的现象。热适应状态不稳定，停止高温接触一周左右即回到适应前状态，称之为脱适应。一般在热环境工作数周后，机体便产生热适应。主要表现为：从事同等强度的劳动，汗液量增加，汗液中无机盐含量减少，皮肤温度降低，心率明显下降。研究发现，细胞在机体热适应后诱导合成一组新的蛋白质即热应激蛋白（heat shock proteins，HSP），可保护机体免受高温的致死性损伤。机体热适应有一定限度，长期在高温环境中从事重体力劳动，可引起生理功能紊乱甚至中暑。

4．中暑

（1）致病因素：中暑是指在高温环境下机体因热平衡和（或）水盐代谢紊乱等而引起的一种以中枢神经系统和（或）心血管系统障碍为主要表现的急性热致疾病。其主要致病因素包括气温高、气湿大、热辐射强、风速小、劳动强度过大、劳动时间过长等。

（2）分类：中暑按发病机制可分为三类：①热痉挛：常见于干热型高温作业，是由于人体大量出汗造成钠、氯、钾等严重丢失，电解质紊乱，出现肌痉挛症；②热衰竭：人体在高气温、高湿环境下，由于外周血管扩张和失水引起有效循环血量减少而导致脑部暂时性血供不足所致；③热射病：多发生在强干热型或湿热型高温作业环境下，是人体散热困难、体内蓄热、体温调节机制障碍所致。在上述三种类型中，以热射病最为严重，尽管迅速治疗，仍有 20% ～ 40% 的患者死亡。

5．高温作业所致职业危害的健康促进

（1）科学合理地设计生产工艺流程，改进生产设备和操作方法，提高生产的机械化、自动化水平，减少工人接触高温作业的机会，是防暑降温的根本措施。例如钢水连铸、轧钢、铸造等工艺的生产自动化可使工人远离热源，降低劳动强度。

（2）隔热，通风降温：隔热是防暑降温的一项重要措施，是降低热辐射的有效方法，分热绝缘和热屏挡两类。可以利用水或导热系数小的材料进行隔热，其中尤以水的隔热效果最好。

通风降温包括自然通风和机械通风两类，在自然通风不能满足降温的需要或生产上要求车间内保持一定的温湿度时，可采用机械通风。

（3）加强预防保健措施，提高个人防护工作：供应含盐饮料和补充营养：含盐饮料是高温作业工人补充水分和盐的最佳方法，补入量应与出汗所丢失的水、盐量相等；另外，高温作业工人的工作服应选用耐热、导热系数小而透气性好的织物制成。工作服应尽量宽大而不影响工作。

（4）做好医疗预防工作和组织措施：对高温作业工人应进行就业前和入暑前的查体，凡有心血管系统器质性疾病、持久性高血压、中枢神经系统器质性疾病等体弱者，均不宜从事高温作业。在高温季节，做好现场巡回医疗保健工作，大力开展防暑降温健康宣传教育活动。

根据地区气候特点，适当调整夏季高温作业强度和休息制度，尽可能缩短劳动时间，增加工间休息次数，严格遵照国家有关高温作业卫生标准做好厂矿防暑降温工作。

（二）低温作业

1．低温作业对机体的影响 机体在较低温度的作业环境下工作可能发生体温调节、中枢神经系统、心血管系统方面的障碍。人体具有御寒的能力，但有一定的限度，过长时间在寒冷环境下工作则会导致体温调节发生障碍，影响机体功能；另外，低温条件下可引起手脚不灵活、运动失调、反应减慢等神经效应，易使低温作业工人受到机械和事故的伤害。

2．职业接触 低温作业主要包括从事室外或室内无采暖设备的作业、工作场所有冷源装置的作业，如运输、环卫、林业、矿业、农业、投递等。

3．低温作业所致职业危害的健康促进

（1）做好防寒、保暖工作：在风冷等超低温环境下，不宜长时间工作；若在风冷等体感温度 -7℃以下环境持续工作，必须在附近建立暖和的庇所。

（2）注意个人防护：低温作业人员的防寒服装面料应具有导热性小、吸湿和透气性强的特性，劳动强度不可过高，防止过度出汗。

（3）增强耐寒体质：加强体育锻炼，适当增加富含脂肪、蛋白质和维生素的食物摄入，禁止饮酒等。

（三）异常气压

有些特殊工种需要在异常气压下工作，例如高气压下的潜水或潜函作业、低气压下的高空或高原职业等，由于工作气压与正常气压相差较大，如不做好防护，可对人体健康产生不利的影响。

1．高气压

（1）高气压作业：包括潜水作业、潜函（沉箱）作业、气象学上的高气压科学研究舱的作业、临床上的高压氧舱和加压治疗舱等。

（2）减压病：人在高气压工作一段时间后在转向正常气压时，因减压过速所致的职业病称为减压病。此时人体的血液和组织中产生大量的气泡，导致血液循环障碍和组织损伤。如果严格执行减压操作规程，分段逐渐脱离高气压环境，则体内溶解的氮可由组织中缓慢释放而进入血液，经肺泡逐渐呼出，对机体无不良影响。

减压病的唯一根治手段是及时加压治疗以消除气泡。此外尚需辅以其他疗法，如吸氧、补液和电解质以及其他对症和支持疗法。

（3）高气压作业所致职业危害的健康促进：①促进技术革新。如建桥墩时，管柱钻孔法代替沉箱作业，使工人在水面上即可工作。②加强安全卫生教育，严格遵守安全操作规程。让工人了解发病的原因和预防方法，高气压作业后须遵照安全减压时间表逐步返回到正常气压状态，目前多采用阶段减压法。③做好个人卫生保健措施。工作前防止过度疲劳；作业时注意防寒保暖。④做好就业前全面的体格检查，合格者才可参加工作；以后每年应作一次体格检查，并继续到停止高气压工作后 3 年止。

2．低气压

（1）低气压作业：高山、高空与高原均属低气压环境。低气压下进行的作业常见于高原考察、登山地质勘探等。

（2）高原病：职业性高原病是在高海拔、低氧环境下从事职业活动所致的一种疾病。低气压对机体的影响主要取决于人体对缺氧适应性的大小及其他影响因素，特别是呼吸和循环系统受到影响的程度较为明显。目前，国内外对高原病的命名和分类尚无统一标准，我国卫生标准称之为高原病，分为急性高原肺水肿、急性高原脑水肿、慢性高原心脏病和慢性红细胞增多症。

针对急性高原病，需采取“早发现、早诊断、适当休息并就地给予对症治疗”的处理原则；而对于慢性高原病患者则转至低海拔地区治疗，一般不宜再返回高海拔地区工作。

（3）低气压作业所致职业危害的健康促进：①促进和加快对高原环境的习服措施和手段。例如在进驻高原前必须充分进行心理和体力方面的适应性锻炼；适当控制登高速度与高度；多食用营养与高原耐缺氧食品；进行预缺氧训练等。②减少氧耗量，避免机体抵抗力下降。如降低劳动强度、防止疲劳、节制吸烟和饮酒、防止上呼吸道感染。③增加供氧，提高劳动能力。

二、噪声

噪声存在于许多生产环节中，是影响范围很广的一种职业性有害因素。长期接触一定强度的噪声，可使人体产生不良反应。

1．基本概念

（1）声音（sound）：指物体受振动后，振动能在弹性介质中以波的形式向外传播，传到人耳引起的音响感觉。

（2）噪声（noise）：是无规则、无周期性振动所产生的声音。从卫生学的角度讲，凡是使人感到厌烦或不需要的声音都称为噪声。

（3）频率：物体每秒振动的次数，单位是 Hz。人耳能感觉到的声音频率在 20 ～ 20 000 Hz，这一频率范围的振动波称为声波。

（4）生产性噪声（productive noise）：指在生产过程中产生的声音，其频率和强度没有规律，听起来令人感到厌烦，称为生产性噪声或工作噪声。

按生产性噪声的来源可分为三类：机械性噪声（如织布、打磨所发出的声音）、流体动力性噪声（如汽笛、空气压缩发出的声音）和电磁性噪声（如电动机、变压器发出的声音）。

按噪声随时间的分布情况，生产性噪声又可分为连续声和间断声；前者包括稳态噪声和非稳态噪声；对于稳态噪声，根据频率的特性可分为低频噪声、中频噪声和高频噪声。

2．噪声对机体的影响 噪声对人体的影响是全身性的，在早期主要表现为生理性改变，而长期接触较强噪声可引起病理性改变，主要是对听觉系统的损害，也可对心血管系统、神经系统以及全身其他组织器官产生不良影响。

（1）听觉系统：是感受声音的系统，可作为评价噪声危害的主要依据。噪声对听觉器官的损害一般经历由生理变化到病理变化的过程，即先出现暂时性听阈位移，逐渐发展为永久性听阈位移。包括暂时性听阈位移、永久性听阈位移、职业性噪声聋和爆震性耳聋。

暂时性听阈位移（temporary threshold shift，TTS）：指接触噪声后引起的听阈改变，在离开噪声环境后经过一定时间可以恢复到原来水平。分为听力适应和听力疲劳两个阶段。

永久性听阈位移（permanent threshold shift，PTS）：是指噪声引起的、不能再恢复到正常水平的听阈升高。其早期常见表现为高频听力下降，听力曲线在 3 000 ~ 6 000 Hz（多在 4 000 Hz）出现“V”形下陷。属于不可恢复的改变，具有病理变化的基础。常见的改变有听毛稀疏、倒伏、缺失，听毛细胞肿胀、变性或消失等。

职业性噪声聋（occupational noise-induced deafness）：是人们在生产过程中，由于长期接触噪声而发生的一种渐进性、感音性听觉损伤，是我国法定职业病。分为轻度聋、中度聋和重度聋。

爆震性耳聋（explosive deafness）：指在某些特殊条件下，强烈的爆炸所产生的振动波造成急性听觉器官的损伤，导致听力丧失。噪声所致的听力损伤和噪声聋尚无有效的治疗方法。

（2）非听觉系统：除了听觉系统外，噪声对神经系统、心血管系统、内分泌及免疫系统、消化系统及代谢功能、生殖功能及胚胎发育以及工作效率等方面均有一定的影响。人们在噪声环境下工作，注意力很难集中，反应迟钝，对工作效率和工作质量有较大的影响，甚至由于噪声的影响，掩盖了异常的信号预警，容易发生各种工伤事故。

3．影响噪声危害的因素

（1）噪声强度和频谱特性：噪声强度愈大、声音频率愈高，危害愈大。

（2）噪声的性质：脉冲噪声比稳态噪声的危害大。

（3）接触时间与方式：同样的噪声，接触时间长则对人体影响大；连续接触比间断接触的危害大。

（4）个体敏感性与个体防护：在同样条件下，对噪声敏感的个体可加重噪声的危害程度，而个体防护是预防噪声危害的有效措施。

（5）振动、高温、低温或有毒物质的同时存在可加重噪声的不良作用。

4．噪声所致职业危害的健康促进

（1）控制噪声源：在进行工作场所设计时，通过技术手段，改进工艺过程和生产设备控制并消除噪声源是防止噪声危害的根本措施。

（2）控制噪声的传播：在噪声传播过程中，利用吸声和消声技术来降低动力性噪声具有较好的效果。

（3）科学合理地制订工业企业噪声卫生标准：将噪声强度限制在一定范围之内，是防止噪声危害的重要措施。

（4）加强健康监护与个体防护：定期对接触噪声的个人进行体格检查；在高噪声环境下工作时佩戴个人防护用品是保护听觉器官的一项有效措施。

三、振动

振动普遍存在于自然界中，长期、过量接触生产设备产生的生产性振动可对人体产生不良影响，甚至引起职业病。

1．基本概念

（1）振动（vibration）：是一个质点或物体在外力作用下沿直线或弧线围绕平衡位置来回重复的运动。

（2）振动频率（vibration frequency）：指单位时间内物体振动的次数。单位为赫兹（Hz）。

（3）速度（velocity）：指振动体单位时间内位移变化的量。

2．振动对机体的影响　振动作用于人体，不仅可产生机械效应，还可引起生理和心理效应。它对人体有两方面的作用。适宜的振动有益于身心健康，可增强肌肉的活动能力，缓解疲劳，减轻疼痛，改善组织营养，促进新陈代谢。一旦在生产条件下接触大强度、长时间的振动，对机体则产生不良的影响，甚至引起疾病。

（1）全身振动：低频、大振幅的全身振动首先使人感觉不舒服，产生不快甚至难以忍受。大强度的全身振动可引起内脏移位或造成机械性损伤。另外，全身振动也可影响作业效率。通过直接的机械作用或对中枢神经系统的影响，使姿势平衡或空间定向发生错误，继而引起视物模糊，视觉分辨率下降，动作准确性降低，最终致作业能力下降。

（2）局部振动：又称手臂振动。局部振动对人体的影响也是全身性的，以上肢手臂末梢神经功能障碍为显著表现。局部振动对人体的常见危害是手臂振动病。属我国法定职业病，即长期从事手传振动作业而引起的以手部末梢循环和（或）手臂神经功能障碍为主的疾病。

3．影响振动危害的因素

（1）接触振动的强度和时间，决定了机体接受振动的“剂量”。

（2）在频率一定时，振动的强度越大，对人体的危害就越大。

（3）使用工具的重量和被加工物体的硬度通过影响操作体位和肢体紧张度而影响振动的危害性大小。

（4）环境温度是影响振动危害的重要因素；噪声、毒物等因素的联合作用对振动危害也有一定影响。

4．振动所致职业危害的健康促进

（1）加强安全教育及岗前训练。提供员工必要的防护设备，如佩戴双层衬垫无指手套或泡沫塑料衬垫手套以减轻振动，并督导确实佩戴。保证工间休息，让员工保持良好的精神状态。

（2）消除或控制振动源的振动。如改革工艺过程，消除或减轻振动源的振动是控制振动危害的根本措施。

（3）加强就业前和定期体格检查。

四、电离辐射

1．基本概念

（1）电离辐射（electromagnetic radiation）：指能够直接使物质电离或通过某些次级辐射使物质电离而产生带电粒子或不带电粒子的辐射。

（2）放射性活度（intensity of radioactivity）：指一定量的放射性核素在单位时间内的衰变数。

（3）照射量（exposure）：是描述 X 线或 γ 线使空气产生电离能力的物理量，表示 X 线、γ 线在空气中产生电离作用的能力大小。

2．电离辐射对机体的影响 电离辐射以外照射和内照射两种方式作用于人体。一定剂量的电离辐射作用于人体后所引起的全身性或局部性放射损伤，这类疾病称为放射性疾病，是劳动者在职业活动中由电离辐射引起的职业病，包括外照射急性放射病、内照射放射病、外照射慢性放射病、放射性皮肤病、放射性白内障、放射性复合伤等。

3．影响电离辐射危害的因素

（1）辐射剂量大小是生物学效应的决定性因素，剂量越大，生物效应越强；辐射的电离密度和穿透力也是影响损伤的重要因素。

（2）机体对辐射的易感性与组织细胞的分裂活动成正比，与分化程度成反比。辐射敏感性还与细胞间期染色体的体积成正比，即与细胞的 DNA 含量有关。

4．电离辐射所致职业危害的健康促进 电离辐射的防护目标是控制辐射剂量保持在相对的阈剂量以下，以防止确定性效应的发生，确保采取所有的合理措施以减少随机性效应的诱发。辐射卫生防护体系应做到利多于弊，使防护安排达到最大的净利益，使照射剂量达到可接受的安全水平。

（1）认真执行辐射防护三原则，即辐射防护实践的正当性、防护实现最优化、遵守个人剂量当量限值的要求。

（2）内照射防护主要采取阻断放射性物质进入体内的一系列相应措施。

（3）外照射防护必须具备距离防护、时间防护和屏蔽防护三种措施。

（4）做好公共场所和个人的监测与评价。

（5）严格管理医疗照射的控制和防护工作，做好放射工作人员管理和健康监护。

五、非电离辐射

1．基本概念 非电离辐射（non-imizmg radiation），也称电磁辐射（electromagnetic radiation），在这种电磁场中，变化的电场与磁场交替产生，由近及远以一定的速度在空间传播，形成电磁波。能量以电磁波的形式通过空间传播形成电磁辐射。

（1）射频辐射：指频率在 100 ～ 300 GHz 的电磁辐射，包括高频电磁场和微波。

（2）红外辐射：即红外线，也称热辐射。自然界的红外线辐射源以太阳为最强。

（3）紫外辐射：又称紫外线，波长范围在 100 ～ 400 nm 的电磁波形成紫外辐射。太阳辐射是紫外线的最大天然源。

（4）激光：是物质受激辐射所发出的光放大，波长在 200 ～ 1 000 nm 的相干光辐射称为激光。

2．非电离辐射对机体的影响

（1）太阳光辐射中，适量的紫外线对人体健康有积极作用，但过强的紫外辐射对人体皮肤和眼睛具有一定的损害，严重时表现为皮肤红斑、水肿、水泡、结缔组织损害，甚至诱发皮肤癌，或引发急性角膜结膜炎。

（2）高频电磁场对人体健康的影响主要表现为轻重不一的类神经症，如全身无力、头晕、头痛、记忆力减退、易疲劳和肢体酸痛等；微波的影响远大于高频电磁场，严重时可见局部器官的不可逆性损伤。

（3）红外辐射对人体的影响主要是皮肤和眼睛。长期暴露于低能量红外线下除发生皮肤灼伤外，亦可见慢性充血性睑缘炎。

（4）激光伤害人体的靶器官主要为眼和皮肤，也可对脑和神经系统造成一定影响。

3．非电离辐射所致职业危害的健康促进

（1）屏蔽和增大与辐射源的距离是防止紫外线损伤的原则。进入可能存在紫外线辐射的区域工作必须穿个人防护服、戴手套和防护眼镜。

（2）高频电磁场的主要防护措施有合理布局、距离防护、场源屏蔽、定期检测高频作业场所场强和磁场、做好个人防护；微波防护措施的基本原则是屏蔽辐射源、加大辐射源与作业点的距离、合理的个人防护。

（3）用反射性铝制遮盖物防止红外线辐射引起的损伤；做好个人防护，操作工应佩戴能有效过滤红外线的防护眼镜。

（4）对激光的防护包括激光器、工作环境及个体防护三个方面。激光器与实验台固定要牢靠；工作室维护结构应用吸光材料制成；所有参加激光作业的人员必须先接受激光危害及安全防护的教育。

第三节 化学因素所致危害的职业健康促进

化学因素是指在生产中接触到的原料、中间产品，成品和生产过程中的废气、废水、废渣等，可对健康产生危害。在一定条件下，较小剂量的外来化学物质即可引起机体功能或器质性损害，甚至危及生命，此种化合物称为毒物（toxicant）；机体受毒物的作用导致一定程度的损害而出现的疾病状态称为中毒（poisoning）。劳动者在生产过程中接触毒物所发生的中毒则称为职业中毒（occupational poisoning）。

生产环境中的毒物以固体、液体、气体或气溶胶的形态散布于车间空气中，主要通过呼吸道和皮肤进入体内。其危害程度与毒物的挥发性、溶解性和固态物的颗粒大小等相关。毒物接触皮肤后，按其理化特性和毒性，有的引起腐蚀或刺激作用，有的产生过敏反应。有些脂溶性毒物对局部皮肤虽无明显损害，但可经皮吸收，引起全身中毒。生产过程中毒物经消化道进入人体而引起中毒者较为少见，通常由毒物污染食品或吸烟等所致。从车间排出的废气、废水和废渣中的毒物，虽不直接使工人患病，但能危及周围居民健康，影响生态，其危害亦不可忽视。了解生产性毒物的来源及其存在状态，对空气样品的采集、分析及制订相应的防护策略均有重要意义。

化学性因素包括两大类：生产性毒物和生产性粉尘。首先，生产性毒物是指在生产过程中产生的、存在于工作环境空气中的化学物质。有的是原料，有的是中间产品，有的是产品。常见的有氯、氨等刺激性气体，一氧化碳、氰化氢等窒息性气体，铅、汞等金属类毒物，苯、二硫化碳等有机溶剂。另外，在生产过程中产生的、较长时间悬浮在生产环境空气中的固体微粒，称为生产性粉尘，如硅尘、滑石尘、石棉尘、电焊烟尘、聚氯乙烯粉尘、玻璃纤维尘，腈纶纤维尘等。

一、金属与类金属

金属（metals）包括重金属（密度＞4.5 g/cm^{3}的铅、汞、锰等）和轻金属（密度＜4.5 g/cm^{3}的钠、铝、镁等）。

类金属（metalloids）指具有部分金属特性的元素，包括硼、砷、硒、硅等，它们在元素周期表中位于金属与非金属之间的过渡带。

呼吸道是金属烟尘进入人体的主要途径。金属在体内很难被破坏，其对体内某些器官和系统有特殊的亲和力，某器官蓄积某有毒金属量越多，该器官越易受损。金属毒作用取决于其进入机体的能力和动力学；金属并非对人体都是有毒的，低剂量亦可具有必需的功能作用。若人体内微量金属元素摄入不足，会出现相应的缺乏症；摄入过多，又可引起中毒。

（一）铅

1．理化特性　铅是一种质地较软、具有易锻性的蓝灰色金属。铅所有的氧化物均以粉末状态存在，可溶于酸。

2．职业接触途径

（1）铅矿开采及冶炼：开矿时，呼吸道和消化道接触为主要途径。

（2）熔铅作业：制造铅丝、铅皮、铅管等，旧印刷业的铸字、铸版，废铅回收等均可接触铅尘、铅烟或铅蒸气。

（3）铅化合物：常用于制造蓄电池、油漆、景泰蓝、防锈剂等。

3．对机体生理功能的影响　铅经呼吸道吸收较迅速，铅烟的吸收取决于其颗粒大小和溶解度。血液循环的铅主要分布于肝、肾、脑、皮肤和骨骼肌中，数周后，由软组织转移到骨，并以难溶的磷酸铅形式沉淀下来。铅可作用于全身各个系统和器官，主要有造血系统、神经系统、消化系统、血管及肾等。血铅浓度表示人体软组织中铅的含量，主要是反映人体近期铅的接触量。血铅也是职业性慢性铅中毒的诊断指标之一。

4．职业健康促进

（1）通过完善通风设施、加强工艺改革、控制熔铅温度、以无毒或低毒物代替铅的方法降低铅浓度[3]。

（2）加强防护和建立卫生操作制度。提高工人蛋白质、维生素C的供给量，多吃新鲜水果；适量增加维生素B族、维生素K摄入；减少脂肪和钙的供给量。工人应穿工作服，戴滤过式防尘、防烟口罩。

（3）定期对工人进行体格检查。

（二）汞

1．理化特性　俗称水银，不溶于水和有机溶剂，可溶于稀硝酸和类脂质。可与金、银等金属形成汞合金。

2．职业接触途径

（1）汞矿开采与冶炼：开矿时，呼吸道和消化道接触为主要途径。

（2）仪器仪表制造和维修、电工器材等，染料、塑料工业用汞作催化剂，口腔科银剂补牙等。

3．对机体生理功能的影响　金属汞主要以蒸气形式经呼吸道进入体内。汞及其化合物可分布到全身多处组织，早期集中在肝，然后转移至肾，以近曲小管上皮组织内的含量最多。汞在人体内半减期约为60 d。

4．职业健康促进

（1）改革工艺及生产设备，降低生产环境中空气汞的浓度，使之达到卫生标准是确保职业健康的关键。

（2）加强个人防护，建立卫生操作制度。提高工人蛋白质的供给量，尤其是富含蛋氨酸的动物蛋白质；适当增加 B 族维生素和维生素 C 的摄入；减少脂肪供给量。

（3）注意职业禁忌证。患有明显口腔疾病、胃肠道和肝肾器质性疾患、精神神经性疾病、妊娠和哺乳期女工应暂时脱离汞接触。

（三）锰

1．理化特性　是一种灰色硬脆有光泽的金属。高温时遇氧气或空气可燃烧。

2．职业接触途径

（1）锰矿石开采、运输与加工等冶金工业。

（2）锰化合物：常用于制造电焊条、干电池的生产和染料工业，应用于碳酸锰与氯化锰、清漆催干剂、硬脂酸锰的生产等。

3．对机体生理功能的影响　在生产环境中，锰及其化合物主要以粉尘、烟尘的形式经呼吸道进入人体。锰中毒主要表现为锥体外系神经障碍，但其作用机制还不十分清楚。

4．职业健康促进

（1）作业场所严格采取防尘措施以降低作业环境中锰的浓度。

（2）加强个人防护。工人应佩戴防毒口罩，禁止在工作场所吸烟和进食。

（3）定期对工人进行体检。

二、刺激性气体

刺激性气体（irritant gases）是指一类对眼、呼吸道黏膜及皮肤有刺激性的气体，在工业生产尤其是化工行业中尤为常见。较多见的刺激性气体有氯、氨、氮氧化物、二氧化硫、光气和氟化氢等。

（一）氯

1．理化特性　为黄绿色气体，具有强烈的刺激性臭味，在高温条件下与一氧化碳作用可形成毒性更大的光气。

2．职业接触途径　氯在工业中被广泛使用。在造纸、制药、染料、纺织、石油、橡胶、冶金等行业中可作为原料应用。

3．对机体生理功能的影响　氯主要经呼吸道作用于气管、支气管及肺部。长期接触氯气可出现上呼吸道黏膜刺激症状、支气管周围炎、间质性肺泡性肺水肿等。

4．职业健康促进

（1）严格遵守安全操作规程，定期检查设备，防止跑、冒、滴、漏。

（2）上岗前及定期体格检查，发现职业禁忌证者应调离该岗位。

（3）配备并且培训工人正规使用防护用品。

（二）氮氧化物

1．理化特性　是氮和氧化合物的总称，包括一氧化氮、二氧化氮、三氧化二氮、四氧化二氮、五氧化二氮、氧化亚氮等。

2．职业接触途径　焊接、气割、制造硝酸、用硝酸浸洗金属、硝化有机物、制造硝基化物、卫星发射、存放谷仓中的青饲料等均可产生氮氧化物。

3. 对机体生理功能的影响 氮氧化物对上呼吸道的刺激较小，主要作用于深部呼吸道，可导致黏膜刺激反应、迟发性阻塞性毛细支气管炎，甚至致命性肺水肿等的发生。

4. 职业健康促进

(1) 严格执行上岗前体检和定期体检制度。有明显呼吸系统和心血管系统疾病者不宜从事该作业。

(2) 作业工人必须佩戴送风或供氧式防毒面具；储存和运输应注意防火、防爆、防泄漏。

(3) 做好废气的回收利用工作。

(三) 光气

1. 理化特性 又称碳酰氯，是无色气体，具有腐草味，由一氧化碳和氯气混合通过活性炭催化而制得。

2. 职业接触途径 使用光气制造合成橡胶、塑料、染料、制药等均可接触到光气。

3. 对机体生理功能的影响 光气是剧烈窒息性毒气，经呼吸道侵入人体，属于高毒类物质。对眼和上呼吸道刺激性较小，对肺产生强烈的刺激作用。吸入高浓度光气可导致人出现肺水肿。

4. 职业健康促进

(1) 生产装置应密闭化、管道化，尽可能实现负压生产，防止光气泄漏、外逸。加强尾气的处理，严格执行安全操作规程，定期检查设备。

(2) 配备安全防护用品，发生大量泄漏应立即用氨水喷雾中和，少量可用水蒸发冲散。

(3) 对职工进行安全教育和岗前培训，使工人懂得特殊器材和特殊设备的使用方法，学会自救与互救知识。

三、窒息性气体

窒息性气体（asphyxiating gas）指能够引起机体对氧的摄取量不足、血液运氧能力或组织细胞利用氧的能力发生障碍，造成机体缺氧的有害气体。

在生产过程中，化学性窒息性气体引起的中毒较为多见，危害也比较严重。窒息性气体中毒可损害多个脏器系统，但以中枢神经系统的受损最为严重。

(一) 一氧化碳

1. 理化特性 一氧化碳俗称煤气，是一种无色、无味、与无味重复、无刺激性的气体，易燃、易爆炸。

2. 职业接触途径 冶金工业的炼焦，采矿爆破作业，机械工业的锻造，耐火材料、陶瓷、建筑材料等工业使用的各种窑炉、煤气发生炉等，均可产生一氧化碳。

3. 对机体生理功能的影响 一氧化碳经呼吸道可迅速透过肺泡入血，与红细胞血红蛋白结合形成碳氧血红蛋白，这是急性一氧化碳中毒引起机体缺氧窒息最主要的机制。

4. 职业健康促进

(1) 对职工开展一氧化碳中毒预防、自救、互救知识的宣教。

(2) 对生产设备开展定期维护和检修，防止跑、冒、滴、漏。

(3) 严格安全生产制度和操作规范，进入高浓度一氧化碳作业区应佩戴好防毒面具。

(二) 硫化氢

1. 理化特性 是一种无色、具有强烈臭蛋气味的可燃性气体，能与大部分金属反应形成硫酸盐。

2. 职业接触途径 冶金工业和石油工业中含硫矿物开采时所排放的废气；生产和使用硫化染料；

制糖、造纸、皮革加工等原料腐败产生硫化氢等。

3．对机体生理功能的影响 主要经呼吸道吸收，皮肤也可吸收很少一部分。硫化氢属于窒息性气体，高浓度的硫化氢可直接抑制呼吸中枢系统，导致“电击样”死亡。

4．职业健康促进

（1）加强通风，对生产设备经常进行维护和检修，防止漏气。

（2）做好作业环境监测，安装毒物超标自动报警系统，设置警示标志。

（3）加强对职工开展硫化氢中毒预防、自救、互救知识的教育力度。

（4）做好职工健康监护工作，对工人进行定期体检。

四、有机溶剂

一般为液体，主要用作清洗剂、去油污剂、提取剂和稀释剂。工业溶剂种类很多，具有类似或不同的理化特性和毒作用特点：多具有可溶性、挥发性和易燃性；还具有脂溶性，摄入后多分布于富含脂肪的组织中；主要以原形物经呼出气排出，少量以代谢物形式经尿液排出。绝大多数有机溶剂对机体会造成皮肤、中枢神经系统、周围神经和脑神经、呼吸系统、血液、心脏、肝、肾、生殖系统等方面的影响。

（一）苯

1．理化特性 在常温下为带特殊芳香味的无色液体，易燃。

2．职业接触途径 苯广泛应用于农业生产中，可作为有机化学合成中的原料，亦可作为溶剂、萃取剂和稀释剂及燃料等。

3．对机体生理功能的影响 苯在生产环境中主要以蒸气形式由呼吸道进入人体，多分布在含类脂质较多的组织和器官中。长期接触苯，皮肤可脱脂、变干燥，对生殖系统也可产生影响，甚至可引起各种类型的白血病。

4．职业健康促进

（1）苯是确定的人类致癌物，尽量用无毒或低毒的物质取代苯。

（2）通过工艺改革、加强通风等措施，使车间空气中苯的浓度低于国家卫生标准。

（3）积极采取卫生保健措施。对苯作业现场进行定期劳动卫生学检查。

（4）加强个人防护与健康监护。进行严格的就业前和定期体检。

（二）正己烷

1．理化特性 常温下为微有异臭的液体，易挥发。

2．职业接触途径 正己烷可用于提取植物油与合成橡胶的溶剂，还可用于制造胶水、清漆、黏合剂等。

3．对机体生理功能的影响 正己烷在生产环境主要以蒸气形式经呼吸道吸收，亦可经胃肠道吸收，经皮肤吸收较次之。进入机体后主要分布于血液、神经系统、肾、脾等，高剂量时可影响全身多个器官。

4．职业健康促进

（1）加强密闭、通风措施，降低空气中正己烷的浓度。

（2）应提高防患意识，完善职业卫生管理监督，加强健康教育。

（3）加强作业工人个人防护；工人作业前应穿防护服，严禁用正己烷洗手。

（4）定期体检且应特别注意周围神经系统的检查。

（三）二氯乙烷

1．理化特性 室温下为无色液体，有氯仿样气味，加热可分解产生光气。

2．职业接触途径 二氯乙烷可用作麻醉剂、黏合剂、杀虫剂、工业溶剂、脱脂剂、萃取剂和清洁剂等。

3．对机体生理功能的影响 二氯乙烷作用的主要靶器官为神经系统、肝和肾。皮肤接触可引起干燥、脱屑和皮炎，更有致癌、致畸、致突变作用。1,2- 二氯乙烷还具有心脏、免疫和遗传毒性。

4．职业健康促进

（1）进行生产工艺改革和通风排毒，降低空气中 1,2- 二氯乙烷的浓度。

（2）做好就业体检和定期查体工作。

（3）寻找不含 1,2- 二氯乙烷的低毒代替品。

五、苯的氨基和硝基化合物

苯或其同系物苯环上的氢原子被一个或几个氨基或硝基取代后，即可形成芳香族氨基或硝基化合物。可形成种类繁多的衍生物，较常见的有苯胺、苯二胺、二硝基苯、三硝基甲苯等。该类化合物主要造成血液、肝、泌尿系统、神经系统的损害，也具有皮肤损害、致敏作用和致癌作用。

（一）苯胺

1．理化特性 又称氨基苯、阿尼林等。纯品为无色油状液体，具有特殊气味，易挥发，长时间放置颜色可变为棕色。

2．职业接触途径 工业场所使用的苯胺均为人工合成，在生产过程中可经呼吸道进入体内。另外，亦广泛用于染料制造、印染、香水、塑料、橡胶、照相显影剂、药物合成等工业。

3．对机体生理功能的影响 苯胺可经呼吸道、皮肤和消化道进入，经皮吸收是引起中毒的主要原因。其中间代谢产物苯胲具有主要毒性作用，可引起神经系统和心血管系统损伤。

4．职业健康促进

（1）加强通风、排毒设施的检查和维修，保证这些设备有效地工作，以改善车间生产环境。

（2）改革生产工艺，用抽提泵加料代替手工操作，以免工人直接接触。

（3）重视检修制度，遵守操作规程。

（4）开展多种形式的安全教育，在车间不吸烟、饮酒，及时更换工作服、手套，增强个人防护意识。

（5）做好就业体检和定期查体工作。

（二）三硝基甲苯

1．理化特性 三硝基甲苯（简称 TNT），为无色或淡黄色针状结晶，又称黄色炸药。突然受热易引起爆炸。

2．职业接触途径 在化学合成、配料、粉碎、过筛、生产、包装过程均可产生 TNT 粉尘及蒸气。TNT 作为炸药，广泛应用于国防、采矿、开凿隧道等方面。

3．对机体生理功能的影响 三硝基甲苯可经皮肤、呼吸道及消化道进入体内。对人的毒性作用主要有晶体损害（中毒性白内障）、肝损害、血液系统和生殖系统损伤等。

4．职业健康促进

（1）保持生产操作过程中密闭化、连续化，采用计算机等自动化控制设备。

（2）加强通风排毒设施的建设和维修检查，改善车间生产环境。

（3）接触 TNT 的工人，工作后应用温水彻底淋浴，用 10% 亚硫酸钾肥皂洗浴、洗手；也可用乙醇氢氧化钠溶液（9∶1）擦手。

（4）定期进行作业场所环境监测和接触工人的健康监护。

六、高分子化合物生产中的毒物

高分子化合物由一种或几种单体经聚合或缩聚而成，分子量达数千至数百万的化合物，又称聚合物。高分子化合物生产中的职业危害多发生于单体制造，例如丙烯腈、氯乙烯，对接触者可致急慢性中毒，甚至引起职业性肿瘤。

（一）丙烯腈

1．理化特性 常温常压下为无色、易燃、易挥发性液体，伴有苦杏仁样特殊的气体。

2．职业接触途径 丙烯腈是有机合成工业中的重要单体，从事丙烯腈生产和以丙烯腈为主要原料生产腈纶纤维。化工装卸工，丁腈橡胶等作业的检修工、清理工等有机会接触其蒸气或液体而引起急性或慢性中毒。

3．对机体生理功能的影响 可经呼吸道、胃肠道和皮肤吸收。蓄积作用不明显。尿氰酸盐测定可作为丙烯腈接触的指征，仅供诊断参考。

4．职业健康促进

（1）加强生产设备和管道的密闭通风管理。

（2）丙烯腈易经皮吸收，接触后及时应用温水或肥皂水清洗皮肤。

（3）做好就业体检和定期查体工作。

（二）氯乙烯

1．理化特性 常温下为无色气体，略带芳香味。热解时有光气、氯化氢、一氧化碳等释出。

2．职业接触途径 目前，我国氯乙烯年产量可达数百万吨，生产作业人员的数量也与日俱增。氯乙烯主要用作生产聚氯乙烯单体；也可与醋酸乙烯酯、丙烯腈、丙烯酸酯等共聚制得各种树脂；在氯乙烯生产过程中，清洗或抢修转化器、储槽、压缩机，尤其是进入聚合釜内清洗或抢修时可因吸入较高浓度的氯乙烯而发生中毒。

3．对机体生理功能的影响 氯乙烯主要以蒸气形式经呼吸道进入人体。吸入的氯乙烯主要分布于肝、肾，其次为皮肤、血浆，脂肪最少。长期接触氯乙烯对作业工人可产生多个系统不同程度的影响，如周围神经病、肝功能异常、血小板减少、类神经症、雷诺综合征、肢端溶骨症等。

4．职业健康促进

（1）加强生产设备及管道的密闭、通风管理和维护保养，防止氯乙烯气体外溢和防火、防爆，将车间空气中的浓度控制在职业接触限制以内。

（2）在采样、设备检修和现场处理时应戴供氧式防毒面具，做好个人防护。

（3）做好就业体检和定期查体工作。

（三）二甲基甲酰胺

1．理化特性 二甲基甲酰胺（DMF）为无色液体，带有氨气味，与碱接触可形成二甲胺。

2．职业接触途径 能与水和多种有机溶剂混溶，是制造聚氯乙烯、聚丙烯腈等合成纤维的优质溶剂。也可用于制药、染料、树脂及皮革生产。

3．对机体生理功能的影响 二甲基甲酰胺属于中低毒类。主要损害消化系统，尤其是肝，对皮肤、黏膜有刺激作用。在生产环境中，主要以蒸气形式经呼吸道进入体内，亦可经皮肤和消化道进入人体而引起中毒。

4．职业健康促进

（1）加强生产设备及管道的密闭和通风管理，防止跑、冒、滴、漏，加强作业场所空气中毒物浓度检测。

（2）有明显肝、肾疾病者禁忌接触二甲基甲酰胺。

（3）工人作业时必须穿防护服和佩戴送气式防毒面具，加强个人防护，一旦皮肤被污染，应立即用清水清洗。

七、农药

农药（pesticides）是指用来防止、消灭和控制危害农林牧业生产的有害生物或调节植物生长的化学药品。农药是一类特别的化学品，生产环境中农药的投放使用一般都是带有目的性的。农药的接触十分广泛，既包括从事生产、运输、保存、使用的职业接触人群，也包括通过污染的产品、土壤等环境接触的社会人群。

（一）有机磷酸酯类农药

1．理化特性 有机磷农药大多数为磷酸酯类或硫代基磷酸酯类化合物，是带有大蒜或韭菜臭味的油状液体，一般为白色结晶。其中美曲膦酯遇碱可转为毒性更大的敌敌畏。

2．对机体生理功能的影响 有机磷农药是我国目前生产和使用最广泛的一类农药，绝大多数用作杀虫剂，如敌敌畏、乐果、美曲膦酯、内吸磷等。可经消化道、呼吸道、完整的皮肤和黏膜进入体内。职业性农药中毒主要由皮肤污染引起。被吸收的有机磷随血液迅速分布于全身各器官，其中以肝含量最高，其次为肾、肺、脾，可通过血脑屏障进入脑组织，有的亦可通过胎盘屏障进入胎儿体内。

3．职业健康促进

（1）强化操作规程、控制用药范围和加强医疗预防服务。

（2）对接触者应做就业前和定期体检，对农药中毒高危人群定期进行农药中毒筛检。

（3）增强施药工人的防护意识。施药工人应穿长袖衣、长裤和鞋、袜，皮肤可涂抹肥皂以减少药液经皮吸收。使用碱液纱布口罩，可以防止吸入中毒。

（二）拟除虫菊酯类农药

1．理化特性 拟除虫菊酯类农药大多数为黄色或黄褐色黏稠状液体，少数为白色结晶，一般配成乳油制剂使用。

2．对机体生理功能的影响 拟除虫菊酯类农药主要经口、鼻进入人体，大面积污染皮肤也可引起中毒。拟除虫菊酯类农药对哺乳动物多呈中等毒性，少数属高毒或低毒级。拟除虫菊酯类农药具有神经毒性，作用机制尚未完全阐明。

3．职业健康促进

（1）预防农药中毒的关键在于加强领导和普及安全用药知识。

（2）凡患有周围及中枢神经系统器质性疾病、患慢性皮肤病或严重过敏性皮肤病史者不宜接触拟除虫菊酯作业。

（3）拟除虫菊酯作业者应做就业前体检和定期体格检查。

八、生产性粉尘

粉尘（dust）是指直径很小的固体微粒，可在自然环境中天然生成，或在生产活动中人为生成。生产性粉尘是指在生产过程中形成的、能够长时间飘浮在空气中的固体微粒，它是污染作业环境和影响劳动者健康的重要职业性有害因素，可引起多种职业性肺部疾患。

生产过程中，作业工人长时间吸入粉尘，能引起以肺部组织纤维化为主的病变、硬化，丧失正常的呼吸功能，导致尘肺病。尘肺病是无法痊愈的职业病，治疗只能减少并发症、延缓病情发展，不能使肺组织的病变消失。此外，部分粉尘还可以引发其他疾病，例如造成刺激性疾病（沥青烟尘、石灰、皮毛、烟草等粉尘使皮肤发生溃疡性皮炎、眼睛发生结膜炎等）、急性中毒（铅尘、锰尘等）、致癌率增高（石棉尘、砷尘及放射性物质粉尘等）[4]。

（一）尘肺的分类

按尘肺的发病原因，通常可以分为五类。

1．硅肺　是指由于吸入含有二氧化硅粉尘而引起的尘肺。硅肺的特点是发病率高、发病周期短、病变过程快，是危害面最广、危害性最大的一种尘肺病。

2．硅酸盐尘肺　由于吸入含有硅酸盐粉尘而引起的尘肺。如石棉肺、滑石尘肺、云母尘肺、水泥尘肺均属于硅酸盐尘肺。

3．碳素尘肺　由于吸入碳素粉尘而引起的尘肺。包括石墨尘肺、炭黑尘肺、煤尘肺。

4．金属尘肺　指由于吸入含有金属性粉尘而引起的尘肺。如铝尘肺、电焊工尘肺等。

5．混合性尘肺　指由于同时吸入含有二氧化硅粉尘和其他粉尘而引起的尘肺。如煤矿工人所患的煤工尘肺和铸造工人所患的铸工尘肺均属于混合性尘肺。

目前我国把硅肺、煤工尘肺、水泥尘肺、电焊工尘肺、滑石尘肺、石墨尘肺、炭黑尘肺、石棉肺、云母尘肺、铝尘肺、陶工尘肺、铸工尘肺这 12 种尘肺列为法定职业病。

（二）影响尘肺的致病因素

尘肺的致病因素主要有粉尘的沉积量、致病性和吸入量。

1．粉尘在肺泡中的沉积量是发生尘肺的首要条件，沉积量和下面的因素有关。

（1）粉尘粒径：人体呼吸器官对粉尘的进入有防御功能，进入的粉尘大部分被阻留在鼻腔中或黏附在各级支气管的黏膜上，随呼吸或痰液排出体外，仅有一小部分粒径较小的尘粒才可能进入肺泡而沉积。进入肺泡的粉尘粒径在 10 μm 以下，粒径大于 15 μm 则很难进入肺泡，阻留在肺泡内的粉尘粒径 95% 以上都小于 5 μm。

（2）表面活性：粒径越小，破碎生成的粉尘越新，表面活性越大，导致肺组织纤维化的作用就越强。

（3）荷电性：空气中悬浮的粉尘大部分带电，温度升高荷电增大，湿度增大荷电减少；荷电多的粉尘容易被阻留在肺内，并能影响细胞的吞噬速度。

2．粉尘的致病性　粉尘中的游离二氧化硅（不与其他元素氧化物结合在一起的二氧化硅）含量越高，发病时间越短，病变发展速度越快，危害性越大；接触含游离二氧化硅 70% 以上的粉尘的发病时间远低于接触含游离二氧化硅 10% 以下的粉尘的发病时间；石棉、铅、铬、镍、滑石、联苯胺粉尘、焦炉烟尘及放射性矿尘等均是致癌粉尘；金属致癌粉尘除与剂量有关外，还与吸烟有关，例如接触铬尘的工人，吸烟者肺癌死亡率约为不吸烟者的 6 倍；难溶性粉尘都能引起气管炎和肺组织纤维化；有机粉尘均可引起变态反应性肺泡炎。

3．粉尘的吸入量 作业场所空气中粉尘浓度越高，有尘作业的劳动强度越大，接触粉尘的时间越长，粉尘吸入量就越多，越容易患尘肺。

（三）职业健康促进

我国在数十年的尘肺预防与控制工作中，将职业病防制措施中的法律措施、组织措施、技术措施和卫生保健四大措施具体化、细致化，将尘肺综合性预防措施概括为“革、水、密、风、护、管、教、查”八字方针，对我国控制粉尘危害具有重大的指导意义。

1．革 即生产工艺、生产过程的技术革新、技术革命。通过工艺与生产技术改革来防止粉尘危害，是消除粉尘危害的主要途径。如生产实现现代化、自动化；用负压吸砂、风力运输等方法消除粉尘飞扬。

2．水 即湿式作业，是一种经济易行的、防止粉尘飞扬的有效措施。如耐火材料研磨或石英磨粉时，采用水磨代替干磨，能有效清除硅尘飞扬，降低环境粉尘浓度，减少粉尘危害。

3．密 密闭尘源。尽可能密闭产生粉尘的设备，防止尘粒逸出。如采用密闭抽尘和局部吸尘。

4．风 即通风除尘。包括局部机械通风和全面机械通风。对通过通风除尘排除的含尘空气，不能直接排入大气中，需经除尘设备除尘。

5．护 即个人防护。佩戴防尘口罩是最重要的辅助防护措施。此外，应加强锻炼，增强体质，注意个人卫生。

6．管 防尘管理制度。包括防尘操作制度、降低接尘人数、缩短接尘时间、设备维护检修制度等。如先戴口罩后进车间，先开防尘设备后工作，先检查后接班等。

7．教 宣传教育。普及防尘知识教育，使工人了解粉尘的危害，积极宣传预防尘肺的重要性，与医务人员配合共同搞好尘肺的防治工作。

8．查 查尘、查体，及时检查、评分和总结。包括就业前体检、定期体检和离岗后体检；定期测定生产环境空气中粉尘的浓度。

第四节 职业伤害的健康促进

伤害（injury）是各种蓄意和非蓄意因素造成的人体伤害、影响了正常活动并且需要医治和护理的事件。由于伤害的偶然性、突发性和意外性，使之成为当今世界上严重的公共卫生问题，与感染性疾病、慢性非传染性疾病一起构成危害人类健康的三大疾病，其预防与控制越来越受到世界各国的重视。职业性伤害主要是指出现在工作地点，或由于工作环境中某事件所造成的伤害。全球职业性伤害年发生人数保持在1亿人以上，因职业性伤害而致死者10万人以上，150万人致残或丧失劳动能力。我国职业性伤害年发生约1 000万人左右，因职业性伤害致死者在34 000人以上。从上述资料可以看出，职业性伤害是严重威胁人群健康、特别是职业人群健康的世界性公共卫生问题，无论发达国家还是发展中国家，职业伤害的发生率、致残率和死亡率都高居不下，是威胁人们健康的主要疾病之一。而随着社会经济的发展，城市化和工业化进程的加快，职业伤害的威胁将会呈持续上升的趋势。

从伤害的三级预防来看，伤害的预防策略与传染性疾病和非传染性慢性疾病的预防策略既有联系，又有其自身特点。伤害的第一级预防是指应用全人群策略和高危人群策略，强化主动保护与被动防护措施，避免和减少伤害的发生。伤害的第二级预防是为降低伤害的死亡率和伤残率，完善现场紧急救护，包括伤害发生后的自救互救、院前救护和医院急救，这是提高生存机会和减少后遗残疾的关键。第三级预防主要是使伤者恢复正常功能和社区康复。

作业场所健康促进的意义是为劳动者创造良好的劳动条件和职业生活环境，减少和消除职业性及其他有害因素，降低职业病、常见病和工作相关疾病的发病率以及工伤事故的发生率，保证职业人群的健康水平，提高劳动生产率，促进国民经济的可持续发展。通过健康促进提高劳动者的健康意识，掌握在职业活动中自我健康保护的知识和技能，养成良好的健康行为和生活方式，减少有害因素对健康的损害。

一、职业伤害概述

职业伤害（occupational injury）又称工作伤害，简称工伤，是指生产劳动过程中由外部因素直接作用而导致机体组织的突发性损伤。例如因职业性事故导致的伤亡及急性化学物中毒。职业伤害的本质特征是对受害者机体的损伤，它既可以是由工作事故引起的，也可以是由致病的危险因素所引起的。因而，职业伤害的概念包括职业事故伤害和职业病两个部分。

职业事故伤害（occupational accident injury）是在职业活动（如企业生产活动）所涉及的区域内，由于突发性致害因素使人体组织受到的损伤。职业病（occupational disease）是指劳动者在职业活动中因接触职业性有毒有害环境（如高温、噪声、粉尘、放射源，有毒、有害化学物质，致病微生物等因素）而引起的所有疾病。

1．职业伤害的认定范围

依据《企业职工工伤保险试行办法》（2011 修订版），职工有下列情形之一的，应认定为工伤。

（1）在工作时间和工作场所内，因工作原因受到事故伤害的；

（2）工作时间前后在工作场所内，从事与工作有关的预备性或者收尾性工作受到事故伤害的；

（3）在工作时间和工作场所内，因履行工作职责受到暴力等意外伤害的；

（4）患职业病的；

（5）因公外出期间，由于工作原因受到伤害或者发生事故下落不明的；

（6）在上下班途中，受到非本人主要责任的交通事故或者城市轨道交通、客运轮渡、火车事故伤害的；

（7）法律、行政法规规定应当认定为工伤的其他情形。

职工有下列情形之一的，视同工伤：

（1）在工作时间和工作岗位，突发疾病死亡或者在 48 小时之内经抢救无效死亡的；

（2）在抢险救灾等维护国家利益、公共利益活动中受到伤害的；

（3）职工原在军队服役，因战、因公负伤致残，已取得革命伤残军人证，到用人单位后旧伤复发的。

2．职业伤害的分类

（1）按受伤程度分类：分为轻伤、中度伤、无生命危险的重伤、有生命危险的重伤、危重、存活和不明五大类。

（2）按致伤因素分类：分为机械性损伤（如挤压伤、切割伤等）、物理性损伤（如冻伤、烧伤、电损伤等）和化学性损伤（如强酸、碱所致的灼伤等）。

（3）按受损部位分类：颅脑伤、面部伤、胸部伤、腹部伤和肢体伤。

（4）按皮肤或黏膜表面有无伤口分类：分为闭合性和开放性损伤两大类。

（5）按受伤组织或器官多寡分类：分为单个伤和多发伤两大类。

3．职业伤害的主要体现

（1）矿业和建筑业致死性安全事故屡见不鲜，工人的生命安全问题面临严峻的挑战。

（2）断指、断手、断肢等非致死性事故在劳动力密集的制造业中不断发生，工人伤残数量居高不下。

（3）化学气雾、有毒气体、农药污染、粉尘导致的各种慢性中毒和尘肺等职业疾病，严重威胁劳动者，尤其是妇女及其后代的健康。

（4）以知识分子为主体的办公室和科技工作人员的紧张、失眠、抑郁等心理疾患和颈椎病、肩周炎、视屏眼、鼠标手等生理疾患逐年呈现上升趋势[5]。

二、职业伤害流行病学

（一）职业伤害的分布特征

1．按行业和职业分布 不同行业和职业的职业伤害事故率有所不同。调查研究发现死亡人数最多的行业为建筑业，其次为交通等公共设施和制造业；死亡率最高的是采矿业，其次为农、林、渔业和建筑业。

2．按人群分布 研究发现男性比女性易发生事故；年龄小、工龄短者往往职业伤害发生率高，这与他们缺乏工作经验有关，而年老职工职业伤害发生率的升高可能与生理衰老、动作协调性减退有关。

（二）职业伤害流行病学研究的基本方法

职业伤害作为伤害的一种，也可采用流行病学的基本方法。职业流行病学的研究与方法同样适用于职业性伤亡事故的调查研究。

1．描述性研究 目前绝大多数的职业伤害流行病学研究是描述性研究，其中最多的是利用现有的职业伤害资料进行整理和统计学分析，通过描述和比较职业伤害事故的发生率和死亡率的分布特征，识别高危人群和行业，为进一步研究职业伤害的原因和危险因素提供有价值的线索。

2．分析性研究 分为病例 - 对照研究、回顾性队列研究和前瞻性队列研究。分析性研究可以根据描述性研究所提供的线索，进一步确定危险因素，进而对判定职业伤害的危险因素更具说服力。

3．干预性研究 包括工程学干预研究、行政干预研究、个人干预研究和综合干预研究。主要用于事故预防措施的效果评价，亦可用来验证病因假设。

三、常见职业伤害的类型及其发生原因

（一）物体打击

常见的物体打击伤害包括：①设备不正常运转，部件飞出伤人；②设备违规操作伤人；③压力容器爆炸，飞出物伤人；④起重吊装、拆装时，物件掉落伤人；⑤放炮作业时乱石伤人；⑥高空作业中，工具零件、木块、砖瓦等从高处坠落伤人等。

（二）高处坠落

高处坠落是指从距离地面 2 m 以上作业点坠落所致的伤害，主要有：①蹬踏物突然断裂、滑落；②高处作业移动位置时踏空、失衡；③站位不当，被移动物体碰撞而坠落；④安全设施不健全，如缺乏防护栏等；⑤作业人员缺乏高处作业安全知识等。

（三）机械伤害

机械伤害指由强大的机械动能导致的人体伤害，常因被挤、压、搅、碾，或被弹出物体重击，

致受害者重伤甚至死亡。常见伤人机械设备有搅拌机、皮带机、球磨机、卷扬机、压模机、破碎机、行车、气锤车床、混砂机、轮碾机等。

（四）电击伤害

电击伤害是指人体接触到具有不同电位的两点时，由于电位差的作用在人体内形成电流所致的伤害。常见触电事故有：①电气线路、设备检修安装不合格或检修制度不严格；②高位作业（高塔、架梯等）误碰带电物体；③移动长、高金属物体触及高压线；④操作落电工具、设备；⑤违反带电作业安全操作规程；⑥非电工擅自处理电气故障等。

（五）车辆伤害

指生产用机动车辆（包括拖拉机、挖掘机、推土车、有轨车等）所致伤害。常见有：①行驶中引起的撞击、碾压等造成的人身伤害；②装卸、就位、铲叉等过程引发人身伤害；③运行中碰撞建筑物、堆积物引起建筑物倒塌、物体散落等所致人身伤害；④行驶中下车、扒车、非作业者搭车等所致人身伤害。

（六）操作事故所致伤害

1．压力容器操作　压力容器是指在工业生产中用于完成化学反应、分离、传热和储运等工艺过程并承受一定压力的容器，包括反应容器、各类气瓶、液化气体槽车等。由压力容器操作所致的伤害有：①碎片伤害；②冲击波伤害；③有毒介质伤害；④可燃介质的燃烧和二次爆炸危害。

2．瓦斯（沼气）爆炸　“瓦斯”常指采煤过程中从煤层、岩层、采矿区以及生产过程所产生的各种气体。其中，以沼气（甲烷）所占比例最大，此外还有氢、硫化氢、一氧化碳、乙烷、乙烯等。

防止沼气爆炸的三道防线是：①防止沼气积聚，加强通风，定时检测和及时处理局部沼气积存；②防止沼气引燃，杜绝火源，加强电气设备的管理和维护，并采用防爆型电器；③限制沼气爆炸范围，防止爆炸后过快扩散。

3．其他爆炸事故　在生产过程中，还存在因可燃气体、蒸气及可燃性粉尘扩散，与空气混合成一定比例，遇火源而引发的爆炸事故。常见的可燃液体有乙醇、汽油、乙醚、苯、甲苯等；可燃粉尘有煤尘、棉尘、铝尘、面粉尘、亚麻尘等。

引起爆炸事故的常见原因有：①设备维修不善，可燃物料跑、冒、滴、漏严重；②工艺操作失误，如温度、压力、速度、投料比例及顺序失控；③生产管理不善，如敞开装卸易燃液体物料，使用易挥发溶剂擦洗设备、地面等；④作业场所可燃粉尘浓度过高，达到爆炸极限；⑤违反操作规程，如使用助燃的空气输送可燃液体等。

四、职业伤害事故的健康促进

目前，我国进入经济高速发展时期，新兴行业的不断发展使我国职业伤害的控制面临更多挑战，职业危害形势依然严峻，职业伤害因素种类繁多、后果严重，每年给国家和社会带来严重的经济损失，造成沉重的社会负担，威胁到个体的生命质量、健康、安全，甚至生命。职业人群是健康促进的重点人群，因此，在作业场所开展有效的健康促进工作，必须遵循健康教育和健康促进的原理，与职业危害控制工作的实际情况相结合，同时考虑作业场所的特点、职业人群的特征和现有的人力、物力、社会资源等方面，针对性地采取综合性干预措施，控制职业病危险因素，以达到促进职工健康、提高职业生命质量的目的。简而言之，作业场所健康促进的实施主要通过基线调查、组织实施和监测评价等几部分的工作组成。因此，职业人群的健康促进工作应该针对不同行业、不同性质的企业及其存在的具体问题而进行，满足不同层次员工的需求。

（一）卫生和劳动监督等行政部门要强化劳动安全监管的力度和范围

1．通过研究职业伤害发生发展的趋势，积极扩大监管范围 把过去没有纳入监管范围的项目及时补充完善。例如有毒化工原料种类的日益增多、新原料层出不穷、使用范围日益广泛等更要求我们对作业场所健康促进工作要有长远规划，开展经常性的健康教育和健康促进工作。

2．要全面建立企业职业安全指导和激励制度 面对安全生产记录不良的企业，要配备专门的职业安全指导人员，对作业人员开展多种形式的健康教育并实施效果评价，使他们形成良好的工作、卫生习惯，遵守操作规程，自觉佩戴防护用品。只有这样，才能从接触职业危害因素的作业人员这一环节做好三级预防工作，直接帮助这些企业改进职业安全状况。

3．必须积极建立有效可行的长效惩治机制 利润对企业来说是最大的诱惑，部分企业一味追求巨额利润，降低成本，漠视法律法规中的相关规定，忽视安全保护的投入，劳动环境恶劣，导致因工伤亡事故和职业病频发。目前，世界上通行的做法是制订工伤保险费率的处罚机制。这一机制的原则是，如果雇主欲避免高费率处罚，那么他们就必须做好职业安全工作。

（二）进一步完善和健全劳动立法，借助法律力量落实企业的劳动保护工作

立法保护劳动者身体健康，是把劳动者的职业伤害降到最低的最有效手段。市场经济是法制经济，经济建设必须受到法律的制约。部分企业为了巨额利润，企业主往往敢于冒一切风险，甚至践踏法律和正义。如果没有强大有力的法律制约，劳动者的生命健康就会成为企业为追逐利润不惜付出的代价。完备的劳动用工法律、强有力的依法监管是职业安全保护的最后防线。

（三）加强职业健康知识的教育和普及，提高劳动者的自我保护意识

劳动者本人对预防职业伤害有着重要的作用，在我国许多职业伤害的发生，与职工本人的安全观念有着密切的关系。劳动者本人根本就意识不到许多潜在的职业危害，如有毒的化工原料，人们往往认为是安全的。许多职业伤害更是由于追求高产量和高收入违反操作规程造成的。为此我们必须有针对地加强职业健康和安全教育，抓好岗前安全教育，督促企业落实好安全培训制度。加强安检，对违反安全制度的人和事进行及时纠正。通过电视、报纸、广播等途径对有毒有害工种及其保护措施进行广泛的社会宣传，做到人人知晓。

（四）职业伤害的应急处理措施

职业危害因素除了可以造成慢性伤害外，很多时候也会以突发事件的形式出现。对作业工人进行应急处理、自救等知识的安全教育，提高危机意识和现场急救能力，是至关重要的。在安全理论知识教育的基础上，利用模拟事故情景来训练工人处理事故的应急能力，以“居安思危，常抓不懈，积极控制和消除职业危害因素，把职业卫生突发事件的损失降至最低，争取最多有效治疗时间”为原则。

第五节 职业安全教育

相对于伤害，安全是使导致生理的、心理的或物质的危害得到控制，公民的财产、生命安全和健康得到保证的状态。安全是人类与其所处的环境相互作用的结果，该环节包括社会的、物理的、文化的、技术的、经济的、政治的和团体的等方面，但安全并不等于完全避免伤害。安全生产是社会经济工作的重要组成部分，也是促进生产力发展、经济增长和社会稳定的重要保障，更是技术进步、科学管理和国家社会进步、经济发展、文明程度的标志。随着我国企业改制的不断深入，企业安全管理工作的重点已逐步由对现场环境、设备的治理整顿转移到对人的行为规范上来。因此，要

搞好安全生产不能单靠物质措施，也不能单靠少数安全人员，还必须通过普及安全知识和安全教育影响人们的行为，这对预防职业危害的发生具有显著效果和现实意义。

一、职业安全与安全教育

职业安全（occupational safety）是指劳动者生命和健康的安全，是某个阶段、某种社会经济条件下从业人员现实安全卫生状况的反映，是职业人群安全健康保障要素的总和。这一概念的出现表明人们在从事职业活动中，相关机构必须保护劳动者在劳动过程中的安全与健康，必须防止劳动者在职业岗位上发生职业性伤害。安全教育是使广大职工熟悉有关安全生产规章制度和安全操作规程，具备必要的安全生产知识，掌握本岗位的安全操作技能，增强预防事故、控制职业危害和应急处理的能力。它包括生产技术、专业安全技术知识的教育和职业安全纪律教育。

劳动者从事职业劳动的主要目的是为了获得维持生存和发展的工资收入，如果为此而失去最宝贵的生命和健康则得不偿失，只有在确保劳动者获得职业安全保障的前提下，劳动者其他的权益才具有实际的意义。因此，保护劳动者必须首先保护劳动者在职业劳动中的健康和生命安全。职业安全教育的内容对于不同的职业是有所不同的，但是总原则依然是通过采取一定的防护措施、提高个人防护技能、保证工作场所安全，指导劳动者要严格遵守操作规程，听从指挥，不违规操作、不冒险操作。

二、职业安全教育的目的

职业安全教育的主要目的包括两个方面：提高职工的安全卫生意识和传授安全卫生的知识与技术。一般而言，知识与技术的传授较易实现，而意识的提高则较困难。对于一位曾经接受过职业安全教育的职工来说，他可能已获得了充分的职业安全知识与技术，但是，如果他缺乏安全意识，没有遵守安全卫生行为的自觉性，则仍有可能发生伤害事故。换句话说，仅有安全卫生方面的知识与技术，并不一定能达到预防职业伤害的效果。

实现安全生产，不仅要靠科技的进步、装备的更新、管理的提升，而且要靠生产中最活跃的因素——人，靠人的安全价值观念和安全行为意识。因此，职业安全教育的最主要目标在于提高职工的安全卫生意识。工作中，领导在生产上的指挥能力、安全决策的责任感，工人操作中的规范性、操作技能和水平、对危险的预测能力和控制能力等，都与人的安全意识紧密相关，安全意识是良好安全行为的前提条件。而企业职工安全意识和素质的培养与提高，是通过安全生产宣传和职业安全教育来实现的。因此，职业安全教育对促进作业环境的安全与卫生，减少职业伤害起着重要作用。

三、职业安全教育的内容

（一）思想教育

1．思想认识教育 主要是通过职业安全技术政策、法规方面的教育，提高各级领导和广大职工的安全意识水平，正确理解职业安全方针，严肃认真地执行职业安全法规，做到不违章指挥，不违章作业。

2．劳动纪律教育 主要是使管理人员和职工懂得严格遵守劳动纪律对实现安全生产的重要性，提高遵守劳动纪律的自觉性，提高他们对职业安全健康的认识，自觉遵守法律、法规和规章制度。

（二）职业安全技术知识教育

1．生产技术知识 是指企业的基本生产概况、生产技术过程、作业方法或工艺流程、产品的结构性能，所使用的各种机具设备的性能和知识，以及装配、包装、运输、检验等知识。特别是采用新工艺、新材料、新设备、新技术时，对操作者要进行“四新”的安全教育，使其了解会发生什么危险与危害，如何预防与急救等。

2．基本职业安全技术知识 是指企业内特别危险的设备和区域及其安全防护的基本知识和注意事项；有毒、有害的作业防护；个人防护用品的正确使用，有关电器设备的基本安全知识；一般消防规则；以及伤亡事故的报告办法等。

3．专业职业安全技术知识 是指某一特殊工种的职工必须具备的专业职业安全技术知识，包括锅炉、压力容器、电气、焊接、起重机械、防爆、防尘、防毒、瓦斯检验、机动车辆驾驶等专业的安全技术及工业卫生技术知识。

（三）典型事故教育

典型事故教育是结合本企业或其他企业的事故教训进行教育，通过典型事故教育可以使各级领导和职工看到违章行为、违章指挥给人民生命和国家财产造成的损失，提高安全意识，从事故中吸取教训，防止类似事故发生。

四、职业安全教育的形式

安全教育的内容包括安全思想内容和安全技术教育两部分。其目的是使工人掌握安全生产的技能技巧、提高安全生产的技术水平，并掌握正确处理事故的应变能力。职工的安全教育对于保护职工的安全，维护国家、集体和职工本人这三者的利益非常重要。安全教育主要有三级安全教育、特种作业教育和经常性教育等形式。

（一）三级安全教育

是指对新参加工作的职工进行的入厂、进车间和岗位这三级教育。

1．入厂教育 指对新入厂的职工（干部和工人）或调动工作的职工以及新到厂的合同工、临时工、培训和实习人员等，在分配到车间和工作地点前要由厂方人力资源部会同安全环保部进行初步安全教育。内容包括国家有关安全生产方针政策和法规、安全生产的一般状况、一般的机械电气安全知识、企业内部特殊危险部位的介绍、入厂安全须知和预防事故的基本知识等。经考试合格后，方可分配到车间。

2．车间教育 是指新职工或调动工作的工人在分配到车间后进行的安全教育。由车间主管安全的主任负责，车间安全员进行教育。教育内容包括：本车间的生产概况，安全生产情况，安全注意事项，车间的危险部位，本车间的劳动纪律和生产规则，危险机电设施、尘毒作业情况，以及必须遵守的安全生产规章制度等。

3．岗位教育 指由班组长对新到岗位工作的职工进行的上岗前安全教育。教育内容有：班组安全生产概况，工作性质和职责范围，岗位工种的工作性质，机电设备的安全操作方法，各种安全防护设施的性能和作用，工作地点的环境卫生及尘源、毒源、危险机件，危险物的控制方法，个人防护用具的使用方法，以及发生事故时的紧急救灾措施和安全撤退路线等。

三级安全教育时间不得少于40学时。工人经考试合格，领到安全操作证后，方可独立进行操作。没有经过三级教育并考试不合格者绝对禁止独立操作。

（二）特种作业教育

指对接触危险性较大的特种作业人员，如起重、电气、司机、焊接、锅炉、压力容器等工种的工人所进行的专门安全技术知识培训。特种作业人员必须脱产或半脱产培训，并经过严格考试合格后，才能准许操作。至少每年培训一次。无证上岗者按严重违章处理。

另外，在新工艺、新材料、新设备、新技术、新产品投产前也要按新的操作规程，教育和培训参加操作的岗位工人和有关人员。

（三）经常性教育

对职工应进行广泛的经常性安全教育，要在生产过程中自始至终坚持不断。一般的教育方法是班前布置、班中检查、班后总结，使安全教育制度化。重点设备或装置大修，应进行停车前、检修前和开车前的专门安全教育，安全技术部门应配合主管部门和检修单位进行教育，以确保安全检修。企业应集中力量确保安全检修。对重大危险性作业，作业前施工部门和安全技术部门必须按预定的安全措施和要求，对施工人员进行安全教育，否则不能作业。另外，还要进行必要的“离岗安全教育”“复工安全教育”等，以确保安全生产。

（四）领导安全资格教育

对管理层的教育主要从法律、法规的层面针对职业卫生管理的各个环节提出改善作业环境、保护员工健康、防控职业病危害、预防职业病措施的技术业务知识和实际操作技能的教育。即一级和二级法人、生产管理相关领导，必须取得安全资格证书，才能上岗管理本单位安全工作。

五、做好职业安全教育的方法

（一）做好职业安全教育培训工作

从普及职业安全知识和法律、法规入手，抓宣传培训教育和普法教育，提高安全监管部门依法履职的能力。根据不同的教育对象，有针对性地安排安全教育的内容，使作业工人能及时了解掌握新知识、新技术和现行的安全卫生政策法规、先进的安全管理经验，以适应不断发展的需要。做好对各单位负责人及相关管理人员的培训，督促用人单位加强对劳动者的职业安全知识培训工作，不断提高和强化用人单位管理层的守法观念和保障劳动者健康权益的意识。通过耐心细致的理性宣传教育，引导企业主守法经营，提高从业人员的职业安全意识。

（二）加大监管力度，严格执法

将法律、法规中涉及职业安全行政处罚的条文，进行归纳整理，适时出台强有力的处罚措施，严惩不法企业，严厉打击违法、违规行为，用“铁拳、铁腕、铁面孔”规范不讲职业道德的企业。对企业进行系统的、全面的监督执法检查，提高检查质量和工作效率。

（三）落实职业危害申报、定期检测和警示标识制度

督促指导企业建立完善职业危害申报制度，及时发现职业危害场所的安全隐患，及时采取整治措施，淘汰落后的装备，有效防控职业危害因素。

（四）树立典型，抓好示范引导

选择若干职业安全管理的先进单位，作为职业安全宣传教育基地，组织辖区企业参观学习典型企业的经验，发挥典型的引路示范作用，带动周边企业提高职业安全管理水平。

（五）发动社会力量加大监督力度

要进一步向全社会公布举报电话，公布奖励规则，相信群众，依靠群众，鼓励举报，发动广大群众发现、检举身边的不法企业、违法违规行为，营造全社会关注职业安全的舆论氛围。

另外，职业安全教育的核心是通过安全卫生知识与技术教育形成正确的安全意识、观念，影响和指导人的生产活动及对待事故的态度，使人的行为更加符合企业安全生产的规范和要求。但安全意识和行为习惯不是通过一次教育就能形成的，必须通过长期的、卓有成效的安全教育和宣传，使职工在浓厚的安全氛围中潜移默化、日积月累，这样安全意识才会成为职工深层心理结构的基本部分，一切行为也很自然地规范在安全卫生作业标准和规定之中，并形成一种约定俗成的行为规则。安全行为习惯化，才是职业安全教育的最高期望和目标。

（刘　楠）

参考文献

[1] 张文昌，贾光．职业卫生与职业医学［M］．北京：科学出版社，2008．
[2] 梁友信．劳动卫生与职业病学［M］．北京：人民卫生出版社，2000．
[3] 盖冰冰，虞慧婷．微电子行业铅作业人员健康促进效果研究［J］．环境与职业医学，2010，27（6）：328-332．
[4] 孙贵范．职业卫生与职业医学［M］．北京：人民卫生出版社，2013．
[5] 马长永，郭照江，黄建．论职业伤害与劳动者生命健康权益的维护［J］．中国医学伦理学，2006，19（6）：62-64．

第九章

职业心理健康教育

第一节 职业心理健康与心理问题

随着医学模式的变化，人们逐步认识到影响职业人群健康的因素不只是传统的职业有害因素，社会心理因素对职业人群身心健康的影响越来越受到重视。当前社会快速发展，工作生活节奏日益加快，社会竞争和压力逐步增大，职工心理障碍和心理疾病问题日益突出，严重影响和延缓了和谐社会目标的实现。

一、心理健康

就心理健康（mental health）的概念和标准而言，不同学者根据自己的研究和理解，提出了不同的概念和标准。

（一）心理健康的概念与内涵

1946 年，第三届国际心理卫生大会给“心理健康”作了这样一个定义[1]：“心理健康是指身体、智力以及情感上能保持与他人的心理不相矛盾，并将个人心境发展成为最佳的状态。”

《简明不列颠百科全书》中给出的定义是：“心理健康是指个体在本身及环境许可的范围内所达到的最佳功能状态，但不是指十全十美的绝佳状态。”[2]

《心理学大辞典》将心理健康定义为：“个体的心理状态（如一般适应能力、人格的健全状况等）保持正常或良好水平，且自我内部（如自我意识、自我控制、自我体验等）以及自我与环境之间保持和谐一致的好状态。”[3]

心理学家英格里斯（H.B. English）指出：“心理健康是指一种持续的心理情况，当事者在那种情况下能进行良好的适应，具有生命力，并能充分发展其身心的潜能；这乃是一种积极的丰富的情况，而不仅仅是免于心理疾病。”[4]

精神医学者孟尼格尔（Karl Menninger）认为：“心理健康是指人们对于环境及相互间具有高效率及快乐的适应情况，不只是要有效率，也不只是能有满足感，或是能愉快地接受生活的规范，而是需要三者俱备，心理健康的人应能保持平静的情绪、敏锐的智能、适于社会环境的行为和愉快的气质。”[5]

人格心理学家奥尔波特（G.W. Allport）[6]则认为，健康的人并不被潜意识所控制和支配，健康的个体是在理性的和有意识的水平上活动，指引这些活动的力量是完全能够意识到的，并且也是可以控制的。

综合所述，所谓心理健康，是指一种与生活状态相适应的良好心理状态，这种状态可以恰当地应对和处理人与人之间、人与自然之间，还有人与社会之间的各种关系。

（二）心理健康的标准

1946年第三届国际心理卫生大会提出的心理健康的标准是：①身体、智力以及情感十分调和；②适应环境；③有幸福感；④在工作和职业中能发挥自己的能力，过着有效率的生活[7]。

世界卫生组织提出的心理健康标准有三个方面：①人格完整、自我感觉良好、情绪波动小，且积极情绪多于消极情绪。有较好的自控能力，能保持心理平衡、自尊、自爱、自信，而且有自知之明。②适应环境，人际关系中彼此能谦让。③有幸福感。④在工作和职业中，能充分发挥自己的能力，过高效率的生活[8]。

美国心理学家Maslow和Mittelman提出了心理健康的10个标准：①有充分的安全感；②充分了解自己并能对自己的能力作恰当的估计；③生活目标、理想的确定要切合实际；④与现实环境保持接触；⑤能保持个性的完整和谐；⑥具有从经验中学习的能力；⑦能保持良好的人际关系；⑧适度的情绪控制和表达；⑨在不违背集体利益的前提下有限度地发展个性；⑩在不违背道德规范的情况下适当满足个人的基本需要[9]。

美国学者坎布斯（A.W.Combs）认为，一个心理健康、人格健全的人应具备4种特质[10]：①积极的自我观念；②恰当地认同他人；③面对和接受现实；④主观经验丰富，可供利用。

国内的著名心理学家王登峰等根据各方面的研究结果，归纳总结，较为详细地提出了有关心理健康的几条指标[11]：①智力正常。智力是人的记忆力、观察力、想象力、思考力的综合。智力正常是人正常生活的最基本的心理条件，是心理健康的主要标准。②了解自我，悦纳自我。心理健康的人对自己的能力、性格、情绪和优缺点都能做到恰当、客观的评价，能悦纳自己，接受自己，也能为他人所悦纳，能体验到自己存在的价值，能面对和处理好日常生活中遇到的各种挑战。③接受他人，善与人处。心理健康的人能认可别人的存在和重要性，即能接受他人，悦纳他人，能认可别人存在的重要性和作用。能与他人相互沟通和交往，人际关系协调和谐。在社会生活中具有较强的适应能力和较充足的安全感。④热爱生活，乐于工作。心理健康的人积极投身于生活，在生活中尽情享受人生的乐趣。⑤面对现实，接受现实，适应现实，改变现实。心理健康的人对周围事物和环境能作出客观的认识和评价，并能与现实环境保持良好的接触。⑥能协调与控制情绪，保持良好的心境。心理健康的人愉快、乐观、开朗、满意等积极情绪状态总是占据优势的，能适当地表达并控制自己的情绪。⑦人格和谐完整。人格结构包括气质、能力、性格和理想、信念、动机、兴趣、人生观等各方面，心理健康的人能够完整、协调、和谐地表现出整体的精神面貌。⑧心理行为符合年龄特征。心理健康的人应具有与同年龄段大多数人相符合的心理行为特征。

二、职业心理健康

职业本身与心理健康的各个方面紧密相连。例如，工作压力的大小与心理健康程度密切相关；工作中的人际关系是否和谐直接关系到心理健康的状况；个人的情绪状况、精神面貌与工作满意度、工作中个人价值的实现紧密相关等。从这个角度来说，职业心理健康关注的对象是从事职业工作的劳动人群。

（一）职业健康心理学

职业健康心理学（occupational health psychology，OHP）是美国心理学家 Jonathan S. Raymond 在 1990 年提出的，是心理学应用到职业健康领域的分支，主要包括健康心理学、工作组织心理学和社会与环境心理学。

美国职业健康心理学会（Society for Occupational Health Psychology，SOHP）对职业健康心理学定义为“以提高工作生活质量，促进员工安全、健康和幸福为研究目的的心理学与职业健康科学的交叉学科”。在对该定义的解释中，SOHP 指出“职业健康心理学是以行为科学和职业健康科学为基础的，囊括来自心理学、公共卫生学、组织科学、工效学及其他很多相关学科的知识和研究方法”[12]。

OHP 的终极目标是促进工作场所中工作者身体、心理、精神的三大平衡，保证工作者身心健康，在工作中获得工作满意感，在精神上使工作者不断成长，在工作中获得归属感。同时不断去除工作场所中不安全的工作环境、不当的工作流程、不适的管理方式、模糊的角色设计等这些可能威胁到工作者身心的危险因素，达成工作者与企业双赢的目标，使工作者和企业共同成长，不断成长和发展壮大。

（二）职业心理健康的内涵

职业心理健康就是指在工作中或者处理与工作相关的事情中所体现出来的一种心理状态，具体包含对内部环境具有心理安全感、情绪稳定性，并且能以社会上认可的任意形式适应外部环境。在遇到任何与工作相关的障碍和困难时，能及时调整心理状态，不会出现心理失衡，能以适当的行为予以克服，这种安定、适应的状态就是心理健康的状态[13]。

三、职业心理健康问题

与职业心理健康相对的心理状态是职业心理健康问题。职业心理健康问题是指由于工作中出现的各种消极因素，如繁重的工作压力、压抑的工作环境、不和谐的人际关系和组织僵化的管理方式等，累积产生了紧张，甚至不愉快的心理结果以及暂时性的心理失衡状态[13]。职业人群与一般人群一样，心理健康状态受个性特征、行为方式、社会环境、家庭环境影响，故而存在相似的心理健康问题。但是职业人群还存在与工作环境相关的心理健康问题。

矿山行业职业人群与其他职业人群一样存在相似的心理健康问题。但是矿山行业职业人群的工作环境有其特殊性，人际交往范围也与其他职业人群不同，故而其心理健康问题又有其特殊性。最常见的职业心理问题是职业紧张。

第二节 职业紧张

随着以信息高科技为主导的新型产业的崛起，生产劳动方式发生了本质的变化，脑力劳动和以脑力劳动为主的复杂劳动方式逐渐代替了以体力劳动为主的简单劳动方式。全球经济一体化趋势和科学技术革新浪潮的推动，日益加快的工作节奏，日新月异的新知识、新技术和日趋激烈的社会竞争都对职业人群提出了前所未有的挑战。国际劳工组织指出，世界正在变成充满紧张的世界。紧张已经成为现代社会的卫生问题。职业人群作为一种特定类型的社会群体，除接触传统的物理性、化学性、生物性有害因素外，就业竞争、劳动负荷过重、不公正的劳资关系、工作需求和劳动者应变能力间的不平衡以及人际关系等，已成为影响劳动者新的职业性有害因素。职业紧张对健康、行为以及对工作效率的影响已成为国际上重要的职业卫生问题之一[14]。

根据国家统计局第三次全国经济普查主要数据公报（第二号）显示，到2013年末统计期截止，全国工业企业法人单位中采矿业8.9万个，在工业企业法人单位从业人员中，采矿业占7.4%，达到1 035万人[15]。煤矿工人由于所处的工作环境和从事的产业活动有很强的特殊性，极易导致这一群体随时面临巨大的心理和工作压力，加之一线矿工文化程度偏低、人际关系简单、业余生活单调，导致他们成为职业紧张的高发人群。矿工是高危行业，苦脏累险，井下的环境和劳动强度严重侵蚀着矿工的身心健康，相比其他人群有更大的职业压力[16-17]。王晓成等调查结果显示，煤矿工人存在职业紧张，且井下工人职业紧张高于井上工人，工龄越长煤矿工人职业紧张水平越高[17]。国外研究表明在150种职业中，地下作业矿工的精神负担最高为8.3级[18]。“职场十大高危岗位”调查认为煤矿工人是排位第一的高危职业[19]。另外，一项网络调查发现煤矿工人的心理压力排在八大类心理压力人群中的第三位[20]。王庄煤矿一线矿工职业倦怠现象比较明显，检出中度倦怠以上的比例达到32.02%[21]，上述研究结果均说明煤矿工人作业导致的心理压力大而引起的身心健康问题不容忽视。

一、概念

国内外学者对职业紧张研究虽已经近半个世纪，但对紧张一词的含义仍无共识。“stress”一词应用于多个领域，工程学上称为应力，生理学上称为应激，职业心理学上称为紧张。Selye认为，紧张是一种非特异性的生理反应，它与体内的平衡状态相关，无论是正性的紧张因素或者负性的紧张因素均可破坏这种平衡状态，导致紧张的产生[22]；而Addley则认为紧张是在人的需求与反应能力之间的一种（可感觉到的）实际不平衡，在这种情况下，由于不能满足需求就可能引起许多（可观察到的）功能紊乱[23]。在1987年，世界卫生组织定义紧张为，外界环境和内部要求超出其精神和肉体所能承受的范围[24]。

职业紧张（occupational stress）又称工作紧张（work stress），是在某种职业条件下，个体特征与职业（环境）因素相互作用，客观需求与个人适应能力之间的失衡所带来的生理和心理压力。是个体对内外因素（需求）刺激的一种反应，当需求和反应失衡时，就会产生明显的（能感觉到的）后果[25]。

二、职业紧张的来源

工作紧张源（work stressor）又称工作应激源，是指工作场合中对个体的适应能力进行挑战，促进个体产生压力反应的因素。职业环境和工作组织中存在各种紧张源，可导致各种紧张反应，并可诱发紧张相关性疾病。各行各业均有其自身特点，存在特定的紧张源，概括起来职业紧张来源可以分为六大类，即工作固有因素、组织因素、工作关系、职业经历及组织结构和氛围等。

（一）工作固有因素

1. 不良的作业环境 不良工作环境中的物理或化学因素，如噪声、有害气体、极端的温度、太暗或太亮的光线和人体工效因素等都可以成为重要的紧张源，引起或增强工作中的紧张。室内空气质量不良也会增加紧张，并导致心理障碍。

2. 超时工作和轮班作业 超时工作和轮班作业被普遍认为是一种职业紧张因素。由于生产工艺流程的要求及工作的需要，许多行业的生产需要不间断进行，这就需要工人采用轮班作业方式，常见的行业有冶金、化工、煤炭、铁路运输及医疗卫生等。超时工作和轮班作业可破坏正常的生物节律，容易让人产生抑郁、焦虑和迷茫的负面情绪。

3．工作负荷 不适当的工作负荷有超负荷和负荷过低两种情况，这两种情况均是职业紧张因素。如工作难度太大或工作量太大时，就会出现超负荷现象。工作超负荷可导致中枢神经系统的过度刺激，使神经处于高度紧张状态，在强烈与重复的刺激作用下促使情绪的恶化和产生神经精神障碍。工作负荷过低、责任太小或简单重复而不需要发挥主观能动性，工作变得单调、令人厌倦和容易疲劳。同时厌倦和对工作不感兴趣可以降低其对紧急情况的反应能力。

4．新技术和知识发展的要求 技术和知识的不断更新，需要每个人必须不停学习，使每个人都感受到了紧迫性。新技术的引进意味着工作越来越高效，对员工的要求也会越来越高，压力也就会越来越大。

（二）个人在组织中的角色

个体在不同的环境中充当特定角色。所谓角色是指一定社会背景赋予个体期望的总和。当一个人在组织中的角色是清楚的并被本人所理解，而且组织对个体的期望也是清楚的和没有冲突的时候，则紧张水平可降至最低。

1．角色模糊 角色模糊是个体对其工作目标、同事对他的期望、工作范围和责任不清楚时产生的。角色模糊有三种类型：绩效标准模糊、工作方法和流程模糊、工作安排模糊。角色模糊是一种高的工作压力因素，角色模糊的人自信心下降，工作相关性紧张增加，工作满意感下降。会影响他们在公司及上司面前的声誉，也会影响他们对自己工作的价值感，从而导致工作中的焦虑。

2．角色冲突 角色冲突是指一个人所担任的不同角色之间发生的冲突。角色冲突表现为角色间的冲突和角色内部的冲突两方面，角色间的冲突表现为沟通障碍层面、利益资源层面、组织结构设置不合理层面。角色内部冲突主要是角色定位与要求所具有的人的特质之间的冲突。职场的角色冲突是个体被相互冲突的工作需求，实际上不想做的事情和认为不是自己工作内容的事情所困扰时产生的。角色冲突会带来一些难以协调且又难以实现的个人预期，员工被要求去做很多事，又得不到足够的时间时，长期的角色冲突导致工作满意感下降。

角色模糊或角色冲突与情感性紧张有关疾病、缺勤、工作绩效不佳及包括心率和血压上升的生理反应也密切相关。

3．责任 研究发现责任是另一种角色紧张因素。在组织中，责任主要表现在两个方面，即对人的责任和对事的责任。一般而言，对人的责任所产生的压力远远大于对事的责任所产生的压力。因为对人的责任将意味着需要花费更多的时间进行沟通，并且可能会有更多的不可确定性和不可控制性。

4．个人目标与组织目标的冲突 组织与个人目标一致的表现是组织的存在与发展依赖于每个组织成员的进步与发展，同时组织为每个组织成员提供生存与发展的条件。如果组织与个人的目标不一致，则会产生冲突，如果冲突长期存在，将会导致个人的紧张。

（三）工作关系

群体对组织中个人的行为有着巨大的影响，为达到工作目的，确保工作有序运行，工作人员必然要结成不同层次的职务关系。与同事、下属和上司的良好工作关系及相互影响是组织生活的重要方面。如果上述关系处理不当，工作组内或工作组间产生矛盾和摩擦，互相之间不能配合，就会导致心理紧张。

（四）职业经历

在每个人的工作经历中，存在很多潜在的紧张因素。与职业发展和规划相关的主要紧张因素包括工作与培训机会、降职、升职、工作缺少保障、未来工作的不确定、退休、过度的赞誉、过快地提升和达到事业顶峰的挫折等。

（五）组织结构和氛围

组织结构是指对于工作任务如何进行分工、分组和协调合作，涉及组织层次分化的水平、管理体制等。组织管理体制不合理等容易导致劳动者产生职业紧张。组织规章制度过多，员工缺乏参与决策的机会，对员工行为限制过多等已被认为是紧张因素。当人们感到自己不被理解、不受重视、没有得到足够的支持时，很容易产生压力。形式化和专门化的程度越高，越容易出现职业紧张问题。

（六）人力资源管理

这是与职业紧张有关的又一个重要问题。它包括培训、业务发展、人员计划、成果反馈、报酬、工作变动和离职等。缺乏培训是产生紧张的重要原因，即使是老职工对新的技术也需要再学习才能具有竞争能力。业务的提高和发展是职工尤其是中年职工最为关心的问题，也是与职业紧张密切相关的。此外，工资待遇、人员安排和工作调动也是众所周知的与产生紧张有关的问题。

三、职业紧张的影响因素

面对众多工作及环境方面的因素，职业紧张反应是否发生以及发生的强度如何，很大程度上取决于个人。个人因素包括人格特点、个人认知及个人的工作经验和能力。

（一）个体因素

1．性别　职业紧张因素对女性的影响大于男性。戴俊明[26]采取问卷调查方法，对职业紧张进行流行病学研究表明，女性职业紧张、紧张反应高于男性。女性在工作中会比男性经历到更多的紧张，究其原因可能是：①工作环境中的性别歧视，女性不仅工作机会少，薪资也很难与男性相比，管理岗位上的女性比例更是显著低于男性；②工作 - 家庭冲突，女性常常经历工作职责和家庭职责的冲突，夫妻双方关于女性是否要工作的一致性程度，以及女性在工作、家庭中的时间分配等，从而女性经历更多的应激状态。另外，女性工作之后，仍需全力以赴完成传统角色赋予的任务，因此，女性几乎得不到完全属于她的个人调整时空。③女性在工作中所承担角色责任增加却得不到家人的支持。④女性个人发展困惑。

2．年龄　中、高龄职工在工作负荷、责任等方面承受着更大的压力。由于现代社会知识更新快，新技术不断引入，高龄职工由于受文化程度、观念等因素影响难于跟上形势，而年轻人更能适应环境，更容易接受新知识、新事物，从而导致高龄职工比年轻者更易于产生职业紧张[27]。

3．文化程度　受教育程度越高的人职业紧张水平越高，主要是因为文化程度高的人自我要求以及社会对他们的期望高，从事的工作重要性和复杂性也高，在工作中遇到问题无法解决时的挫败感越强，因此在工作中更易产生不良的紧张反应。

4．人格特征　A 型性格的人比较容易感到紧张而且不能有效地应付紧张。A 型性格的主要特点是成就感、时间紧迫感、对工作过分投入、竞争性和敌意。具有 A 型性格的人成就动机高，且嫉妒同事的成功，不耐心、好斗，很少得到同事的支持。据 Collins[28]的研究：人格的坚韧度越高，则职业紧张反应越低，精疲力竭症的严重程度亦越低。

5．自我效能感　心理学家测量到的效能感有两种类型：自我效能感和集体效能感。自我效能感是一个人对自身是否有能力完成任务的信念；而集体效能感是个体认为所在群体能完成任务的信心水平，集体效能感和自我效能感有时可能不一致。研究显示，在工作应激中，两种效能感都同压力忍耐有关，低自我效能感的个体和低集体效能感的个体容易受到压力的困扰，在面对工作压力时反应更消极，抵抗力更弱。而高效能感的人更能抵抗压力，受压力影响较小。

6．控制感　控制感是个体关于何种力量决定自己的行动及后果的看法和信念。内控型的员工有较高的控制感，认为工作绩效、报酬和晋升都在自己的控制之下，取决于自身的能力和努力。因此在面对压力时，能够主动选择和采取有效的行动。而外控型的员工则有较高的被控制感，认为一切取决于他人、运气和机会等外部力量，对工作压力显得无所适从，反应被动而迟缓。许多研究结果表明控制感强（如能够决定自己的工作内容和工作速度）的工人的职业紧张显著少于缺乏控制感的工人。

7. 工作经验和能力 是否具有完成工作所需的技能和才干。具备完成工作所需的技能和才干，并受过良好训练的人相较那些没有足够经验和技能的人而言抗压能力更强。工作能力与职业紧张、紧张反应呈明显负相关。

（二）应对资源及应对反应

应对资源包括娱乐休闲和社会支持等。最为研究者所关注的工作资源是社会支持，社会支持是个体从工作中或工作之外获得支持的程度。大量的研究证据表明[29]，社会支持的高低影响个体在工作场所中的应激体验和应激反应。社会支持可以增强人的信心，使之更有效地应付应激。相反，缺少社会支持可能会激怒某些人或使他们感到焦虑，从而降低其应对工作应激的能力。来自管理者的支持尤为重要，其作用甚至超过合作者的支持。

应对反应是个体对紧张源刺激的反应活动。应对反应是紧张发生全过程的一个重要元素。应对可以分为关注问题和关注情感两种形式。关注问题的应对是指采取直接的行为改变一个紧张状态或增加个体的应对资源。关注情感的应对则是指减少紧张状态下的情感反应，通常不改变紧张状态，但能使个体感觉改善。根据条件不同，选择合适的应对方式，如在条件不能改变时，选择关注情感的应对，而在事件可以改变时，选择关注问题的应对方式。在职业紧张中，最好的应对方法是强调解决问题。如果能成功应对负面反应，则会降低紧张的程度。

（三）其他方面

除上述影响因素外，婚姻状况、经济状况、健康状况、职称、吸烟、饮酒等均对职业紧张存在影响。已婚、离异者职业任务及躯体、心理紧张反应显著高于未婚者[30]。有研究发现[31]，收入是职业紧张的保护因素，月收入超 3 000 元的职工职业紧张状况是月收入低于 3 000 元者的 57% 倍。陈学钢等[32]发现吸烟饮酒者的职业紧张状况高于不吸烟不饮酒者。

四、职业紧张的评定方法

我国在职业紧张研究中主要还是借用国外较为成熟的方法，主要依靠自评问卷对职业紧张进行测评，用于研究职业紧张的测试工具最具代表性的有以下十种。

（一）职业紧张量表修订版（occupation stress inventory revised edition，OSI-R）

该量表由 Osipow（1981）研制，经 7 次修订而成，可以用于衡量职业紧张因素、个体紧张反应和个体应变能力来综合反映被测者职业紧张的程度。我国李健等对量表进行了多次翻译和修订，在力求准确理解原文所表达的内容的同时，对量表的 140 个条目中的 30 条内容和提问方式进行了修订，并对其效度、信度进行测试验证[33]。该量表包括 3 分量表、14 个维度；每个维度有 10 个条目共 140 个条目。每个条目按 5 级（1 ~ 5 级）评分法。职业任务问卷得分值越高表明任务越重；个人紧张反应问卷得分值越高表明紧张反应越强烈；个人应对能力问卷得分值越高表明自我调节能力越强。

1. 职业任务问卷（occupational role questionnaire，ORQ） 包括 6 个维度，即任务过重（RO）、任务不足（RI）、任务不清（RA）、任务界限（RB）、责任（R）和工作环境（PE）。

2. 个体紧张反应问卷（personal strain questionnaire，PSQ） 包括 4 个维度，即业务紧张反应

（VS）、心理紧张反应（PSY）、人际关系紧张反应（IS）和躯体紧张反应（PHS）。

3．个体应对能力问卷（personal cope questionnaire，PCQ） 包括4维度，即休闲（RE）、自我保健（SC）、社会支持（SS）和理性处事（RC）。

（二）工作压力指标量表（occupational stress indicator，OSI）

该量表是1988年英国Cooper教授研制，共有155个项目，分为6个维度，即工作满意感、健康状况、行为类型、对周围事件的解释、工作压力来源和紧张应对方式。

1．工作满意感 包含22个条目，主要调查被试者对工作成就及价值、工作本身、组织设计和结构、组织过程以及工作中人际关系等方面的满意程度。

2．健康状况 由两部分组成，第一部分包括18个条目，主要调查被试者对职业的感受和行为及其受工作压力影响的程度；第二部分包括12个条目，主要具体了解被试者心身疾病发生的频度。

3．行为类型 包含14个条目，主要调查被试者的生活态度、一般行为方式和事业抱负。

4．对周围事件的解释 包含12个条目，主要调查被试者对发生于自己周围事件的影响力。

5．工作压力来源 包含61个条目，主要调查被试者在一特定时间里工作压力的来源，主要涉及工作固有因素、管理角色、同其他人的关系、职业经历和成就、组织结构和气氛以及工作和家庭之间的相互影响等。

6．紧张应对方式 包含28个条目，列出了被试者在实际工作中可能利用的应付紧张策略，主要涉及社会支持、工作策略、逻辑比、工作与家庭关系和时间合理安排等，调查被试者利用这些策略的程度。

（三）工作紧张问卷（work stress questionnaire）

由美国学者Mclean研制，包括三个因子：应付能力（coping）、工作满意感（job satisfaction or job context）和职业紧张因素（occupational stress）。问卷包括47个条目，采用5级计分。

1．应付能力量表 由20个条目组成，主要测试被试者对自己能力的认识、兴趣的广泛性、反应能力、对别人的价值的认可和积极性与创造性方面的问题。

2．工作满意感量表 由12个条目组成，主要测试被试者对自己的单位、工作、上级的工作、同事的配合和职业的发展前景等方面的满意感。

3．职业紧张因素量表 由12个条目组成，主要测试被试者工作任务和职责是否存在冲突和角色模糊、是否感觉到工作压力以及工作范围和管理者对自己的工作支持等方面是否存在着紧张因素。

（四）工作紧张测量量表（job stress survey，JSS）

由Spielberger等研制，历经20年修订而提出，主要由60个条目组成，分为工作压力和组织支持缺乏两个分量表。

1．工作压力量表 包含30个条目，主要测量职业紧张因素的强度，分为9个等级，其评分范围从1到9，1代表紧张强度很低，9代表紧张强度很高。

2．组织支持缺乏量表 包含30个条目，主要测量过去6个月内职业紧张因素的作用天数，分为11个等级，其评分范围为0～10。

相应条目的强度和频度相乘得到紧张指数、工作压力指数、组织支持缺乏指数来综合评价职业紧张。

（五）工作内容问卷（job content questionnaire）

该问卷由英国Karasek教授于20世纪70年代末研制，原用于工作紧张与高血压、心脏病关系的研究，现广泛用于评价职业人群的职业紧张水平。我国沙焱等[34]进行了修订，形成简体中文版《工作内容问卷》(job content questionnaire，JCQ22)，该问卷共22个条目，包含以下3个分量表。

1．工作要求（psychological demand，PSD） 由5个条目组成。

2．工作自主（decision latitude，DL） 由技术自主（skill decision，SD）6个条目和决策自主（decision autonomy，DA）3个条目两个模块组成。

3．工作环境中的社会支持（social support） 是由上司支持（superior support，SS）4个条目和同事支持（colleagues support，CS）4个条目两个模块组成。

所有问题均采用Likert's 4点（1～4）评分法，各分量表的条目得分相加即为该因子得分。

（六）工作控制问卷（job control questionnaire）

该问卷由美国国立职业安全卫生研究所（NIOSH）的Hurrell&Mclaney于1988年研制，共15个条目，包含4个分量表。

1．任务控制 7个条目，主要调查被试者对工作任务的变化、完成任务的方式、工作速度、工作量、工作质量、工作时间或计划、休息时间的控制程度。

2．决策控制 4个条目，被试者对其工作单位的其他人和事管理的影响程度。

3．物理性工作环境控制 2个条目，主要调查工作场所的布置以及工作设备的布置的影响程度。

4．资源控制 2个条目，主要调查被试者对工作所需要的设备和材料利用的影响程度。

该问卷每个条目有5个备选答案，即"很小""小""中等""大""很大"，分别赋值1～5，供被试者选择。

（七）付出-回报失衡问卷

付出-回报失衡问卷（effort-reward imbalance questionnaire，ERI）是由德国生理医学家Siegrist于20世纪90年代末提出的，李秀央等[35]对中国台湾学者翻译的中文版ERI量表进行了信度和效度评价。ERI共有23个条目，包括付出（6个条目）、回报（11个条目）和超负荷应对方式（6个条目）。量表中的条目的赋值方法是：付出和回报的17个条目赋值方法是1～5分，则"付出"的得分为6～30分，"回报"的得分为11～55分；超负荷应对方式的赋值是1～4分，则超负荷的得分为6～24分。

五、职业紧张的危害

（一）职业紧张的生理健康效应

1．职业紧张对心血管系统影响 职业紧张理论认为，个体处于各种强的紧张因素环境之中可产生一些急性紧张反应，如果紧张因素长期持续存在，则可导致明显的（或）永久的效应，包括心血管疾病。大量的流行病学调查结果表明，职业紧张可增加患高血压和冠心病的危险性，并且职业紧张可能是导致其发生的独立预测因素[36-44]。姚三巧等[37]研究发现，职业紧张对收缩压、舒张压均有影响，主要的影响因素为工作控制、工作需求、工作责任、工作角色、倒班；工作冲突多、参与机会少、工作负荷重是职业人群原发性高血压的危险因素。对煤矿工人职业紧张与高血压关系研究的结果也显示，控制混杂因素后躯体紧张是煤矿工人患高血压的危险因素[38]。职业紧张作为一种长期慢性应激，会不断刺激机体的下丘脑-垂体-肾上腺轴（HPA），促使肾上腺素和去甲肾上腺素大量分泌，引起交感神经兴奋，从而导致心率、呼吸加快及血压升高。持续的血压升高可引起动脉粥样硬化，从而引发脑卒中、冠心病、肾衰竭等严重的致死、致残疾病。刘宝英等[39]对职业紧张与冠心病的多因素研究发现在控制和考虑非职业紧张因素条件下，职业紧张与冠心病发病关系密切。

2．职业紧张对免疫系统影响 免疫功能是机体的一种正常生理功能，可以识别外来物质，并将其代谢、中和或清除，以免自身受到伤害。心理紧张可影响机体的免疫功能，改变机体抗原抗体反应水平，紧张可抑制免疫功能，心理状态可影响淋巴细胞和巨噬细胞的活力。对外来务工人员的研究发现，紧张反应与IgG、T淋巴细胞百分率存在负相关。连玉龙[40]等证实职业紧张使人体的体液免疫功能发生改变。刘继文[41]等研究结果显示，随着职业紧张强度的增加，T淋巴细胞明显下降，IgG明显下降，而补体C3、C4的含量明显增加。提示职业紧张对机体细胞免疫功能具有抑制作用。其机制可能是紧张通过下丘脑-垂体-肾上腺轴（HPA）对机体免疫功能产生抑制作用，免疫系统在紧张和疾病之间起一种中介作用。

3．职业紧张对血糖和血脂的影响 多项研究表明，职业紧张会引起血糖和三酰甘油浓度升高。McCann研究发现，在排除饮食及生活方式对血脂的影响后，律师在高度紧张时三酰甘油和β-脂蛋白的浓度增加；长期处于紧张状态，三酰甘油和脂蛋白的浓度显著增加[42]。余善法等研究表明，铁路货运调度员的工作时间需求和消极应付策略提高胆固醇浓度[43]。任南等证实，在控制了非职业紧张因素情况下，职业紧张是血糖、血脂升高的独立危险因素，并且与常见的主要危险因素有协同作用；且消除或降低职业紧张水平，可以有效地控制职业人群的血糖和血脂水平。其机制可能是紧张信号刺激下丘脑-垂体-肾上腺轴和交感肾上腺-髓质系统，促进糖皮质激素和儿茶酚胺类物质分泌增加，而儿茶酚胺会引起胰岛素、胰高血糖素等多种激素分泌的变化，从而使血糖升高和血脂代谢紊乱。

4．职业紧张与肌肉骨骼疾病 以往人们认为肌肉骨骼疾病是由于过度躯体紧张所致，与社会心理因素无关。但研究结果表明，职业紧张因素在肌肉骨骼疾病的病因学中也起重要的作用。对工作的控制、任务冲突和支持、工作安全、使用技能和发展的机会，付出回报不平衡等职业紧张因素可能通过神经内分泌机制发挥作用，国外研究表明，生理紧张因素和职业紧张因素对肌肉骨骼疾病的发生有联合作用，但是相加还是相乘作用不太清楚[44-46]。

5．职业紧张对生殖系统的影响

（1）职业紧张对女性生殖健康的影响：工作中的职业紧张因素可能是生殖功能损伤的危险因素。金士杰研究发现，职业紧张会影响女性工人的生殖内分泌功能，造成月经紊乱或痛经[47]。徐静[48]针对职业女性研究得出职业女性的早卵泡期血清皮质醇含量与职业紧张、个体紧张反应得分成正相关。熊霞鹂[49]对胚胎停育研究的结果显示，胚胎停育组妇女面临的职业压力高于正常妊娠组，差异有统计学意义。其机制可能是因为职业紧张会刺激下丘脑-垂体-卵巢轴，出现与生殖系统有关的内分泌障碍或紊乱，从而引起女性生殖健康问题。

（2）职业紧张对男性生殖健康的影响：研究证明了心理压力、抑郁等精神因素影响人体内分泌和免疫系统的功能，精神因素可引起神经系统单胺类、肽类等神经递质的代谢失调，造成下丘脑-垂体-性腺轴和下丘脑-垂体-肾上腺轴的功能紊乱，进而影响男性的生殖内分泌及生殖系统的免疫功能，导致生殖功能障碍。有学者研究结果显示，精神因素可以造成精子数量下降[48]。而相关的研究也表明，情绪的急剧变化可引起垂体泌乳素分泌升高，造成男性的性欲下降或不育[50]。肾上腺糖皮质激素（GCS）不仅可抑制垂体促性腺功能，使促性腺激素分泌减少，而且可直接作用于性腺，减少性激素分泌[51]。还有学者研究结果显示，精神因素是造成精子数量下降的重要原因之一。

（二）职业紧张的心理健康效应

作业环境和劳动过程中的社会心理紧张因素可以影响职业人群的心理健康。紧张对人的感知、思维、情绪等心理过程均有程度不同的影响。人处于紧张状态下，心理过程可表现为积极的或消极的两个方面，积极的反应可表现为认知准确、思维敏捷、反应迅速、善于控制、“应对”自如等，而消极反应可表现为认知混乱、思维迟钝、判断失误、事故频发等。消极的心理紧张反应可以认为是在职业紧张因素作用下所发生的情绪和认知障碍。

1．对认知能力的影响 职业紧张因素对认知能力的影响主要表现为作业者在工作中出现无法集中注意力，甚至思维紊乱的现象。在工作中，轮班作业会影响作业者生物节律，从而影响其思维效率、工作情绪以及睡眠时间和质量，导致其作业能力下降。有学者发现，当机体长期暴露于紧张反应时，大脑认知加工效率下降[52]。

2．对情绪的影响　目前对于职业紧张与抑郁症关系的研究较多，是目前研究的热点。抑郁的发生不仅与个体易感素质有关，而且与紧张因素密切相关。Fan 等研究发现无论在家里还是在工作时，有职业紧张的人容易出现抑郁和焦虑情绪[53]。Weinbeng 等研究发现，医护人员的职业紧张可导致焦虑和抑郁的发生[54]。戴俊明等[55]的研究显示职业紧张是抑郁症状的危险因子。如果长期紧张，可发生神经内分泌改变，导致精神行为改变，如焦虑和抑郁。有研究发现，出现一定强度的应激反应不仅会使人的情绪产生波动和沮丧，而且可以致病，如诱发神经失能症、抑郁障碍等疾病。韩瑞等对煤矿工人职业紧张的研究发现，高任务不适、高躯体紧张反应、高心理紧张是抑郁症状的危险因素[56]。

由于抑郁症属于一种精神心理性疾病，生活和工作中的各种不良因素是引起这种疾病的主要原因，如果没有得到有效的治疗和控制，会引起很严重的后果，一般患者会有较强烈的自杀倾向。

3．对职业倦怠和个体疲劳的影响　职业倦怠是职业紧张所引起的一种不容忽视的更为特征性的问题。职业倦怠主要是指个体的一种情感耗竭、人格解体和成就感降低的综合性症状。超负荷的工作要求、缺乏工作自主性、工作时间紧迫等职业紧张源是职业倦怠的预测因素。在这些因素中，长期的工作压力造成的职业紧张感是导致职业倦怠的最根本原因，尤其是当工作要求与个体能力不相匹配时更易导致职业倦怠的发生。有关护士职业倦怠的研究结果认为造成护士职业倦怠的主要紧张源是付出 - 回报失衡[57-58]。疲劳的严重等级很大程度上取决于个体所承受的紧张水平。个人的职业紧张程度越高，其工作压力就会越大，就更易产生个体的疲劳，也就容易对自己的职业失去信心，使他们情绪低落、工作消极，以致职业倦怠。

（三）职业紧张对行为的影响

长期处于紧张状态的人可出现行为异常，如人际关系恶化、攻击性的行为、冒险活动、过度进食或进食不足、破坏公物等，工作能力下降，增加各种事故、缺勤率，甚至酗酒、滥用药物及自杀或企图自杀等。

当个体感受到心理紧张后，通常会采用争斗、逃避等策略。国外的一些研究发现职业紧张对吸烟和饮酒存在着一定的影响。Shigemi 等研究发现职业紧张对吸烟影响较大[59]。Nakao 等发现工作环境差、工作时间长与员工饮酒量增加相关[60]。Lallukka 等对芬兰的男性员工研究时发现，加班与吸烟显著相关[61]。

现阶段，企业职工的工作能力直接影响企业的工作效率，而职工的工作满意度也直接关系职工对企业的认同度。长期处于过度职业紧张状态时，会明显降低劳动者的工作满意度，尤其是当付出和回报失衡时。由此还会引发缺勤率升高以及工作能力和绩效降低等行为问题。在美国，由于职业紧张引起的缺勤和生产率降低所造成的经济损失约为 3 000 亿美元，在日本，60% 的缺勤是由于长期身心紧张所致“过劳”引起的。

在企业活动中，人们由于职业紧张的缘故导致决策失误，带来不必要的经济损失；而在过度工作负担下，工伤事故率会有上升的趋势，工作的压力经常是导致职业病的根源。另外，人们在工作中体验到紧张时，有可能采取逃避工作情境的行为试图减轻紧张情绪，这在一定程度上解释了现代企业中的离职和缺勤问题。

杨惠芳等的研究发现：职业紧张因素的持续存在造成体力劳动者心理生理健康状况下降，影响了劳动者的健康并出现了生理、心理和行为效应，从而影响他们的工作能力[62]。还有人认为工作负荷较大、控制不佳和对使用新技术训练不足等紧张因素可导致身体不适，还可导致生活质量下降，工作满意度降低。

六、职业紧张的健康促进

矿山企业职工的职业紧张不仅影响员工身心健康，而且还可能影响安全生产。所以缓解职工的职业紧张不仅有利于职工的自身健康，也对提高生产效率、促进企业的良好发展产生积极影响。而职业紧张往往是持续的、变化的、多因素的，涉及多领域。因此，预防和舒缓或消除职业紧张的措施也必须是各方面综合的，需要劳动者、管理者和社会共同参与。

（一）社会层面

要降低或消除职业紧张，政府从各个方面的干预必不可少，包括制定相关的法律、法规及卫生标准。相关的政府职能部门要高度重视，起到监督的作用，督促矿山企业改善劳动者的作业环境和条件。针对劳动者进行全方位干预，多措并举、标本兼治，提出确实可行的职业健康保护方案，减少作业场所职业有害因素对劳动者健康的危害。

（二）企业层面

采取积极有效措施消除产生职业紧张的原因，必须要有组织的参与。减少职业紧张危害，保证劳动者身心健康的根本途径是控制或者消除生产环境和劳动过程中的紧张因素，改善工作环境，增强劳动者对职业的适应性和控制能力。

企业的领导和决策部门应该率先提高对员工职业紧张的认识，重视员工的心理健康。在企业内创造良好的组织氛围，各方面条件允许的情况下，为员工提供健康、安全、舒适的工作环境。作为企业要改革生产工艺流程、更新生产设备，控制工作场所的有害因素，保护劳动者健康。针对矿山企业的主要职业危害因素，加强通风、防尘、防噪等设施的管理，及时为工人发放必要的职业健康防护用具。合理安排工作时间和工作班制，降低职工的劳动强度。明确职工的工作角色和责任，避免和减少工作中的角色模糊和角色冲突。制订公平合理的激励机制，客观全面评价职工的工作绩效。物质和精神激励相结合，在工资激励的基础上，增加培训、休闲和荣誉激励等。激发职工的积极性、主动性和创造性。

在企业成立健康促进领导小组，建立健康促进组织，从不同层次、不同角度开展全方位的职业卫生知识宣传和教育，开展职业心理健康讲座和有益身心健康的活动。实施员工援助计划，提供关注员工个人心理和行为健康的各种服务。

（三）个体层面

指向个体的干预是通过改变个体的认知和应对方式来应对工作压力源，从而预防和缓解由于员工个人因素而引起的职业紧张。

针对每一个人的职业紧张源进行咨询和健康促进教育。采用认知行为训练，引导员工改变消极的应对方式，积极面对所存在的问题。为员工提供社交技巧，建立和谐的人际关系。引导员工掌握放松技巧，养成健康的生活方式，建立和维持适当的社会支持，合理安排时间，促进员工的身心健康。

（庞淑兰）

参考文献

[1] 马建青. 大学生心理健康 [M]. 北京：人民出版社，2011：7.

[2] 中美联合编审委员会．简明不列颠百科全书［M］．北京：中国大百科全书出版社，1985：163．
[3] 林崇德．心理学大辞典［M］．上海：上海教育出版社，2003：1395．
[4] 梁天坚，刘翠秀．大学生心理健康［M］．北京：科学出版社，2009：113-119．
[5] 程巍．独立院校大学生成就动机、自我效能感、人际交往能力与心理健康的关系研究［D］．新乡：新乡医学院，2014．
[6] 李蔚．心理健康的定义和特点［J］．教育研究，2003（10）：69-75．
[7] 王敬群，邵秀巧．心理卫生学［M］．天津：南开大学出版社，2005．
[8] 黄训美．大学生心理保健［M］．北京：人民出版社，2003：27．
[9] 金河岩．学校教育心理学［M］．北京：科学出版社，2008：42．
[10] 张玉杰．心理健康教育在大学生思想政治教育中心功能及实现［D］．石家庄：河北师范大学，2018．
[11] 孙晟文．高校心理健康教育问题与对策的研究［D］．西安：西安工业大学，2017．
[12] 宋国平，汪默．职业健康心理学［M］．南京：东南大学出版社，2010．
[13] 李晶莺．我国公务员职业心理健康存在的问题及改善对策分析［D］．哈尔滨：黑龙江大学，2011．
[14] 李霜，张巧耘．工作场所健康促进理论与实践［M］．南京：东南大学出版社，2016．
[15] 国家统计局国务院第三次经济普查办公室．第三次全国经济普查主要数据公报（第二号）［EB/OL］．http：//www．stats．gov．cn/tjsj/zxfb/201412/t20141216_653695．html，2014-12-16．
[16] 赵歌今．矿工心理因素与煤矿安全生产［J］．中国煤炭，2003，29（7）：50-52，25．
[17] 王晓成，吴燕萍，郭支喜，等．煤矿接尘工人职业紧张研究［J］．中国职业学，2012，39（2）：143-145．
[18] 薛韦一．煤矿井下作业工人工作压力与不安全行为关系研究［D］．淮南：安徽理工大学，2014．
[19] 庞越．煤矿工人压力状况、心理健康与幸福感的关系研究［D］．阜新：辽宁工程技术大学，2010．
[20] 陈丽．煤矿工人压力调查与分析［D］．阜新：辽宁工程技术大学，2008．
[21] 魏晓昕．一线矿工职业倦怠与社会支持相互关系研究［D］．太原：太原理工大学，2015．
[22] 姜乾金．医学心理学［M］．北京：人民卫生出版社，2008：82-83．
[23] Addley K．Occupational Stress-apractical Approach［M］．Oxford：Butterworth Heinemann．1997：1-13．
[24] 线引林，李汉巩，岳维梅，译．工作中的社会心理因素与健康［M］．北京：人民卫生出版社，1990．
[25] 王强．煤矿工人职业紧张、生活质量两者的关系分析［D］．锦州：辽宁医学院，2014．
[26] 戴俊明．职业紧张评估及其健康效应的流行病学研究［D］．上海：复旦大学，2006．
[27] 杨新伟，王治明，兰亚佳，等．不同个体特征职工职业紧张和工作能力变化的研究［J］．卫生研究，2004，33（1）：5-8．
[28] Cockerham WC．医学社会学．北京：华夏出版社，2000：73．
[29] JH uuhatanen P，Nygard CH，Tuom IK，et al．Changes in stress symptoms and their relationship to changes at work in 1981-1992 among elderly workers in municipla occupations［J］．Scand J Work Environ Health，1997，23（supp l 1）：36-48．
[30] 龚丽文．职业紧张研究进展及发展方向［J］．中国卫生工程学，2016，15（5）：523-525．
[31] 王超，龚伟，杨军，等．地铁职工职业紧张现状及其影响因素［J］．环境与职业医学，2014，31（4）：305-308．
[32] 陈学刚，杨永坚，覃德芹，等．某钢铁企业技术工人职业紧张影响因素分析［J］．中华疾病控制杂志，2010，14（4）：338-341．

[33] 李健，兰亚佳，王治明，等．职业紧张量表（OSI-R）信度与效度验证［J］．中华劳动卫生职业病杂志，2001，19（2）：190-193．

[34] 沙焱，刘苹，李健，等．工作内容量表（中文版）在医务人员中的验证［J］．中国职业医学，2003，4（3）：24-27．

[35] 李秀央，郭永松，张扬．付出 - 获得不平衡量表中文版的信度和效度［J］．中国流行病学杂志，2006，27（2）：25-28．

[36] Bosma，H．Two alternative job stress models and drink of coronary heart disease［J］．American Journal of Public Health，1998，88（1）：68-74．

[37] 姚三巧，范雪云，金玉兰，等．职业紧张对职业人群心血管功能的影响［J］．中华劳动卫生职业病杂志，2003，21（1）：20-22．

[38] 王富丽，秦天榜．职业紧张与煤矿工人高血压的关系研究［J］．工业卫生与职业病，2013，39（2）：87-93．

[39] 刘宝英，李茂，张文昌，等．列车乘务人员与高血压、冠心病关系的研究［J］．高血压杂志，1999，7（3）：349-351．

[40] 连玉龙，刘继文，谭卫国，等．职业紧张对油田野外作业女工血脂、血糖和免疫功能的影响［J］．卫生研究，2005，34（4）：469-471．

[41] 刘继文，王治明，王绵珍，等．职业紧张对免疫功能的影响［J］．中国工业医学杂志，2002，15（2）：100-101．

[42] McCann B S．Plasma lipid concentrations during episodic occupational stress［J］．Ann Behav Med，1999，21（2）：3-11．

[43] 余善法，李奎荣，杨艳，等．职业紧张与心血管疾病危险因素的关系［J］．中华劳动卫生职业病杂志，2003，21（1）：12-15．

[44] Huang GD，Feuerstein M，Kop WJ，et al．Individual and combined impacts of biomechanical and work organization factors in work-related musculoskeletal symptoms［J］．American Journal of Industrial Medicine，2003，43（5）：495-506．

[45] 安美静，王吉顺，王荣菊，等．唐山市某医院护理人员背部工作相关肌肉骨骼疾患的流行特征［J］．环境与职业医学，2016，33（2）：152-155．

[46] 郝晓伟，王吉顺，刘阳，等．护理人员肩颈肌肉骨骼疾患影响因素研究［J］．中国工业医学杂志，2018，31（2）：90-93．

[47] 金士杰．职业紧张对超净车间女工生殖内分泌的影响及机制研究［J］．中国药物经济学，2015，（zl）：267-268．

[48] 徐静．职业女性职业紧张与血清皮质醇及 β- 内啡肽的相关性研究［J］．中国中医药咨讯，2010，2（12）：271．

[49] 熊霞鹂．98 例胚胎停育相关因素分析［J］．公共卫生与预防医学，2014，25（6）：124-125．

[50] Pook M，Rohrle B，Tuschen-Cartier B，et a1．Why do infertile males use psychological couple counseling［J］．Patient Educ Couns，2001，42（3）：239-245．

[51] 余善法，姜开友，马良庆，等．职业紧张对睾酮和催乳素分泌的影响［J］．工业卫生与职业病，2002，19（7）：392-395．

[52] Pesonen AK，Eriksson JG，Heinonen K，et al．Cognitive ability and decline after early life stress exposure［J］．Neurobiology of Aging，2013，34：1674-1679．

[53] Fan LB, Blumenthal JA, Watkins LL, et al. Work and home stress: associations with anxiety and depression symptoms [J]. Occup Med, 2015, 65 (2): 110-116.

[54] Weinberg A, Creed F. Stress and psychiatric disorder in healthcare professionals and hospital staff [J]. Lancet, 2000, 355 (9203): 533-537.

[55] 戴俊明，余慧珠，吴建华，等. 不同职业紧张因子与抑郁症状的关联分析 [J]. 卫生研究，2010，39 (3)：342-346.

[56] 韩瑞，李富业，王磊，等. 职业紧张对不同职业人群抑郁症状影响 [J]. 中国公共卫生，2015，31 (10)：1346-1349.

[57] Zeng Y. Review of work-related stress in mainland Chinese nurses [J]. Nurs Health Sci, 2009, 11 (1): 90-97.

[58] 薛玲，顾昕，庞淑兰，等. 唐山市某医院护士职业倦怠现状及影响因素分析 [J]. 中国工业医学杂志，2010，23 (6)：447-450.

[59] Shigemi J, Mine Y, Tsuda T. The role of perceived job stress in the relationship between smoking and the development of peptic ulcers [J]. J Epidemiol, 1999, 9 (5): 320-326.

[60] Nakao M, Yano E. A comparative study of behavioral, physical and mental health status between term-limited and tenure-tracking employees in a population of Japanese male researchers [J]. Public Health, 2006, 120 (4): 373-379.

[61] Lallukka T, Lahelma E, Rahkonen O, et al. Associations of job strain and working overtime with adverse health behaviors and obesity: Evidence from the Whitehall II Study, Helsinki Health Study, and the Japanese Civil Servants Study [J]. Sci, 2008, 66 (8): 1681-1698.

[62] 杨惠芳，王绵珍，王治明，等. 体力劳动者职业紧张与工作能力现状及关系的研究 [J]. 工业卫生与职业病，2006，32 (5)：275-279.

第十章

个体防护装备的配置与管理

作业场所往往存在各种职业有害因素，这些有害因素作用于人体造成职业病或工伤事故，严重的甚至危害劳动者的生命。为了保护劳动者的安全健康，首先要积极改善劳动条件，创造符合卫生标准和安全要求的作业环境。但由于经济和技术水平的限制，还不能完全消除在人们工作环境中存在的危险和有害因素，有些甚至达不到国家标准和有关规定，或者不能采取技术措施。在不能达到安全的条件下，使用个人防护用品是保障劳动者安全与健康的唯一手段，个人防护用品在预防职业性有害因素的综合措施中，属于第一级防护，是保护劳动者不受职业危害的最后一道防线。不同工种、不同劳动环境和条件，发放不同防护作用的个人防护用品。即使在生产技术高度发展、机械设备高度完善的条件下，个人防护用品也是预防性的必备物品。

第一节　概　述

一、概念

个人防护装备（personal protective equipment，PPE）又称劳动防护用品，指从业人员为防御物理、化学、生物等外界因素伤害所穿戴、配备和使用的各种护品总称[1]。《中华人民共和国职业病防治法》条文释义中，对个人使用的职业病防护用品的解释是指劳动者在职业活动中个人随身穿（佩）戴的特殊用品，这些用品能消除或减轻职业病危害因素对劳动者健康的影响，如防护帽、防护服、防护手套、防护眼镜、防护口（面）罩、防护耳罩（塞）、呼吸防护器和皮肤防护用品等[2]。

二、个人防护用品的作用和基本要求

个人防护用品的主要作用有两个方面，即隔离和屏蔽作用与过滤和吸附（收）作用。对个人防护用品的基本要求是：①必须严格保证质量，具有足够的防护性能，安全可靠；②防护用品所选用的材料必须符合人体生理要求，不能成为危险因素的来源；③防护用品要使用方便，不影响正常工作。

三、个人防护用品配备依据

（一）《中华人民共和国劳动法》

第六十二条规定“用工单位应当履行下列义务：执行国家劳动标准，提供相应的劳动条件和劳动保护”。

（二）《中华人民共和国职业病防治法》

第二十条规定“用人单位必须采用有效的职业病防护设施，并为劳动者提供个人使用的职业病防护用品。用人单位为劳动者个人提供的职业病防护用品必须符合防治职业病的要求；不符合要求的，不得使用”。第三十九条规定“劳动者享有下列职业卫生保护权利：要求用人单位提供符合防治职业病要求的职业病防护设施和个人使用的职业病防护用品，改善工作条件”。《职业病防治法》同时也规定劳动者履行职业卫生保护义务：用好防护设施、用好个人防护用品。

（三）《中华人民共和国安全生产法》

第四十二条：生产经营单位必须为从业人员提供符合国家标准或者行业标准的劳动防护用品，并监督、教育从业人员按照使用规则佩戴、使用。第四十四条：生产经营单位应当安排用于配备劳动防护用品、进行安全生产培训的经费。第五十四条：从业人员在作业过程中，应当严格遵守本单位的安全生产规章制度和操作规程，服从管理，正确佩戴和使用劳动防护用品。

（四）《中华人民共和国矿山安全法》

第二十八条：矿山企业必须向职工发放保障安全生产所需的劳动防护用品。第四十条：违反本法规定，有下列行为之一的，由劳动行政主管部门责令改正，可以并处罚款；情节严重的，提请县级以上人民政府决定责令停产整顿；对主管人员和直接责任人员由其所在单位或者上级主管机关给予行政处分：使用不符合国家安全标准或者行业安全标准的设备、器材、防护用品、安全检测仪器的。

（五）《中华人民共和国矿山安全法实施条例》

第三十九条：矿山企业向职工发放的劳动防护用品应当是经过鉴定和检验合格的产品。劳动防护用品的发放标准由国务院劳动行政主管部门制定。

（六）《安全生产许可证条例》

第六条：企业取得安全生产许可证，应当具备下列安全生产条件：有职业危害防治措施，并为从业人员配备符合国家标准或者行业标准的劳动防护用品。

（七）《使用有毒物品作业场所劳动保护条例》

第二十一条规定“用人单位应当为从事使用有毒物品作业的劳动者提供符合国家职业卫生标准的防护用品，并确保劳动者正确使用”。

（八）《作业场所职业健康监督管理暂行规定》

第十九条：生产经营单位必须为从业人员提供符合国家标准、行业标准的职业危害防护用品，并督促、教育、指导从业人员按照使用规则正确佩戴、使用，不得发放钱物替代职业危害防护用品。生产经营单位应当对职业危害防护用品进行经常性的维护、保养，确保防护用品有效。不得使用不符合国家标准、行业标准或者已经失效的职业危害防护用品。第四十七条：生产经营单位有下列情形之一，给予警告，责令限期改正；逾期未改正的，处 5 万元以上 20 万元以下的罚款；情节严重的，责令停止产生职业危害的作业，或者提请有关人民政府按照国务院规定的权限责令关闭：未提供职业危害防护设施和从业人员使用的职业危害防护用品，或者提供的职业危害防护设施和从业人员使用的职业危害防护用品不符合国家标准、行业标准的；未按照规定对职业危害防护设施和从业人员职业危害防护用品进行维护、检修、检测，并保持正常运行、使用状态的。

（九）《劳动防护用品选用规则》

根据须防范可能接触的危险，将作业类别与防护品使用限制作出配伍。

四、个人防护用品的选用原则

（一）根据国家标准选用个人防护用品

国家标准《劳动防护用品选用规则》（GB116511989）为选用个人防护用品提供了法定的技术依据。

（二）根据国家有关规定选购个人防护用品

特种个人防护用品必须具有三证，即生产实行生产许可证（国家职能部门颁发）、产品鉴定证（经质量监督检验机构抽检，按批量配给）和产品合格证（生产厂家自检）。

（三）根据使用期限和报废原则选购个人防护用品

不同个人防护用品使用期限和报废原则不同，根据腐蚀程度、损耗情况及耐用性能及时报废和更换。

五、分类

PPE 分类有以下两种划分方法。

（一）按照用途分类

1．以防止伤亡事故为目的的安全护品，主要包括以下几类。

（1）防坠落用品：如安全带、安全网等。

（2）防冲击用品：如安全帽、防冲击护目镜等。

（3）防触电用品：如绝缘服、绝缘鞋、等电位工作服等。

（4）防机械外伤用品：如防刺、割、绞碾、磨损用的防护服、鞋、手套等。

（5）防酸碱用品：如耐酸碱手套、防护服和靴等。

（6）耐油用品：如耐油防护服、鞋和靴等。

（7）防水用品：如胶制工作服、雨衣、雨鞋和雨靴、防水保险手套等。

（8）防寒用品：如防寒服、鞋、帽、手套等。

2．以预防职业病为目的的劳动卫生护品，主要包括以下几类。

（1）防尘用品：如防尘口罩、防尘服等。

（2）防毒用品，如防毒面具、防毒服等。

（3）防放射性用品，如防放射性服、铅玻璃眼镜等。

（4）防热辐射用品，如隔热防火服、防辐射隔热面罩、电焊手套、有机防护眼镜等。

（5）防噪声用品，如耳塞、耳罩、耳帽等。

近年来，随着防护技术发展，还研制出了一些多功能或复合防护用品。

（二）以人体防护部位分类

1．头部防护类 包括用各种材料制作的安全帽、一般防护帽、防尘帽、防水帽、防寒帽、防静电帽、防高温帽、防电磁辐射帽、防昆虫帽等。

2．呼吸器官防护类 包括过滤式防毒面具、滤毒罐（盒）简易式防尘口罩（不包括纱布口罩）、复式防尘口罩、过滤式防微粒口罩、长管面具等。

3. 眼、面部防护类　包括电焊面罩、焊接镜片及护目镜、炉窑面具、炉窑目镜、防冲击眼护具等。

4. 听觉器官防护类　包括用各种材料制作的防噪声护具，主要有耳塞、耳罩和防噪声头盔。

5. 防护服装类　包括防静电工作服、防酸碱工作服（除丝、毛面料外，材质必须经过特殊处理）、涉水工作服、防水工作服、阻燃防护服。

6. 手足防护类　包括绝缘、耐油、耐酸三种手套；绝缘、耐油、耐酸三种靴；盐滩靴，水产靴，用各种材料制作的低电压绝缘鞋，耐油鞋，防静电、导电鞋，安全鞋（靴）和各种劳动防护专用护肤用品。

7. 防坠落类防护用品　包括安全带、安全网、安全绳。

六、个人防护用品佩戴、使用原则

（一）个人防护用品应该是在进入需要佩戴、使用的作业场所，不得挪作它用。

（二）个人防护用品佩戴、使用的最基本原则是必须在不影响完成正常巡检（看、听、摸等）和操作及在保证安全生产的前提下规范正确使用。

（三）个人防护用品必须符合防治职业病和职业安全的要求

企业工人应了解自己的工作需要哪些防护用品，根据不同的使用场所及工作岗位的不同防护要求，正确选择性能符合要求的防护用品，绝不能选错或将就使用。

（四）使用个人防护用品前，必须严格检查，损坏或磨损严重的必须及时更换，一般按法定期限进行更换，特殊情况提出申请，更新或调换。

（五）个人防护用品领用实行使用者签名制，从而保证劳动者配备与其岗位的职业病危害因素相适应的个人防护用品的权利，同时劳动者应规范正确佩戴并接受监督的义务。

（六）对符合国家噪声标准的作业场所，即整体作业环境低于 85 dB（A）每 8 小时工作日，佩戴可视个体健康和对噪声敏感度情况而定，但必须有获得个人防护用品的权利。

（七）使用个人防护用品者必须了解所使用的防护用品的性能及正确使用方法

对结构和使用方法较为复杂的防护用品，如呼吸器要进行反复训练，达到能迅速正确使用的目的。用于急救的呼吸器更要定期检查，以免急救时无法正常工作。急救呼吸器平时要妥善地存放在可能发生事故的邻近地点，便于及时取用。必须牢记使用未起作用的防护用品比不使用防护用品更危险，因为使用者会误以为他已经得到了保护而实际上没有。

（八）妥善维护保养防护用品

这样不但可延长防护用品的使用期限，更重要的是能保证用品的防护效果，要仔细阅读防护用品的使用维护说明书，按要求正确维护防护用品。

七、如何正确选择个人防护用品

正确使用劳动防护用品，是保障从业人员人身安全与健康的重要措施。为此要注意以下几点。

（一）生产经营单位应当建立健全有关劳动防护用品的管理制度

要加强劳动防护用品的购买、验收、保管、发放、更新、报废等环节的管理，监督并教育从业人员按照使用要求佩戴和使用。

（二）提供的防护用品必须符合国家标准或者行业标准

不得以货币或者其他物品替代劳动防护用品，也不得购买、使用超过使用期限或者质量低劣的产品，确保防护用品在紧急情况下能发挥其特有的效能。

（三）在佩戴和使用劳动防护用品中，要防止发生以下情况

1．从事高空作业的人员，不系好安全带发生坠落。

2．从事电工作业（或手持电动工具）人员不穿绝缘鞋发生触电。

3．在车间或工地不按要求穿工作服，穿裙子或休闲衣服；或虽穿工作服但穿着不整齐，敞着前襟、不系袖口等，造成机械缠绕。

4．长发不盘入工作帽中，造成长发被机械卷入。

5．不正确戴手套。有的该戴不戴，造成手的烫伤、刺破等伤害；有的不该戴而戴，造成卷住手套带进手去，甚至连胳膊也带进去的伤害事故。

6．不及时佩戴适当的护目镜和面罩，使面部和眼睛受到飞溅物伤害或灼伤，或受强光刺激，造成视力伤害。

7．不正确戴安全帽。当发生物体坠落或头部受撞击时，造成伤害事故。

8．在工作场所不按规定穿用劳保皮鞋，造成脚部伤害。

9．不能正确选择和使用各类口罩、面具，不会熟练使用防毒护品，造成中毒伤害。

在其他需要进行防护的场所，也要正确佩戴和使用劳动防护用品，从而保护自己的人身安全和健康。

第二节　个人防护用品的选择与使用

一、头部防护装备

是指在生产现场，用于保护头部，防止意外重物坠落击伤、撞击、挤压伤害或防止有害物质污染的护具。

（一）分类

1．按照帽壳材料分类　主要分为塑料安全帽、玻璃钢安全帽、橡胶安全帽、竹编安全帽、金属安全帽和纸胶安全帽等。

2．按用途分类　有一般作业类（Y 类）安全帽和特殊作业类（T 类）两大类。其中 T 类又分成五类：T1 类适用于有火源的作业场所；T2 类适用于井下、隧道、地下工程、采伐等作业场所；T3 类适用于易燃易爆作业场所；T4（绝缘）类适用于带电作业场所。

3．按帽壳的外部形状分类　有单顶筋、双顶筋、多顶筋、“V”字顶筋、“米”字顶筋、无顶筋和钢盔式等多种形式。

4．按帽沿尺寸分类　有大沿、中沿、小沿和卷沿安全帽。

5．按颜色分类　根据不同工种和不同作业场所的背景环境（包括机器、设备等）需要，分别采用浅显醒目的白、红、黄、蓝色等颜色，便于引起高空作业人员及其他在场作业人员的注意和识别。

（二）佩戴方法

将安全帽戴正，拉紧下颏带（留一指头缝隙），后帽箍调到合适位置并拴系牢固，以防帽子滑落

与碰掉。

（三）安全帽的使用注意事项

1．每种安全帽都具有一定的技术性能指标和适用范围，所以要根据所使用的行业和作业环境，对安全帽的性能、材料、规格、款式和颜色等进行选择。

2．检查安全帽的外壳是否破损、帽衬是否完整，帽衬的结构是否处于正常状态，是否在有效期内。竹编的安全帽有效期为 2 年，塑料安全帽的有效期限为 2.5 年，玻璃钢和胶质安全帽的有效期限为 3.5 年，超过有效期的安全帽应报废。经受过一次冲击或做过试验的安全帽应作废，不能再次使用。

3．调整好帽衬顶端与帽壳内顶的间距，一般 4 ～ 5 cm。应将帽后调整带按自己头型调整到适合的位置。使用者不能随意调节帽衬的尺寸，这会直接影响安全帽的防护性能，落物冲击一旦发生，安全帽会因佩戴不牢脱出或因冲击后触顶直接伤害佩戴者。

4．使用者在佩戴时一定要将安全帽戴正、戴牢，松紧要适度，不能晃动，要系紧下颚带，调节好后箍，以防安全帽脱落。不要把安全帽歪戴，也不要把帽沿戴在脑后方，否则会降低安全帽对于冲击的防护作用。

5．使用者不能随意在安全帽上拆卸或添加附件，不能私自在安全帽上打孔，随意碰撞安全帽，以免影响其原有的防护性能。

6．安全帽不应储存在有酸碱、高温（50℃以上）、阳光直射、潮湿等处，避免重物挤压或尖物碰刺，以免其老化变质。帽衬由于汗水浸湿而容易损坏，可用冷水、温水（低于 50℃）经常清洗，损坏后要立即更换。帽壳与帽衬不可放在暖气片上烘烤，以防变形。

7．由于安全帽在使用过程中会逐步损坏，所以要定期进行检查，仔细检查有无龟裂、下凹、裂痕和磨损等情况。发现异常现象要立即更换，不要戴有缺陷的安全帽。

8．严禁使用只有下颌带与帽壳连接的安全帽，也就是帽内无缓冲层的安全帽。

二、呼吸防护用品

呼吸防护用品是为防御有害气体、蒸气、粉尘、烟、雾经呼吸道吸入，或直接向使用者供氧或清净空气，保证尘、毒污染或缺氧环境中作业人员正常呼吸的防护用具。

（一）分类

1．按用途分类 分为防尘口罩、防毒口罩（面具）和供氧三类。

2．按作用原理分类 分为过滤式和隔离式两类。

（1）过滤式呼吸防护用品：是依据过滤吸收的原理，利用过滤材料滤除空气中的有毒、有害物质，将受污染的空气转变为清洁空气供人员呼吸的一类呼吸防护用品。适用于空气中有害物质浓度低于 1%，且空气中含氧量不低于 18% 的场所。分为机械过滤式和化学过滤式两种，如防尘口罩、防毒口罩和过滤式防毒面具。

（2）隔离式呼吸防护用品：是依据隔绝的原理，将使用者的呼吸器官与污染环境隔离，通过输入空气或氧气来维持人体正常呼吸的防护器。按其供气方式又可分为自带式与外界输入式两类，如氧气呼吸器、空气呼吸器和生氧呼吸器。

（3）特殊用途：紧急逃生呼吸器、长管呼吸器和动力送风式呼吸器。用在缺氧、尘毒污染严重、情况不明或有生命危险的工作场合。

（二）佩戴方法

1．免保养性口罩的佩戴方法 用一只手托住面罩，让头带悬在下面，金属鼻夹位于指尖，然后将上方头带拉到头顶位置，将下方头带拉过头顶，放在颈后，注意将扭曲的带子调整好；然后用双手示指指尖从中间开始向两侧下压，使金属鼻夹与自己鼻梁的形状一致；最后做面部密合性试验。用双手手掌盖住面罩，用力呼气，如果感觉有气体从鼻子两侧、下巴或其他部位泄漏，需要重新调整头带和面罩位置，重新试验，直至没有泄漏；然后同样用双手手掌盖住面罩，用力吸气，如果没有气体从面罩四周漏入，说明面罩与脸密合良好。在每次进入工作区域之前，必须先佩戴口罩，而且必须按上述方法做面部密合试验，确保佩戴正确。切记，在每次佩戴口罩时都必须做试验。

2．防毒面具的佩戴方法 先将头带带扣松开，使带子调到最松的位置，使上方头带套在头顶，使面罩盖住自己的口鼻，然后将下方头带在颈后扣好。用双手拉紧头带，注意不要过紧，造成不必要的不适。调整好面罩位置后，做面部密合性试验。测试方法一：将手掌盖住呼气阀并缓缓呼气，如面部感到有一定压力，但没感到有空气从面部和面罩之间泄漏，表示佩戴密合性良好；若面部与面罩之间有泄漏，则需重新调节头带与面罩，排除漏气现象。测试方法二：用手掌盖住滤毒盒座的连接口，缓缓吸气，若感到呼吸有困难，则表示佩戴面具密闭性良好。若感觉能吸入空气，则需重新调整面具位置及调节头带松紧度，消除漏气现象。重新按以上方法一、方法二做密合性测试，直至密合性能良好。与免维护口罩一样，每次在进入污染区域之前，必须先佩戴面罩，并完成面部密合性试验，确保密合良好，这是确保呼吸防护用品防护功能的首要因素。

（三）呼吸防护用具的清洗与消毒

1．个人专用的呼吸防护用具应定期清洗和消毒。非个人使用的每次用后都应清洗和消毒。

2．不应清洗过滤元件，对可更换过滤元件的过滤式呼吸防护用具，清洗前应将过滤元件取下。

3．清洗面罩时，应按使用说明书要求拆卸有关部件。使用温水或中性肥皂水，用软毛刷清除脏污物，淋洗并风干，禁止晒干。

4．若需使用广谱清洗剂消毒，在选用消毒剂时，特别是需要预防特殊病菌传播的情形，应先咨询呼吸防护装备生产者和工业卫生专家。应特别注意消毒剂生产者的使用说明。

（四）呼吸防护用具的储存

1．呼吸防护用具应储存在清洁、干燥、无油污、无阳光直射和无腐蚀性气体的地方。

2．若呼吸防护用具不经常使用，应将呼吸防护用具放入密封袋内储存。储存时应避免面罩变形，且防毒过滤元件不应敞口储存。

3．所有紧急情况和救援使用的呼吸防护用具应保持待用状态，并置于管理、取用方便的地方，不得随意变更存放地点。

（五）呼吸防护用具的检查与保养

1．应按照呼吸防护用具使用说明书中有关内容和要求，由受过培训的人员实施检查和维护，对使用说明书未包括的内容，应向生产者或经销商询问。

2．应定期检查和维护呼吸防护用具。

3．对携气式呼吸器，使用后应立即更换用完的或部分使用的气瓶或呼吸气体发生器并更换其他过滤部件。更换气瓶时不允许将空气瓶与氧气瓶互换。

4．应按国家有关规定，在具有相应压力容器检测资格的机构定期检测空气瓶或氧气瓶。

5．应使用专用润滑剂润滑高压空气或氧气设备。

6．使用者不得自行重新装填过滤式呼吸防护用具的滤毒罐或滤毒盒内的吸附过滤材料。也不得采取任何方法自行延长已经失效的过滤元件的使用寿命。

（六）注意事项

1．自吸过滤式防尘口罩使用注意事项

（1）选用产品其材质不应对人体有害，不应对皮肤产生刺激和过敏影响。

（2）佩戴方便，与脸部要吻合。

2．自吸过滤式防毒呼吸用品使用注意事项

（1）使用前必须弄清作业环境中的毒物性质、浓度和空气中氧含量，在未弄清楚作业环境条件以前，绝对禁止使用。当毒气浓度大于规定使用范围或空气中氧含量低于18%时，不能使用自吸过滤式防毒面具（或防毒口罩）。直接式防毒面具规定耐受毒气体积浓度大于0.5%，应改用导管式。应根据劳动强度和作业环境空气中有害物浓度选用不同类型的防毒面具。全面罩：现场污染物浓度最高可为暴露极限的100倍；半面罩：现场污染物浓度最高只能为暴露极限的10倍。进行操作刺激性液体或气体时应使用全面罩型呼吸保护用品；液体可能发生喷溅时应使用全面罩型，或半面罩型加一个面罩。

（2）检查各部件是否完好，导气管有无堵塞或破损，金属部件有无生锈、变形，橡胶是否老化；螺纹接头有无生锈、变形，连接是否紧密；检查滤毒罐表面有无破裂、压伤，螺纹是否完好，罐盖、罐底活塞是否齐全，罐盖内有无垫片，用力摇动时有无响声；检查面具袋内紧固滤毒罐的带、扣是否齐全和完好。

（3）整套防毒面具连接后的气密性检查。在检查完各部件以后，对整体防毒面具气密性的检查很重要。简易检查方法是：打开橡胶底塞吸气，此时如没有空气进入，则证明连接正确，如有漏气，则应检查各部位连接正确与否。

（4）在使用过程中严禁随意拧开滤毒罐（盒）的盖子，并防止水或其他液体进入罐（盒）中。

（5）正确选用面罩的规格。在使用时，应使罩体边缘与脸部紧贴，眼窗中心位置应选在眼睛正前方下1 cm左右。防毒呼吸面具的眼窗镜片，应防划痕摩擦，保持视物清晰。

（6）注意滤盒的使用寿命，滤盒的使用寿命与化学品的浓度和使用频率有关，一般的使用寿命为一年。出现以下情况表明过滤盒已失效，必须进行更换。如果是化学品滤盒，当闻到气体或蒸气的气味或味道，眼、鼻子、喉咙感到刺激时，说明该滤盒已经失效。如果是粉尘过滤盒，当吸气或使用时觉得呼吸特别困难时，说明该滤盒已经失效。

3．供气式防毒呼吸用品的使用和注意事项

（1）使用前应检查各部件是否齐全和完好，有无破损生锈、连接部位是否漏气等。

（2）空气呼吸器使用的压缩空气钢瓶，绝对不允许用于充氧气。所用气瓶应按压力容器规定定期进行耐压试验，凡已超过有效期的气瓶，在使用前必须经耐压试验合格才能充气。

（3）橡胶制品经过一段时间会自然老化而失去弹性，影响防毒面具的气密性。一般来说，面罩和导气管每年应进行更新，呼气阀每六个月应更换一次。若不经常使用而保管妥善时，面罩和吸气管可三年更换一次，呼气阀每年换一次。

（4）呼吸器不用时应装入箱内，避免阳光照射，温度不高于40℃。存放位置固定，方便紧急情况时取用。

（5）使用的呼吸器除日常现场检查外，应每三个月（使用频繁时，可少于三个月）进行一次检查。

三、眼（面部）防护用品

用以保护作业人员的眼睛、面部，防止外来伤害。常用的护具有防护眼镜、防护眼罩、面罩、焊接面屏以及部分带眼面防护功能的呼吸防护护具。

（一）分类

1．防护眼镜　是最为常见的眼部防护具。一般为各种焊接、切割、炉前工、微波、激光工作人员防御有害辐射线的危害。可根据作用原理将防护镜片分为三类。

（1）反射性防护镜片：根据反射的方式，还可分为干涉型和衍射型。

（2）吸收性防护镜片：根据选择吸收光线的原理，用带有色泽的玻璃制成，例如接触红外辐射应佩戴绿色镜片，接触紫外辐射佩戴深绿色镜片，还有一种加入氧化亚铁的镜片能较全面地吸收辐射线。

（3）复合性防护镜片：将一种或多种染料加到基体中，再在其上蒸镀多层介质反射膜层。由于这种防护镜将吸收性防护镜和反射性防护镜的优点结合在一起，在一定程度上改善了防护效果。

2．防护眼罩　是另一种常用眼部护具，它能紧密贴合在佩戴者眼周，提供更多防护范围的同时具备更佳的抗冲击能力。眼罩还可以用于防护其他危害，如粉尘和液体飞溅，配合滤光片亦可用于防护某些低能量焊接或切割（如气焊气割）产生的光学辐射，或作为焊接辅助用具。防护眼罩还可细分为三种样式。

（1）直接通风型眼罩：具有良好的透气效果，能有效防止眼罩内侧起雾，这种类型的眼罩不能用以防护化学液体飞溅和有害气体或蒸气危害。

（2）间接通风型眼罩：可以用来防护大颗粒粉尘和化学液体飞溅，其通风口被设计成既具有通风性能又能防护液体和颗粒物侵入的功能。

（3）密闭型眼罩：完全没有通风口，用于防护气体或蒸气对眼部的刺激，同时亦可防护液体飞溅和细微粉尘对眼睛的伤害。

3．防护面罩　在某些工作环境中，使用上述两种眼部护具可能仍然无法达到防护要求，例如，需要更大的防护面积、覆盖整个面部，以及眼镜或眼罩的抗冲击能力不足以防护现场可能存在的冲击危害。可以分为以下几种。

（1）防固体屑末和化学溶液面罩：用轻质透明塑料或聚碳酸酯塑料制作，面罩两侧和下端分别向两耳和下颌下端及颈部延伸，使面罩能全面地覆盖面部，增强保护效果。

（2）防热面罩：除与铝箔防热服相配套的铝箔面罩外，还有的用镀铬或镍的双层金属网制成，反射热和隔热作用良好，并能防微波辐射。

（3）电焊工用面罩：制作电焊工防护眼镜的深绿色玻璃，周边配以硬纸纤维制成的面罩，防热效果好，并具有一定电绝缘性。

4．带眼面防护功能的呼吸防护用具　该类用具在具有呼吸危害又存在眼面危害的作业场所中具有广泛的应用。

（二）防护眼镜和面罩维护方法

1．不能随意搓擦透镜，以免刮伤，使用“特制”眼镜布者除外。

2．拿取眼镜时一定要用双手，以脸颊的正面戴上或取下，以免镜框变形。

3．建议近视者配安全眼镜时，依眼科医师处方指示配镜。

4．存放时，镜片应朝向不易被刮伤，手不易碰触、不易被污染的方向妥善保管。

5．更换配件时应以同厂牌为主，尤其是遮光透镜不可更换不合格的，以免伤害眼睛。

6．镜片应随时保持清洁，手指不可碰触，以免影响视线。

7．清洗镜片可用温水、肥皂水、专用清洗剂或超音波眼镜洗净器。

8．使用防雾镜片前才撕去内、外层保护膜，可增长使用寿命。

9．防激光安全眼镜暴露在非常强的能量或功率密度下会失去其有效性，应丢弃换新。

（三）防护眼镜和面罩使用注意事项

1．护目镜要选用经产品检验机构检验合格的产品。

2．护目镜的宽窄和大小要适合使用者的脸型。

3．镜片磨损粗糙、镜架损坏，会影响操作人员的视力，应及时调换。

4．护目镜要专人使用，防止传染眼病。

5．焊接护目镜的滤光片和保护片要按规定作业需要选用和更换。

6．防止重摔重压，防止坚硬的物体摩擦镜片和面罩。

四、听觉器官防护用品

听觉器官防护用品是能防止过量的声能侵入外耳道，使人耳避免噪声的过度刺激，减少听力损失，预防由噪声对人身引起的不良影响的个体防护用品。长期在 90 dB（A）以上或短时在 115 dB（A）以上环境中工作时应使用听力护具。

（一）分类

听力护具有耳塞、耳罩和帽盔三类。

1．耳塞　为插入外耳道内或置于外耳道口的一种栓，常用材料为塑料和橡胶。按结构外形和材料分为圆锥形塑料耳塞、蘑菇形塑料耳塞、伞形提篮形塑料耳塞、圆柱形泡沫塑料耳塞、可塑性变形塑料耳塞和硅橡胶成型耳塞、外包多孔塑料纸的超细纤维玻璃棉耳塞、棉纱耳塞。对于耳塞的要求为：应有不同规格的适合于个人外耳道的构型，隔声性能好、佩戴舒适、易佩戴和取出，又不易滑脱，易清洗、消毒、不变形等。

2．耳罩　常以塑料制成，呈矩形杯碗状，内具泡沫或海绵垫层，覆盖于双耳，两杯碗间连以富有弹性的头架，适度紧夹于头部，可调节，无明显压痛，舒适。要求其隔音性能好，耳罩壳体的低限共振率越低，防声效果越好。

3．防噪声帽盔　能覆盖大部分头部，以防强烈噪声经骨传导而达内耳，有软式和硬式两种。软式质轻，导热系数小，声衰减量为 24 dB，缺点是不通风。硬式为塑料硬壳，声衰减量可达 30 ~ 50 dB。

对防噪声工具的选用，应考虑作业环境中噪声的强度和性质，以及各种防噪声用具衰减噪声的性能。各种防噪声用具都有一定的适用范围，选用时应认真按照说明书使用，以达到最佳防护效果。

（二）耳塞、耳罩的佩戴方法

1．耳塞佩戴方法

（1）各种耳塞在佩戴时，要先将耳郭向上提拉，使耳甲腔呈平直状态，然后手持耳塞柄，将耳塞帽体部分轻轻推向外耳道内，并尽可能地使耳塞体与耳甲腔相贴合。但不要用劲过猛过急或插得太深，以自我感觉适度为宜。

（2）戴后感到隔声不良时，可将耳塞稍事缓慢转动，调整到效果最佳位置为止。如果经反复调整仍然效果不佳时，应考虑改用其他型号规格的耳塞反复试用，以选择最佳者定型使用。

（3）佩戴泡沫塑料耳塞时，应将圆柱体搓成锥形体后再塞入耳道，让塞体自行回弹，充满耳道。

(4) 佩戴硅橡胶自行成型的耳塞，应分清左右塞，不能弄错；插入耳道时，要稍事转动，放正位置，使之紧贴耳甲腔内。

2. 耳罩佩戴方法

(1) 使用耳罩时，应先检查罩壳有无裂纹和漏气现象。

(2) 佩戴时应注意罩壳的方法，顺着耳郭的形状戴好。

(3) 将连接弓架放在头顶适当位置，尽量使耳罩软垫圈与周围皮肤相互密合。如不合适时，应稍移动耳罩或弓架，调整到合适位置。

(三) 听力防护用品的使用注意事项

1. 无论戴用耳罩还是耳塞，均应在进入有噪声车间前戴好，工作中不得随意摘下，以免伤害鼓膜。如确需摘下，最好在休息时或离开车间以后，到安静处所再摘掉耳罩或耳塞。

2. 戴后若感到隔声不良时，可将耳塞稍事缓慢转动，调整到效果最佳位置为止。如果经反复调整仍然效果不佳时，应考虑改用其他型号规格的耳塞反复试用，以选择最佳者定型使用。

3. 耳塞或耳罩软垫用后需用肥皂、清水清洗干净，晾干后再收藏备用。橡胶制品应防热变形，同时撒上滑石粉贮存。

五、足部防护用品

足部防护用品是防止生产过程中有害物质和能量损伤劳动者足部的护具，通常称为劳动防护鞋。

(一) 分类

足部防护用品按防护功能分为防尘、防水、防寒、防静电、防高温、防酸碱、防油、防烫脚、防滑、防刺穿、电绝缘、防震鞋十二类，每类鞋根据材质不同又能分为许多种。在实际工作中，有复合功能的安全鞋较为多见，如防砸绝缘、防砸防静电、防砸耐酸碱、防砸耐油、防砸耐高温等。一些企业还可以根据客户的需求，生产出具有特殊性能的安全鞋。

(二) 足部防护用品的使用

1. 先分析导致工作人员脚部受伤的主要因素有哪些，如接触化学品、熔化的金属、高温及低温的表面；被坚硬、滚动或下坠的物件触碰；被尖锐的物件刺穿鞋底或鞋身，被锋利的物件割伤，甚至使表皮撕裂；场地润滑、跌倒；在充满易燃易爆的环境中工作；若静电的释放处理不恰当，便随时变为燃源，引起爆炸。另外，足部的导电性亦可影响员工接触电力装置时触电危害的高低。根据工作场所的需要，选择大小适合自己的具有相应防护功能的安全鞋。

2. 选择安全鞋时要检查“三证”，即生产许可证、产品合格证、安全鉴定证。

3. 安全鞋也属于国家规定的特种劳动防护用品，应该有“安全防护标识”。

4. 工作皮鞋应松紧适宜，鞋带应系好，长度适中。

(三) 足部防护用品使用注意事项

1. 不得擅自修改安全鞋的构造。

2. 选择合适尺码的安全鞋。

3. 正确穿着，鞋带要系紧，不能留得太长，拖在地面，不要拖穿。

4. 明确安全鞋的防护性能，不要超越其防护功能使用，如穿不具有防酸碱性的鞋子从事化学品有关操作。

5. 穿用绝缘靴时，应将裤管套入靴筒内。

6. 耐酸碱皮鞋只能使用于一般浓度较低的酸碱作业场所，不能浸泡在酸碱液中进行较长时间作业，以防酸碱溶液渗入皮鞋内腐蚀足部。

7．耐酸碱塑料靴和胶靴应避免接触高温、锐器损伤靴面或靴底，以免引起渗漏，影响防护功能。

8．在使用防静电鞋、导电鞋时，不应同时穿绝缘的毛料厚袜及绝缘的鞋垫。

9．使用防静电鞋的场所应是防静电的地面，使用导电鞋的场所应是能导电的地面。

10．禁止防静电鞋当绝缘鞋使用。穿用过程中，要按规定进行电阻测试，符合规定才可使用。

11．注意个人卫生，使用者应维持脚部及鞋履清洁干爽。

12．定期清理安全鞋，但不应采用溶剂作清洁剂。此外，鞋底亦须经常清扫，避免积聚污垢物，因鞋底的导电性或防静电效能会受黏附污垢物多少和褶曲情况的影响。

13．阴凉、干爽和通风处存放。

六、手部防护用品

手部防护用品是具有保护手和手臂功能的个体防护用品。通常称为劳动防护手套。

（一）分类

1．按防护功能分类 分为一般工业用防护手套和特种作业用防护手套两大类。

（1）一般工业用防护手套：包括防机械伤手套、防水手套、防化手套、防震手套和防切割手套等。

（2）特种作业用防护手套：包括绝缘手套、防静电手套、焊工手套、防寒手套、耐高温手套和防X线、微波手套等。

2．按防护手套材质分类 包括各种橡胶手套、棉纱手套、浸塑手套、牛皮手套等。

（1）厚帆布手套多用于高温、重体力劳动，如炼钢、铸造等工种。

（2）薄帆布、棉纱、分指手套主要用于检修工、起重机司机和配电工等工种。

（3）翻毛皮革长手套主要用于焊接工种。

（4）橡胶或涂橡胶手套主要用于电气、铸造等工种。

（二）防护手套的使用注意事项

1．防护手套的品种很多，根据防护功能来选用 首先应明确防护对象，然后再仔细选用。如耐酸碱手套，有耐强酸（碱）的、有耐低浓度酸（碱）的，而耐低浓度酸（碱）手套不能用于接触高浓度酸（碱）。切记勿误用，以免发生意外。

2．选择适当尺码的手套 手套应要合身，以免妨碍动作或影响手感。

3．使用前检查手套是否损坏 防水、耐酸碱手套使用前应仔细检查，观察表面是否破损，采取简易办法是向手套内吹口气，用手捏紧套口，观察是否漏气，漏气则不能使用。

4．定期检查 绝缘手套应定期检验电绝缘性能，不符合规定的不能使用。

5．清洗和保养 橡胶、塑料类等防护手套用后应冲洗干净并晾干，保存时避免高温，并在制品上撒上滑石粉以防粘连。焊工手套不能洗，并且不要密封在塑料袋内，以免变质或发霉。电用橡胶手套若有接触油污，应立即以乙醇清洗。若以水清洗时，要立即用干布擦拭，并放阴凉处风干。不能使用石油类有机溶剂清洁。

6．避免重物压放或折叠存放

7．禁止戴手套操作旋转机床 对于需要精细调节的作业，戴用防护手套就不便于操作，尤其对于使用钻床、铣床和传送机旁及具有夹挤危险的部位操作人员，若使用手套，则有被机械缠住或夹住的危险。所以从事这些作业的人员，严格禁止使用防护手套。

七、躯干防护用品

躯干防护用品就是通常讲的防护服，用于保护作业者免受劳动环境中的物理性、化学性环境中有害因素的伤害。防护服包括帽、衣、裤、围裙、套裙、鞋罩等。

（一）分类

防护服分为一般作业服和特殊防护服两类。

1．一般作业服 主要是防污和防机械磨损。一般用较致密的棉布、麻布或帆布制作。需具有良好的透气性和防尘性。

2．特殊防护服

（1）防静电工作服：适用于易燃物品的处理场所或可因静电产生影响电子产品质量的生产场所。

（2）防化工作服：用于防御有毒、有害化学品损害皮肤或经皮肤吸收后伤害人体，广泛用于涉及危险化学品生产、使用、存储、运输的行业，以及危险化学品事故处置过程之中。一般有两类：一类是用涂有对所防化学物不渗透或渗透率小的聚合物化纤和天然织物做成的，并经某种助剂浸轧或防水涂层处理，以提高其抗透过能力，如喷洒农药人员的防护服；另一类是以丙纶、涤纶等织物制作，用以防酸碱。对这些防护服，国家有一定的透气、透湿、防油拒水、防酸碱及防特定毒物透过的标准。

（3）防爆防护服：可防止人体由于爆炸物而受到伤害。

（4）防火抗热工作服：防止烧伤、烫伤。防热服应具有隔热、阻燃、牢固的性能，但又应透气，穿着舒适，便于穿脱，分为非调节和空气调节式两种。

（5）防X线工作服、防微波服：放射线和微波对身体都有一定的伤害。微波屏蔽服有两类：①金属丝布微波屏蔽服；②镀金属布微波屏蔽服。这种屏蔽服具有镀层不易脱落、比较柔软舒适、重量轻等特点，是目前较新、效果较好的一种防微波屏蔽服。

（二）工作服的穿戴

1．选择的工作服要大小适中，适合自己的身材。不能太大，也不能太小。

2．裤子要系皮带，裤门扣子要扣好，裤脚平踝关节下2 cm，不能太长，裤脚在地上拖，也不能太短，不能裸露腿部皮肤。

3．衣服穿戴要整齐，胸扣要扣好，袖扣要扣好。不能裸露手臂。

穿戴要决：“三紧”，即领口紧、袖口紧、下摆紧。

（三）防护服的选用和维护

防护服各有其特点、应用范围及使用保养方法。

1．根据现场存在的危害因素选择质量可靠的防护服。使用者应针对作业场所或可能产生的危害选择防护服的种类。如易燃易爆场所，应选用防静电服，带电作业应选用等电位均压服、绝缘服；剧毒物接触作业应选用密闭型防毒服；炉前高温作业应选用高温工作服等。

2．购置质量可靠的产品，应通过专营劳保商店购置有专业技术部门检验过的或符合现行标准的品种。

3．使用前准备，正确穿用及维护

（1）质量检查：防护服购进穿用前，应对照产品技术条件检查其质量。

（2）熟悉性能：认真查阅产品说明，熟悉其性能及注意事项；进行必要的穿脱训练。

（3）按说明书介绍的方法穿着。

（4）要重视防护服的使用条件，不可超限度穿用。

4．特殊作业防护使用完毕，应进行检查、清洗，晾干保存，下次再用。产品应存放在干燥通风、清洁的库房。

（1）以橡胶为基料的防护服，可用皂水等洗去污染后冲洗晾干，撒些滑石粉后存放。

（2）以塑料为基料的防护服，一般只在常温下清洗、晾干。

（3）特殊织物为基料的防护服，如等电位均压服、微波防护服、防静电服等应远离油污，保持干燥，防止腐蚀性物质腐蚀，避免织物中的金属等导电纤维折断，这类服装应定期检查其电性指标。

八、防坠落用品

防坠落用品是防止人体从高处坠落的整体及个体防护用品。

（一）分类

防坠落用品主要有安全网和安全带两种。

1．安全网　是应用于高处作业场所边侧立装或下方平张的防坠落用品，是用来防止人、物坠落，或用来避免、减轻坠落及物体打击伤害的集体防护用品。根据安装形式和目的，分为立网和平网。

2．安全带　是高处作业人员预防坠落伤亡的个人防护用品，由带子、绳子和金属配件组成，总称安全带。适用于围杆、悬挂、攀登等高处作业，不适用于消防和吊物。

（1）按照使用条件的不同，可以分为以下三类：①围杆作业安全带：通过围绕在固定构造物上的绳或带将人体绑定在固定的构造物附近，使作业人员的双手可以进行其他操作的安全带；②区域限制安全带：用以限制作业人员的活动范围，避免其到达可能发生坠落区域的安全带；③坠落悬挂安全带：高处作业或登高人员发生坠落时，将作业人员悬挂的安全带。

（2）安全带按品种系列分类：采用汉语拼音字母依前、后顺序分别表示不同工种、不同使用方法、不同结构。符号含意如下：D- 电工，DX- 电信工，J- 架子工，L- 铁路调车工；T- 通用（油工、造船、机修工等）；W- 围杆作业，W1- 围杆带式，W2- 围杆绳式；X- 悬挂作业；P- 攀登作业；Y- 单腰带式；F- 防下脱式，B- 双背带式，S- 自销式；H- 活动式，G- 固定式。

符号组合表示举例如下：DW1Y- 电工围杆带单腰带式；TPG- 通用攀登固定式。

（二）安全带的选择

1．根据使用场所条件确定型号。

2．检查“三证”，生产许可证、产品合格证和安全鉴定证。

3．检查特种劳动防护用品标志标识：安全标志证书、安全标志标识。

4．检查产品的外观、做工。

5．细节检查

（1）检查金属配件上是否有制造厂的代号。

（2）安全带的带体上是否有永久字样的商标、合格证和检验证明。

（3）合格证是否注明产品名称、生产年月、拉力试验、冲击试验、制造厂名、检验员姓名等情况。

（三）安全带的使用

1．使用前应检查安全带的安全性。

2．高挂低用，注意防止摆动碰撞。安全带使用时应在腰部系紧，挂钩应扣在不低于作业者所处水平位置的固定点。悬挂点必须是固定的且能够承担一定负荷的固定点。

3．不准将绳打结使用，也不准将钩直接挂在安全绳上使用，应挂在连接环上用。

4．安全带严禁擅自接长使用。使用 3 m 以上的长绳时，应使用缓冲器。

5．安全带上的各种部件不得任意拆掉。更换新绳时要注意加绳套。

6．安全带及悬挂绳应避免火或其他热源、锋利边缘、腐蚀性物品。

（四）安全带的保养

1．安全带使用两年后，按批量购入情况，抽验一次。

2．安全带每 12 个月检查一次；6 个月未使用，在使用之前需检查；安全带使用 2 年后，应做一次抽检；发现异常时，应立即更换新绳。带子使用期为 3 ～ 5 年，发现异常应提前报废。

3．安全带应储藏在干燥、通风的仓库内，不应接触高温、明火、强酸和尖锐的坚硬物体，也不应长期曝晒、雨淋。

4．避免存放在高温、潮湿、曝晒、存在化学品（气体）、鼠患及昆虫滋生的环境中。

5．安全绳、安全带保持清洁；金属部件加油防锈。

（五）安全网、安全带使用注意事项

1．安全网的使用注意事项

（1）不能随意拆除安全网的部件。

（2）不能将物体投入安全网内。

（3）不能在安全网内或下方堆积物品。

（4）焊接火星不能落入安全网内。

（5）对使用中的安全网应进行定期检查，并及时清理网上的落物，当发生下列情况之一时应及时进行修理或更换。

1）安全网受到较大的冲击后。

2）安全网发生霉变或其他腐蚀。

3）系绳脱落。

4）安全网发生严重的变形或磨损。

5）网的搭接处脱开。

2．安全带使用注意事项

（1）在基准面 2 米以上作业须系安全带。

（2）使用时应将安全带系在腰部，挂钩要扣在不低于作业者所处水平位置的可靠处，不能扣在作业者的下方位置，以防坠落时加大冲击力，使人受伤。

（3）在使用安全带时，应检查安全带的部件是否完整，有无损伤，金属配件的各种环不得是焊接件，边缘光滑，产品上应有“安鉴证”。

（4）使用围杆安全带时，围杆绳上有保护套，不允许在地面上随意拖着绳走，以免损伤绳套，影响主绳。

特别注意：无论是安全带还是安全网，都是安全防护措施的一个组成部分，必须要与脚手架，护栏、柱子等固定物作整体考虑，将作用到人体的冲击力分散和最大限度地吸收。

九、护肤用品

在生产作业环境中，常常存在各种化学的、物理的、生物的危害因素，对人体的暴露皮肤产生不断的刺激或影响，进而引起皮肤的病态反应。有的工业毒物还可经皮肤吸收，积累到一定程度后引起中毒。特殊作业人员的外露皮肤应使用特殊的护肤膏、洗涤剂等护肤用品，它们与日用化妆膏霜、洗涤剂在功能、用途上有所区别。

分为护肤膏和皮肤保洁剂。

（一）护肤膏（剂）

护肤膏用于防止皮肤受化学、物理等因素的危害，如各种漆类、酸碱溶液，紫外线、微生物等的刺激作用。护肤膏一般在整个劳动过程中使用，涂用时间长，上岗时涂抹，下班后清洗，可起一定隔离作用，保护皮肤。护肤膏分水溶性和脂溶性两类，前者防油溶性毒物，后者防水溶性毒物。

护肤膏的基本要求：①不损伤皮肤，不引起皮肤过敏；②能充分地防止生产中各种物质对皮肤的危害；③轻抹在皮肤上，保护持久且容易洗掉；④与工作接触的物质不发生反应，使用时不裂化和变质；⑤配制原料来源广泛且经济。

（二）皮肤保洁剂

保洁剂主要用于洗除皮肤表面的各种污染，特别是毒、尘接触作业人员，需要及时清理附着皮肤和工作服上的毒物和粉尘。

保洁剂的基本要求：保洁剂应易溶于水，能除去污物而不损伤皮肤，不含粗糙刺激物质等。不要随便用溶剂（如汽油、苯类等）擦洗去污。

（庞淑兰）

参考文献

[1] 中华人民共和国国家标准．个体防护装备术语（GB/T12903-2008）.

[2] 全国人民代表大会常务委员会.《中华人民共和国职业病防治法》[M]．北京：中国法制出版社，2019.

第十一章

作业场所应急救援预案与管理

第一节 作业场所职业危害警示标识

根据《中华人民共和国职业病防治法》和《使用有毒物品作业场所劳动保护条例》制定本标准，规定了在工作场所设置的可以使劳动者对职业病危害产生警觉，并采取相应防护措施的图形标识、警示线、警示语句和文字，适用于可产生职业病危害的工作场所、设备及产品。根据工作场所实际情况，组合使用各类警示标识。

一、警示标识简介

（一）图形标识

图形标识分为禁止标识、警告标识、指令标识和提示标识。

1．禁止标识 禁止不安全行为的图形。

2．警告标识 提醒对周围环境需要注意，以避免可能发生危险的图形。

3．指令标识 强制做出某种动作或采用防范措施的图形。

4．提示标识 提供相关安全信息的图形。

图形标识可与相应的警示语句配合使用，图形、警示语句和文字设置在作业场所入口处或作业场所的显著位置。

（二）警示线

警示线是界定和分隔危险区域的标识线，分为红包、黄色和绿色三种。按照需要，警示线可喷涂在地面或制成色带设置。

1．红色 表示禁止和阻止的意思。

2．黄色 表示提醒人们注意。

3．绿色 表示给人们提供允许、安全的信息。

（三）警示语句

警示语句是一组表示禁止、警告、指令、提示或描述工作场所职业病危害的词语。警示语句可单独使用，也可与图形标识组合使用。

（四）有毒物品作业岗位职业病危害告知卡

根据实际需要，由各类图形标识和和文字组合成《有毒物品作业岗位职业病危害告知卡》（简称《告知卡》），《告知卡》是针对某一职业病危害因素，告知劳动者危害后果及其防护措施的提示卡[1]。《告知卡》设置在使用有毒物品作业岗位的醒目位置。

（五）使用有毒物品作业场所警示标识的设置

在使用有毒物品作业场所入口或作业场所的显著位置，根据需要，设置"当心中毒"或者"当心有毒气体"警告标识，"戴防毒面具""穿防护服""注意通风"等指令标识和"紧急出口""救援电话"等提示标识。

依据《高毒物品目录》，在使用高毒物品作业岗位醒目位置设置《告知卡》。

在高毒物品作业场所，设置红色警示线。在一般有毒物品作业场所，设置黄色警示线。警示线设在使用有毒物品作业场所外缘不少于 30 cm 处。

在高毒物品作业场所应急撤离通道设置"紧急出口"提示标识。在泄险区启用时，设置"禁止入内""禁止停留"警示标识，并加注必要的警示语句。

可能产生职业病危害的设备发生故障时，或者维修、检修存在有毒物品的生产装置时，根据现场实际情况设置"禁止启动"或"禁止入内"警示标识，可加注必要的警示语句。

（六）其他职业病危害工作场所警示标识的设置

1．在产生粉尘的作业场所设置"注意防尘"警告标识和"戴防尘口罩"指令标识。

2．在可能产生职业性灼伤和腐蚀的作业场所，设置"当心腐蚀"警示标识和"穿防护服""戴防护手套""穿防护鞋"等指令标识。

3．在产生噪声的作业场所，设置"噪声有害"警告标识和"戴护耳器"指令标识。

4．在高温作业场所，设置"注意高温"警告标识。

5．在可引起电光性眼炎的作业场所，设置"当心弧光"警告标识和"戴防护镜"指令标识。

6．存在生物性职业病危害因素的作业场所，设置"当心感染"警告标识和相应的指令标识。

7．存在放射性同位素和使用放射性装置的作业场所，设置"当心电离辐射"警告标识和相应的指令标识。

（七）设备警示标识的设置

在可能产生职业病危害的设备上或其前方醒目位置设置相应的警示标识。

（八）产品包装警示标识的设置

可能产生职业病危害的化学品、放射性同位素和含放射性物质的材料，其产品包装要设置醒目的警示标识和简明中文警示说明。警示说明该产品特性、存在的有害因素、可能产生的危害后果、安全使用注意事项以及应急救治措施内容。

（九）贮存场所警示标识的设置

贮存可能产生职业病危害的化学品、放射性同位素和含有放射性物质材料的场所，在入口处和存放处设置相应的警示标识以及简明中文警示说明。

（十）职业病危害事故现场警示线的设置

在职业病危害事故现场，根据实际情况设置临时警示线，划分出不同功能区。

红色警示线设在紧邻事故危害源周边，将危害源与其他的区域分隔开来，限佩戴相应防护用具的专业人员可以进入此区域。

黄色警示线设在危害区域的周边，其内外分别是危害区和洁净区，此区域内的人员要佩戴适当的防护用具，出入此区域的人员必须进行洗消处理。

绿色警示线设在救援区域的周边，将救援人员与公众隔离开来。患者的抢救治疗、指挥机构设在此区内。

二、警示标识的安装

（一）配置要求

安全设施标志牌及安全技术管理牌板应装设在与安全有关场所的醒目位置，便于进入现场的人员看见，并有足够的时间来注意它所表达的内容，装设后的安全设施标志牌及安全技术管理牌板不应造成人身伤害和影响设备安全运行的潜在风险。安全设施标志牌及安全技术管理牌板前不得放置妨碍认读的障碍物。多个安全标志在一起装设时，应按照警告、禁止、指令、提示类型的顺序，先左后右、先上后下地排列，也可以根据现场实际，使用牌板集中布置。

安全设施标志牌及安全技术管理牌板的固定方式分为附着式、悬挂式和柱式三类。附着式和悬挂式的固定应稳固不倾斜，柱式的应和支架联接牢固。安全设施标志牌及安全技术管理牌板的最大观察距离与标志高度之间的关系应符合《图形符号安全色和安全标志》（GB/T2893.5-2020）第 5 部分：安全标志使用原则与要求规定标志牌平面与视线夹角 α 不低于 75° [2]。

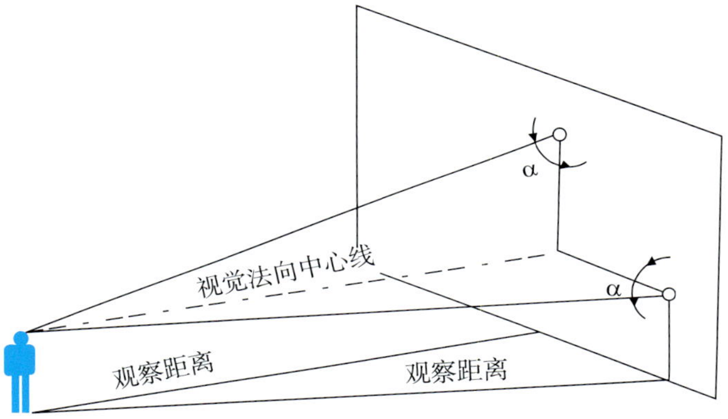

图 11-1　标志牌平面与视线夹角 α 不低于 75°

安全设施及安全技术管理牌板应定期检查，如发现破损、变形、褪色等不符合要求的问题时，应及时修整或更换。修整或更换时，应采取必要措施，以避免发生意外伤害。

（二）通用部分

1．主要生产场所　应装设“场所标志牌”“禁止在岗睡觉”禁止标志牌及“安全生产岗位责任制”“安全生产操作规程”管理牌板。安全避险“六大系统”主要设施处应装设“监测监控”“压风自救”“供水施救”“避险硐室”“人员定位”“通信联络”提示标志牌。

2．消防设施放置地点　应标设“阻塞线”；机电硐室中高压供电设备周围应标设“安全警戒线”；行走台阶上下口或交叉口处应标设“防踏空线”；泵房吸水井口、永久密闭处、煤仓及溜煤井上口、机电硐室、胶带机机头应装设固定遮栏；临时水仓、配电点、临时封闭区域应装设临时遮栏；胶带输送机机尾应装设防护网；设备转动部位装设防护罩并装设“转动部位注意安全”警告标志牌。

3．机电硐室、油脂库、消防材料库、爆破材料库、采掘工作面配电点、胶带输送机机头机尾适当位置　应按有关规定放置消防设施，并装设“消防器材严禁挪用”“灭火器材存放处”“消防设施指示”标志牌。电缆沿线每隔400米、拐弯或分支点、接线盒两端、穿墙电缆的两端应装设电缆标志牌。有电缆敷设的斜巷入口处，应装设“禁止攀牵线缆”禁止标志牌。巷帮吊挂电缆接线盒及电气设备处，应装设“禁止水冲”禁止标志牌及设备标志牌；管路沿线每隔400米、管路分支、变径、阀门处和穿墙管路的两侧应装设管路标志。

（三）矿井入井口

1．主副井井架醒目位置　应装设“禁止攀爬”禁止标志牌。矿井人员入井口醒目位置应装设“必须戴安全帽”“必须携带矿灯”“必须携带自救器”“必须持证上岗”指令标志牌和“禁止酒后入井”“禁带烟火”“禁止烟火”“禁止穿化纤衣服”“禁止拆卸矿灯”禁止标志牌。

2．罐笼防护栏外醒目位置　应装设“禁止将工具及身体伸出罐笼外”禁止标志牌。副平硐入口位置应装设“限高”“限宽”“限重”“停车检查”禁止标志牌，“前方平硐”警告标志牌。

（四）井下巷道入口

1．井下巷道入口醒目位置　应装设“名称标志牌”、安全设施管理牌板；自巷道入口开始，每100 m应装设一个“里程”提示标志牌；井下安全避灾路线上每500 m和改变方向处，应装设“避灾路线”提示标志牌；在巷道高度低于1.8 m位置，应装设“当心碰头”警告标志牌；轨道运输平巷入口、拐弯处、交叉路口等处，应装设“禁止爬乘矿车”禁止标志牌，“减速慢行”“当心弯道”“当心交叉道口”警告标志牌，“必须走人行道”“鸣笛”指令标志牌；在禁止停放车辆地段，应装设“禁止停车”禁止标志牌；巷道前方变窄的地段，应装设“当心通道变窄”警告标志牌。

2．轨道运输斜巷入口、交叉点　应装设“行车严禁行人”“禁止蹬钩”、绞车运行“禁止跨越”禁止标志牌，“当心矿车行驶”警告标志牌，轨道运输安全设施管理牌板；在斜巷陡坡处，应装设“当心滑跌”警告标志牌；在绞车设置地点应装设“禁止放飞车”；在斜巷上应按规定装设“一坡三挡”及其他安全设施。

3．胶带运输巷道交叉口处　应装设“禁止跨越输送带”“禁止坐输送带”禁止标志牌；设有人行桥的地方，应装设“必须从桥上通过”指令标志牌。胶轮车运输巷适当位置应标设“减速提示线”“停车瞭望线”“边缘警戒线”等安全警示线，装设“限速”“禁止超车”“禁止停车”“减速让行”禁止标志牌，“减速慢行”“当心路滑”“当心有水”“当心交叉路口”警告标志牌；在主要运输大巷两旁适当位置，应装设等距离“反光牌”。在采掘工作面适当位置，应装设“五图一表”施工牌板；在采掘工作面爆破站岗地点，应拉“放炮警戒线”、挂“禁止入内”禁止标志牌；在设备列车处，应装设“必须固定设备列车”指令标志牌、“禁止带电检修”禁止标志牌；在顶板破碎，矿石易掉落处，应装设“当心落石”警告标志牌；在易片帮、滑坡地段，应装设“当心片帮滑坡”警告标志牌；在单体支柱支设的地点，应装设“当心歪柱”警告标志牌。

4．在井下风门处　应装设“禁止同时打开两道风门”禁止标志牌、通风设施管理牌板；在井下封闭区、瓦斯区、临时自巷、废弃巷道等其他禁止入内的地点，应装设“禁止入内”禁止标志牌、通风设施管理牌板、瓦斯检查记录牌板；在局扇安置处，应装设局扇管理牌板；在测风站，应装设测风记录牌板。

5．在水文观测孔、放水钻孔处　应装设“禁止开关阀门”禁止标志牌、观测孔管理牌板、放水孔管理牌板；在装置防水闸门处，应装设“禁止开关闸门”禁止标志牌；爆破材料库应装设“要害场所闲人免进”禁止标志牌；贮存火药、雷管的地点和运输火药、雷管的容器上，应装设“当心爆炸”警告标志牌；在输煤、喷浆、卸灰等生产现场或油漆作业等有可能造成职业危害的区域，应装设“必须佩戴防尘口罩”指令标志牌。

6. 在井下 CH_4、CO、H_2S 等有害气体危险地段 应装设“当心有害气体中毒”警告标志牌；井下仓库、爆破材料库、带式输送机机头硐室、充电室和有发火预兆的地点，应装设“当心火灾”警告标志牌；有水患地点，应装设“当心水灾”警告标志牌；有冲击地压的作业区域，应装设“当心冲击地压”警告标志牌；冒顶危险区，应装设“当心冒顶”警告标志牌，在装有顶板离层仪区域适当位置，应装设顶板离层仪管理牌板；高处作业的地点，应装设“当心落物”“当心坠落”警告标志牌和“必须系安全带”指令标志牌。永久大巷和人员集中巷可优先试用电子显示屏并有语音提示的标志牌。

（五）井下硐室

井下紧急避险通道入口、躲避硐、信号硐室门口、风门前后 5 米，应装设“禁止堆放”禁止标志牌。需要做漏电试验的机电设备放置处，应装设设备标志牌、漏电试验记录牌板；已停运检修设备控制开关处，应挂“有人工作禁止合闸”禁止标志牌；电缆及电气设备处，应装设“禁止水冲”禁止标志牌。井下变电所及配电硐室入口醒目位置，应装设“要害场所闲人免进”禁止标志牌和“必须佩带绝缘防护用品”指令标志牌；在移变、高防等发热设备处，应装设“禁止覆盖”禁止标志牌；在高低压电气设备处，应装设“禁止违章开盖”禁止标志牌；井下泵房吸水井、配水井处，应装设“当心溜井”警告标志牌、吸（配）水井管理牌板。

（六）地面场所

1. 地面油脂库、爆破材料库入口醒目位置 应装设“要害场所闲人免进”“禁止用水灭火”“禁止烟火”“禁止明火作业”禁止标志牌。

2. 机修厂内、外行车醒目位置 应装设“禁止抛物”禁止标志牌、“当心吊物”警告标志牌、“注意防雷击”提示标志牌。

3. 在车床、钻床、铣床、磨床等所有旋转机械的作业场所 应装设“禁止戴手套”禁止标志牌和“必须戴防护眼镜”“必须戴防护帽”指令标志牌、“转动部位注意安全”提示标志牌。

4. 在铆焊车间醒目位置 应装设“当心弧光”警告标志牌和“必须戴防护眼镜”“必须加强通风”指令标志牌，及“注意防火”提示标志牌。

5. 露天放置设备醒目位置 应装设“注意防雨”“注意防晒”提示标志牌。

6. 地面变电所及配电室、集控室 应装设“要害场所闲人免进”“禁止烟火”禁止标志牌和“必须佩带绝缘防护用品”指令标志牌。

7. 高压线塔醒目位置 应装设“禁止攀爬”禁止标志牌。

8. 可能发生触电危险的电器设备和线路上 应装设“当心触电”警告标志牌。

9. 锅炉房、压风机房压力容器处醒目位置 应装设“压力容器请勿靠近”警告标志牌。

10. 地面煤仓适当位置 应装设“禁止烟火”禁止标志牌、“当心粉尘”警告标志牌和“必须带安全帽”“必须带防尘口罩”指令标志牌。煤仓上口装设“当心坠落”警告标志牌、“禁止抛物”禁止标志牌。

11. 选、洗煤车间适当位置 应装设“禁止烟火”禁止标志牌、“当心粉尘”警告标志牌和“必须带安全帽”“必须带防尘口罩”等指令标志牌。

12. 露天高层及栈桥入口 装设“禁止抛物”禁止标志牌和“当心坠落”警告标志牌，下方醒目位置装设“当心坠物”警告标志牌。

13. 输送机适当位置 应装设“禁止跨越皮带”禁止标志牌，有过桥的地点装设“必须从桥上通过”指令标志牌；容易造成机械伤害的设备适当部位还应装设“当心机械伤害”警告标志牌。

14．吊装孔处　装设“当心坠落”指令标志牌。

15．核密度仪醒目位置　装设“当心电离辐射”警告标志牌。

16．浓缩池适当位置　应装设“当心落水”警告标志牌。

17．铁路装车站入口醒目位置　应装设“禁止烟火”禁止标志牌、“当心粉尘”警告标志牌和“必须带安全帽”“必须带防尘口罩”指令标志牌。上口装设“禁止抛物”禁止标志牌、“当心坠落”警告标志牌；下口装设“当心坠物”“当心火车”警告标志牌；无人看守的道口应装设“当心火车”警告标志牌及相应的“斜杠符号”警告标志牌；距道口 1 000 m 的铁路旁边装设“铁路鸣笛”指令标志牌；距装车站 1 000 m 的铁路旁应装设“减速慢行”和“铁路鸣笛”指令标志牌。

（七）露天煤矿主要生产场所安全设施设置规范概述

1．所有生产场所适当位置　应装设“场所标志牌”“夜间指示灯”。

2．矿坑入口处适当位置　应装设“限速”“限高”“禁止酒后入坑”禁止标志牌，“注意安全”警告标志牌“必须戴安全帽”“必须持证上岗”指令标志牌。

3．移动变电站处适当位置　应装设“要害场所闲人免进”“禁止烟火”“禁止吸烟”禁止标志牌，“灭火设备存放处”“火警电话 119”提示标志牌。

4．交叉路口适当位置　应装设“当心交叉路口”警告标志牌，合流、分流路口处适当位置，应装设“合流诱导”“分流诱导”提示标志牌。

5．破碎站、加油站处适当位置　应装设“禁止烟火”“禁止吸烟”禁止标志牌，“注意安全”警告标志牌，“灭火设备存放处”“火警电话 119”提示标志牌。

6．排土场重车道处适当位置　应装设“重车道”“前方上坡”提示标志牌。排土场空车道处适当位置，应装设“空车道”“前方下坡”提示标志牌。排土场边坡处适当位置，应装设“当心坠落”警告标志牌、挡土墙标志杆（每隔 10 米 1 个）。蓄水坑、排水沟处适当位置，应装设“当心落水”警告标志牌。

三、警示标识图

警示标识图参照北京平安吉祥制定的安全标牌[3]，详细介绍见表 11-1。

表 11-1　警示标识图

编号	图形标志示例	名称	设置范围和地点
1		禁止酒后入井	人员入井（矿坑）通道口处
2		禁穿化纤衣服	人员入井通道口处
3		禁止拆卸矿灯	人员入井通道口处

续表

编号	图形标志示例	名称	设置范围和地点
4		禁止跨越	跨越容易出现危险的场所
5		禁止跨越输送带	胶带输送机巷沿途人员可进入交叉口处
6		禁止乘坐皮带	胶带输送机巷沿途人员可进入交叉口处
7		禁止入内	井下封闭区、瓦斯区、盲巷、废弃巷道及其他禁止入内的地点
8		要害场所闲人免进	不允许与工作无关及闲杂人员进入的场所。如：变、配电所，主机房等要害、重要场所
9		禁止通行	不允许人员通行的场所，如：采掘爆破工作面站岗地点等
10		禁止倚靠	临时设置的扶手、临时遮拦以及不允许人员倚靠的其他危险场所
11		禁止触摸	触摸易出现危害或影响设备安全运行的场所
12		禁止在岗睡觉	各工序岗位和作业区
13		禁止跳下	跳下容易造成危险的场所
14		禁止攀牵线缆	敷有电缆、信号线斜巷入口处
15		禁止伸出罐外	人员出入井口罐笼防护栏处

续表

编号	图形标志示例	名称	设置范围和地点
16		禁止伸出窗外	运送人员的车厢内。如果车厢内受空间限制，可装设或绘制在车厢外人员乘车时容易观察到的部位
17		禁带烟火	人员入井通道口处
18		禁止烟火	遇火易发生火灾或爆炸的场所，如：火药库、油脂库、煤场、入井口等需禁止烟火场所
19		禁止吸烟	公共场所
20		禁止用水灭火	设置在不准用水灭火的场所，如：各种电器、各种油库等
21		禁止明火作业	易燃易爆物品场所等禁止明火作业地点
22		禁止抛物	运人车内、栈桥、高处等抛物后容易造成事故的地点
23		禁止攀爬	人员攀爬后带来严重后果的支架或近旁的显著位置，如高压配（变）电设备、井架、烟筒、高大建筑物等
24		禁止靠近	靠近后容易造成危险的场所
25		禁止启动	在设备检修或不需要启动时悬挂在设备启动按钮处醒目位置
26		禁止操作	悬挂在已停运检修设备及管道系统的阀门操作手柄上
27		禁止水冲	电气设备、线缆吊挂处

续表

编号	图形标志示例	名称	设置范围和地点
28		有人作业禁止合闸	挂在已停运检修设备控制开关操作闸把上
29		禁止戴手套	车床、钻床、铣床、磨床、风钻等所有旋转机械的作业场所
30		禁止覆盖	移变、高防以及其他不能覆盖的发热电气设备等处
31		禁止违章开盖	用以制止不采取措施随意打开防爆电气设备腔盖的行为。设置在未采取可靠措施，容易打开高低压防爆电气设备场所附近的醒目位置
32		禁止带电作业	容易出现带电作业现象而带来危险的场所
33		禁止蹬钩	串车提升斜巷各入口处
34		禁止扒乘矿车	井下辅助运输大巷交叉口、车场、扒车事故多发地段
35		禁止放飞车	井下运输斜巷顶盘处
36		禁止两道风门同时打开	井下巷道风门处
37		禁止操作阀门	悬挂于用水文观测孔、放水钻孔、注浆孔、抽放瓦斯孔处
38		禁止开关闸门	悬挂于防水闸门上
39		注意安全	施工现场及危险区域入口处或用以促使人员谨慎

续表

编号	图形标志示例	名称	设置范围和地点
40		当心落物	易发生落物的地点，如高处作业下面，井下主井装载处下面等
41		当心坠落	高处作业搭设的脚手架栏杆上及井下易发生坠落事故的作业地点
42		当心吊物	内外行车、组装硐室起吊地点及其他有悬吊物体的场所
43		当心触电	可能带来危险的有电设备附近或安全防护栏上，如：变电所、配电室、移动变电站等
44		当心电缆	敷设有电缆且容易遭受损坏的场所附近醒目位置
45		压力容器请勿靠近	压力罐及压力管道处
46		转动部位注意安全	机械转动部位保护罩处
47		当心机械伤害	易发生机械卷入、轧压、碾压、剪切等机械伤害的作业地点
48		当心爆炸	爆破材料库内外、运输和贮存爆破材料的车辆、容器上
49		当心突出	井下煤（岩）与瓦斯等突出危险作业区
50		当心有害气体中毒	井下、暗道等有害气体积聚地段
51		当心瓦斯爆炸	瓦斯积聚地段、盲巷口、瓦斯抽放地点、巷道冒高处

续表

编号	图形标志示例	名称	设置范围和地点
52		当心火灾	井下仓库、爆破材料库、带式输送机、充电室、有发火预兆的地点
53		当心水灾	井下有透水或水患地点
54		当心冲击地压	井下有冲击地压的作业区域
55		当心粉尘	产生扬尘较大的生产场所，如采掘工作面、破碎站、煤炭运输转载点等各生产场所
56		当心噪声	产生较大噪声的生产场所
57		当心电离辐射	有放射源存放、使用场所
58		当心弧光	电气焊车间
59		当心矿车行驶	有矿车运行倾斜巷道入口附近醒目位置
60		当心车辆	有车辆运行巷道适当位置，如：副井井底车场、行人巷道与车辆运输巷道的交叉口等
61		当心交叉道口	车辆运行方向巷道交叉道口处
62		当心弯道	车辆运行方向巷道拐弯处
63		当心通道变窄	井下巷道前方变窄的路段，分左、右、正向

续表

编号	图形标志示例	名称	设置范围和地点
64		当心路滑	较湿滑的巷道（道路）路段，提醒司机谨慎慢行
65		当心有水	路面有水的巷道（道路）路段前，提醒司机谨慎慢行
66		当心冒顶	井下冒顶危险区、假顶、巷道维修地段
67		当心片帮	易片帮、滑坡地段
68		当心歪柱	用于巷道中设有支柱处
69		当心碰头	人员通过或工作时容易碰头的低矮地点
70		当心溜井	煤仓、溜煤眼，水泵房吸水井、配水井处
71		当心坑洞	装设在有掉入坑洞危险的场所安全遮栏的醒目位置
72		当心落水	装设在有落水危险场所安全遮栏的醒目位置，如：集水坑护栏、洗煤厂浓缩池、煤泥沉淀池护栏处
73		必须戴矿工帽	人员入井（入坑）通道口处
74		必须携带自救器	人员入井通道口处
75		必须携带矿灯	人员入井通道口处

续表

编号	图形标志示例	名称	设置范围和地点
76		必须走人行道	人行道两端及中间出入口处
77		必须桥上通过	设有人行栈桥的地方
78		必须持证上岗	各生产场所入口处
79		必须戴安全帽	装设在有可能造成头部伤害的施工现场入口处
80		必须戴防护眼镜	车床、钻床、砂轮机旁，悬挂在焊接和金属切割场所，以及化学处理、使用腐蚀剂或其他有害物品的场所
81		必须佩戴防尘口罩	悬挂在输煤、喷浆、卸灰等生产现场，或油漆作业等有可能造成有害物质的区域
82		必须佩戴防护面罩	要求装设在容易出现面部伤害的工作场所，如：工作面中的采煤机司机、电焊工等岗位
83		必须佩戴护耳器	装设在噪声超标的生产场所，提示工作人员注意个人防护
84		必须戴防护帽	易造成人体缠绕伤害或有粉尘污染头部的作业场所及具有旋转设备的机加工车间
85		必须穿防护服	具有放射、微波、高温及其他需穿防护服的作业场所
86		必须佩带绝缘防护用品	操作高压设备的场所，如：变电所（硐室）、电气设备

续表

编号	图形标志示例	名称	设置范围和地点
87		必须穿防护鞋	露天采矿、剥离等场所
88		必须系安全带	建井施工、井筒检修、高处作业地点
89		必须加锁	剧毒品、危险品库房、无人值守配电点等地点
90		必须加强通风	装设在必须加强通风的场所，如：电焊车间、因较封闭的工作空间而影响工作人员健康的场所
91		鸣笛	机车及胶轮车通往巷道交叉处、道岔口和弯道前 20 ～ 30 米鸣笛处
92		必须固定车辆	停车场及其他车辆停放处
93		安全出口	设于地面办公或生产场所上下楼梯或通道改变方向处
94		由此上下	地面建筑各楼梯口和井下行人斜巷上下口
95		避灾路线	设于井下安全避灾路线上（直线超过 500 m 的间隔 500 m）和改变方向处及岔口处
96		避灾路线	设于井下安全避灾路线上（直线超过 500 m 的间隔 500 m）和改变方向处及岔口处
97		里程提示	用于指示某巷道的里程，延巷道前进方向每 1000 m 布置一个
98		注意防火	需要防火的地点

续表

编号	图形标志示例	名称	设置范围和地点
99		注意防雨	露天放置的设备
100		注意防晒	露天放置的设备
101		注意防冻	需防冻的设备设施
102		注意防雷击	露天容易发生雷击的场所
103		回收站	材料回收箱上
104		紧急医疗站	紧急医疗站
105		人员躲避硐室标志	人员避车硐室的位置
106		人员定位	井下人员定位装置处
107		监测监控	井下监测监控设施处
108		避险硐室	井下紧急避险硐室门口处
109		压风自救	压风自救装置存放处
110		供水施救	供水施救装置存放处

续表

编号	图形标志示例	名称	设置范围和地点
111		通信联络	井下各场所电话箱表面
112		消防器材存放处	红色边框，红底白字字样存放消防器材的位置
113		消防设施指示标志	指示消防设施设置处
114		消防设施指示标志	指示消防设施设置处
115		地下消防栓	固定在距离消火栓 1 m 的范围内，不得影响消火栓的使用
116		地上消防栓	固定在距离消火栓 1 m 的范围内，不得影响消火栓的使用
117		灭火器	悬挂在灭火器、灭火器箱的上方或存放灭火器、灭火器箱的通道上；泡沫灭火器器身上应标注“不适用于电火”字样
118		电气设备类标志牌	主要装设设备为：移动变电站、高低压开关柜、高低压启动器、信号照明综保、井下监控系统主机等电气设备。设置在设备本体或附近醒目位置
119		电气设备类标志牌	主要装设设备为：移动变电站、高低压开关柜、高低压启动器、信号照明综保、井下监控系统主机等电气设备。设置在设备本体或附近醒目位置
120	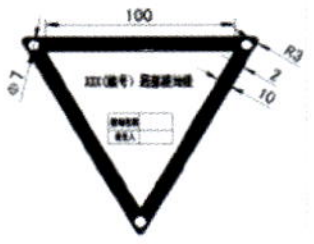	接地极标志牌	适应地面及井下各种接地极附近安装。井下可装设在局部接地极正上方 1.0 米处的巷道帮上
121	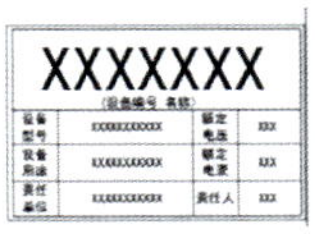	机械设备类标志牌	适用于除电气设备以外的其他机械设备，如排水泵、局部通风机、钻机、采煤机、运输机等。设置在设备本体或附近醒目位置

续表

编号	图形标志示例	名称	设置范围和地点
122		机械设备类标志牌	适用于除电气设备以外的其他机械设备，如排水泵、局部通风机、钻机、采煤机、运输机等。设置在设备本体或附近醒目位置
123	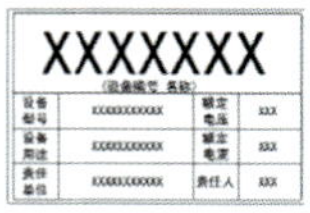	小型电器类标志牌	主要适用于高低压接线盒、防爆按钮、防爆照明灯、小型信号通讯装置、矿井监控监测分站及探头等小型电气设备。粘贴（悬挂）在设备本体上
124		小型电器类标志牌	主要适用于高低压接线盒、防爆按钮、防爆照明灯、小型信号通讯装置、矿井监控监测分站及探头等小型电气设备。粘贴（悬挂）在设备本体上
125		转动设备转动方向标志	1. 标注在转动设备的壳体上，2. 标注在联轴器的防护罩上
126	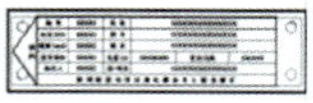	电缆标志牌	适用于煤矿井下巷道或地面生产场所中敷设的各种电缆
127	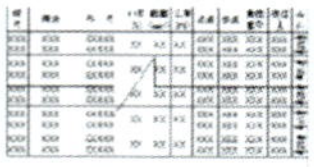	电缆标志牌	适用于煤矿井下巷道或地面生产场所中敷设的各种电缆
128		管路标志	适用于煤矿井上下各种非直埋或地沟内敷设的在用管路
129		阀门标志	适用于煤矿管路系统中的各种阀门
130	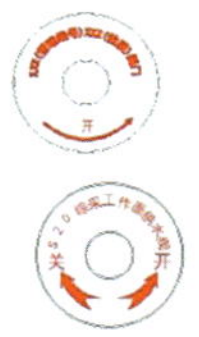	阀门标志	适用于煤矿管路系统中的各种阀门
131		地面主要生产场所及井下硐室标志	适用于地面主要生产场所井下硐室，装设在入口处醒目位置，装设高度不小于 1.5 m。主要包括地面主、副提升机房，矿区变电所，选洗煤车间等

续表

编号	图形标志示例	名称	设置范围和地点
132		巷道指向标志	矿井井下主要胶轮车运输巷道交叉口处
133		井下巷道说明标志	巷道入口处注：名称、主要参数（已施工完巷道为实际长度，未竣工巷道为设计长度）
134		采、掘工作面指向标志	工作面入口处
135		车辆运输倒车硐室标志牌	运输巷道各倒车硐室出口前 20 m（在标志牌下方标出）硐室出口一侧巷道帮适当位置
136		车辆错车硐室标志牌	运输巷道各错车硐室出口前指 20 m（在标志牌下方标出）硐室出口一侧巷道帮适当位置
137		车辆加水站点标志牌	运输巷道各加水站（点）前 20 m（在标志牌下方标出）一侧巷道帮适当位置
138		小硐室或小水泵、水仓标志牌	矿井各巷道中小水仓或其他小硐室处。内容：编号 + 名称
139		排土场名称标志	柱式摆放在排土场内部醒目位置，距地面高度不低于 1.5 米。另“各平盘名称”“矿内左侧行驶”“换向区”等同此标志牌
140	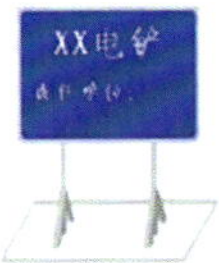	电铲工作牌板	设备工作区域明显位置。另外，前装机、反铲等设备同此标志
141	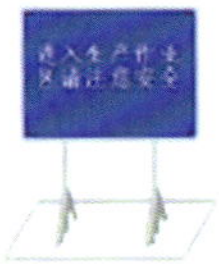	采区指示牌	采掘场内部区域明显位置，采区内部标志牌采用钢结构正反面制作，正面为指示标志，反面为企业文化
142	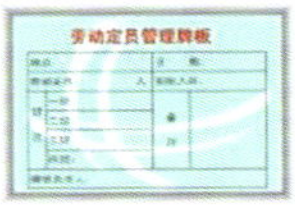	劳动定员牌板	入井（坑）中醒目位置

续表

编号	图形标志示例	名称	设置范围和地点
143		矿领导带班签到牌板	入井（坑）中醒目位置
144	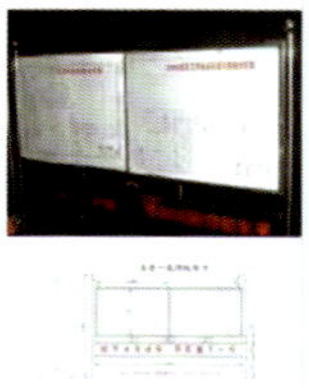	采掘工作面五图一表	放置位置：采煤工作面五图一表放置在进入工作面醒目位置处，掘进工作面五图一表放置在距工作面 200 m 以内
145		乳化液配比管理牌板	装设于人行道侧，牌板位置正对顶板离层仪，牌板底沿距底板 1.5 m
146		顶板离层仪观测牌板	悬挂于人行道侧，牌板位置正对顶板离层仪，牌板底沿距底板 1.5 m
147		导线点管理牌板	悬挂于人行道侧，牌板位置正对顶板离层仪导线点，牌板底沿距底板 1.5 m
148		材料管理牌板	挂在码放材料的上方外侧，牌板底沿距底板 1.5 m，牌板要成一条直线
149		斜巷轻轨运输安全设施牌板	悬挂于人行道侧，牌板位置正对设施，牌板底沿距底板 800 mm，实行编号管理
150		干部上岗查岗制度	牌板离地面 1.5 m（也可根据现场实际情况调整）。也适于规程牌板、责任制牌板、管理制度牌板
151		漏电试验牌板	牌板底沿距底板高度为 1.5 m
152	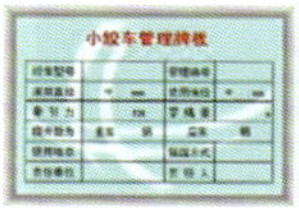	小绞车管理牌板	牌板底沿距底板高度为 1.5 m
153		各吸水井牌板	悬挂在吸水井左侧距地面高度 1.5 m 处，距吸水井硐室边缘 200 mm

续表

编号	图形标志示例	名称	设置范围和地点
154	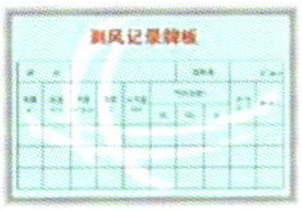	测风记录牌板	悬挂在行人道侧，底沿距底板高度为 1.5 m
155	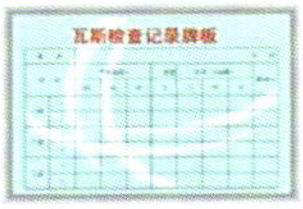	瓦斯检查牌	悬挂在行人道侧，底沿距底板高度为 1.5 m
156	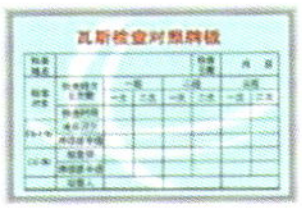	瓦斯检查对照牌板	悬挂在行人道侧，底沿距底板高度为 1.5 m
157	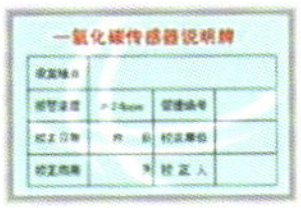	一氧化碳传感器说明牌	悬挂在传感器附近，底沿距底板高度为 1.5 m
158	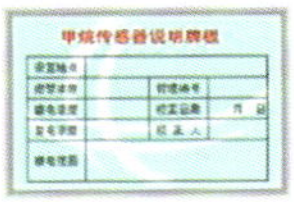	甲烷传感器说明牌板	悬挂在传感器附近，底沿距底板高度为 1.5 m
159	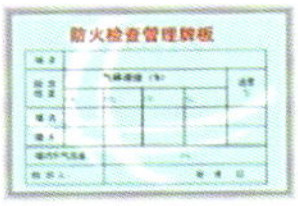	防火检查管理牌板	悬挂在密闭环境附近，底沿距底板高度为 1.5 m
160	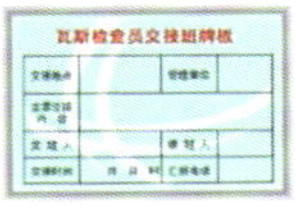	瓦斯检查员交接牌板	装设在交接站附近，牌板底沿距底板高度为 1.5 m
161	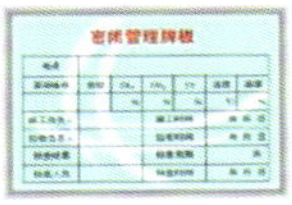	密闭管理牌板	密闭前悬挂密闭管理牌板，牌板底沿距底板 1.5 m
162		隔爆设施管理牌板	牌板悬挂在第一架水棚的中间
163	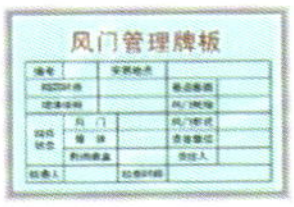	风门管理牌板	装设于风门附近，牌板底沿距底板 1.5 m
164	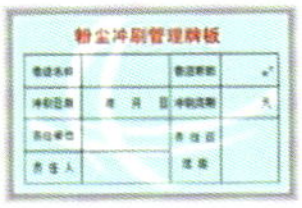	粉尘冲刷管理牌板	装设于冲尘管路阀门附近，牌板底沿距底板 1.5 m
165	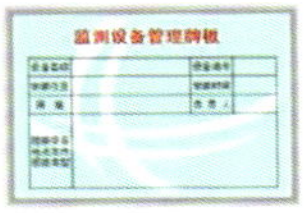	监测设备管理牌板	装设在监测设备附近，牌板底沿距底板高度为 1.5 m

续表

编号	图形标志示例	名称	设置范围和地点
166		防冲钻孔管理牌板	防冲孔正上方，牌板底沿距防冲孔 200 mm
167	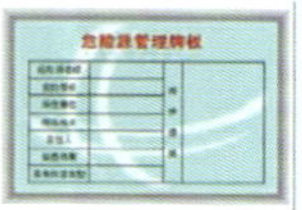	危险源管理牌	危险源区域巷道人行道侧（牌板底沿距底板 1.5 m）

第二节　应急预案

随着现代化生产的发展，矿山规模日趋扩大，生产过程中有多种潜在危险源，尤其是重大火灾、爆炸、毒物泄漏事故危害极大。通过安全设计、操作、维护、检查等措施，可以预防事故发生，降低风险[4]。因此需要制订万一发生事故，应该采取的紧急措施和应急方法。事故应急系统可以通过事前计划和应急措施，充分利用一切可能的力量，在事故发生后迅速控制事故发展并尽可能排除事故，保护现场人员和场外人员的安全，将事故对人员、财产和环境造成的损失降至最低。

一、应急救援概论

（一）应急救援的基本原则和任务

应急救援工作是在预防为主的前提下，贯彻统一指挥、分级负责、区域为主、单位自救和社会救援相结合的原则，其中预防工作是应急救援工作的基础。应急救援也是一项涉及面广、专业性很强的工作，靠某一个部门是很难完成的，必须把各方面的力量组织起来，形成统一的救援指挥部。在指挥部的统一指挥下，安全、救护、公安、消防、环保、卫生、质检等部门密切配合，协同作战，迅速、有效地组织和实施应急救援，尽可能地避免和减少损失[5-6]。

应急救援的基本任务包括以下几个方面。

1．立即组织营救受害人员，组织撤离或者采取其他措施保护危险区域内的其他人员。抢救受害人员是应急救援的首要任务，在应急救援行动中，快速、有序、有效地实施现场急救与安全转送伤员是降低伤亡率、减少事故损失的关键。

2．迅速控制危险源，并对事故造成的危害进行检验、监测，测定事故的危害区域、危害性质及危害程度。及时控制造成事故的危险源是应急救援工作的重要任务，只有及时控制住危险源，防止事故的继续扩展，才能及时有效地进行救援。

3．做好现场清洁，消除危害后果。针对事故对人体、动植物、土壤、水源、空气造成的现实危害和可能的危害，迅速采取封闭、隔离、洗消等措施。对事故外溢的有毒有害物质和可能对人和环境继续造成危害的物质，应及时组织人员予以清除，消除危害后果，防止对人的继续危害和对环境的污染。

4．查清事故原因，评估危害程度。事故发生后应及时调查事故的发生原因和事故性质，评估出事故的危害范围和危险程度，查明人员伤亡情况，做好事故调查。

（二）应急救援系统

由于自然灾害或人为原因，当事故或灾害不可避免的时候，有效的应急救援行动是唯一可以抵御事故或灾害蔓延并减缓危害后果的有力措施。如果在事故或灾害发生前建立完善的应急救援系统，制订周密救援计划，而在事故发生时采取及时有效的应急救援行动，以及事故后的系统恢复和善后处理，可以拯救生命、保护财产、保护环境。

应急救援系统应包括以下几个方面。

1．应急救援组织机构

（1）应急指挥机构负责协调应急组织各个机构运作和关系。

（2）事故现场指挥机构负责事故现场应急的指挥工作、人员调度、资源的有效利用。

（3）支持保障机构负责提供应急物质资源和人员支持的后方保障。

（4）媒体机构负责安排媒体报道、采访、新闻发布会。

（5）信息管理机构负责信息管理、信息服务。

各机构要不断调整运行状态，协调关系，形成整体，使系统快速、有序、高效地开展现场应急救援行动。

2．应急救援预案　要保证应急救援系统的正常运行，必须事先制订一个应急救援预案，用计划指导应急准备、训练和演习，乃至迅速高效的应急行动。

（1）对可能发生的事故进行预测和评价。

（2）人力、物资等资源的确定与准备。

（3）明确应急组织和人员的职责。

（4）设计行动战术和程序。

（5）制订训练和演习计划。

（6）制订专项应急计划。

（7）制订事故后清除和恢复程序。

3．应急培训和演习　训练和演习可以看作应急预案的一部分。通过培训和演练，把应急预案加以验证和完善，确保事故发生时应急预案得以实施和贯彻。主要目的如下。

（1）测试预案和程序的充分程度。

（2）测试紧急装置、设备及物质资源供应。

（3）提高现场内、外的应急部门的协调能力。

（4）判别和改正预案的缺陷。

（5）提高公众应急意识。

4．应急救援行动　发生火灾、爆炸和有毒物质泄漏等紧急情况时，所采取的营救与疏散、减缓与控制、清除与净化等一系列的行动都是应急救援行动。

应急行动需要以下资源的支持和保障。

（1）人力资源。

（2）物资与设备。

（3）个人防护装备。

首要的应急行动是确定现场对策，即应急行动方案。

（1）现场初始评估。

（2）危险物质的探测。

（3）建立现场工作区域。

（4）确定重点保护区域。

（5）行动的优先原则。

（6）增援梯队。

5．现场清除与净化 对现场中接触污染物的员工和应急队员必须进行清洁净化。净化的方法主要是稀释、处理、物理去除、中和、吸附和隔离等。此外，还要考虑伤害和医疗前的净化、分类及处理。设备的清洁也是应急行动的一个环节，在事故发生后要对被污染的仪器和设备进行清洁、清理。

6．事故后的恢复和善后处理 在应急救援行动结束后必须对系统进行恢复，而且要尽快恢复。恢复活动主要如下。

（1）现场警戒和安全。

（2）清洁。

（3）对从业人员提供帮助。

（4）对破坏损失的评估。

（5）保险的索赔。

（6）事故调查。

（7）重建。

（三）应急救援系统的运作

应急救援系统内各个机构的协调努力是圆满处理各种事故的基本条件。当发生事故时，由信息管理机构首先接收报警信息，并立刻通知应急指挥机构和事故现场指挥机构在最短时间内赶赴事故现场，投入应急工作，并对现场实施必要的交通管制。如有必要，应急指挥机构进而通知媒体和支持保障单位进入工作状态，并协调各机构的运作，保证整个应急行动能有序高效地进行。同时，事故指挥机构在现场开展应急的指挥工作，并保持与应急指挥机构的联系，从支持保障机构调用应急所需的人员和物质支持投入事故的现场应急。同时，信息管理机构为其他各单位提供信息服务。这种应急救援运作能使各机构明确自己的职责，管理统一，从而满足事故应急救援快速、有效的需要。

通过对系统内各个方面机构的设计和建立，以实现机构的快速反应、整体行动、信息共享，尽可能提高应急救援的速度，缩短救援作业的时间，降低事故灾害后果。该系统能够在应急救援行动中动态调整应急救援行动，最大可能地完成最优化的应急救援。在该系统的建设中，应尽可能注意各机构的优势和能力的协调，强调一体化管理，步调要一致，行动要迅速，配备训练有素的救援人员和必要的设备等，从而保证应急救援系统的有效运转。

（四）应急救援的组织准备与基本程序

应急救援准备应主要抓好组织机构、人员、装备工作并落实，制订切实可行的工作制度，使救援的各项工作达到规范化管理。国家矿山应急救援体系建设方案由矿山应急救援管理系统、组织系统、技术支持系统、装备保障系统、通讯信息系统五部分组成。

1．矿山应急救援管理系统 由国家矿山应急救援委员会、国家安全生产监督管理局矿山救援指挥中心、省级矿山救援指挥中心、市级及县级矿山应急救援指挥部门及矿山企业应急救援管理部门等组织组成。国家矿山应急救援委员会是在国家安全生产监督管理局领导下的负责矿山应急救援决策和协调的组织。国家安全生产监督管理局矿山救援指挥中心是国家安全生产监督管理局直属的事业单位，受国家安全生产监督管理局的委托，负责组织协调全国矿山救护及应急救援工作。

2．矿山应急救援组织系统 分为救护队伍和医疗队伍两部分。救护队伍由区域矿山救援基地、重点矿山救护队和矿山救护队组成。急救医疗队伍包括国家安全生产监督管理局矿山医疗救护中心、区域和重点医疗救护中心和企业医疗救护站，负责矿山重大事故的救护及医疗工作。

3．矿山救援技术支持系统　包括国家矿山应急救援专家组、国家安全生产监督管理局矿山救援技术研究实验中心、国家安全生产监督管理局矿山救援技术培训中心，负责为矿山应急救援工作提供技术和培训服务。

4．矿山应急救援装备保障系统的基本框架　国家安全生产监督管理局矿山救援指挥中心购置先进的、具备较高技术含量的救灾装备与仪器仪表，储存在区域矿山救援基地，用于支援重大、复杂灾害的抢险救灾；区域矿山救援基地要按规定进行装备并加快现有救护装备更新改造，配备较先进、关键性的救灾技术装备，用于区域内或跨区域矿山灾害的应急救援，重点矿山救护队负责省（自治区、市）内重大、特大矿山事故的应急救援，按规定配齐常规救援装备并保持装备的完好性。

5．矿山应急救援通讯信息系统　以国家安全生产监督管理局中心网站为中心点，建立完善的矿山抢险救灾通讯信息网络，使国家安全生产监督管理局矿山救援指挥中心、省级矿山救援指挥中心、各级矿山救护队、各级矿山医疗救护中心、各矿山救援技术研究、实验、培训中心、地（市）及县（区）应急救援管理部门和矿山企业之间，建立并保持畅通的通讯信息通道，并逐步建立起救灾远程视频系统。矿山应急救援通讯信息系统在国家安全生产监督管理局矿山救援指挥中心与国家安全生产监督管理局调度中心之间实现电话、信息直通。

二、应急救援预案的分级、分类及基本要素

应急预案是应急救援系统的重要组成部分。针对各种不同的紧急情况制订有效的应急预案，不仅可以指导应急人员的日常培训和演习，保证各种应急资源处于良好的备战状态；而且可以指导应急行动按计划有序进行，防止因行动组织不力或现场救援工作的混乱而延误救援，从而降低人员伤亡和财产损失[7-8]。应急预案是针对各种可能发生的事故所需的应急行动而制订的指导性文件。

应急预案通常应该包括：对紧急情况和事故灾害的辨识、评价。对人力、物资和工具等资源的确认与准备。指导建立现场内外合理有效的应急组织。设计应急行动战术。制订事故后的现场清除、整理及恢复措施等。

1．应急预案的基本要求

（1）科学性：应急救援工作是一项科学性很强的工作，制订预案必须以科学的态度，在全面调查研究的基础上，开展科学分析和论证，制订出严密、统一、完整的应急反应方案，使预案真正具有科学性。

（2）实用性：应急救援预案应符合企业现场和当地的客观情况，具有适用性和实用性，便于操作。

（3）权威性：救援工作是一项紧急状态下的应急性工作，所制订的应急救援预案应明确救援工作的管理体系、救援行动的组织指挥权限和各级救援组织的职责和任务等一系列的行政性管理规定，保证救援工作的统一指挥。应急救援预案还应经上级部门批准后才能实施，保证预案具有一定的权威性和法律保障。

2．应急救援预案的分级　重大事故应急预案由企业（现场）应急预案和现场外政府的应急预案组成。现场应急预案由企业负责，场外应急预案由各级政府主管部门负责。现场应急预案和场外应急预案应分别制订，但应协调一致。根据可能的事故后果的影响范围、地点及应急方式，建立我国事故应急救援体系，可将事故应急预案分为如下五个级别。

（1）Ⅰ级（企业级）应急预案：这类事故的有害影响局限在一个单位的界区之内，并且可被现场的操作者遏制和控制在该区域内。这类事故可能需要投入整个单位的力量来控制，但其影响预期

不会扩大到社区（公共区）。

（2）Ⅱ级（县、市/社区级）应急预案：这类事故所涉及的影响可扩大到公共区（社区），但可被该县（市、区）或社区的力量，加上所涉及的工厂或工业部门的力量所控制。

（3）Ⅲ级（地区/市级）应急预案：这类事故影响范围大，后果严重，或是发生在两个县或县级市管辖区边界上的事故。应急救援需动用地区的力量。

（4）Ⅳ级（省级）应急预案：对可能发生的特大火灾、爆炸、毒物泄漏事故，特大危险品运输事故以及省级特大事故隐患、省级重大危险源应建立省级事故应急反应预案。这类意外事故需用全省范围内的力量来控制。

（5）Ⅴ级（国家级）应急预案：对事故后果超过省、直辖市、自治区边界以及列为国家级事故隐患、重大危险源的设施或场所，应制订国家级应急预案。企业一旦发生事故，就应即刻实施应急程序，根据预测的事故影响程度和范围，投入应急人力、物力和财力，逐级启动事故应急预案。

3．应急救援预案的类型及基本要素

（1）应急救援预案的类型：根据应急预案的对象和级别，可分为以下四种类型。

1）应急行动指南或检查表：针对已辨识的危险采取特定应急行动。简要描述应急行动必须遵从的基本程序。这种应急预案主要起提示作用，对相关人员要进行培训。

2）应急响应预案：针对现场每项设施和场所可能发生的事故情况编制应急响应预案。应急响应预案要包括所有可能的危险状况，明确有关人员在紧急状况下的职责。这类预案仅说明处理紧急事务的必需的行动。

3）互助应急预案：是相邻企业为在事故应急处理中共享资源，相互帮助制订的应急预案。这类预案适合于资源有限的中、小企业以及高风险的大企业，需要高效的协调管理。

4）应急管理预案：应急管理预案是综合性的事故应急预案，这类预案要明确完成每一项职责的具体实施程序。应急管理预案包括四个逻辑步骤：预防、预备、响应、恢复。

（2）应急救援预案的基本要素：应急预案基本要素应包括以下十项。

1）组织机构及其职责：明确应急反应组织机构、参加单位、人员及其作用，明确应急反应总负责人，以及每一具体行动的负责人，明确政府和企业在事故应急中各自的职责。

2）危害辨识与风险评价：确认可能发生的事故类型、地点，确定事故影响范围及可能影响的人数，按所需应急反应的级别，划分事故严重程度。

3）通告程序和报警系统：确定报警系统及程序，确定现场 24 h 的通告、报警方式，如电话、警报器等，确定 24 h 与政府主管部门的通讯、联络方式，以便应急指挥和疏散居民，明确相互认可的通告、报警形式和内容，明确应急反应人员向外求援的方式，明确向公众报警的标准、方式、信号等，明确应急反应指挥中心怎样保证有关人员理解并对应急报警做出反应。

4）应急设备与设施：明确可用于应急救援的设施，列出有关部门可用的应急设备，描述与有关医疗机构的关系，描述可用的危险监测设备，列出可用的个体防护装备，列出与有关机构签订的互援协议。

5）应急评价能力与资源：明确决定各项应急事件的危险程度的负责人，描述评价危险程度的程序，描述评估小组的能力，描述评价危险场所使用的监测设备，确定外援的专业人员。

6）保护措施程序：明确可授权发布疏散居民指令的负责人，描述决定是否采取保护措施的程序，明确负责执行和核实疏散居民的机构，描述对特殊设施和人群的安全保护措施，描述疏散居民的接收中心或避难场所，描述决定终止保护措施的方法。

7）信息发布与公众教育：明确各应急小组在应急过程中对媒体和公众的发言人，描述向媒体和公众发布事故应急信息的决定方法，描述为确保公众了解如何面对应急情况所采取的周期性宣传以及提高安全意识的措施。

8）事故后的恢复程序：明确决定终止应急，恢复正常秩序的负责人，描述确保不会发生未授权而进入事故现场的措施，描述宣布应急取消的程序，描述恢复正常状态的程序，描述连续检测受影响区域的方法，描述调查、记录、评估应急反应的方法。

9）培训与演练：对应急人员进行培训，并确保合格者上岗，描述每年培训、演练计划，描述定期检查应急预案的情况，描述通讯系统检测频度和程度，描述进行公众通告测试的频度和程度并评价其效果，描述对现场应急人员进行培训和更新安全宣传材料的频度和程度。

10）应急预案的维护：明确每项计划更新、维护的负责人，描述每年更新和修订应急预案的方法，根据演练、检测结果完善应急计划。

4. 应急救援预案的文件体系　应急预案要形成完整的文件体系，使其作用得到充分发挥，成为应急行动的有效工具。一个完整的应急预案是包括总预案、程序、说明书、记录的一个四级文件体系。

（1）一级文件为总预案：包含了对紧急情况的管理政策、预案的目标，应急组织和责任等。

（2）二级文件为程序：说明行动的目的和范围。程序内容十分具体，目的是为应急行动提供指南，要求程序和格式简洁明了，根据每个应急组织的具体情况选用最适合本组织的程序格式。

（3）三级文件为说明书：对程序中的特定任务及某些行动细节进行说明，供应急组织内部人员或其他个人使用。

（4）四级文件为对应急行动的记录：包括在应急行动期间所做的通讯记录、每一步应急行动的记录等。

从记录到预案，层层递进，组成了一个完善的预案文件体系，从管理角度而言，可以根据这四类预案文件等级分别进行归类管理，可保持预案文件的完整性，也便于查阅和调用，保证应急预案能有效得到运用。

不同类型的应急预案所要求的程序文件是不同的，应急预案的内容取决于它的类型[9]。一个完整的应急预案应包括如下内容。

1）预案概况——对紧急情况应急管理提供简述并做必要说明。

2）预防程序——对潜在事故进行分析并说明所采取的预防和控制事故的措施。

3）准备程序——说明应急行动前所需采取的准备工作。

4）基本应急程序——给出任何事故都可适用的应急行动程序。

5）专项应急程序——针对具体事故危险性的应急程序。

6）恢复程序——说明事故现场应急行动结束后所需采取的清除和恢复行动。

三、应急救援预案的策划与编制

企业制订和建立现场的应急预案，不仅是法律和经济的要求，也是为企业员工和附近居民提供一个更为安全的环境。县级以上地方各级人民政府应当组织有关部门制订本行政区域的生产安全事故应急救援预案，建立应急救援体系。企业制订的现场事故应急预案应并入地方政府应急反应预案中。这样不仅有助于增进与地方政府部门的相互了解，也确保当地政府机构制订应急预案时充分考虑企业制订的应急预案，以便在紧急情况发生时实施。

（一）应急救援预案的编制步骤

企业对每一个重大危险源都应有一套现场应急预案。现场应急预案应由企业管理部门准备并应包括对重大事故潜在后果的评估。通常企业编制事故应急预案的步骤如下。

1. 成立预案编制小组。
2. 收集资料并进行初始评估。
3. 辨识危险源并评价风险。
4. 评价能力与资源。
5. 建立应急反应组织。
6. 选择合适类型的应急计划方案。
7. 编制各级应急计划。

（二）成立应急救援预案编制小组

企业管理层首先应指定应急预案编制小组的人员。预案编制小组代表来自以下职能部门：安全、环保、操作和生产、保卫、工程、技术服务、维修保养、医疗、环境、人事等，也可包括来自地方政府社区和相关政府部门的代表。应急救援预案编制小组主要负责以下工作。

1．资料收集和初始评估 编制小组的首要任务就是收集制订预案的必要信息并进行初始评估，这包括以下内容。

（1）适用的法律、法规和标准。

（2）企业安全记录、事故情况。

（3）国内外同类企业事故资料。

（4）地理、环境、气象资料。

（5）相关企业的应急预案等。

编制小组的工作可分为如下三部分。

（1）危险辨识、后果分析和风险评价。

（2）明确人员和职能。

（3）明确需要的资源。

2．应急反应能力分析 根据可能发生的事故场景，确定不同紧急情况下相应的应急反应行动。明确负责人该做什么，如何做，这是预案编制过程中的综合部分，是在前面分析工作的基础上进行的研究。

3．编制应急救援预案的注意事项 应急预案应当简明，便于在实际紧急情况下使用。预案的主要部分应当是整体应急反应策略和应急行动，具体实施程序应放在预案附录中详细说明。预案应有足够的灵活性，以适应随时变化的实际紧急情况。预案中应包括以下几个应急反应要素。

（1）应急资源的有效性。

（2）事故评估程序。

（3）指挥、协调和反应组织的结构。

（4）通报和通讯联络程序。

（5）应急反应行动（包括事故控制、防护行动和救援行动）。

（6）培训、演习和预案保持。

（三）危险辨识与风险评价

危险辨识与风险评价是编制应急预案的关键，应急预案应建立在风险评价基础之上[10]。

1．危险辨识与风险评价的程序 风险评价的程序主要包括以下几个步骤。

（1）资料收集：明确评价的对象和范围，收集国内外相关法规和标准，了解同类设备、设施或工艺的生产和事故情况，评价各种环境状况。

（2）危险危害因素辨识与分析：根据所评价的具体情况，辨识和分析可能发生的事故类型，事故发生的原因和机制。

（3）风险分级：根据评价目的和评价对象的复杂程度选择具体的评价方法。对事故发生的可能性和严重程度进行定性或定量评价，在此基础上按照事故风险的标准值进行风险分级，以确定管理的重点和需要制订应急预案的设备、设施和场所。

（4）提出降低或控制风险的安全对策措施：根据评价和分级结果，高于标准值的风险要采取工程技术或组织管理措施。低于标准值的风险应建立监测措施，防止生产条件变更导致风险值增加，对不可排除的风险要采取防范措施。

2．危险辨识方法

（1）危险辨识的主要内容：危险辨识过程中，应坚持“横向到边，纵向到底，不留死角”的原则，对以下方面存在的危险、危害因素进行辨识与分析。①厂址及环境条件；②厂区平面布局；③建（构）筑物；④生产工艺过程；⑤生产设备、装置。

（2）危险辨识方法：危险是指材料、物品、系统、工艺过程、设施或场所对人、财产或环境具有产生伤害的潜能。危险辨识就是找出可能引发事故导致不良后果的材料、系统、生产过程或场所的特征。危险辨识有两个关键任务。

1）辨识可能发生的事故后果。

2）识别可能引发事故的材料、系统、生产过程或场所的特征。事故后果可分为对人的伤害、对环境的破坏及财产损失三大类。

常用的危险辨识方法包括以下几种。

1）材料性质分析。

2）生产工艺和条件。

3）相互作用矩阵分析法。

4）利用安全评价和分析方法。

5）利用经验。

（3）重大危险因素与危害因素的辨识：重大危险、危害因素是指能导致重大事故发生的危险、危害因素。重大事故具有伤亡人数众多、经济损失严重、社会影响大的特征，因而要把预防重大事故作为其安全生产工作的重点。重大事故隐患在不同的行业或部门、不同时期各有其特定的含义和范围，通过发现、整改这些隐患，可以预防重大事故的发生。

目前，国际上已习惯将重大事故特指为重大火灾、爆炸、毒物泄漏事故。我国国家标准GB18218-2018《危险化学品重大危险源辨识》，将重大危险源分为生产场所重大危险源和贮存区重大危险源两种；根据物质不同的特性，将危险物质分为爆炸性物质、易燃物质、活性化学物质和有毒物质四大类，分别给出物质名称及其临界量。

（4）危险辨识注意事项：危险辨识过程中，应注意以下几点。

1）危险、危害因素的分布：按厂址、平面布局、建（构）筑物、物质、生产工艺及设备、辅助生产设施、作业环境几部分，分析其存在的危险、危害因素，列表登记，综合归纳，得出系统中存在哪些种类危险、危害因素及其分布状况的综合资料。

2）伤害（危害）方式和途径：伤害（危害）方式指对人体造成伤害或对人身健康造成损坏的方式。危害因素是通过与人体直接接触造成伤害，爆炸是冲击波、火焰、飞溅物体在一定空间范围内造成伤害，毒物是通过直接接触或一定区域内通过呼吸空气作用于人体，噪声是通过一定距离内的空气损伤听觉的。

3）主要危险、危害因素：对导致事故发生的直接原因和诱因进行重点分析，从而为确定评价目标、评价重点，划分评价单元，选择评价方法和制订控制措施计划提供基础。

4）重大危险、危害因素：分析时要防止遗漏，不仅要分析正常生产运转和操作时的危险、危害因素，还要分析设备、装置破坏及操作失误可能产生严重后果的危险、危害因素。

（5）危险辨识结果：危险辨识活动的结果，通常是可能引起危险情况的材料、设施或生产条件清单。分析人员可利用这些结果确定适当的范围和选择适当的方法开展安全评价或风险评估。总的来说，评价的范围与复杂程度，直接取决于识别出危险的数量与类型以及对它们的了解程度[11-12]。如果有些危险的范围不清楚，则在开展评价之前需要开展另外的研究或试验。

（6）风险评价：也称安全评价，是对系统发生事故的危险性进行定性或定量分析，评价系统发生危险的可能性及其严重程度，以寻求最低的事故率、最少的损失和最优的安全投资效益[13-14]。风险评价是应急管理和决策科学化的基础。目前，用于生产过程或设施的危险评价方法已达到几十种。常用的危险评价方法可分为定性评价方法、指数评价方法、半定量评价方法和概率风险评价方法等。

（四）人员和职责的确定

完成危险辨识、后果分析和风险评价后，编制小组需要确定在紧急情况下应该采取何种行动最合适，从报警定级到实施应急行动或疏散程序，这些行动要由企业或外部人员完成。正确实施应急预案必须要明确职责，可根据企业正常生产管理系统职位来分配紧急情况发生时的任务。

编制小组应该认真审查领导的能力和在休假时的指挥系统，要保证负责人员经过良好培训，能够在更高级指挥人员到来前应对局势。代理人员应该在主要领导休假或生病或由于其他原因不在时代替执行职责。该代理人必须像原主管一样能够应付紧急局势。这些关键人员的通报和通讯联络程序必须明确下来，以保证及时决策，快速反应。编制小组应预先辨识出现在危险地区所要实施的应急反应行动。这样会减少在危机时刻做出“特别”决策的需要。

下面是最常见的紧急时刻实施的重要应急功能：通讯和外部关系联络，包括媒体、消防与营救、物质泄漏控制、工艺和公用设施、工程措施、环境状况、医疗救护、安全保障、后勤保障、行政管理。

编制小组的任务是保证所有应急功能与负责企业正常生产的人员和服务机构相匹配。然后编制小组应要求相关部门或机构配合制订实施总体应急救援预案的专项预案。可分派人员实施应急反应行动或作为应急咨询员，这些行动计划也要包括在应急预案中，特别是放在附录中便于更新。

（五）应急资源的评估

编制小组要评价企业在紧急情况下所具有的资源和控制紧急事故的人员。报警要求有良好的系统，从有声报警到电话系统和早期自动监测系统。应急时使用的通讯设备是至关重要的。应急人员应该保证具有这种通讯设备，而且当正常通讯设备失灵时也可以使用。

在应急时，防护或救援行动所需要的设备类型有很多，下面是最常使用的类型：灭火系统、消防供水系统、火灾检测系统、消防设备、毒物泄漏控制设备、个人防护设备；医疗设备、气象设备、生产和照明的备用电力设备、特殊危险的专用工具和设施、有毒物质的侦检设备、预测有毒化学物质扩散的软件和硬件、交通设备、培训设备等。

在大中型企业中，预案编制小组应该尽早制订出关于应急指挥中心的规定，所有应急行动的指挥都在应急指挥中心进行。现有资源，按人力、设备和供应进行评价。确定内容为：人力；通报和通讯联络设备；个人防护设备；消防设备和供应；事故控制和防污染设备及供应；医疗服务机构、设施、设备和供应；监测系统；气象站；交通系统；保安和进出管制设备；社会服务机构、设施和设备等。

（六）应急反应组织的建立

应急预案的一个最重要的目的是建立应急反应组织，能在紧急时刻，在最短时间内及时部署完毕。最初反应组织结构也要确定出来，以便在当班时立即启动应急反应。

1．最初反应组织　应急反应组织必须保证在任何时候接到报警后立即行动。及时正确的最初应急反应行动可以在事故升级前极大地减轻事故的后果。最初协调应急行动的责任一般由当班经理负责，直到有更高级的人员来替代。最初阶段，当班经理要临时担任企业应急总指挥的功能，因此要根据事故严重程度来评价应急行动级别，通知相关人员、部门和机构参加应急行动。

2．全体应急反应组织　在全体应急状态下，企业应急总指挥员应该启动所有应急预案要求的行动，包括启动全体应急反应组织、依赖于企业和其内部管理结构。关键是所有预案中相关应急功能应包括在组织结构中。要求所有职责要配备足够人员，以便保证每个岗位都有人员。每个岗位可能有多个任务，所以主要人员或代理人可在全体应急反应组织启动后任何时候都能承担职责。负责不同功能的人员应为企业应急总指挥提供建议并执行企业应急总指挥做出的决定。

3．企业应急总指挥　在任何时候企业必须只有一个人负责指挥整个应急反应组织，主要职责包括对所有保护公众、员工、环境和企业设施的行动，事故的救援和控制行动的指挥。应急总指挥的职责如下。

（1）分析紧急状态和确定相应报警级别，这些分析要根据相关危险类型、潜在后果、现有资源和控制紧急情况的行动类型来做出。

（2）指挥、协调应急反应行动。

（3）与企业外应急反应人员、部门、组织和机构进行联络。

（4）直接监察应急操作人员的行动。

（5）保证现场和企业外人员安全。

（6）协调后勤方面以支援反应组织。

在执行这些任务时，企业应急总指挥会得到从事专项任务的应急反应人员的帮助。但企业应急总指挥不能把下列任务交给工作人员执行。

（1）应急反应组织的启动。

（2）应急评估，包括升高或降低应急警报级别。

（3）通报外部机构。

（4）决定请求外部援助。

（5）决定从企业或其他部分撤离。

（6）决定企业外影响区域的安全性。

企业应急总指挥的职能可由企业总经理担任。在紧急情况下，企业应急总指挥的主要功能是总体指挥，大量实际反应和协调任务主要由负责生产或安全的副总指挥执行，因为他更有技术经验和更熟悉应急反应操作。企业应急总指挥是分配给企业组织内的工作职位。这会消除由于人员调动到其他岗位或其他职位变动导致企业人员组织结构变化带来的混乱。

所有应急职位特别是企业应急总指挥应该有代理人，以便企业总经理或其他领导不在现场时代替履行职责。当企业应急总指挥在紧急事故中受伤时，代理人员应该履行其职责。应该制订有关规定，保证企业应急总指挥在任何时候都能履行职责，他对企业的状况必须有充分的了解。

企业应急总指挥的职位变动时应该及时通知所有负责各种反应功能的人和政府反应组织和部门。

公安消防部门是第一个企业外应急反应者。当企业应急总指挥仍在负责现场指挥时，当地安全、公安、消防部门的主管或社区负责人，能作为企业外应急指挥或应急总指挥。

4．反应操作副总指挥 反应操作副总指挥在应急指挥中心操作，他负责监察和协调具有减缓事故后果功能的各种任务。反应操作副总指挥的主要职责如下。

（1）协助企业应急总指挥组织和指挥应急操作任务。

（2）向企业应急总指挥提出应采取的减缓事故后果行动的对策和建议。

（3）保持与现场操作副总指挥的直接联络。

（4）协调、组织和获取应急所需的其他资源、设备以支援现场的应急操作。

5．事故现场副总指挥 事故现场副总指挥是在直接事故现场最高级的应急反应组织指挥。他的指挥部应该尽可能接近应急现场操作的位置，当然也要考虑到安全的因素。事故现场副总指挥的主要职责如下。

（1）所有事故现场操作的指挥和协调。

（2）现场事故评估。

（3）保证企业人员和公众的应急反应行动的执行。

（4）控制紧急情况。

（5）现场应急行动与在应急指挥中心的反应操作副总指挥的协调。

（七）应急预案的组成

应急预案的具体组成主要包括准备程序、基本应急程序、特殊危险应急程序等内容。

1．准备程序 准备程序是整个应急预案的第一部分内容，主要论述针对事故应急行动所需采取的应急准备，包含以下子程序。

（1）评审程序：在修改或制订一个新的应急预案之前，对已有的计划或程序进行评审和回顾是非常必要的，不仅能为预案制订者提供新预案制订的参考模式，还能使制订者弥补原有预案的不足和缺陷，避免原有预案中不适当应急步骤的再次出现。

（2）明确应急责任程序：前面叙述了各机构的主要职责，制订应急预案时必须熟知该部分内容，因其牵涉到预案中应急行动的责任分配。由于其重要性，所以该程序应对事故应急者的职责作一个简单的说明。

1）总指挥来自应急指挥中心：主要负责事故应急行动期间各单位的运作协调，按照应急预案合理部署应急策略和事故现场指挥者协同工作，保证事故应急救援工作的顺利完成。

2）事故现场指挥者来自事故现场指挥中心：主要负责对事故现场的控制，协调应急队员的救援工作，识别危险物质及存在的潜在危险并对事故现场进行分析，执行有效的应急操作，保证应急行动队员的个人安全，并负责事故后的现场清除工作。

3）公共关系代表来自媒体中心：主要负责在发生紧急情况时与新闻媒体的联系工作，接受他们的采访，必要时负责召开新闻发布会，并与安全人员和法律人员及其他事故应急者保持联系。

4）支持人员来自技术支持机构：在事故应急期间，接受事故指挥者的调遣，提供各类应急所需的技术支持和医疗支持。

5）信息管理人员来自信息管理部门：负责接收事故报警信息，并在事故应急期间向事故应急者提供他们所需的信息，负责各应急小组之间的通讯联系，设置专线电话等。

（3）应急资源和应急能力评价程序：应急资源包括人员、应急设备、装置和物资；应急能力包括人员的技术、经验和接受的培训。预案制订者应该评价与预知危险相匹配的应急资源和能力，从而选择最现实、最有效的应急策略，并制订相应的应急预案。

1）应急资源：①应急人员：评价应急人力资源时，主要考虑应急人员的数量、素质和在紧急情况下应急人员的可获得性，以及人员对紧急情况的承受能力和应变能力；②应急设备：可分为现场应急设备和场外应急设备。

2）应急能力：在完成了应急资源评价以后，更重要的工作是对应急能力的评价，应急能力的大小会影响应急行动是否能快速有效实现，应急能力评价分为内部应急能力和外部应急能力评价。

内部应急能力：指事故发生单位自身对事故的应急能力，可以确保事故单位采取合理的预防和疏散措施来保护本单位的人员，其余应急工作留给应急救援系统中的其他机构来完成。

外部应急能力：指利用事故单位以外的外部机构来对紧急情况进行应急的处理能力。发展外部应急能力可以节省发展内部应急能力所需的培训、人力资源补充和装备配置的费用。

（4）培训程序：培训程序是应急准备中的重要环节。培训程序的制订就是为了保证所有应急队员都能接受有效的应急培训，从而具备完成其应急任务所需的知识和技能。培训程序必须标明“做什么”“怎么做”“谁来做”，并在程序中指明应急预案和相关法规所列出的事故危险和应急责任，保证提供每个应急角色所需的培训。培训的效果好坏是整个应急预案能否成功得到实施的关键性因素。

不管针对哪种事故应急培训都必须包括以下内容。

1）灭火器的使用以及灭火步骤的训练。

2）个人防护措施。

3）对潜在事故的辨识。

4）事故报警。

5）紧急情况下人员的安全疏散。

（5）训练与演习程序：训练与演习作为培训的目的，其主要作用是检测应急准备的充分性，包括物质资源、设备及人员的应急水平等。训练与演习的主要目的包括：①测试预案和程序的充分程度；②测试应急培训的有效性和应急人员的熟练性；③测试现有紧急装置、设备和其他资源的充分性；④提高与现场外的事故应急部门的协调能力；⑤通过训练来判别和改正预案和程序中的缺陷。

在程序中应该注明训练和演习的类型与频率，以及训练演习的组织、指导、评价等具体步骤。要实际开展应急演习，必须做好下列准备。

1）制订完整的演习计划。

2）做好演习中所有管理部门的准备工作。

3）现场外的应急队员与应急部门的准备。

2．基本应急程序　基本应急程序的内容主要是针对任何事故应急都必需的基本应急行动，包括一系列的子程序，以保证应急行动的连续性，为事故指挥者和应急管理者提供有效的现场应急指导，保证应急行动的及时性与合理性。

（1）报警程序：在发生紧急情况或突发事故的过程中，任何人员都有可能发现事故或险情，此时他们的首要任务就是向有关部门报警，提供事故的所有信息，并在力所能及的范围内采取适当的应急行动。该程序主要指导人员如何使用报警与通讯设备，如电话、报警器、信号灯、无线电等，并明确安全人员、操作人员或其他人员的报警职责。在具体执行报警操作时，应该根据事故的实际情况，决定报警的接受对象即通告范围。通常决定因素包括紧急情况的类型和紧急情况的严重程度。制订报警程序时，还必须考虑到一些对程序有用的补充图表或说明，能为报警人员提供便利。

（2）通讯程序：通讯程序描述在应急中可能使用的通讯系统，以保证应急救援系统的各个机构之间保持联系。程序中应该考虑下列通讯联系。

1）应急队员之间。

2）事故指挥者与应急队员之间。

3）应急救援系统各机构之间。

4）应急指挥机构与外部应急组织之间。

5）应急指挥机构与伤员家庭之间。

6）应急指挥机构与顾客之间。

7）应急指挥机构与新闻媒体之间。

（3）疏散程序：疏散程序主要内容是从事故影响区域内疏散的必要行动。疏散程序应该说明疏散的操作步骤及注意事项，并确定由谁决定疏散范围，还应告知给被疏散人员疏散区域所使用的标识与具体的疏散路线。在疏散程序中还应针对受伤人员的疏散制订特殊的保护措施。对该程序的补充包括提供事故现场区域的路线地图、危险区的标注、可供人员休息或隐蔽的掩体等内容，目的是为了保证疏散过程中的人员安全，降低事故损失[15-16]。

（4）交通管制程序：危险品运输车辆通过重要区段时，为防止交通堵塞和人员的过于密集带来的危险，应该施行交通管制，从而使危险品车辆迅速、顺利地通过复杂的关键路段，可以极大地降低危险。交通管制程序主要包括以下几方面：①警戒；②约定的交通管制；③快速交通管制。

（5）恢复程序：当事故现场应急行动结束以后，应该开展的最紧迫的工作是使在事故中一切被破坏或耽搁的人、物和事得到恢复，进入正常运作状态，这就是恢复程序的基本内容。由于它需要人员、资源、计划等诸多因素的支持才能开展，它的执行需要较长的时间，所需时间的长短取决于下列因素：①受损程度；②人员、资源、财力的约束程度；③有关法规的要求；④气象条件和地形地势等其他因素。

3．特殊危险应急程序 特殊危险应急程序是主要针对具体事故以及特殊条件下的事故应急而制订的指导程序。其具体的程序内容根据不同事故情况而定，通常除了包括基本应急程序的行动内容以外，还应该包括特殊事故的特殊应急行动内容。存在有毒、有害、易燃、易爆物质的企业常发生的事故是危险品的泄漏及由其引发的火灾、爆炸等，然而在特殊情况下可能会遭遇台风、洪水等自然灾害的侵袭。为保障安全，有必要制订一系列下述条件下的特殊危险应急程序。

（1）危险品泄漏：企业中最常发生的事故就是危险品的泄漏，而且泄漏有可能会导致火灾、爆炸等其他恶性事故的发生。程序中应详细描述应急队员在控制危险品泄漏时所需采取的具体行动，并标明不同于其他事故应急的特殊应急步骤。事故指挥者利用该程序作为现场应急的指导，除了按基本应急程序部署必要应急行动以外，更要注意处理危险品泄漏事故的特殊性。程序中应该明确建立事故指挥中心应注意的事项：①位于通风地带；②根据风向确定安全距离；③观察事故要有良好视野；④有足够空间开展应急操作。

（2）火灾：火灾是最常见也是最易发生的事故之一，如果不能对其实施有效应急以控制火势蔓延，那么就有可能造成巨大的事故损失，酿成灾祸悲剧。应针对火灾事故的特点，制订特定应急程序，重点突出在应急行动中的灭火要点、应特别注意和回避的事项，使应急行动具有更强的针对性，提高行动的效率。程序应详细说明各应急组织和应急队员的灭火能力、任务和各自的职责，说明事故指挥者、安全人员及其他应急者的个人责任等。程序将有助于制订行动计划、决定是否需要额外援助、指导事故指挥者收集有用信息等。

（3）台风：台风是我国沿海地区常见的自然现象，由于它的无法控制性和巨大的破坏性，因此常造成严重的经济损失和人员伤亡。台风更易导致交通阻断，引发运输事故。在台风易发生时期，必须考虑到在台风季节针对台风的应急措施，以预防恶性事故的发生以及一旦发生事故时如何将事故影响控制在最小范围内。制订台风的应急程序应与当地的应急救援部门和气象服务中心紧密联系，根据政府气象服务部门所提供的气象信息和指导，根据预报的台风种类、强度、登陆点不同确定相应的应急行动措施[17]。

（4）洪水：洪水应急程序主要适用于企业所在的区域历史上有洪水记录或可能发生洪水时对可能事故的预防和发生事故后的应急。该程序根据各个不同的企业所能承受的不同洪水强度，考虑气象中心发布的应采取的洪水应急措施来制订具体的程序内容。程序中的事故预防措施应包括对洪水预兆标志的识别，以实现在洪水到来之前或气象中心发布洪水警报之前采取必要的预防性措施。在事故应急措施中，应列出在洪水应急中需采取的特别行动。

四、应急救援行动

应急救援行动是指在紧急情况发生时，为及时营救人员、疏散撤离现场、减缓事故后果和控制灾情而采取的一系列抢救援助行动。事故发生前应该设计和建立应急系统，制订应急预案，并进行培训、训练和演习，以保证应急行动的有效性。一旦事故发生，应及时调动并合理利用应急资源，在事故现场，针对事故的具体情况选择应急对策和行动方案，从而能及时有效地使伤害和损失降低到最低程度和最小范围。

（一）应急救援行动的一般程序

1．事故发生区　事故现场、企业或社区负责人或安全主管部门应采取以下行动。

（1）掌握情况。

（2）报告与通报。

（3）组织抢救与抢险。

2．事故发生区的附近地区　首先受到危害的应该是事故发生区下风方向贴近事故区的公众。一旦发现已经受到危害，或听到事故发生区的警报后，各有关部门应采取以下应急行动。

（1）交通民警：

1）立即向上级报告。

2）根据指令或情况危急程度，封锁通往事故发生区的交通路口。

3）迅速疏导车辆与行人撤离决定封锁的通道。

4）维持封锁区内的治安。

5）注意自身防护。

（2）社区或街道（居民委员会）工作人员：

1）立即报告上级。

2）根据指令或情况危急程度，指导高层楼居民进行隐蔽（关闭门窗）或撤出。

3）协助民警疏导行动中的人流，有秩序地向安全方向移动。

4）检查有否进入非密闭的地下工事或地下室的公众，并迅速组织撤离。

5）组织公众自救与互助，并注意自身防护。

3．应急指挥中心（部）

（1）值班员的行动：

1）记录事故发生区报告的基本情况。

2）按预案规定，通知指挥部所有人员到达集中地点，并规定到达时限。

3）报告市（区）行政当局值班室。

4）与参与应急救援工作的当地驻军取得联系，并向他们通报情况。

5）根据情况的危急程度，或按预案规定通知各应急救援组织做好出动准备。

（2）指挥组的行动：

1）根据事故发生区报告的情况，指示安全技术人员进行危害估算。

2）会同专家咨询组判断情况，研究应急行动方案，并向总指挥提出建议。

3）按总指挥的指令调动并指挥各应急救援组投入行动。

4）开设现场指挥机构。

5）向驻军通报应急救援行动方案，并提出要求支援的具体事宜。

（3）其他有关组织的行动：

1）专家咨询组进行技术判断及力量使用估计，会同指挥组向总指挥提供建议的内容。

2）安全评价（扩散估算）组根据事故发生区报告的基本情况和已知的气象参数，进行事故后果评价，扩散趋势预测，向指挥组做出技术报告。

3）气象保障组收集天气资料，若有可能可在现场开设气象观测哨。

4）各保障组做好后援准备。

5）各应急救援专业组织按指挥组指令投入行动。

（二）事故评估程序

对事故分级有几种方法。不同的人判断相同事故会产生不同的分级。为了消除紧急情况下产生的混乱，应参考企业和政府有关部门制订的事故分级指南。应急行动级别是事故不同程度的级别数。事故越严重，数值越高。

一级预警，为最低应急级别。根据企业不同，这种应急行动级别可以是可控制的异常事件或容易被控制的事件。根据事故类型，可向外部通报，但不需要援助。

二级现场应急，为中间应急级别，尚未超出企业边界。外部人群一般不会受事故的直接影响。这种级别表明企业人员已经不能立即控制事故，这时需要外部援助。

三级全体应急，为最严重的紧急情况，通常表明事故已超出企业边界，需要外部援助。

（三）通告和通讯联络程序

通讯联络对于有效协调不同应急组织的应急行动是非常重要的。事故最初通告程序尤其重要，因为它们决定在何时启动应急预案。为避免通讯联络中断，应急组织内的每个岗位必须配备通讯设备，否则会严重影响应急预案的有效性。方法和程序如下。

1．报警 报警是实施应急预案的第一步。通常在许多企业，任何员工都能拉响警报或至少向报警人员报告。这个程序有利于尽早地预警可能出现的异常情况。如果有充分的事前准备，任何企业员工或操作人员都会知道在这种情况下首先该采取什么行动。应急反应会按计划实施，热线操作人员将通知最初的应急评估负责人，确定应急级别并根据应急行动级别启动相应的应急反应预案。

2．通知企业内人员紧急行动 最初应急组织有许多任务，首先是让企业内人员知道发生紧急情况。无论使用什么报警系统完成这个目的，最常使用的是声音报警。报警有两个目的：动员应急人员并提醒其他无关人员采取防护行动。企业应急通讯系统是可以让应急人员知道该做什么。

3．通知外部机构 根据应急的类型和严重程度，企业应急总指挥或企业有关人员必须按照法律、法规和标准的规定将事故有关情况上报政府安全生产主管部门。应急通报是强制的，不只是因为是法规要求。通报应该包括以下信息。

（1）将要发生或已发生事故或泄漏的企业名称和地址。

（2）通报人的姓名和电话号码。

（3）泄漏化学物质名，该物质是否为极危险物质。

（4）泄漏时间或预期持续时间。

（5）实际泄漏量或估算泄漏量，是否会产生企业外效应。

（6）泄漏发生的介质是什么。

（7）已知或预期的事故的急性或慢性健康风险和关于接触人员的医疗建议。

（8）由于泄漏应该采取预防措施，包括疏散。

（9）获取进一步信息，需联系人的姓名和电话号码。

（10）气象条件，包括风向和风速和预期企业外效应。

（11）应急行动级别。

4．建立和保持企业应急组织之间的通讯联络　一旦企业应急总指挥决定启动应急预案，通讯协调和联络部门就要负责保持各应急组织之间高效的通讯能力。最重要的通讯联络是应急指挥中心，它装备有固定通讯设备。任何应急指挥中心与外部的通讯中断，必须报告通讯联络负责人，动员现有资源和人力来解决问题。可以使用警笛和公共广播系统向企业人员通报应急情况，必要时通知他们疏散，从企业部分或全部撤离。

5．建立和保持现场应急组织、外部机构和其他应急组织之间的通讯联络　一旦应急预案启动，企业应急总指挥和副总指挥就应在应急指挥中心进行应急指挥与协调。保持与外部机构联络，现场操作负责人直接与应急指挥中心联系。

6．如果社区居民受影响，通知企业外人员应急救援　在事故影响到社区居民的情况下，可采取两种行动：在建筑物内疏散或避难。无论采取什么行动，社区居民和公众必须得到应急通知。紧急广播系统与警笛报警系统结合使用会更有效。紧急广播系统能发射无线电和电视信号，信息内容应该尽可能简明，应该通知公众避免使用电话通报附近地区发生紧急情况。如果决定疏散，应该通知居民避难所位置和疏散路线。公众防护行动的决定权一般由当地政府主管部门掌握。应急组织应该做好如下准备行动。

（1）准备向当地政府主管部门提供建议。

（2）制订关于何时进行公众疏散或是安全避难的指南。

（3）根据事故性质、气象条件、地形和原有逃生路线提出疏散的最佳路线。

（4）保存当地电台、电视台的电话簿。

（5）事先联系这些电台以协调信息发布。

（6）建立填单式信息向公众广播。

（7）通知媒体。

在紧急情况下，媒体很可能获悉事故消息，当地报纸、电视和电台的记者会涌到事故现场或至少到企业大门前采集有关新闻消息。保卫人员应该确保若非允许不得入内；尤其是无关人员，不能进入应急指挥中心或应急人员正在控制险情的地方。要防止媒体错误报道事件，应急组织中要有专门负责处理公众、媒体的部门。负责人应该定期举办新闻发布会，提供准确信息，避免错误报道。当没有进一步信息时，应该让人们知道事态正在调查，将在下次新闻发布会通知媒体。无理由地回避或掩盖事实真相只可能让日后尴尬。用预先制好的填空式信息单在新闻发布会上宣读是很方便的。在任何情况下，应准备好书面说明以便在新闻发布时分发，发布前由负责人员审定。

（四）现场应急对策的确定和执行

应急人员赶到事故现场后首先要确定应急对策，即应急行动方案。正确的应急行动对策不仅能够使行动达到所预期的目的，保证应急行动的有效性，而且可以避免和减少应急人员的自身伤害。应急对策实际上是正确评估判断和决策的结果，而初始的评估来源于最初应急行动所经历的情况。

现场应急对策的确定和执行包括如下几项。

1．初始评估 事故应急的第一步工作是对事故情况的初始评估。初始评估应描述最初应急者在事故发生后几分钟里观察到的现场情况，包括事故范围和扩展的潜在可能性、人员伤亡、财产损失情况，及是否需要外界援助。初始评估是由应急指挥者和应急人员共同决策的结果。处理危险物质泄漏引发的事故的关键是确定事故物质。初始评估的事故应急指挥者要和操作人员交流，以确定所包含的物质，识别事故发生的原因。掌握事故的原因有助于应急人员减轻或控制事故后果。

2．危险物质的探测 危险物质的探测实际上是对事故及事故起因的探测。第一种方法是由两个人组成的小组在远离事故现场的地方测定发生事故的物质，第二种方法可能更危险些，要求两名应急人员组成的小组到事故区域进行状况评估，采用这种方法时，应急人员要穿上防护服。评估需包括以下几种。

（1）所涉及物质的类型和特性。

（2）泄漏、反应、燃烧的数量。

（3）密闭系统的状况。

（4）控制系统的控制水平和转换、处理、中和的能力。

3．建立现场工作区域 在初始评估阶段，要建立一个现场工作区域。在这个区域明确应急人员可以进行工作，这样有利于应急行动开展和有效控制设备进出，并且能够统计进出事故现场的人员。在初始评价阶段确定工作区域时，主要根据事故的危害、天气条件和位置。在设立工作区域时，要确保有足够的空间。开始时所需要的区域要大，必要时可以缩小。危险物质事故要设立三类工作区域，即危险区域、缓冲区域、安全区域。

危险区域是把一般人员排除在外的区域，是事故发生的地方。它的范围取决于事故级别的范围以及清除行动的执行。只有受过正规训练和有特殊装备的应急操作人员能够在这个区域作业。所有进入这个区域的人员必须在安全人员和指挥者的控制下工作。还应设定一个可以在紧急情况下得到后援人员帮助的紧急入口。

环绕危险区域的是缓冲区域，也是进行净化和限制通过的区域。在这里污染将会受到净化，只有受过训练的净化人员和安全人员可以在这里工作。根据现场的实际情况，净化过程可以是简单的。净化工作非常必要，排除污染的方法必须和所污染的物质相匹配。

第三个区域是安全区域（也叫做支持区域），这个区域是指挥和准备区域。它必须是安全的，只有应急人员和必要的专家能在这个区域。

限制区域的大小、地点、范围将取决于泄漏或事故的类型、污染物的特性、天气、地形、地势和其他的因素。在现场实时的观察、仪器的读数、多方面的参考资料能决定受控制区域的大小和程度。有关组织编制的运输应急指南、化学事故应急信息系统、应急预案指南、物质安全数据和其他的资料与信息也能帮助建立控制区域。

4．确定重点保护区域 通过事故后果模型和接触危险物质浓度，应急指挥者能够估计出事故影响的区域，在这个区域内，要考虑以下情况。

（1）人员接触：①哪些人最可能接触危险？②影响程度；③达到危险浓度的时间。

（2）对事故现场内重要系统的考虑：①任何重要的控制区域是否在危险区域内；②是否有必要在危险区域内对重要设施进行有序的停车程序，以防止更大的潜在危险。

（3）对环境的考虑：①对危险很敏感的土壤区域；②对野生生物的保护；③渔业；④水生生物。

（4）财产：①现场内的财产；②现场外的财产。

（5）现场外的关键系统：①可能受到事故影响的主要运输系统；②可能受到事故影响的公用水、

电、气、通讯服务系统等。

（6）应急人员的工作区域：①指挥中心；②准备区域；③支援的路线。

（7）防护行动：防护行动目的在于保护应急中企业人员和附近公众的生命和健康。这些行动常包括以下几类。

1）搜寻和营救行动：此类行动通常由消防队或救护队执行。如果人员受伤、失踪或困在建筑和单元中，就需要启动搜寻和营救行动。进行营救行动的人员应该穿戴防护服。执行速度是至关重要的。营救人员应成对工作，应该配备自持式呼吸器。在行动过程中随时进行通讯联络是绝对必要的。在进行营救行动前或过程中，需要实施防护行动。

2）人员查点：重大事故应急可能要求所有企业人员实行防护行动。要求在应急时进行人员查点。企业每个单元或建筑应该派有疏散监督管理员，负责向其他员工报警和在疏散最初阶段负责查找人员。他们应该检查所有房屋，引导员工到集合点。这些疏散监管员应该熟悉内部报警系统和集合地点，指挥人员按预定逃生路线疏散。所有员工都应能辨认警报，并知道集合点和熟悉逃跑路线和总体疏散程序。非应急人员的集合点应该预先指定。逃生路线和替代逃生路线也应该事前确定出来。

3）疏散：在重大事故应急发生时，要求从事故影响区疏散企业人员到其他区域。小企业事故迅速恶化时，可直接进行全体疏散。被影响区无关人员应该首先撤离，所有人员应该熟悉关于疏散的有关信息，在放弃他们的企业时，应该根据指示关闭所有设施和设备。单元操作人员应该确切知道如何以安全方式进行应急停车。现场疏散的实际计划通常与企业大小、类型和位置有关。应事先确定出通知企业员工疏散的方法、主要或替换集合点、疏散路线和查点所有员工的程序。应该制订规定以警示和查找企业来访者。保卫人员应该持有这些人员的名单。企业陪同人员负责来访者的安全。

4）避难：当毒物泄漏时，一般有两类保护人员的方法：疏散或安全避难。选择正确的保护方案要根据泄漏类型和有关标准。短期避难所通常是具有空气瓶装压缩空气供给的密封室。一般控制室设计为短期避难所，供操作人员在紧急时安全使用。选择短期避难所的另一依据是人员到达可长期避难场所的距离过远，或因缺少替代疏散路线而不能安全疏散。指挥者根据事故区域大小、相对距离的远近和主导风向，为其员工选择短期避难所。避难所不应过远。在选定某建筑作为短期避难所前，指挥者应该考虑一下其设计特点：结构良好，没有明显的洞、裂口或其他可能使危险气体进入内部的结构弱点，门窗有良好的密封，通风系统可控制。

5）危险区进出管制：在紧急情况尤其是发生毒物泄漏时，企业经理或应急指挥者一个首要任务是向外报警并建议政府主管部门采取行动保护公众。接到企业通报，地方政府主管部门应决定是否启动企业外应急行动，协调并接管应急总指挥的职责。迅速有效地对公众通报应急是十分重要的。使用可听报警器，通报的应急信息应该能提醒和通知公众该做什么。为了建立有效疏散计划，企业管理层不能单独行动。企业管理层应该积极与地方政府主管部门合作，制订应急预案，保护公众免受紧急事故危害。

（8）应急行动的优先原则：应急行动的优先原则是员工和应急救援人员的安全优先、防止事故扩展优先、保护环境优先。

（9）应急行动的支援：支援行动是当实施应急救援预案时，需要援助事故反应行动和防护行动的行动。这种活动包括对伤员的医疗救治、建立临时区、企业外部调人资源、与邻近企业应急机构和地方政府应急机构协调、提供疏散人员的社会服务、企业重新入驻以及在应急结束后的恢复等。

（五）应急设备与资源

应急设备与资源是开展应急救援工作必不可少的条件。为保证应急工作的有效实施，各应急部门都应制订应急救援装备的配备标准。平时做好装备的保管工作，保证装备处于良好的使用状态。应急救援装备的配备应根据各自承担的应急救援任务和要求选配。选择装备要根据实用性、功能性、耐用性和安全性，以及客观条件配置。事故应急救援的装备可分为两大类：基本装备和专用救援装备。

1．基本装备 一般指应急救援工作所需的通讯装备、交通工具、照明装备和防护装备等。

（1）通讯装备：我国应急救援所用的通讯装备一般分为有线和无线两类，在救援工作中，常采用无线和有线两套装置配合使用。移动电话和固定电话是通讯中常用的工具，使用方便，拨打迅速，因此，在社会救援中已成为常用的工具。在近距离的通讯联系中，也可使用对讲机。传真机的应用缩短了空间的距离，使救援工作所需要的有关资料及时传送到事故现场。

（2）交通工具：良好的交通工具是实施快速救援的可靠保证，在应急救援行动中常用汽车和飞机作为主要的运输工具。直升飞机和救援专用飞机已成为应急救援中心的常规运输工具，在救援行动中配合使用，提高了救援行动的快速机动能力。我国的救援队伍主要以汽车为交通工具，在远距离的救援行动中，也借助民航和铁路运输。

（3）照明装置：重大事故现场情况较为复杂，在实施救援时需要良好的照明。需为救援队伍配备必要的照明工具，以利于救援工作的顺利进行。照明装置的种类较多，在配备照明工具时除了应考虑照明的亮度外，还应根据事故现场的特点，注意其安全性能。工程救援所用的电筒应选择防爆型电筒。

（4）防护装备：有效地保护自己，才能取得救援工作的成效。在事故应急救援行动中，对各类救援人员均需配备个人防护装备。个人防护装备可分为防毒面罩和防护服。救援指挥人员、医务人员和其他不进入污染区域的救援人员多配备过滤式防毒面具。对于工程、消防和侦检等进入污染区域的救援人员应配备密闭型防毒面罩。常用正压式空气呼吸器。防护服应能防酸碱。

2．专用救援装备 主要指各专业救援队伍所用的专用工具（物品）。

各专业救援队在救援装备的配备上，除了本着实用、耐用和安全的原则外，还应及时总结经验，自己动手研制一些简易可行的救援工具。侦检装备应具有快速准确的特点。现多采用检测管和专用气体检测仪，优点是快速、安全、操作容易、携带方便，缺点是具有一定的局限性。国外采用专用监测车，车上除配有取样器、监测仪器外，还装备了计算机处理系统，能及时对水源、空气、土壤等样品就地实行分析处理，及时检测出毒物和毒物的浓度，并计算出扩散范围等救援所需的各种救援数据。

医疗急救器械和急救药品的选配应根据需要，有针对性地加以配置。急救药品，特别是特殊、解毒药品的配备，应根据化学毒物的种类备好一定的数量，解毒药品要适用于中毒症状。在现场紧急情况下需要使用大量应急设备与资源，事故现场必需的常用应急设备与工具如下。

（1）消防设备：输水装置、软管、喷头、自用呼吸器、便携式灭火器等。

（2）危险物质泄漏控制设备：泄漏控制工具、探测设备、封堵设备、解除封堵设备等。

（3）个人防护设备：防护服、手套、靴子、呼吸保护装置等。

（4）通讯联络设备：对讲机、移动电话、电话、传真机、电报等。

（5）医疗支持设备：救护车、担架、夹板、氧气、急救箱等。

（6）应急电力设备：主要是备用的发电机。

（7）资料：计算机及有关数据库、参考书、工艺文件、行动计划、材料清单、事故分析和报告及检查表、地图、图纸等。

（8）重型设备：翻卸车、推土机、起重机、叉车、破拆设备等。

3．现场地图和图表 应急信息图表是应急救援的重要工具，在发生事故时地图能提供主要的现场特征，将有利于应急者识别潜在的后果。对于应急预案，地图是必需的。这些地图最好能由计算机快速方便地变换和产生。地图应该是现场计算机辅助系统的一部分。紧急情况下，所使用的地图不应太复杂，它的详细程度和水平最好让绘图者和应急者来决定[18-19]。使用的符号要符合预先规定的或是政府部门的相关标准。现场的地图能够提供应急者和管理者对事故现场的恢复及确认易受影响的工序、设备和公共设施。应急指挥能使用地图来追踪应急人员、应急效果、其他的特定事故的信息。

五、应急救援培训、训练与演习

（一）应急培训、训练与演习的指导思想及基本任务

有了应急预案并不能使个人、企业和政府主管部门有效地对实际发生的事故做出响应。经验表明，如果应急响应人员不能充分理解每项职责和步骤，在对事故进行应急救援时，就会出现严重的问题。为了执行应急行动预案，政府应急官员和相关支持单位还必须就预案的整个理念、他们在其中的职责以及执行程序进行培训。培训要确保帮助事故应急救援的有关部门和应急人员充分理解预案。

为提高救援人员的技术水平与救援队伍的整体能力，以便在事故的救援行动中取得快速、有序、有效的效果，经常性地开展应急救援培训、训练或演习成为救援队伍的一项重要的日常性工作。应急救援培训中，训练与演习的指导思想应以加强基础、突出重点、边练边战、逐步提高为原则。应急培训、训练与演习的基本任务是，锻炼和提高队伍在突发事故情况下的快速抢险堵源、及时营救伤员、正确指导和帮助群众防护或撤离、有效消除危害后果、开展现场急救和伤员转送等应急救援技能和应急反应综合素质，有效降低事故危害，减少事故损失。

（二）应急培训

1．应急培训计划　应急预案是行动指南，应急培训是应急救援行动成功的前提和保证。通过培训，可以发现应急预案的不足和缺陷，并在实践中加以补充和改进；通过培训，可以使事故涉及的人员能了解一旦发生事故，他们应该做什么，能够做什么，如何去做以及如何协调各应急部门人员的工作等。

应急培训的范围应包括：政府主管部门的培训、社区居民培训、企业全员培训、专业应急救援队伍培训。

政府应急主管部门培训的重点，应放在事故应急工作指导思想和与政府部门有关的事故应急行动计划的关键部分。但也有必要了解整个预案，以保证参加培训的人员理解他们如何适应大局。为确保充分理解事故应急行动计划和应急预案，最好的办法是应急管理人员同他们单位的领导一起进行培训。政府主管部门培训可在地方消防队或医院、企业现场进行。

公安消防部门通常参加他们自己的专业课程。应急管理人员也可以参加消防部门进行的应急管理培训，帮助消防队员了解他们在协调应急工作中的作用，也给应急管理人员同消防队员和培训主管人员接触的机会。闭路电视、有线电视和电视录像，这些都可用于培训。

当发生事故时，期望现场附近居民能采取某些行动或遵从应急管理人员的指挥。需要对事故应急做出准备的居民便是应急管理培训规划的一部分。与居民交流的主要方式是书面材料、电视、广播、有线电视，及报告会等。为了有效地响应应急工作，居民必须知道对可能发生的事故采取什么应急响应行动，还必须遵守命令。对这两项内容他们都必须接受培训。

2．需求分析　制订培训计划之前，首先要对应急救援系统各层次和岗位人员进行工作和任务分析，确定应急工作效果、培训的必要性和应急工作的必要条件。培训者应该系统辨识和分析实现高效应急反应效果所有的重要工作岗位及其职能。分析完成后，培训者应该按任务和职责对每个应急

岗位的能力要求制订一个“工作/任务摘要”。摘要简表的基本格式应该包括以下内容。

（1）使命：岗位的总体目标。

（2）重要职责：按职责对工作全面说明。

（3）任务：每项职责下要履行的各种任务。

（4）任务说明：明确说明责任人该怎么做。

（5）小组与个人：个人执行任务和小组执行任务之间的区别。

3．课程设计 应急培训课程应根据专项培训目标而制订。所有授课内容应以培训目标作为主要决策基础。培训者应该确定授课方法，应根据以下要求确定。

（1）学习任务效能要求。

（2）教学要求（如初训、再训）。

（3）受训者和教师互动要求。

根据效能标准和评估准则，培训者应该制订合适的测试方法，应该规定考试与实际应急工作一致性和相关性的必要程序和导则。所有培训内容都应该进行考试。培训者应该系统分析测试结果，给受训者有效的反馈。这种分析不仅帮助改进受训者的缺陷，也帮助培训者辨识出培训计划缺点，以便改善培训计划。

培训计划应该详细说明教学设施和教学媒介。应急培训可在特定机构进行，像国家火灾科学重点实验室和武警培训学院等。应注意依照培训管理计划来实施培训。只有一个良好的应急培训计划，却不能遵照执行是巨大的资源浪费。还应该建立教师任职资格制度，以保证培训效果。

4．应急培训的基本内容 基本应急培训是指对参与应急行动所有相关人员进行的最低限度的应急培训，要求应急人员了解和掌握如何识别危险、如何采取必要的应急措施、如何启动紧急警报系统、如何安全疏散人群等基本操作，尤其是火灾应急培训以及危险物质事故应急的培训，因为火灾和危险品事故是常见的事故类型。培训中要加强与灭火操作有关的训练，强调危险物质事故的不同应急水平和注意事项等内容。

（1）报警：

1）使应急人员了解并掌握如何利用身边的工具最快最有效地报警。

2）使应急人员熟悉发布紧急情况通告的方法。

3）当事故发生后，为及时疏散事故现场的所有人员，应急队员应掌握如何在现场贴发警示标志。

（2）疏散：为避免事故中不必要的人员伤亡，应培训足够的应急队员在事故现场安全、有序地疏散被困人员或周围人员。对人员疏散的培训主要在应急演习中进行，通过演习还可以测试应急人员的疏散能力。

（3）火灾应急培训：由于火灾的易发性和多发性，对火灾应急的培训显得尤为重要。要求应急队员必须掌握必要的灭火技术以便在着火初期迅速灭火，降低或减小导致灾难性事故的危险程度，掌握灭火装置的识别、使用、保养、维修等基本技术。由于灭火主要是消防队员的职责，火灾应急培训主要也是针对消防队员开展的。

（4）不同水平应急者培训：针对危险品事故应急，应明确不同层次应急队员的培训要求。通过培训，使应急者掌握必要的知识和技能以识别危险、评价事故危险性、采取正确措施，以减少事故对人员、财产、环境的危害等[20-21]。具体培训中，通常将应急者分为五种水平，每一种水平都有相应的培训要求。

1）初级意识水平应急者：该水平应急者通常是处于能首先发现事故险情并及时上报的岗位上的人员，对他们的要求包括：①确认危险物质并能识别危险物质的泄漏迹象；②了解所涉及的危险物质泄漏的潜在后果；③了解应急者自身的作用和责任；④能确认必需的应急资源；⑤如果需要疏散，则应限制未经授权人员进入事故现场；⑥熟悉事故现场安全区域的划分；⑦了解基本的事故控制技术。

2）初级操作水平应急者：该水平应急者主要参与预防危险物质泄漏的操作，以及发生泄漏后的事故应急，其作用是有效阻止危险物质的泄漏，降低泄漏事故可能造成的影响。对他们的培训要求包括：①掌握危险物质的辨识和危险程度分级方法；②掌握基本的危险和风险评价技术；③学会正确选择和使用个人防护设备；④了解危险物质的基本术语以及特性；⑤掌握危险物质泄漏的基本控制操作；⑥掌握基本的危险物质清除程序；⑦熟悉应急预案的内容。

3）危险物质专业水平应急者：该水平应急者的培训应根据有关指南要求来执行，达到或符合指南要求以后才能参与危险物质的事故应急。对其培训要求除了掌握上述应急者的知识和技能以外，还包括：①保证事故现场的人员安全，防止不必要伤亡的发生；②执行应急行动计划；③识别、确认、证实危险物质；④了解应急救援系统各岗位的功能和作用；⑤了解特殊化学品个人防护设备的选择和使用；⑥掌握危险的识别和风险的评价技术；⑦了解先进的危险物质控制技术；⑧执行事故现场清除程序；⑨了解基本的化学、生物、放射学的术语和其表示形式。

4）危险物质专家水平应急者：具有危险物质专家水平的应急者通常与危险物质专业人员一起对紧急情况做出应急处置，并向危险物质专业人员提供技术支持。要求该类专家所具有的关于危险物质的知识和信息必须比危险物质专业人员更广博更精深，危险物质专家必须接受足够的专业培训，以使其具有相当高的应急水平和能力：①接受危险物质专业水平应急者的所有培训要求；②理解并参与应急救援系统的各岗位职责的分配；③掌握风险评价技术；④掌握危险物质的有效控制操作；⑤参加一般清除程序的制订与执行；⑥参加特别清除程序的制订与执行；⑦参加应急行动结束程序的执行；⑧掌握化学、生物、毒理学的术语与表示形式。

5）应急指挥级水平应急者：该水平应急者主要负责的是对事故现场的控制并执行现场应急行动，协调应急队员之间的活动和通讯联系。该水平的应急者都具有相当丰富的事故应急和现场管理的经验，由于他们的责任重大，要求他们参加的培训应更为全面和严格，以提高应急指挥者的素质，保证事故应急的顺利完成。该类应急者应该具备下列能力：①协调与指导所有的应急活动；②负责执行一个综合性的应急救援预案；③对现场内外应急资源的合理调用；④提供管理和技术监督，协调后勤支持；⑤协调信息发布和政府官员参与的应急工作；⑥负责向国家、省市、当地政府主管部门递交事故报告；⑦负责提供事故和应急工作总结。

（5）特殊应急培训：基本应急培训提供了一般事故伤害的应急培训，但一旦事故发生，应急队员就很有可能暴露于化学、物理伤害，放射性和病菌感染等各种特殊事故危险中，仅掌握一般应急技能远远不足以保护应急队员的生命安全，因此必须对他们进行此类特殊事故危害的应急培训。特殊应急培训包括针对接触化学品、受限空间的营救，病原体感染、沸腾液体扩展蒸气爆炸（boiling liquid expanding vapor explosion，BLEVE）的事故危害的应急培训。

（三）应急救援训练与演习

1．应急救援训练与演习的目的　应急救援训练与演习是检测培训效果、测试设备和保证所制订的应急预案和程序有效性的最佳方法。主要目的在于测试应急管理系统的充分性和保证所有反应要素都能全面应对任何应急情况。应该以多种形式开展有规则的应急训练与演习，使应急队员能进入“实战”状态，熟悉各类应急操作和整个应急行动的程序，明确自身的职责等。

应急救援演习是为了提高救援队伍间的协同救援水平和实战能力，检验应急救援综合能力和运作情况，以便发现问题，及时改正，提高应急救援的实战水平。训练和演习将尽可能地模拟实际紧急状况，因此它们是实现以下目标的最好方法。

（1）在事故发生前暴露预案和程序的缺点。

（2）辨识出缺乏的资源（包括人力和设备）。

（3）改善各种反应人员、部门和机构之间的协调水平。

（4）在企业应急管理的能力方面获得大众认可和信心。

（5）增强应急反应人员的熟练性和信心。

（6）明确每个人各自岗位和职责。

（7）努力增加企业应急预案与政府、社区应急预案之间的合作与协调。

（8）提高整体应急反应能力。

2．训练和演习类型 应急训练的基本内容主要包括以下几个方面。

（1）基础训练：基础训练是应急队伍的基本训练内容之一，是确保完成各种应急救援任务的前提基础。基础训练主要是指队列训练、体能训练、防护装备和通讯设备的使用训练等内容。训练的目的是应急人员具备良好的战斗意志和作风，熟练掌握个人防护装备的穿戴、通讯设备的使用等。

（2）专业训练：专业技术关系到应急队伍的实战水平，是顺利执行应急救援任务的关键，也是训练的重要内容。主要包括专业常识、堵源技术、抢运和清消，及现场急救等技术。通过训练，救援队伍应具备一定的救援专业技术，可有效地发挥救援作用。

（3）战术训练：战术训练是救援队伍综合训练的重要内容和各项专业技术的综合运用，是提高救援队伍实践能力的必要措施。通过训练，使各级指挥员和救援人员具备良好的组织指挥能力和实际应变能力。

（4）自选课目训练：自选课目训练可根据各自的实际情况，选择开展如防化、气象、侦检技术、综合演练等项目的训练，进一步提高救援队伍的救援水平。

在开展训练课目时，专职性救援队伍应以社会性救援需要为目标确定训练课目，而单位的兼职救援队伍应以本单位救援需要，兼顾社会救援的需要确定训练课目。救援队伍的训练可采取自训与互训相结合、岗位训练与脱产训练相结合、分散训练与集中训练相结合的方法。在时间安排上应有明确的要求和规定。为保证训练效果，在训练前应制订训练计划，训练中应组织考核、验收和评比。

演习分为全面演习、组合演习和单项演习。演习既可在室外也可在室内进行。演习既可由机关单独进行，以指挥、通信联络为主要内容，也可由机关带领部分应急救援专业队伍进行演练。

（1）单项演习：这是为了熟练掌握应急操作或完成某种特定任务所需的技能而进行的演习。这种单项演习或演练是在完成对基本知识的学习以后才进行的。

（2）组合演习：这是一种为了发展或检查应急组织之间及其与外部组织之间的相互协调性而进行的演习。由于部分演习主要是为了协调应急行动中各有关组织之间的相互协调性，所以演习可涉及各种组织。通过带有组合性的部分练习，可以达到交流信息、加强各应急救援组织之间的配合协调的目的。

（3）全面演习，又称综合演习：这是应急预案内规定的所有任务单位或其中绝大多数单位参加的为全面检查执行预案可能性而进行的演习。主要目的是验证各应急救援组织的执行任务能力，检查他们之间相互协调能力，检验各类组织能否充分利用现有人力、物力来降低事故后果的严重程度及确保公众的安全与健康。这种演习可展示应急准备及行动的各方面情况。

3．训练准备与计划 良好的准备是成功的关键。虽然各种类型训练的计划准备程度及训练时间变化很大，但是训练准备都包括以下一些基本内容。

（1）确定目的（即必要性分析）。

（2）辨识现有资源以及进行训练的能力（即资源分析）。

4．演习的组织与准备　应急演习是一种综合性的训练，也是训练的最高形式，演习应该在培训和训练后进行。演习是在模拟事故的条件下实施的，是更加逼近实际的训练和检验训练效果的手段。事故应急演习也是检查应急准备周密程度的重要方法，是评价应急预案准确性的关键措施，演习的过程也是参演和参观人员学习和提高的过程。

演习的目的是：验证应急预案的整体或关键性局部是否可能有效地付诸实施；验证预案在应对可能出现的各种意外情况方面所具备的适应性；找出预案可能需要进一步完善和修正的地方；确保建立和保持可靠的通信联络渠道；检查所有有关组织是否已经熟悉并履行了其职责；检查并提高应急救援的启动能力。应急管理部门应该按国家法律和法规的要求，定期开展事故应急与防灾演习。

（四）评估

评估的主要目的是：①辨识应急预案和程序中的缺陷；②辨识出培训和人员需要；③确定设备和资源的充分性；④确定培训、训练、演习是否达到预期目标。

确定评估什么的第一步是审查培训、训练演习的专项目标。评估每项目标的标准应该在培训、训练、演习计划制订过程中考虑。如果它不能测定或评估，则不应考虑作为目标。

1．训练和演习的评估　训练和演习的评估可分为三个阶段：①评估人审查；②参加者汇报；③训练和演习的改正。

评估者和上级主管人员在一定位置观察和记录参加者的反应，通过观察参加者在训练和演习中的行动和预期行动进行比较。许多应急预案的缺陷可通过参加者自己对照训练和演习立即辨识出来，因为评估人不能发现训练或演习中出现的每个问题。如果参加训练或演习的人数规模较小，总结时，每个参加者都要进行口头汇报，依次被提问，提出意见。如果人数规模很大，则可要求书面意见。评估会议中要使参加者反映应急预案和应急行动的评估意见。

训练和演习改正：这项评估的不同在于它的目的不是评估应急预案和应急行动，而是要评估训练或演习管理本身。训练或演习改正单应该在训练或演习完成之后立刻发给所有参加人员并配有说明。

2．评估报告　评估报告是提出纠正措施和纠正行动的重要依据，应该由训练或演习的指挥者准备。评估报告应经所有参加训练或演习的部门及人员充分讨论后形成，并上交企业领导或上级主管机构。评估报告应包括以下内容。

（1）训练或演习总结，包括目的、目标和场景的评论。

（2）对重大偏差 / 缺陷的总结。

（3）建议和纠正措施。

（4）完成这些纠正措施的日程安排。

应急管理者负责检测纠正措施进展，完善应急预案和程序，改进未来的训练和演习。一旦完成所有纠正措施，应向企业经理报告。

3．应急训练和演习的注意事项

（1）可设立专门的小组来负责训练和演习的测试、监督和评价。

（2）负责人应拥有完整的训练和演习记录，作为评价和制订下一步计划的参考资料。

（3）可邀请非受训部门应急人员参加，为训练、演习过程和结果的评价提供参考意见。

（4）应尽量避免训练和演习给生产与社会生活造成干扰。

第三节 报警系统的管理

随着信息技术在矿山生产过程中的应用，矿山系统开始向自动化、系统化、多元化发展。矿山系统是一个复杂的、动态的、开放的巨大的系统，各个组成部分之间相互影响、相互制约。对于这样的系统，要想最大化地发挥其能力和效益的话，就需要我们快速、准确地了解各个系统运行情况及特点，并从科学的角度做出准确的决策，将系统配套、统一起来，而生产管理调度系统可以解决问题，如图 11-2 所示。

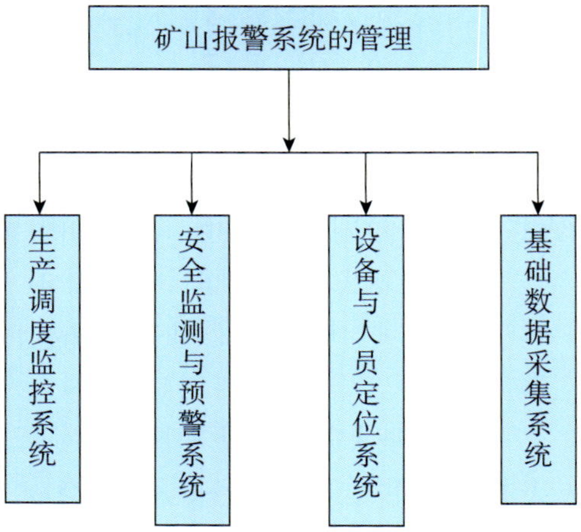

图 11-2 矿山报警系统

一、生产调度监控系统

安全生产调度监控系统是在公司协同平台建立的基础上，利用现代智能采集技术把生产、安全、管理等方面的信息有机地整合到一起，进行处理、优化、提炼，从而为矿山的安全生产、经营决策提供科学依据。该系统主要由工业电视监测、运输系统监控、移动目标定位跟踪、无线通信及调度指挥系统、电力监测、集中、闭塞等系统组成。通过对矿厂综合自动化系统的整体规划设计，应使安全调度系统达到以下要求。

1．矿场的主要机电设备进行状态监测和集中控制。

2．掌握全矿场生产设备的运行参数和信息。

3．掌握全矿场人员的出勤情况和各采区工作面人员分布情况。

4．随时随地传递全矿产量、运量、风量、水量、电量、物流量等生产动态信息和安全信息，为领导指挥生产提供第一手资料。

5．强化辅助运输的监控和调度，提高辅助运输能力。

6．提高经营质效，降低成本，减少直接生产人员数量，改善安全状况，创建本质型高产高效矿井。

调度监控各子系统功能要求如下。

1．以太环网系统 自动化监控系统将采用工业以太环网的网络结构，以工业以太网作为综合自动化的主干网络，各个监控自动化子系统通过工业交换机接入主干网络，该方案有可以就地控制存在的事故隐患、减少各设备之间的相互脱节、无法充分发挥效率的特点。

2．工业电视系统　工业电视的特点是直观性强，可直观地监视整个矿区中各重要生产环节和设备，如变电室、地面加工厂等生产系统。另外，工业电视系统应能通过接口与其他系统进行有机结合，在某些地方可实现无人值守，进而达到安全高效生产的目的。工业电视系统分为地面生产部分、井下生产部分和地面保卫监控系统三部分。

3．皮带监控系统　皮带运输系统是矿厂自动化的主要部分。本系统应具有胶带跑偏保护、速度检测，打滑和超速保护，急停闭锁，机头处的监测，烟雾监测，自动洒水和胶带纵向撕裂保护等完善的检测和保护功能，可实现集中控制和闭锁。胶带输送机沿线启动预告和打点信号联络、故障自动停车及报警。

4．移动目标定位跟踪系统　移动目标定位跟踪系统是通过该系统主要解决矿场人员的考勤及跟踪和矿车运送物料跟踪以及特殊地点的人员跟踪，能够及时、准确地将各个区域人员的动态情况反映到地面计算机系统。

5．无线通信及调度机指挥系统　无线通讯系统是要求矿区在一个系统内全面实现无线移动通信；实现矿区移动通信与社会移动通信公用网的全面接轨。

调度指挥系统要求将生产调度电话、行政办公电话合二为一，调度员通过该系统的使用，实现对整个调度指挥系统的控制，实现调度管理的基础操作平台。

6．主通风机在线监测系统　主通风机担负着矿场安全生产的重任。主通风机由于功率大，且昼夜连续运转，因此对生产部门来说，及时准确地掌握主通风机的运转特性，在保障安全生产和提高经济效益两个方面都有十分重要的意义。

7．电力监测系统　供电监控系统主要是将每个变电室高压开关柜和低压馈电及主要工作面（如综采工作面）供电的开停状况及电流、电压、无功功率、绝缘监测数据实时传送到调度监控室。

8．短信报警平台　为了加强对矿场的安全生产进行管理，利用现有网络了解煤矿的安全生产情况，需建立一套短信报警系统，自动将监测报警信息通过短信发送到相关人员手机上，便于领导及时了解安全生产情况，制定相关政策，保证安全生产。

9．条码仓库管理系统　全矿各仓库点引入条码仓库管理系统，利用条码识别技术，采集各仓库点物料出入库信息，包括产品的品名、规格、数量、条形码序列号、出入库日期、领料人员。解决物料出入库手工记账的繁琐手续问题。整套调度系统必须实现与协同平台集成，这样才能达到信息共享、资源整合、管理高效。

二、安全检测与预警系统

监测预警系统组成、结构及功能系统组成包括以下五个主要部分：量测仪器、自动采集控制器、信息传输设备和系统软件。

1．系统结构　自动监测系统的分布形式有集中式、分布式和混合式三种。按照现代自动监控方式，监测预警系统采用分布式结构。系统分为采集站（测控单元）、监控主站和远程信息管理中心，以提防监测断面。为测控单元设立采集站，多个采集站分别用微波将信号传输到监控主站，监控主站同时控制多个采集站，向各采集站发送传感器设置、采集参数、报警参数等指令。主站的数据通过电话公网传输到市内或其他任何地方。

2．量测传感器　一般来说，监测项目包括外部变形及内部变形、渗压监测、土流量监测、结构，应力应变测量、环境监测（包括江水位、地下水位、气温、雨量等）等。其中最主要的是土压力和位移监测。选择确定适当的监测项目，在监测项目和布置上做优化设计。

不同的监测项目，传感器类型及型号很多，监测方式各异。为使监测有效可靠，应从先进性、环境适应性、长期运行、能实现自动化数据采集等方面，对传感器进行比选。

3．采集站 采集站执行数据自动采集、存储、通信等功能，由以下部件组成：自动采集控制器、电源、微波天线（也可采用总线）及通信模块、防雷装置。

4．监控主站 主站的作用是对各个采集站进行管理和控制、发送和接收采集的信号、评价安全状况、报警、向远程信息中心发送数据.

5．通信网络 指在传感器、采集站、监控主站、远程信息中心之间进行数据和命令传输的由电缆、微波、电话网等组成的通信网络。

三、设备与人员定位系统

为了维护矿场安全生产，国家安全生产监督管理总局、国家煤矿安全监察局等四部委在矿山生产管理调度系统方案中提及，在矿场生产过程中，车间要挂牌标明实际作业人数。这也是国家相关部门为了在一旦出现安全事故好及时组织抢险的技术措施底线。

人员及设备定位系统需要解决的问题主要如下。

1．管理人员与工作人员的信息沟通不及时。

2．管理人员难以及时动态掌握工作人员的分布及作业情况，进行精确人员定位。

3．一旦矿场事故发生，抢险救灾、安全救护的效率低，搜救效果差。

矿场工人作业强度大，工作压力重，加上各种现实的因素存在，很难要求每个人员都自觉地在上岗前进行身份签到，为此，如何正确处理安全与生产、安全与效益的关系，如何准确、实时、快速履行矿厂安全监测职能，有效进行矿工管理，保证抢险救灾、安全救护的高效运作显得尤为重要和紧迫。面对新形势、新机遇和新挑战，国家各级主管部门的领导对安全生产工作提出了很高的要求和期望。同时如何改变目前矿场企业对井下人员落后的管理模式，如何实现管理的现代化、信息化也成为所有煤矿企业关心的问题。我们认为，建立以灾害预防、事故救助、电子信息化管理为主要目标的信息化和智能化建设势在必行。

无线射频识别技术（radio frequency identification，RFID）是采用电子芯片进行非接触自动管理的一种先进技术，当出入人员佩戴装有射频识别芯片的身份卡通过门口时，无须任何操作，便可完成从身份识别、身份验证到通行记录的全过程操作；并可以和后台管理系统进行通信，为下井人员的安全管理提供实时、可靠的技术保证。

人员管理系统属于矿厂安全管理系统范畴。在受控管理区域、出入口、主要设备控制中心机房、贵重物品的库房等重要部位的通道口，安装读卡器自动控制装置，通过中心控制室对人员管理及保安管理软件进行管理和监控，系统采用计算机多任务分布处理方式，能够对各通道口的位置、通行对象及通行时间等情况进行实时控制或设定程序自动控制。这项技术已经广泛应用于政府机关、企业，金融、公安系统，军事基地、智能小区、学校、高级酒店等出入口保安管理，并起到了重要的作用。

1．RFID 概念 RFID 即射频识别，是一种非接触式的自动识别技术，它通过射频信号自动识别目标对象，可快速地进行物品追踪和数据交换。识别工作无须人工干预，适用于各种恶劣环境。RFID 技术可识别高速运动物体，并可同时识别多个标签，操作快捷方便，并且对业务与商业模式有较大提升。它是传统条码技术的继承者，又称为“电子标签”。

标签（tag，即射频卡）：由耦合元件及芯片组成，标签含有内置天线，用于和射频天线间进行通信。阅读器：读取（在读写卡中还可以写入）标签信息的设备。天线（内置）：在标签和读取器间传递射频信号。有些系统还通过阅读器的 RS232 或 RS485 接口与外部计算机（上位机主系统）连接，进行数据交换。

2．RFID 技术特征

（1）数据的读写功能：只要通过 RFID Reader 即可不需接触，直接读取信息至数据库内，且可一次处理多个标签，并可以将物流处理的状态写入标签，供下一阶段物流处理用。

（2）容易小型化和多样化的形状：RFID 在读取上并不受尺寸大小与形状之限制，不需为了读取精确度而配合纸张的固定尺寸和印刷品质。此外，RFID 电子标签更可往小型化发展，并应用在不同产品中。因此，可以更加灵活地控制产品的生产，特别是在生产线上的应用。

（3）耐环境性：纸张一被脏污就会看不到，但 RFID 对水、油和药品等物质却有强力的抗污性。RFID 在黑暗或脏污的环境之中也可以读取数据。

（4）可重复使用：由于 RFID 为电子数据，可以反复被覆写，因此可以回收标签重复使用。如被动式 RFID，不需要电池就可以使用，没有维护保养的需要。

（5）穿透性：RFID 若被纸张、木材和塑料等非金属或非透明的材质包覆的话，也可以进行穿透性通讯。不过如果是铁质金属的话，就无法进行通讯。

（6）数据的记忆容量大：数据容量会随着记忆规格的发展而扩大，未来物品所需携带的资料量越来越大，对卷标所能扩充容量的需求也增加，对此 RFID 不会受到限制。

（7）系统安全：将产品数据从中央计算机转存到工件上将为系统提供安全保障，大大地提高系统的安全性。

（8）数据安全：通过校验或循环冗余校验的方法来保证射频标签中存储数据的准确性。

3．系统优势　利用 RFID 系统进行人员管理，可有效改善不足，消除漏洞。工作人员将小标签（身份卡）放在身上的任何位置（口袋、提包都可），正常通过设有 RFID 设备的大门，系统都将自动记录下出入信息。一方面，对于管理人员来说，希望能够加强安全保卫工作，对人员进出进行有效管理，以防范安全事故的发生；另一方面，对于进出的人员来说，希望能够减少繁复的手续，能够在合法的前提下快速、顺畅地通行。智能人员管理系统利用计算机和自动识别技术进行人员管理，可以有效协调方便快捷的出入方式与严格的安全防范之间的矛盾，降低了对大楼的大门、工作室的人员进出的管理难度。

（1）利用智能人员管理系统，可以有效地记录持卡人通行的精确时间，并对没有卡片的人员进行报警处理。

（2）通过管理中心的主机系统可以实时监察所有在巷道内的人员名单。

（3）记录的进出时间信息，可以同时用于一段时间内的安全检查，考勤管理，及其他一些应用。

实时人员动态显示功能如下。

（1）任一时间井下某个地点究竟有多少人、这些人的身份。

（2）查询一个或多个人员现在的井下实际位置。

（3）记录有关人员在任一地点的到 / 离时间和总工作时间等一系列信息，可以督促和落实重要巡查人员是否按时、到点进行实地查看，或进行各项数据的检测和处理，从根本上尽量杜绝人为因素造成的相关事故。

（4）可实现多点共享，供多个领导同时在不同地点查看。

4．灾后急救信息 一旦发生各类事故，上位机上立即能显示出事故地点的人员数量、人员位置等信息，大大提高抢险效率和救护效果。

5．系统设计特点

（1）高度自动化：系统能自动检测工人经过该监测点的时间、地点信息，并自动实现考勤作业的统计与管理。

（2）先进的通信系统：安装在各通道的识别系统，实时向网络服务器传送相关人员通过的数据，整个过程无须人为干预。

（3）完备的数据统计与信息查询软件：系统软件具备专用数据库管理系统，包括工人通过的信息采集和统计分析系统、考勤作业的统计与管理分析系统，显示并打印各种统计报表资料，为高层管理人员的查询与管理提供全方位服务。

（4）系统的安全、稳定、可靠性设计：系统产品采用壁挂式设计，现场施工快速方便，并保证系统在恶劣环境下 24 小时连续正常运转。

（5）完善的异常情况（包括无效标识卡、失效标识卡进入报警呼叫系统配置）

1）方便性：人员刷卡时，对于非持卡人员系统则自动报警提示，通过管理系统的设置，管理中心可以对出入的人员进行实时监控。

2）可靠性：射频感应，稳定可靠，自身具有判断能力。

3）灵活性：能联网运行，可随时进行注册或取消卡的操作等。

4）多用性：卡片既可用于人员管理，又可以把巡更、考勤、消费等管理信息综合在卡上，做到“一卡通”，提高管理效率和水平。

5）兼容性：系统能连接不同厂商的设备，具有连接不同协议、不同接口设备的能力，能够适合用户提供的多种通信接口和通信规程。

6）开放性：系统数据库接口采用开放式结构，以适合用户要求；同时提供数据库的二次开发接口，使用户具有自主扩展系统的能力；先进的系统平台：采用 Windows 网络操作系统，具有较高的实时数据处理能力。

四、基础数据采集系统

（一）数据采集系统设计的基本原则

1．硬件设计的基本原则

（1）良好的性价比：系统硬件设计中，一定要注意在满足性能指标的前提下，尽可能降低价格，以便得到高的性能价格比，这是硬件设计中优先考虑的一个主要因素。因为系统在设计完成后，主要的成本便集中在硬件方面，当然也成为产品争取市场的关键因素之一。

（2）安全性和可靠性：选购设备要考虑环境的温度、湿度、压力、振动、粉尘等要求，以保证在规定的工作环境下，系统性能稳定，工作可靠。要有超量程和过载保护，保证输入、输出通道正常工作。要注意对交流式电以及电火花等的隔离。

（3）较强抗干扰能力：有完善的抗干扰措施，是保证系统精度、工作正常和不产生错误的必要条件。例如强电与弱电之间的隔离措施，对电磁干扰的屏蔽，正确接地、高输入阻抗下防止漏电等。

2．软件设计的基本原则

（1）结构合理：程序应该采用结构模块化设计，这不仅有利于程序的进一步扩充或完善，而且也有利于程序的后期修改和维护。

（2）操作性能好：使用方便，具备良好的人机界面。

（3）具有一定的保护措施和容错功能：系统应设计一定的检测程序，例如状态检测和诊断程序，以便系统发生故障时，便于查找故障部位。对于重要的参数要定时存储，以防止因掉电而丢失数据。

（二）系统设计的一般步骤

1．分析问题和确定任务　在进行系统设计之前，必须对要解决的问题进行调查研究、分析论证，如产品的应用场合、面向的客户类型等。在此基础上，根据实际应用中的问题提出具体的要求，确定系统所要完成的数据采集任务和技术指标，确定调试系统和开发软件的手段等。另外，还要对系统设计过程中可能遇到的技术难点做到心中有数，初步定出系统设计的技术路线。

2．确定采样周期（Ts）　采样周期 Ts 决定了采样数据的质量和数量。利用采样定理和系统设计指标来确定采样周期。

3．系统总体设计　一般来说，多采用硬件，可以简化软件设计工作，并使系统的速度性能得到改善，但成本会增加，同时，也因接点数增加而增加不可靠因素。若用软件代替硬件功能，可以增加系统的灵活性，降低成本，但系统的工作速度也降低。要根据系统的技术要求，在确定系统总体方案时进行合理的功能分配。

（1）模拟信号输入范围、被采集信号的分辨率。

（2）完成一次转换所需的时间。

（3）模拟输入信号的特性是什么？是否经过滤波？信号的最高频率是多少？

（4）模拟信号传输所需的通道数。

（5）多路通道切换率是多少？期望的采样 / 保持器的采集时间是多少？

可以根据具体情况，采用微处理器芯片、单片微型机芯片、单板机、标准功能模板或个人微型计算机等作为数据采集系统的控制处理机。选择何种机型，对整个系统的性能、成本和设计进度等均有重要的影响。

五、硬件和软件的设计

（一）设计任务

硬件设计的任务是以所选择的微型机为中心，设计出与其相配套的电路部分，经调试后组成硬件系统。采用单片机的硬件设计过程。

为了使以后的工作能顺利进行，不造成大的返工，在硬件正式设计之前，应细致地制订设计的指标和要求，并对硬件系统各组成部分之间的控制关系、时间关系等作出详细的规定。

在软件正式设计之前，首先必须要明确设计任务。然后，再把设计任务加以细致化和具体化，即把一个大的设计任务，细分成若干个相对独立的小任务，这就是软件工程学中的“自顶向下细分”的原则。

将程序按小任务组织成若干个模块程序，如初始化程序、自检程序、采集程序、数据处理程序、打印和显示程序、打印报警程序等，这些模块既相互独立又相互联系，低一级模块可以被高一级模块重复调用，这种模块化、结构化相结合的程序设计技术既提高了程序的可扩充性，又便于程序的调试及维护。选用何种语言与硬件选择有关。

（二）系统设计分析

深刻了解被检压力传感器特性，如供电方式、信号输出类型及范围、精度、重复性、线性、迟滞、温漂等基本参数。

检测为生产的后续保障，因此检测效率应略大于生产效率，即适当选择系统每次测试传感器的数量和每次测试所需的时间，及检测员每次安装被检传感器的时间等。此项内容一般需要与生产单位工艺人员共同分析。

（三）系统平台搭建

根据要求设计传感器安装工装，测试台外壳等机械部分。为提高检测效率，硬件设计须搭建多路数据采集系统，可使用多路模拟开关与 AD 采集电路搭建，成本低，设计简单，但开发周期较长，并且在稳定性与可靠性方面必须给予足够的测试；也可以使用多功能数据采集卡，有些厂商的研发周期短，可靠性高，但成本较高。必须根据实际情况合理选择。

第四节　职业伤害应急处理

根据矿山事故及事故抢险工作的特点，矿山企业应做好以下五种危害性较大的职业伤害应急处理工作。

一、矿山冒顶事故的应急处理

冒顶事故是矿井中最常见最容易发生的事故。发生冒顶事故有些属于对客观事物的认识有限，而更多的则是由于工作中的缺点和错误造成。其主要原因有思想不集中、麻痹大意，地质构造不清、地压规律不明，支护质量不好、检查不及时等。发生冒顶事故以后，抢救人员首先应以呼喊、敲打、使用地音探听器等与其联络，来确定遇难人员的位置和人数。

如果遇难人员所在地点通风不好，必须设法加强通风。若冒顶遇难人员被堵在里面，应利用压风管、水管及开掘巷道、打钻孔等方法，向遇难人员输送新鲜空气、饮料和食物。在抢救中，必须时刻注意救护人员的安全。如果觉察到有再次冒顶危险时，首先应加强支护，有准备地做好安全退路。在冒落区工作时，要派专人观察周围顶板变化。在清除冒落岩石时，要小心地使用工具，以免伤害遇难人员。在处理时，应根据冒顶事故的范围大小、地压情况等，采取不同的抢救方法。

顶板冒落范围不大时，如果遇难人员被大块岩石压住，可采用千斤顶等工具把其顶起，将人迅速救出。顶板沿煤壁冒落，矸石块度比较破碎，遇难人员又靠近煤壁位置时，可以沿煤壁由冒顶区从外向里掏小洞，架设梯形棚子维护顶板，边支护边掏洞，直到把人救出；较大范围顶板冒落，把人堵在巷道中，也可采用另开巷道的方法绕过冒落区将人救出。

二、瓦斯爆炸事故的应急处理

瓦斯爆炸是在极短时间内大量瓦斯被氧化，造成热量积聚，在爆源处形成高温、高压，然后急剧向外扩散，产生巨大的冲击波和声响。

瓦斯爆炸是煤矿事故中破坏力最大的事故之一。瓦斯爆炸时，瓦斯浓度在 5% ~ 16%，氧浓度在 12% 以上，爆炸的引火温度为 650 ~ 750℃。爆炸时自由空间瞬时温度可达 1 850℃，封闭空间可达 2 650℃；爆炸所产生的最大压力约为炸前的 9 倍，出现很大的冲击波；爆炸后生成大量一氧化碳，是造成人员大量伤亡的原因[22-23]。

（一）瓦斯爆炸事故应急处理的要点

1．以抢救遇难人员为主，必须做到有巷必入，本着先活者后死者、先重伤后轻伤、先易后难的原则进行。

2．在进入灾区侦察时要带干粉灭火器材，发现火源及时扑灭。确认灾区没有火源不会引起再次爆炸时，即可对灾区巷道进行通风。应尽快恢复原有的通风系统，加大风量，排除瓦斯爆炸后产生的烟雾和有毒有害气体。迅速排除这些气体，既有利于抢救遇难人员，减轻遇难人员的中毒程度，又可以消除对井下其他人员的威胁。因此，在灭火抢救遇难人员的同时，对灾区巷道恢复通风，排除有毒有害气体是一项十分重要的工作。

3．清除巷道堵塞物，以便于救人。

4．寻找火源，扑灭爆炸引起的火灾。

5．做好灾区侦察、寻找爆炸点、灾区封闭等工作。

（二）救护队在处理瓦斯爆炸事故时应注意的问题

1．问清事故性质、原因、发生地点及出现的其他情况。

2．切断通往灾区的电源。

3．进入灾区时须首先认真检查各气体成分，待不再有爆炸危险时再进入灾区作业。

4．侦察时发现明火或其他可燃物引燃时，应千方百计立即扑灭，以防二次爆炸。

5．有明火存在时，救护队员的行动要轻，以免扬起煤尘，发生煤尘爆炸。

6．救护队员穿过支架破坏地区或冒落堵塞地区时应架设临时支护，以保证队员在这些地点的往返安全。

三、煤尘爆炸事故的应急处理

煤炭粉末悬浮于空气中遇高温迅速被干馏而产生可燃气体，这些气体与空气混合而燃烧并放出大量热量，传给附近悬浮的煤尘使燃烧循环下去以致形成爆炸。由于上述反应以极快速度进行，所以具有极高的温度（2 300 ~ 2 500℃）和很高的压力（几个到几十个大气压），故称其为爆炸。煤尘爆炸必须具备的条件是：煤尘本身具有爆炸性；煤尘在空气中呈悬浮状态，而且要有一定浓度；存在高温热源。另外，煤尘中水分的含量、空气中的氧含量等对煤尘爆炸有一定影响。

发生煤尘爆炸事故时，首先由发现人利用附近电话向上级汇报，说明灾害地点、性质、范围及波及面；同时设法通知灾区回风侧人员，由基层干部带领，按规定的避灾路线退到新鲜风流地点待命或撤出矿井。此时所有人员都应戴上自救器。如果估计在自救器的有效使用时间内撤不出灾区时，应利用现场一切可用的材料构筑临时避难硐室，等待救护队抢救。为了避免冲击波的伤害，发生事故时要背向冲击波方向，用湿毛巾保护面部和口鼻，躺在水沟的一侧。矿调度室接到事故报告后应按应急计划通知有关领导及矿山救护队，立即组织抢救。

应急指挥部应迅速查清灾害地点、性质、遇难人数、位置、通风设施等的破坏程度并制订出救灾实施方案，保持与救护队不间断的联系。救护队长应根据救灾方案安排行动计划。指挥部还应及时命令后勤部门准备救灾物资和设备，做好下井人数的统计工作，组织好医务、家属及治安等工作。

灾区救护人员应注意的是，集中力量抢救遇难人员，应多带自救器或备用呼吸器以保证遇难者安全脱险；立即切断灾区电源，注意停电操作应由灾区以外配电点进行，以防断电火花引爆煤尘或瓦斯；对灾区进行全面侦察，发现火源立即扑灭，防止二次爆炸；恢复通风，清除堵塞物，迅速排除有害气体。

四、井下火灾事故的应急处理

根据热源不同，矿内火灾可分为两大类：一是外因火灾，是由外来热源引起的；另一类是内因火灾，是矿物等可燃物本身受到某些化学或物理作用引起的。这两类火灾，发生最多的是内因火灾[24-25]。

内因火灾发生必须有三个条件，即矿物有自燃倾向、有连续供氧的环境、热量易于积聚。矿物的自燃倾向是由矿物的化学性质和物理性质所决定的，它决定矿物在常温下氧化的难易程度，是矿物自燃的内因；供氧和聚热条件是矿物自燃的外因，它和矿物的地质条件、采矿方法、通风方式有关。

处理井下火灾的技术要点如下。

1．通风方法正确与否对灭火工作的效果起着决定性的作用 火灾时常用的通风方法有正常通风、增减风量、反风、风流短路、隔绝风流、停止风机运转等。不论何种通风方法，都必须满足以下条件。

（1）不使瓦斯聚积，矿尘飞扬，造成爆炸。

（2）不危及井下人员的安全。

（3）不使火源蔓延到瓦斯聚积的地域，也不使超限的瓦斯通过火源。

（4）有助于阻止火灾扩大，压制火势，创造接近火源的条件。

（5）防止再生火源的发生和火烟的逆退。

（6）防止火风压的形成，造成风流逆转。

2．为接近火源，救人灭火，应及时把弥漫井巷的火烟排除。

3．扑灭井下火灾的方法有直接灭火法［用水灭火、惰性气体灭火（简称“惰气灭火”）、泡沫灭火等］、隔绝灭火法（封闭火区）、综合灭火法（注泥和注砂、均压、分段启封直接灭火等）。

用水灭火最方便有效。要求有充足的水量，保证不间断供给；有正常的通风，使火烟和水汽顺利排出；灭火时应由火源边缘逐渐向中心喷射，以防产生大量水蒸气而爆炸；要经常检查火区附近的瓦斯，防止引发爆炸。

惰气灭火是把不参与燃烧反应的窒息性气体利用一定的动力送入火区，使火区的氧含量降到易燃值以下，从而抑制可燃物的燃烧和爆炸。最常用的惰性气体是氮气。当不能接近火源或用其他方法直接灭火具有很大危险或不能获得应有效果时可用惰气灭火。惰性气体灭火的优点是既能使火区气体惰化，又能抑制瓦斯涌出，在火区内的抢险和恢复工作也很安全、迅速，设备损坏率小；惰性气体灭火的缺点是火势强时，灭火时间长且易复燃，其冷却火源的作用比水要小。

二氧化碳是一种窒息性气体，因为它无助燃和自燃性，因而注入火区后，也能起到降低氧含量、抑制燃烧和爆炸的作用。

干粉有冷却、窒息、隔绝、切断燃烧的化学作用和产生冲击波、打乱燃烧物的位置使其熄灭的物理作用，因此也是井下灭火的较好物资。

高倍数泡沫能隔绝火源并覆盖燃烧物，产生水蒸气而大量吸热，阻止火场的热传导、热对流和热辐射的作用，其灭火威力大，速度快，因而也被广泛应用于扑灭井下火灾。

隔绝灭火法是在通向火区的巷道中构筑密闭墙，断绝火区的供氧源，使火区中的氧含量逐渐减少，二氧化碳含量逐渐增高，使火灾自行熄灭的方法。这种方法适用于难以接近火源，不能直接灭火或直接灭火无效时。采用隔绝法灭火的密闭材料，取材广泛，易于就地解决，便于建造也便于启封。

注浆灭火是一种较简单的综合灭火方法。它是利用地面和井下的高差产生的压力，加上泥浆本身的压力，把事先搅拌好的泥浆注入火区，以达到灭火的目的。注浆灭火兼有直接灭火和隔绝灭火的优点，且取材方便，经济有效，因而在矿井中被普遍应用。

均压通风防灭火是通过改变通风系统的压力分布，降低漏风风路两端的风压差以减少漏风，通过降低火区供氧量来加速火灾的熄灭。均压通风防灭火适用于火源位置不明确、人员难以接近、采用直接灭火或隔绝灭火都较困难的场合。

分段启封直接灭火是救护队经常采用的灭火方法。当火源范围大、蔓延速度快而被封闭了的火区火势减弱之后，可采用逐段启封直接灭火的方法。

五、井下水灾事故的应急处理

当矿井水的水量超过矿井排水能力或发生井下突然涌水时，会造成水灾，轻者局部巷道被淹，重者全井充水，矿毁人亡。

矿井发生水灾后，常常有人被困在井下等待救助，这是救护工作的重点对象。

1．井下水灾应急处理的一般原则

（1）必须了解突水的地点、性质，估计突出水量、静止水位、突水后涌水量、影响范围、补给水源及有影响的地面水体。

（2）掌握灾区范围、事故前人员分布、矿井中有生存条件的地点、进入该地点的可能通道，以便迅速组织抢救。

（3）按积水量、涌水量组织强排水，同时堵塞地面补给水源。

（4）加强排水和抢救中的通风，切断灾区电源，防止将空区积聚的瓦斯引爆或突然涌出其他有毒气体。

（5）排水后侦察、抢险中，要防止冒顶、掉底和二次透水。

（6）搬运和抢救遇难者，要防止突然改变伤员已适应的环境和生存条件，造成不应有的伤亡。

2．抢救长期被困在井下的遇难人员时应注意

（1）发现遇难人员时，严禁用头灯光束直射其眼睛，以免在强光刺射下瞳孔急剧收缩，造成失明。正确的方法是用衣片等罩住头灯，使光线减弱，或蒙住遇难人员眼睛，待瞳孔逐渐收缩直至恢复正常时，才可以见到强光。

（2）发现遇难人员时，不可立即抬运出井，应注意保护体温。应在井下安全地点进行初步处置（如包扎、输液、注射等）并待其情绪稳定以后，再送到医院进行特别护理。在治疗初期，避免亲友探视，以防过度兴奋影响遇难人员的健康或造成死亡。

（3）遇难人员长期不进食，消化系统功能极度减弱又急需补充营养，应采取少量多餐的方法，以稀软的、高营养、高蛋白的食物为宜。

（钱庆增）

参考文献

[1] 杨建平，吴礼康，朱志良，等．工作场所职业病危害警示标识的设计探讨［J］．实用预防医学，2008，15（4）：1128-1129．

[2] 何宗明．防爆电气设备标志牌固定方法的改进［J］．电世界，2013，54（1）：7-8．

[3] 北京平安吉祥文化发展有限公司．http：//www．anquanbiaozhi．cn/page/offerlist_2576892．htm?spm=a2615．2177701．0．0．2b7214a44Z7veH．

[4] 许江．矿山矿井安全评价内容与评价体系［J］．中国矿业，2005，14（8）：11-14．
[5] 吴兵，华明国，雷柏伟，等．矿山应急救援系统［J］．辽宁工程技术大学学报（自然科学版），2013，32（8）：1015-1021．
[6] 王振平，刘媛媛，马砺，等．我国矿山应急救援体系研究探讨［J］．煤炭技术，2015，34（1）：343-346．
[7] 郑万波，李先明，吴燕清，等．矿山事故灾难应急预案演练模式和绩效量化评估探讨［J］．中州煤炭，2016，1（10）：6-9，13．
[8] 刘琳．矿山企业突发环境应急预案的编制及意义［J］．资源节约与环保，2015，1（9）：163．
[9] 李湖生．美国企业应急预案及其对我国的启示［J］．中国安全生产科学技术，2014，10（11）：65-70．
[10] 周荣义，黎忠文．地铁工程建设施工危险辨识与施工坍塌事故应急预案的探讨［J］．中国安全科学学报，2005，15（12）：93-96．
[11] 高进东，冯长根，吴宗之，等．危险辨识方法的研究［J］．中国安全科学学报，2001，11（4）：57-60．
[12] 牛更奇，王小妹，李献功，等．安全评价中危险辨识的地位、存在问题和对策［J］．中国安全科学学报，2003，13（6）：57-59．
[13] 薛强，祖彪．地质灾害风险评价研究［J］．山西建筑，2007，33（24）：94-95．
[14] 孙法圣，程品，张博，等．基于物理过程的矿区地下水污染风险评价［J］．环境科学，2014，35（4）：1285-1289．
[15] 陈钢铁，帅斌．危险品泄漏事故后动态路网应急疏散研究［J］．中国安全科学学报，2011，21（11）：172-176．
[16] 陈钢铁，帅斌．危险品泄漏事故后人群动态疏散路径优化［J］．重庆交通大学学报（自然科学版），2012，31（6）：1203-1206．
[17] 马玉玲，袁艺，潘东华，等．我国台风灾害救助应急响应的时空分布特征［J］．灾害学，2012，27（3）：132-136．
[18] 赵春红，倪文辉，余跃平，等．移动终端应急救灾地理信息采集和应急专题地图快速发布系统设计与实现［J］．测绘，2015，38（4）：178-180．
[19] 张佳佳．面向应急专题地图图标标准化的符号设计方法——以福建省为例［J］．测绘与空间地理信息，2016，39（10）：49-51．
[20] 张慧，张战赛，何晓燕，等．培训演练对突发公共卫生事件应急能力影响分析［J］．中国卫生监督杂志，2011，18（3）：249-252．
[21] 胥彦，吴群红，林婷，等．国外突发公共卫生事件应急培训策略选择及对我国的借鉴［J］．中国卫生经济，2009，28（5）：36-39．
[22] 杨书召，景国勋，贾智伟，等．矿井瓦斯爆炸高速气流的破坏和伤害特性研究［J］．中国安全科学学报，2009，19（5）：86-90．
[23] 王凯，蒋曙光，马小平，等．瓦斯爆炸致灾通风系统实验及应急救援方法［J］．中国矿业大学学报，2015，44（4）：617-622，643．
[24] 王伟．神东矿区内因火灾防治探讨［J］．煤矿安全，2016，47（1）：167-169．
[25] 贾海林，余明高，李定启，等．煤矿内因火灾防治方法及其有效性分析［J］．河南理工大学学报（自然科学版），2005，24（1）：9-12．

第十二章

女性职业健康教育与健康促进

随着社会的发展，女性参加社会生产劳动的人数日益增加，女性已成为劳动力的重要组成部分。国际劳工组织估计，世界范围内就业女性占劳动力总数的34.5%，已超过9亿人。在我国，女职工人数已达到1.37亿，占职工总数的42.7%[1]。女职工的就业领域不断拓宽，由原来的纺织、轻工和服务等传统行业，已扩展到国民经济的各行各业，成为发展社会生产和提高生产力水平中举足轻重的力量，是国家取得社会稳定与经济协调发展的不可缺少的力量。保护劳动女性在生产中以及一切职业活动中的安全和健康是维护女性合法权益的重要方面。同时，一个国家女性劳动卫生和劳动保护工作的水平，也是衡量社会文明进步的尺度。尊重女性，保护女性，是社会进步的标志，是文明社会应有的法律规范和道德风尚。

女性由于其解剖结构及生理特点，在体格和体力能力上与男性有着很大差异。在职业性有害因素的影响下，除与男性同样有发生职业病和职业中毒的潜在危险外，还存在特殊的劳动卫生问题。女性肩负着物质生产和人类生产的双重任务，担负着孕育下一代的职能，职业性有害因素除可对劳动女性自身的健康带来不良影响外，还可通过妊娠及哺乳而影响胎儿、婴儿的发育成长和健康，直接影响到未来人口的素质。因此，关注职业女性身心健康已经成为了当务之急。

第一节　女性的生理心理特点

女性与男性除了生殖系统的差异外，在身体形态、结构等方面也存在较大的差异。

一、女性的解剖结构特点

（一）外形与骨骼

衡量人体生长发育的三个重要指标是身高、体重、胸围。男性身高、体重、胸围的均值均大于女性。男性身体多粗壮，肩宽臀部窄，男性肩宽上肢长，工作半径大，可为工作提供一定的方便，而女性手脚、下肢较短，故跳跃、疾走等动作不及男性灵敏。在骨骼方面，男性骨盆较窄，骨盆壁厚而深、骶骨岬突出，适于承重；而女性骨盆壁薄，骶骨岬不突出，骨盆入口大，有利于分娩而不利于负重。

（二）肌肉与皮下脂肪

男性肌肉发达坚实有力，其重量占体重的40% ~ 50%，而女性肌肉重量仅占体重的32% ~ 40%，女性胸背部及四肢肌肉都不如男性发达，故男性的肌肉力量大于女性。女性皮下脂肪丰富，占体重的20% ~ 25%，较男性多约14%，对脂溶性毒物较敏感。

（三）盆腔

女性内生殖器官子宫、卵巢、输卵管位于骨盆腔内，这是男性和女性在解剖学上最为主要的差异。女性盆腔内韧带分布、血管神经的走向和分布与男性不同，盆腔底部组织较松弛，从事重体力劳动时腹压的升高可影响盆腔内器官的位置与功能，易引起子宫脱垂等疾病。

二、女性生理功能特点

（一）血液与循环功能

女性血液、循环系统功能与男性相比存在着明显的性别差异，如总血量、红细胞数、血红蛋白含量，女性均低于男性，所以女性血液的输送氧气的能力不如男性，动脉血中氧含量低于男性，因此从事同等强度的劳动时，女性心率较男性快，即在同等的需氧水平下，需要通过增加心率来满足机体需要，因而女性易较早出现疲劳，不适于重体力劳动。

（二）呼吸功能

女性肺活量比男性小，最大耗氧量也较小，当进行同等强度的体力劳动时，女性的呼吸频率比男性快，以满足机体对氧气的需要。此外，女性的呼吸方式以胸式呼吸为主，男性以腹式呼吸为主。当女性从事重体力劳动时，由于呼吸量加大，必须进行腹式呼吸，从而使腹压增高，进而影响盆腔内脏器的血液流量和正常位置。

（三）生殖功能

劳动适龄的女性正处生育期，她们肩负物质生产的同时还肩负着人口生产的任务。女职工具有月经期、妊娠期、分娩期、哺乳期和绝经期（更年期）等特殊的生理功能阶段。在这些特殊的生理时期内，生理功能会发生一系列的变化，对劳动力有一定的影响，因此对女性特殊生理时期的职业卫生要给予充分的关注。

因此，从以上解剖结构和生理特点看，女性对重体力劳动的适应能力不如男性，进行同等强度的体力劳动时，女性机体的生理负担比男性大。但是，机体对体力劳动的适应能力与锻炼的关系极大，经过锻炼可以大大提高机体的作业能力，因此男女在作业上能力的差别不是绝对的，有时个体之间的差异往往超过性别差异。但是从职业卫生的角度来看，要根据平均水平来研究解决女性的职业保护问题，在考虑女性的体力负荷和作业能力时，应与男性有所区别。

三、女性心理特点

女性心理特征与其生物、社会心理因素直接相关。一般情况下女性有感情丰富、思维细腻，对语言文字信息比较敏感，多愁善感，情绪波动大等心理特点。职业女性在激烈的职场竞争中承受着比以往更具考验的身心压力。由于传统思想的影响，女性仍然会比男性承担更多家务劳动，更容易受到来自家庭的压力。女性在职场中还可能面对不公正的对待。因此与男性相比，女性的工作压力更大，更易影响到工作和生活，甚至患上各种身心疾病。《女性生活蓝皮书：中国女性生活状况报告

No.9（2015）》数据显示[2]：被调查的职场女性中 72.8% 的人表示工作压力大。因此，职场女性的心理负担比男性重，这必然对作业能力与安全带来不利影响。

四、女性生殖功能

劳动适龄的女性正处生育期，她们肩负物质生产的同时还肩负着人口生产的任务。女职工具有月经期、妊娠期、分娩期、哺乳期和绝经期（更年期）等特殊的生理功能阶段。在这些特殊的生理时期内，生理功能会发生一系列的变化，对劳动力有一定的影响，因此对女性特殊生理时期的职业卫生要给予充分的关注。

（一）月经期

多数女性月经期或月经前期，常常出现一些不同程度不适症状，当患有严重的痛经或月经过多时，可影响正常的劳动。在这一时期自主神经兴奋性增高，毛细血管的渗透性增大，这些改变可能使女性对某些毒物，如苯及苯的氨基和硝基化合物的敏感性增高。女性的月经不调往往与劳动强度、工作姿势、作业环境和年龄有关[3]。

（二）妊娠期

为适应妊娠的需要，孕妇机体会发生一系列变化，如子宫增大、体重增加、能量消耗增加。孕期新陈代谢加快，总循环血量增加，心脏负担加大。由于气体交换量增加，肺通气量增大，呼吸器官的负担也加大。因此，重体力劳动及高温作业对孕妇都不适宜。由于妊娠期新陈代谢加快，肝负担增大，而且胎儿废物需经母体排泄，孕妇肾负担也加重，如接触有毒物质，肝和肾都容易受到损害，对亲性腺作用的化学物质易感性也增加。这些化学物质可增加孕妇妊娠并发症的发生率，如氯乙烯、铅、甲苯可导致妊娠并发症发生率增高[4]。

在妊娠期，若致癌性化学毒物经胎盘作用于胎儿，可引起儿童期发生肿瘤。有报道认为，儿童恶性肿瘤大多是在胎儿期间接触致癌物质引起。动物实验证明，经胎盘致癌物有亚硝基化合物、氯乙烯等近 60 种毒物。己烯雌酚已被证明对人类有经胎盘致癌的作用，所生女性后代儿童期或青少年期易发生阴道透明细胞腺癌[5]。

（三）哺乳期

哺乳期母亲的健康状况对小儿的发育和健康有直接关系。过量、过高的躯体和精神紧张程度、接触有毒化学物质，均可影响乳汁的质和量。母亲接触有毒的化学物质，毒物可经乳汁排出，影响小儿的生长发育，如铅可通过哺乳传递给小儿，从而引起小儿铅中毒[6]。

（四）更年期

对女性来说，更年期是指卵巢功能从旺盛状态逐渐衰退到完全消失的一个过渡时期，包括绝经和绝经前后的一段时间。一般说来，多数女性能够较平稳地渡过更年期，但有 10% ~ 15% 的妇女可出现更年期综合征，影响身心健康。更年期综合征是由血中雌激素含量下降而引起的一系列症状。更年期女性由于卵巢功能减退，垂体功能亢进，分泌过多的促性腺激素，引起自主神经功能紊乱，从而出现一系列程度不同的症状，如面色潮红、心悸、失眠、乏力、抑郁、多虑、情绪不稳定，易激动，注意力难以集中等，可能会导致女性作业能力下降，对紧张的工作不能适应，对某些毒物易感性增强等。

第二节　职业性有害因素对女性健康的影响

在职业性有害因素的影响下，女性与男性同样可以罹患职业病或出现职业性多发病。但由于女性机体的解剖、生理特点，在疾病的构成上，以及对某些职业性有害因素的敏感性上可有一定差别。职业性有害因素对女性健康的危害不只限于女性本身，而且会损害生殖功能从而影响子代的健康，最终关系到整个国民健康素质水平。

一、职业性有害因素对女性健康影响的类型

女性的特殊生理和解剖特点决定了职业有害因素对女性健康影响的特点。职业性有害因素对女性健康的影响有四种类型。

（一）对健康的影响与男性相同，无性别差异，如粉尘对男女职工均可引起尘肺。

（二）女性对某些职业性有害因素敏感性高，易产生危害，如女性造血系统对苯系物毒作用的反应较男性敏感。

（三）有些职业性有害因素对女性的影响大，男性的影响小，如重体力劳动。

（四）女性特殊生理时期（经期、妊娠期、哺乳期和更年期）对职业性有害因素更敏感，可能引起月经紊乱、不孕、流产、新生儿出生缺陷等。

二、职业性有害因素对女性一般健康的影响

（一）重体力劳动及负重作业

长期从事重体力劳动特别是负重作业，女性可发生月经失调，如痛经、月经过多、月经不规则，甚至闭经。负重作业时由于腹压增高，位于盆腔内的内生殖器受压发生移位，导致子宫后倾，子宫下垂，严重者发生子宫脱垂，我国调查资料表明，从事体力劳动职业的女性发生子宫脱垂的风险增加[7]。孕妇从事较重的体力劳动，易导致流产、早产的发生，胎儿发育迟缓及胎儿或新生儿死亡率增高。负重作业女性易出现慢性肌肉劳损以及骨关节疾病，如慢性腱鞘炎、肩周炎、腰痛等[8]。

（二）不良体位

在劳动密集型行业中，以女性居多，女女性需要长时间工作于流水线，采用一种姿势工作[9]。其中站立作业最多，如纺织女工、售货员、理发员、服务员等均为立位作业。有调查显示，工作时长时间站立的女性生殖健康检查异常率、月经异常率和不孕率均最高[3]。长期立位作业可造成下肢水肿、子宫低位、月经量增多和痛经等；长期坐位工作的女性可由于腹压增高，盆腔淤血；盆腔底部的肌肉缺乏锻炼，松弛无力，易患产伤；还可导致皮肤湿疹、会阴部瘙痒、外生殖器感染、阴道炎等发病率增高。

三、职业性有害因素对女性生殖功能的影响

女性生殖功能包括卵子的形成、受精、受精卵在生殖道内转运、着床、胚胎发育、胎儿成熟、分娩等一系列生理过程，还包括了新生儿的适应、儿童期的生长发育直至性成熟、又可繁殖下一代的整个过程。生殖功能的全部过程中任何一个环节受到影响，而造成的生殖功能障碍或不良生殖结

局称为生殖损伤。当职业性有害因素具有性腺毒性、配子毒性、胚胎或胎儿毒性、胎盘毒性，以及影响母体神经内分泌功能或具有其他母体毒性时，均可影响生殖功能，造成生殖损伤。

（一）对月经的影响

月经紊乱是女性接触职业性有害因素后最常见的异常表现，目前已知可影响女性月经异常的有害因素约 90 种，常见化学性毒物有铅及其化合物、锰、汞、铬、苯系物、二硫化碳、汽油等；农药；强烈的噪声、振动、电离辐射、极端气温、负重劳动等；另外，职业紧张及其产生的心理问题也会对月经产生一定影响[8]。不同职业因素引起的月经异常，其表现不尽相同，一般多出现月经周期异常、痛经、月经过多或过少综合征。职业性有害因素引起的月经异常不仅与有害因素的特性及其强度或浓度有关，还与个体易感性有关。月经异常多发生于工龄较短的女性，可能与青年女性对职业性有害因素较为敏感有关。

（二）对生育能力的影响

不孕原因复杂且涉及男女双方，女性不孕的病因主要有排卵障碍、输卵管异常、子宫内膜异位症，其他如免疫学不孕等。有毒有害化学物大多通过影响神经内分泌调节系统功能，导致卵巢功能失调、排卵障碍、干扰受精卵着床等影响受孕。可致月经异常的职业性有害因素，大多可影响卵巢功能，导致受孕率降低或不孕。比如，职业性接触铅、汞、铬、氯丁二烯、染料、接触挥发性有机溶剂、农药、己内酰胺、苯乙烯、高强度噪声的女性，发生不孕的相对危险度增高[8]。

（三）对胚胎及胎儿发育的影响

胚胎和胎儿对化学物质的毒性作用较成年人敏感，当母体尚未出现职业性中毒症状时，已影响到胚胎和胎儿的发育。职业性有害因素通过母体，可干扰正常的胚胎发育过程，导致胚胎发育异常或出现先天畸形，称为职业性有害因素的发育毒性。发育毒性的作用有四种表现。

1．胚胎死亡，即发生自然流产　在实验条件下，胚胎死亡常与畸形同时发生，似乎它们是同一类损伤的不同反应。

2．畸形　主要指胎儿形态结构上的异常，是化学物质干扰胚胎正常发育而造成的后果。

3．生长发育迟缓　如低出生体重儿小脑畸形等。

4．功能发育不全　如神经系统功能发育不全、免疫功能低下等。

有关孕期接触化学物质对子代先天缺陷的影响的研究结果显示，孕期接触苯、甲苯、二甲苯、甲醇等有机溶剂，接触二硫化碳的女性的子代先天缺陷发生率显著增高；孕妇在农业劳动过程中接触农药，可导致新生儿先天畸形率增加[8]。

（四）对妊娠母体健康的影响

妊娠期间母体的健康状况与胎儿的生长发育关系很大，外界环境中的有害物质可直接作用于胚胎或胎儿，或通过损害母体的健康间接对胎儿产生不利影响。

1．职业性有害因素能促进妊娠及分娩并发症的发生，例如接触二硫化碳、氯乙烯、苯系化合物的女性，妊娠高血压综合征的发病率增高；接触铅、汞、苯、甲醛、苯乙烯，妊娠中毒症的发病率增加；接触己内酰胺、二硫化碳的女性分娩活动无力较多见。

2．妊娠使机体对职业性有害因素的易感性增加，为适应妊娠的需要，孕妇机体的生理功能发生一系列的变化，如肺通气量增加、循环血量增加、肝和肾的负担加重，故对某些毒物的易感性增高。如在孕期对氯气、一氧化碳、氰化物等毒物急性中毒的危险性增高，对苯引起的慢性中毒的危险性也增高。

（五）对子代健康的影响

孕期及产后接触职业有害因素，均可导致新生儿及乳儿发生中毒等危害，影响儿童的生长发育。

某些化学毒物可通过乳汁排出，含毒母乳可引起小儿中毒，如铅、汞、苯系物、有机氯化合物等。孕妇接触有毒有害化学物影响儿童智力发育，如胚胎时母体接触铅的水平与婴儿和儿童的智力发育有关，婴儿的精神发育指数得分与脐带血中铅含量呈负相关。蓄电池厂从事铅作业的女性和孕期接触某些有机溶剂女性的子女智商显著低于一般人群的子女[8]。已有报道显示，儿童期恶性肿瘤的发生与母亲孕期及哺乳期接触某些有毒有害化学物质有关，如母亲孕期接触苯、汽油和农药等，其子代发生白血病的危险性增加[8]。

第三节　女性劳动保护对策

女性劳动保护有两方面的含义，一是保护女性的劳动权利；二是保护劳动女性在生产中的安全和健康。从国际劳工组织（International Labour Organization，ILO）的文件看．女性劳动保护有四方面的内容：①保护母亲，即保护女性的母性功能，如四期（经期、孕期、产期、哺乳期）劳动保护；②规定女性的工作时间，孕妇、乳母禁止加班加点，女性不做夜班等；③禁止女性从事危险有害作业；④男女有同等的就业机会，同工同酬[9]。由于女性参加社会生产劳动的人数不断增加，她们的健康保护问题日益受到人们的重视。因此，通常所谈的女性劳动保护，主要是指保护劳动女性在生产中的安全和健康。

一、有关女性劳动保护的法律法规

基于女性生理特点以及有孕育第二代的任务，在生产劳动中应给以特殊的保护。故自中华人民共和国成立以来，我国制订了一系列有关女性劳动保护的法律法规，对女性的劳动保护做了特殊规定。

（一）中华人民共和国劳动法

《中华人民共和国劳动法》（简称《劳动法》）是1994年7月5日第八届全国人民代表大会常务委员会第八次会议通过的，并于1995年1月1日起正式实施，2018年12月29日对其进行了第二次修正。《劳动法》是维护劳动者合法权益的基本法律。

《劳动法》第十三条规定：妇女享有与男子平等的就业权利。在录用职工时，除国家规定的不适合妇女的工种或者岗位外，不得以性别为由拒绝录用妇女或者提高对妇女的录用标准。

第五十九条规定：禁止安排女职工从事矿山井下、国家规定的第四级体力劳动强度的劳动和其他禁忌从事的劳动。

第六十条规定：不得安排女职工在经期从事高处、低温、冷水作业和国家规定的第三级体力劳动强度的劳动。

第六十一条规定：不得安排女职工在怀孕期间从事国家规定的第三级体力劳动强度的劳动和孕期禁忌从事的劳动。对怀孕七个月以上的女职工，不得安排其延长工作时间和夜班劳动。

第六十二条规定：女职工生育享受不少于九十天的产假。

第六十三条规定：不得安排女职工在哺乳未满一周岁的婴儿期间从事国家规定的第三级体力劳动强度的劳动和哺乳期禁忌从事的其他劳动，不得安排其延长工作时间和夜班劳动。

（二）女职工劳动保护特别规定

2012年4月18日国务院第200次常务会议通过《女职工劳动保护特别规定》（简称《特别规

定》)，2012 年 4 月 28 日起施行。同时废止了 1988 年颁布和执行的《女职工劳动保护规定》。《女职工劳动保护特别规定》适用各种类型用人单位，保护女职工职业安全和健康的责任主体是用人单位，承担相应的法律义务和法律责任。《特别规定》明确规定了女职工产假时间，并关注女职工精神和心理健康。对用人单位执行本规定的情况的监督检查及处罚由县级以上人民政府人力资源社会保障行政部门、安全生产监督管理部门执行，工会、妇女组织依法对用人单位遵守本规定的情况进行监督。

作为附件同时颁布了《女职工禁忌劳动范围》(修订稿)，除了规定了女职工一般性禁忌劳动范围外，还针对女职工月经期、孕期和哺乳期规定了禁忌劳动范围。

（三）中华人民共和国妇女权益保障法

《中华人民共和国妇女权益保障法》是 1992 年 4 月 3 日第七届全国人民代表大会第五次会议通过，2005 年第一次修正，2018 年 10 月进行了第二次修正。《中华人民共和国妇女权益保障法》在第四章“劳动和社会保障权益”中规定，国家保障妇女享有与男子平等的劳动权利，各单位在录用职工时，不得有性别歧视，不得限制女职工结婚、生育（第二十二、二十三条）。第二十五条规定：“任何单位均应根据妇女的特点，依法保护妇女在工作和劳动时的安全和健康，不得安排不适合妇女从事的工作和劳动。妇女在经期、孕期、产期、哺乳期受特殊保护。”这条规定是对女职工给予特殊劳动保护的基本法律要求。第二十七条规定：“任何单位不得因结婚、怀孕、产假、哺乳等情形，降低女职工的工资，辞退女职工，单方解除劳动（聘用）合同或者服务协议。但是，女职工要求终止劳动（聘用）合同或者服务协议的除外。”

（四）女职工保健工作规定

《女职工保健工作规定》是为保护女职工的身心健康及其子女的健康发育和成长，提高民族素质，根据《中华人民共和国妇女权益保障法》和《女职工劳动保护特别规定》制定的。于 1993 年 11 月 26 日，由卫生部、劳动部、人事部、全国总工会、全国妇联联合颁发，并于 2011 年进行了修订。内容包括开展女职工保健工作的组织措施和女职工月经期、孕前、孕期、产后、哺乳期和更年期保健措施。

二、保护女性身心健康的主要措施

（一）认真贯彻执行有关妇女劳动保护政策

各用人单位应该认真贯彻执行国家有关女性劳动保护的法律法规，承担起相应的法律义务和法律责任。政府部门行使各自的监督检查职能，保证女性劳动保护的法律法规得到落实，保护女性的健康。

（二）从根本上消除职业有害因素

改革生产工艺，从根本上消除生产环境和生产过程中的职业有害因素，改善劳动环境，使作业环境更安全。加强卫生保健措施，女性多的企业设置卫生室、哺乳室等。

（三）加强职业卫生宣教

向各用人单位各级领导及女性本人进行健康教育，内容如下。

1．女性劳动保护的相关法律法规。

2．工作场所存在的职业有害因素及其对身心健康的危害。

3．女性接触职业有害因素的防护知识。

4．女性特殊生理时期的保健知识等。

（四）做好女性健康管理

1．加强就业前的体格检查 对拟就业的女性，在招工时，除须进行一般的体格检查外，还应该进行妇科检查，了解其月经史及妇科病史。

2．定期体格检查 对女性，应结合防癌普查定期进行妇科检查。妇科医生在诊疗时，应详细了解女性的职业史，当发现女性患有某些妇科疾患不适合从事现工种时，应提出调换工作的建议。

（五）积极开展女性劳动卫生的科学研究

随着工农业生产的迅速发展，职业有害因素日趋复杂。女性参加生产劳动的数量也在不断增加，工种复杂[10-11]。如何根据职业特点开展女性劳动保护工作，是一个很重要的课题。因此就需要积极开展研究工作。

附件

《女职工劳动保护特别规定》（2012）

第一条 为了减少和解决女职工在劳动中因生理特点造成的特殊困难，保护女职工健康，制定本规定。

第二条 中华人民共和国境内的国家机关、企业、事业单位、社会团体、个体经济组织以及其他社会组织等用人单位及其女职工，适用本规定。

第三条 用人单位应当加强女职工劳动保护，采取措施改善女职工劳动安全卫生条件，对女职工进行劳动安全卫生知识培训。

第四条 用人单位应当遵守女职工禁忌从事的劳动范围的规定。用人单位应当将本单位属于女职工禁忌从事的劳动范围的岗位书面告知女职工。

女职工禁忌从事的劳动范围由本规定附录列示。国务院安全生产监督管理部门会同国务院人力资源社会保障行政部门、国务院卫生行政部门根据经济社会发展情况，对女职工禁忌从事的劳动范围进行调整。

第五条 用人单位不得因女职工怀孕、生育、哺乳降低其工资、予以辞退、与其解除劳动或者聘用合同。

第六条 女职工在孕期不能适应原劳动的，用人单位应当根据医疗机构的证明，予以减轻劳动量或者安排其他能够适应的劳动。

对怀孕7个月以上的女职工，用人单位不得延长劳动时间或者安排夜班劳动，并应当在劳动时间内安排一定的休息时间。

怀孕女职工在劳动时间内进行产前检查，所需时间计入劳动时间。

第七条 女职工生育享受98天产假，其中产前可以休假15天；难产的，增加产假15天；生育多胞胎的，每多生育1个婴儿，增加产假15天。

女职工怀孕未满4个月流产的，享受15天产假；怀孕满4个月流产的，享受42天产假。

第八条 女职工产假期间的生育津贴，对已经参加生育保险的，按照用人单位上年度职工月平均工资的标准由生育保险基金支付；对未参加生育保险的，按照女职工产假前工资的标准由用人单位支付。

女职工生育或者流产的医疗费用，按照生育保险规定的项目和标准，对已经参加生育保险的，由生育保险基金支付；对未参加生育保险的，由用人单位支付。

第九条 对哺乳未满1周岁婴儿的女职工，用人单位不得延长劳动时间或者安排夜班劳动。

用人单位应当在每天的劳动时间内为哺乳期女职工安排1小时哺乳时间；女职工生育多胞胎的，

每多哺乳 1 个婴儿每天增加 1 小时哺乳时间。

第十条　女职工比较多的用人单位应当根据女职工的需要，建立女职工卫生室、孕妇休息室、哺乳室等设施，妥善解决女职工在生理卫生、哺乳方面的困难。

第十一条　在劳动场所，用人单位应当预防和制止对女职工的性骚扰。

第十二条　县级以上人民政府人力资源社会保障行政部门、安全生产监督管理部门按照各自职责负责对用人单位遵守本规定的情况进行监督检查。

工会、妇女组织依法对用人单位遵守本规定的情况进行监督。

第十三条　用人单位违反本规定第六条第二款、第七条、第九条第一款规定的，由县级以上人民政府人力资源社会保障行政部门责令限期改正，按照受侵害女职工每人 1 000 元以上 5 000 元以下的标准计算，处以罚款。

用人单位违反本规定附录第一条、第二条规定的，由县级以上人民政府安全生产监督管理部门责令限期改正，按照受侵害女职工每人 1 000 元以上 5 000 元以下的标准计算，处以罚款。用人单位违反本规定附录第三条、第四条规定的，由县级以上人民政府安全生产监督管理部门责令限期治理，处 5 万元以上 30 万元以下的罚款；情节严重的，责令停止有关作业，或者提请有关人民政府按照国务院规定的权限责令关闭。

第十四条　用人单位违反本规定，侵害女职工合法权益的，女职工可以依法投诉、举报、申诉，依法向劳动人事争议调解仲裁机构申请调解仲裁，对仲裁裁决不服的，依法向人民法院提起诉讼。

第十五条　用人单位违反本规定，侵害女职工合法权益，造成女职工损害的，依法给予赔偿；用人单位及其直接负责的主管人员和其他直接责任人员构成犯罪的，依法追究刑事责任。

第十六条　本规定自公布之日起施行。1988 年 7 月 21 日国务院发布的《女职工劳动保护规定》同时废止。

《女职工禁忌从事的劳动范围》（2012）

一、女职工禁忌从事的劳动范围：

（一）矿山井下作业；

（二）体力劳动强度分级标准中规定的第四级体力劳动强度的作业；

（三）每小时负重 6 次以上、每次负重超过 20 公斤的作业，或者间断负重、每次负重超过 25 公斤的作业。

二、女职工在经期禁忌从事的劳动范围：

（一）冷水作业分级标准中规定的第二级、第三级、第四级冷水作业；

（二）低温作业分级标准中规定的第二级、第三级、第四级低温作业；

（三）体力劳动强度分级标准中规定的第三级、第四级体力劳动强度的作业；

（四）高处作业分级标准中规定的第三级、第四级高处作业。

三、女职工在孕期禁忌从事的劳动范围：

（一）作业场所空气中铅及其化合物、汞及其化合物、苯、镉、铍、砷、氰化物、氮氧化物、一氧化碳、二硫化碳、氯、己内酰胺、氯丁二烯、氯乙烯、环氧乙烷、苯胺、甲醛等有毒物质浓度超过国家职业卫生标准的作业；

（二）从事抗癌药物、己烯雌酚生产，接触麻醉剂气体等的作业；

（三）非密封源放射性物质的操作，核事故与放射事故的应急处置；

（四）高处作业分级标准中规定的高处作业；

（五）冷水作业分级标准中规定的冷水作业；

（六）低温作业分级标准中规定的低温作业；

（七）高温作业分级标准中规定的第三级、第四级的作业；

（八）噪声作业分级标准中规定的第三级、第四级的作业；

（九）体力劳动强度分级标准中规定的第三级、第四级体力劳动强度的作业；

（十）在密闭空间、高压室作业或者潜水作业，伴有强烈振动的作业，或者需要频繁弯腰、攀高、下蹲的作业。

四、女职工在哺乳期禁忌从事的劳动范围：

（一）孕期禁忌从事的劳动范围的第一项、第三项、第九项；

（二）作业场所空气中锰、氟、溴、甲醇、有机磷化合物、有机氯化合物等有毒物质浓度超过国家职业卫生标准的作业。

（庞淑兰　李　丹）

参考文献

[1] 罗娟，李元程，徐福平.《女职工劳动保护特别规定》解读［N］. 工人日报，2012 年 5 月 8 日 / 第 007 版.

[2] 韩湘景. 女性生活蓝皮书：中国女性生活状况报告 No.9（2015）［M］. 北京：社会科学文献出版社，2015.

[3] 邢再玲，俞文兰. 14 614 名女职工生殖健康状况调查与分析［J］. 中国职业医学，2016，43（4）：447-450.

[4] 杨青萍. 卵巢储备功能与生育力减退影响因素的研究进展［J］. 医学综述，2016，22（11）：2158-2161.

[5] 俞文兰，唐仕川，邹建芳. 职场女性健康新视角［M］. 北京：中国环境出版社，2016.

[6] 周树森，陶永娴. 为什么要实施女职工禁忌劳动范围的规定［J］. 劳动保护，2013，(3)：90-91.

[7] 何芷若. 子宫脱垂高危因素的 Logistic 回归分析及建立预测模型的研究［D］. 南华大学，2018.

[8] 俞文兰，唐仕川，邹建芳. 职场女性健康新视角［M］. 北京：中国环境出版社，2016.

[9] 俞文兰，梁友信，周安寿. 现代用工制度与女工职业健康保护［J］. 中华劳动卫生职业病杂志，2011，29（9）：711-713.

[10] LI Kevin，薛玲，庞淑兰等. 中国唐山奶农职业性伤害［J］. 伤害医学（电子版），2012，1（3）：10-20.

[11] 薛玲，庞淑兰，向惠云等. 唐山地区奶牛养殖者非致命性农业伤害现况调查［J］. 现代预防医学，2013，40（11）：2024-2026，2033.

第十三章

一般健康教育

第一节　健康危险因素评价

一、健康危险因素

19世纪末第一次卫生革命针对严重危害人类健康的传染性疾病和寄生虫病展开，通过控制传染源、预防接种、改善环境等措施，控制了危害人类健康的传染病的流行。随着城市化、工业化、人们生活方式的转变和人口老龄化的加速，慢性非传染性疾病的危害已经凸显，严重影响人类的生活质量和生命健康，是重大的公共卫生问题。

健康危险因素（health risk factors）是指能使疾病和（或）死亡发生的可能性增加的因素，或者是能使健康不良后果发生概率增加的因素，包括环境、生物、社会、经济、心理、行为等因素。了解健康危险因素影响健康的特点，可以加深对危险因素的认识，是进行健康危险因素评价的前提，是预防疾病的基础。

（一）健康危险因素具备的共性特征

1．潜伏期较长，产生的危害大　人群长期、反复接触危险因素后才能显示其危害作用，而且潜伏期不易确定。例如吸烟可提高人群肺癌死亡率10倍以上，但需经过10年或更长时间才起作用，往往不被重视。又如不良的饮食习惯（高盐高脂肪饮食）是高血压、脑卒中等心脑血管疾病的危险因素，这个致病过程也需要长年累月的作用才能显现。潜伏期长导致危险因素与疾病之间的因果关系不容易确定，给疾病的预防工作带来困难。但是疾病往往是经过长时间接触危险因素才会出现，同时也为危险因素的干预赢得了时间与机会。

2．多因素联合作用增强致病危险性　多种危险因素同时存在可彼此诱发致病作用而明显增加致病危害性，如吸烟者同时接触石棉和其他有害金属粉尘，肺癌的发病率比单纯吸烟者增加几倍或十几倍。高血脂是冠心病发病的诱发因素，如果发生高血压引发血管内膜损伤，促使脂质在血管内膜沉积增加了冠心病发病率。有调查显示，冠心病的发病与高胆固醇血症、高血压、肥胖和吸烟关系最为密切，四个因素同时存在者比只有一两个因素存在者发病率要高，而对四个因素同时进行控制者的效果又较好。危险因素的这一特点，提示我们在临床预防工作中，应对各种健康危险因素综合进行干预。

3．特异性弱 危险因素对人类健康的影响，往往是一种危险因素与多种疾病有关联，也可能是多种危险因素共同作用引起一种疾病。如吸烟这种危险因素可引起肺癌、口腔癌、食道癌、支气管炎、心脑血管疾病和胃溃疡等全身各系统的各种疾病，而冠心病等心脑血管疾病的发生与高脂肪、高热量、低纤维素饮食、吸烟、精神紧张、肥胖、家族遗传等多种因素有关。

4．广泛存在性 危险因素广泛存在于自然与社会环境中，且早已融入人们的日常生活，已被大多数人所习惯和接受，但是没有引起人们的足够重视，这些危险因素广泛存在，特点为潜在、长期、不明显，需要经过很长时间的接触才能表现出危害作用，因此，必须进行深入持久的健康教育和健康促进活动，才能使人们充分认识到各种危险因素的危害，并自觉地加以避免和清除，才能最终达到增进健康的目的。

（二）健康危险因素的种类

健康危险因素种类很多，有多种形式的分类方法，常见的有直接、间接危险因素之分，也有群体和个体危险因素之分等。按照生物 - 心理 - 社会医学模式，可将健康危险因素分为以下几类。

1．环境危险因素

（1）自然环境危险因素：自然环境中影响健康的危险因素有生物性（如细菌、病毒、寄生虫等）和物理化学性（如噪声、粉尘、电离辐射、农药及汽车尾气等）两种。

（2）社会环境危险因素：包括经济状况、收入水平、居住条件、营养状况、就业条件以及离婚、丧偶、家庭不和睦等因素都是疾病发生的健康危险因素，如家庭贫困导致儿童失学或受教育机会减少，造成他们的发展能力被剥夺，进一步导致其社会地位低下，生存困难，继而可出现精神压抑，从而引起躯体疾病的发生，形成贫穷和疾病；反过来，营养过剩、体力活动太少又可导致肥胖症发病率增高。

（3）职业环境危险因素：物理性因素如温度、湿度、气压、电离辐射、噪声和粉尘；化学性因素如有毒气体、有机毒物和金属毒物；生物性因素如屠宰、皮毛加工业附着于皮毛上的炭疽杆菌，甘蔗渣上的真（霉）菌、农药白僵菌等。

2．行为危险因素 行为危险因素是指人们日常生活中与健康有关的行为，包括消费类型、有害健康的业余活动、职业危害等方面。主要指不良的个人生活方式或行为所产生的健康危险因素，属“自创性”危险因素，是可以避免的，也可以通过干预加以清除，如吸烟、酗酒、滥用药物、不合理膳食、特殊嗜好、不良性行为和吸毒等，是引起心脏病、恶性肿瘤、脑血管疾病及精神疾病的重要因素，而通过戒烟、减少饮酒、注意合理营养、保持乐观情绪等行为改变及注意事项控制高血压、降低血胆固醇等措施，可明显降低心脑血管病的发病率及死亡率。

3．生物遗传因素 在人类进入 21 世纪之际，随着分子生物学和遗传基因研究的发展，遗传特性、家族发病倾向、成熟老化和复合内因学说等已经在分子生物学领域找到了其发病的遗传学上的客观依据，这为疾病的预防提供了有效的生物学基础。

4．医疗卫生保健服务中的危险因素 医疗卫生服务中影响健康的危险因素，指医疗卫生服务系统中存在的各种不利于保护健康的因素。狭义上来讲，如医疗质量低、误诊漏诊、医院交叉感染等都可直接危害人体健康和影响医疗质量；广义而言，医疗资源分配不合理、初级卫生保健网络不健全、重治疗轻预防的医疗保健倾向及医疗保健制度不完善等都可能危害人群健康，需加以重视。

二、健康危险因素评价

（一）定义

健康危险因素评价（health risk factors appraisal，HRA）是研究危险因素与慢性病发病及死亡之间数量依存关系及其规律性的一种技术方法。它研究人们生活在有危险因素的环境中发生死亡的概率，以及当改变不良行为、消除或降低危险因素时，死亡及危险改变的情况、可能延长的寿命。其目的是促进人们改变不良行为，减少危险因素，提高健康水平。

Robbins 等根据慢性非传染性疾病发病特点及演变过程，将慢性病自然史大致分为六个阶段[1]。

1．无危险阶段　这一阶段人们的周围环境和行为生活方式中不存在危险因素，预防措施是通过健康教育使人们认识危险因素的有害影响，保持良好的生产生活环境和健康生活方式，以防止危险因素的出现。

2．出现危险因素　随着年龄增加和环境改变，人们的生产、生活环境中出现了危险因素，但由于作用时间短暂及程度轻微，危险因素并无明显危害，或其危害作用还不易被检出。此时进行环境因素检测或行为生活方式调查，能够发现危险因素的存在。

3．致病因素出现　随着危险因素数量增加及作用时间延长，危险因素转化为致病因素开始对机体产生危害作用，但由于人们机体防御机制的作用以及致病因素的弱化，尚不足以形成疾病。如果及时采取干预阻断措施，停止危险因素的作用，可阻止疾病的发生。

4．症状出现　疾病已形成可逆的形态功能损害，用生化检查的诊断手段可及时发现。此时预防策略是通过筛检在正常人群中及时发现无症状患者，并予以早期诊断、早期治疗，可及时阻止危险因素的作用，使病程逆转而恢复健康。

5．体征出现　症状与体征可并行或先后出现，此时患者能明显感觉自身异常而主动就医，但即使停止危险因素的继续作用，病程亦不可逆。只能采取治疗措施以改善症状和体征，减少伤残的发生和劳动能力的丧失。

6．劳动力丧失　随着病程发展，症状加剧，患者逐渐丧失生活和劳动能力。此时是疾病进程的最后阶段，只能采取康复治疗，以提高生存质量。

健康危险因素评价是从疾病自然史的第一阶段开始，即在疾病尚未出现时对危险因素及其对健康的影响进行评价，通过健康促进使人们保持健康的生活方式，防止危险因素的危害。在危险因素出现的早期阶段，通过测定危险因素的严重程度，分析这些因素对健康可能造成的危害，预测疾病发生的概率，亦能减少危险因素的危害，减少疾病的发生。可见，进行健康危险因素评价是一项最基本的、行之有效的预防慢性非传染性疾病的重要手段和措施。

（二）健康危险因素评价所需的材料

1．当地性别、年龄别的疾病死亡率　这些资料可通过死亡登记、疾病检测等途径获得，也可经回顾性调查获得。

2．个人健康危险因素　个人健康危险因素包括：①行为生活方式：吸烟、饮酒、体力活动和使用安全带等；②环境因素：经济情况、居住条件、家庭、人际关系、生产环境、紧张程度等；③生物遗传因素：年龄、性别、身高、体重、家族遗传等；④卫生服务利用：是否进行定期体格检查；⑤疾病史：详细了解个人患病史，及症状、体征、相应检查结果及与疾病、健康有关的各方面情况。

3．计算危险分数的有关资料　评价危险因素的关键步骤是将危险因素转换成危险分数。危险分数是根据人群流行病学调查资料，经过一定数理统计模型计算得到的。

三、健康危险因素评价的应用

根据进行健康危险因素评价的对象和性质，可将其分为个体评价和群体评价两类。通常采用自填调查表或生物医学测定的方法来进行。

（一）个体评价

健康危险因素的个体评价，主要通过比较实际年龄、评价年龄和增长年龄三者之间的差别，以便了解危险因素对寿命可能影响的程度及降低危险因素后寿命可能增长的程度。

评价年龄高于实际年龄，说明被评价者存在的危险因素高于平均水平，即死亡概率可能高于当地同年龄性别组的平均水平，反之则低。增长年龄与评价年龄之差数，说明被评价者接受医生建议后采取降低危险因素的措施，可能延长寿命的年数。根据实际年龄、评价年龄和增长年龄三者之间不同的量值，评价结果可以分为以下四种类型。

1．健康型 被评价者的评价年龄小于实际年龄者，其个体危险因素低于平均水平，预期健康状况良好。如被评价者实际年龄为 51 岁，其评价年龄为 46 岁，说明其个体危险因素低于平均水平，即 51 岁的个体可能处于 46 岁年龄者的死亡概率，其预期健康状况良好。

2．自创性危险因素型 被评价者评价年龄大于实际年龄（说明危险因素较平均水平高），并且评价年龄与增长年龄之差值大。如被评价者的实际年龄为 41 岁，评价年龄为 43.5 岁，增长年龄为 36 岁，评价年龄与增长年龄之差值为 7.5 岁（较大），说明危险因素属自创性，通过自身的行为改变降低和去除危险因素，有可能较大程度地延长预期寿命。

3．难以改变的危险因素型 被评价者的评价年龄大于实际年龄，但评价年龄与增长年龄之差较小，如被评价者实际年龄 43 岁，评价年龄 49 岁，增长年龄 48 岁，评价年龄与增长年龄之差值为 1 岁。其个体的危险因素主要来自生物遗传因素与既往及目前疾病史。通常不易于改变这些因素，因此，降低这类危险因素的可能性小，延长预期寿命的余地不大。

4．一般性危险型 评价年龄接近实际年龄，其危险因素接近于轻微危害程度，降低危险因素的可能性有限，增长年龄和评价年龄接近。

除此之外，尚可对某一特殊危险因素进行分析。例如仅控制超体重的危险因素，用同样的方法计算增长年龄，从评价年龄与增长年龄的差值大小说明超体重的危险因素对个体预期寿命可能影响的程度。

（二）群体评价

群体评价是在个体评价的基础上进行，可进行以下几方面的评价与分析。

1．人群的危险程度 根据个体评价的结果（健康型、自创性危险因素型、难以改变的危险因素型和一般性危险型），可将人群分为健康组、危险组和一般组三种类型。根据人群中上述三种类型人群所占比重确定哪一种人群危险程度最高，而将其列为健康促进的重点对象。一般而言，某人群数量处于危险组人群越多，危险水平越高，越应重点加以干预。

2．危险因素属性分析 个体评价后，通过计算属于自创性能够消除的危险因素以及属生物遗传和疾病史等难于消除的危险因素之间的比例，可估计通过健康促进能够提高健康水平可能预期的效果。例如，某市居民中男性危险因素中 88% 属于能消除的自创性危险因素，可通过改变不良的行为生活方式而降低危险水平，而女性则主要为过去疾病史及家庭遗传史等不易消除的危险因素。因此，对男性居民进行旨在建立健康生活方式的健康教育较女性更为迫切。

3．分析危险因素对健康的影响 分析多种危险因素对预防寿命可能影响的程度，发现其中对人群健康影响最大的危险因素，从而有针对性地制订预防措施。因为有些因素虽然对预期寿命影响不大，但在人群中分布范围较广，对人群总体的危害程度严重，则须加以重视。

（三）健康危险因素评价方法的局限性

1．评价需要完整可靠的医学人口统计资料和疾病流行病学资料，难以获得。

2．某些疾病的危险因素还没有弄清楚。

3．对某些疾病的已知的危险因素无法定量。

4．能够被定量的危险因素比例很小。

5．难以收集人群暴露于某些特定危险因素的资料。

总之，健康危险因素评价是进行疾病预防及健康促进工作的一种重要技术和手段，因其简单方便且行之有效，被广泛应用于临床预防服务工作中，已为人群健康水平的提高做出了巨大的贡献。

第二节　职业人群行为生活方式有关的健康教育

职业人群的健康不仅受职业因素的影响，同时也受到一般人群所暴露因素的影响，如生物因素、生活环境因素、个人行为与生活方式等因素，是社会各人群所共同面临的问题。因此，对职业人群也必须进行一般健康教育，一些公共暴露因素往往会加强职业因素的危害程度。

一、戒烟

吸烟是心脑血管病、呼吸道疾病及肺癌的重要危险因子，而某些职业因素恰好也是这些疾病的重要危险因子，当这些职业与非职业危险因素同时存在时，其危害效果将是协同作用。例如吸烟可刺激和破坏呼吸道黏膜，使之排出异物的功能有所下降，而粉尘也有类似的作用，因此粉尘作业工人如果同时又吸烟，则使吸入到肺泡的粉尘颗粒更难排出体外，因而可促进尘肺病的发生；吸烟可促使气管炎发病，如同时接触刺激性气体，则可使发病率增加，呼吸道症状也可明显加重；职业流行病学研究表明，吸烟可使从事铬、镍、铀、石棉作业工人的肺癌发病率增加几倍甚至十几倍。

吸烟增加人群患多种肿瘤的风险，特别是肺癌；吸烟还与慢性支气管炎、支气管扩张、肺气肿、肺功能损害、心脑血管疾病等的发生、死亡有关。吸烟不仅危害吸烟者本人的健康，而且还可通过污染环境造成不吸烟者的被动吸烟。被动吸烟人群数量在我国相当巨大，吸烟时约有 3/4 的烟气散布在周围空气中，对不吸烟人群造成危害。研究显示，吸烟者的妻子（本人不吸烟）的肺癌发病率明显增高；孕妇吸烟可使新生儿体重下降，出现早产，影响胎儿体格、神经系统和智力的发育。

研究吸烟人群的社会特征和动机，有助于加强社会戒烟工作的针对性。吸烟者主要集中在男性人群、中青年人群及文化水平较低的人群。青少年吸烟的主要动机是觉得吸烟神气，有男子汉的阳刚风采，或者闲着没事做，作为心里发闷、解心烦、结交朋友、交际联络的手段等；中年人吸烟主要动机是吸烟提神、提高工作效率，心情郁闷时借烟解愁、社会交际等；文化水平较低的人群吸烟的主要动机除包括上述因素外，不能充分正确地认识吸烟的危害性也是其原因之一。

对吸烟危害的预防应采取综合性的措施，其中包括对群众的健康教育、立法和“治疗性”戒烟，健康教育是其重要一环。对吸烟人群的健康教育工作要注意吸烟的社会心理动机，这种动机不消除，教育的效果就不会显著。利用电视、电台、电影、广告等媒体宣传吸烟对健康的危害及戒烟的方法；同时，在学校开设吸烟有害等有关卫生知识课程。医务工作者更应以身作则，带头戒烟。当人群深刻认识到吸烟是一种严重的不良行为并愿意自觉摒弃它时，立法和“治疗性”戒烟才有望成为可能。

二、限酒

现阶段研究表明，适量饮酒对身心健康有一定益处，可以增加体内高密度脂蛋白含量、软化血管、改善情绪。人们在工作、家庭或其他社会生活中遇到挫折或不快，容易出现过量饮酒、借酒消愁的行为，饮酒还与社会风俗习惯有关；而长期、过量饮酒，即所谓酗酒，则会对身心健康造成不良影响及严重损害。

酗酒对健康的危害可分为急性和慢性两类。急性危害主要包括急性酒精中毒、车祸、犯罪、打架、家庭不和睦等；慢性危害主要包括酒精依赖和戒断综合征、酒精性肝病、酒精性脑病、心血管疾病、神经精神疾病、食管癌、胃癌、肝癌等。因饮酒导致的交通事故、器官损害以及缺勤、暴力行为、家庭矛盾等问题将在国内呈上升趋势，因此，酗酒预防工作的开展也势在必行。

三、营养与合理膳食

一些从事重体力劳动的职工，由于劳动强度过大，存在营养不足的问题，因此应给予充分的营养，例如冶金、砖瓦等高温作业的人群，由于大量出汗而失去盐分和水分，此时应合理补充盐和水以及维生素等，否则会出现疲乏无力、食欲下降、睡眠困难等症状。此外，一些从事脑力劳动、缺乏锻炼的人要防止过量饮食，营养过剩。因此，要通过健康教育指导，使不同的职业人群有针对性地补充不同的营养，合理安排膳食。

合理营养对工人的健康及保护劳动生产力起着十分重要的作用。有许多疾病，如某些肿瘤、心脏病、血管硬化及糖尿病与膳食结构及过量饮食有密切关系。控制体重，减少肥胖症，可使血压及血脂水平降低，从而减少发生上述疾病的危险度。对于在特殊环境下作业或从事接触有毒物质的职业人群，合理营养及保健膳食更加重要，如高温作业工人每工作日出汗量可多达 5 L，此时体内水盐大量流失，故应鼓励工人饮用含盐饮料。对接触毒物的工人除给予“保健牛奶”外，还应宣传“合理营养”和“膳食平衡”的科学道理。

四、一般卫生习惯

经常洗手洗脸刷牙和洗澡，保持良好的卫生习惯，对某些职业人群则具有特殊意义。职业卫生学和毒理学研究结果表明，化学毒物进入体内的途径主要是呼吸道、消化道和皮肤，因此不在有尘毒危害的现场吃喝、休息，可减少毒物进入体内的机会；如果接触铅等金属毒物的作业，经常洗手可以防止其从消化道吸收；农药、有机化合物、金属毒物粉尘等可污染皮肤及衣物，经常清洗不仅可防止本人吸收中毒，也可防止给家庭成员带来危害；保持劳动现场清洁对预防尘毒污染也有明显效果。此外，金融业、售票员、售货员等经常接触现金货币者，其消毒洗手对防治肝炎等肠道疾病的传染是十分重要的。

五、积极的休息和睡眠

睡眠是生命的需要，是机体恢复其必需生理功能的一种极其重要的健康行为。睡眠时全身肌肉松弛，大脑处于抑制状态，可全面消除疲劳，调整生理功能，恢复精力和体力，提高机体的免疫功能，增强抵抗疾病的能力。合理睡眠必须做到有充足的睡眠时间、保证睡眠质量、正确的睡眠姿势和良好的睡眠习惯。相反，睡眠不足严重影响健康。此外，用脑时间过长，大脑皮层休息不够，会出现皮层功能障碍，反应迟钝，学习效率下降。这不仅影响健康，还会引起许多社会问题。生活中，因司机睡眠不足造成车毁人亡的案件不胜枚举。

目前社会竞争日益激烈，人们对工作和娱乐的热情日益高涨，导致现代都市人体力透支，尤其是城市中白领青年和中学生的睡眠不足已经非常常见，这使其在工作和学习时常常感到效率低下。

六、体力活动

当今社会，随着生产与生活日益现代化，许多繁重体力劳动逐渐被机械化、自动化设备所代替，人们劳动强度逐渐降低。另外，人们有了更多的休息时间，坐在家中看电视、以车代步这种缺乏运动的静坐方式，对人体各器官系统无法产生维持正常功能所需要的良性刺激，削弱人体代谢与免疫功能。长此以往，还会诱发一系列相关疾病，如高血压、高血脂、肥胖、慢性胃炎、消化性溃疡等。不锻炼的人身体功能下降，要纠正这种不良生活方式，必须进行适度体力活动，参加体育锻炼。

七、积极的心理应对

随着科学技术的发展和社会进步速度的加快，社会变革加剧，社会的各种竞争激化，不可避免地加重了人们的心理负荷，带来了大量的社会适应问题，导致了人们的社会心理障碍。焦虑、恐惧、抑郁、妄想、幻觉，及睡眠、记忆、智能、行为障碍等干扰了人们正常的学习、生活和工作，甚至引起身心疾病、精神疾病、自杀、意外伤害等社会问题。

人生不可能总是一帆风顺的，各种生活事件、心理冲突、挫折和应激都会产生心理失衡和负性情绪反应。在长期进化中，人类形成了许多潜意识的心理保护机制，包括积极和消极的不同形式。积极的心理应对机制是成熟、理智的，有助于适应心理应激，平衡心理，不但能起到自我保护的作用，也易被社会所接受。所以必须有意识地训练，自我调适，学会积极的心理应对，使其成为习惯性行为反应，才能保持心理平衡。

第三节　职业人群心脑血管疾病健康教育

我国目前经济快速发展，人民健康水平有很大改善。但心血管病的发病率持续增加，且有年轻化趋势。此外，我国心血管病危险因素水平持续升高，这些人群均为潜在的心血管病患者。心血管病的高发病率、高致残率和高死亡率已成为我国重大公共卫生问题，预防和控制心血管病的发生、发展或恶化是改善人群健康水平的关键问题。美国心脏协会（American Heart Association，AHA）发表了工作场所预防心血管病健康计划，强调工作场所健康计划是预防心血管病和脑卒中主要危险因素行之有效的策略。目前中国职业人群总数上亿，随着城市化进程的加快，大量农民工流向城市，职业人群总数呈现直线上升的趋势，这为我们在工作场所进行心血管病预防活动提供了大量的人群，且干预计划一旦成功实施，它将不仅影响工作者本人，还将能够影响到工作者的家庭成员，他们将从工作者健康的生活方式改变中获得益处。

一、职业人群心脑血管疾病现状

（一）高血压

长期高血压可使脑动脉血管壁增厚或变硬，管腔变细。当血压骤升时，脑血管容易破裂，发生脑出血；或已硬化的脑部小动脉形成一种粟粒大小的微动脉瘤，当血液波动时微动脉流破裂而造成脑出血；或高血压加快动脉硬化过程，动脉内皮细胞也受到损伤，血小板易在伤处聚集，又容易形成脑血栓，引发心脑血管疾病。

（二）脑卒中

脑卒中是脑中风的学名，是一种突然起病的脑血液循环障碍性疾病；又叫脑血管意外，是指脑血管疾病患者由各种诱发因素引起脑内动脉狭窄、闭塞或破裂，而造成急性脑血液循环障碍，临床上表现为一次性或永久性脑功能障碍的症状和体征。脑卒中分为缺血性脑卒中和出血性脑卒中。脑卒中是严重危害人类健康和生命安全的常见的难治性疾病，存在着明显三高（发病率高、致残率高、死亡率高）现象。脑卒中给人类健康和生命造成极大威胁，给患者带来极大痛苦，造成家庭及社会的沉重负担。因此，充分认识脑卒中的严重性，提高脑卒中的治疗与预防水平，降低脑卒中的发病率、致残率和死亡率是当务之急。

（三）心脏病

心脏病是一类比较常见的循环系统疾病。循环系统由心脏、血管和调节血液循环的神经体液组织构成，循环系统疾病也称为心血管病，包括上述所有组织器官的疾病，在内科疾病中属于常见病，其中以心脏病最为多见，能显著影响患者的劳动力。

（四）血脂异常[2]

血脂异常通常指血浆中胆固醇和（或）TG升高。实际上血脂异常也泛指包括低高密度脂蛋白胆固醇血症在内的各种血脂异常。血脂异常的临床表现主要包括两大方面：①脂质在真皮内沉积所引起的黄色瘤；②脂质在血管内皮沉积所引起的动脉粥样硬化，发生冠心病和周围血管病等。由于血脂异常时黄色瘤的发生率并不太高，动脉粥样硬化的发生和发展则需要相当长的时间，所以多数血脂异常患者并无任何症状和异常体征发现；而患者的血脂异常则常常是在进行血液生化检验（测定血胆固醇和三酰甘油）时被发现的。

（五）其他心脑血管疾病

所谓心脑血管疾病就是心脏血管和脑血管的疾病统称，也被称为“富贵病”的“三高症”。60岁以上老年人中，患有高血压的同时还患有高血糖或高血脂者很常见。心脑血管疾病是一种严重威胁人类，特别是50岁以上中老年人健康的常见病，即使应用目前最先进、完善的治疗手段，仍可有很多的脑血管意外幸存者生活不能完全自理。心脑血管疾病具有“发病率高、致残率高、死亡率高、复发率高，并发症多”即“四高一多”的特点，已成为人类死亡病因最高的头号杀手，也是人们健康的“无声凶煞”。

二、职业人群心脑血管疾病危险因素

（一）一般危险因素

随着生活水平的提高，工作节奏的加快，社会压力的增加，心脑血管疾病的发病率和病死率也逐年增加，并成为威胁人们健康的第一杀手。心脑血管疾病是血管（指动脉）结构及功能异常的晚期表现。因此，对于早期血管病变的重视，具有非常重要的临床价值和社会意义。常见的危险因素如下[3]。

1．年龄 大于 30 岁。

2．高血压 血压大于 140/90 mmHg。

3．肥胖 体重指数大于 25 kg/m^2。

4．高血脂 血脂检查结果高于正常参考值。

5．糖尿病或高血糖 空腹血糖三次以上大于 6.1 mmol/L。

6．平时压力过大，运动量不足。

7．有大量饮酒和抽烟嗜好。

8．家族史 有冠心病、高血压、糖尿病、脑卒中等家族史。

（二）职业相关危险因素

职业性有害因素导致职业人群心脑血管疾病发病率增高，一些潜在的疾病显露或使得已患疾病病情加重，常见的职业有害因素如下。

1．长期处于职业性精神紧张状态。

2．生产过程中存在的生产性毒物、异常气象条件、生物因素等。

3．劳动强度过大、劳动组织及制度不合理等。

4．工作中长时间处于不良体位或者劳动工具使用不合理。

5．生产环境中厂房建筑布局不合理，工作环境管理不当所致的环境污染，户外工作的太阳辐射、低气压和高温高湿等。

三、职业人群心脑血管疾病健康教育

不健康的生活方式是引起心脑血管疾病的重要因素。最近研究证明，心脑血管疾病低危人群（指胆固醇＜ 200 mg/dl、BP ≤ 120/80 mmHg、不吸烟的人）比那些有一个以上或三个危险因素的人，心脑血管病病死率要少 72% ～ 85%，总病死率要少 40% ～ 58%，平均寿命增加 5.8 ～ 9.5 年。改变不健康的生活方式来预防心脑血管疾病，对那些年纪大的高危患者特别有效，只要降收缩压（systolic blood pressure，SBP）2 mmHg 就能使高血压发生率减少 17%、脑卒中减少 14%、冠心病减少 6%[2]。良好的生活方式对于预防心脑血管疾病具有重要意义，但无论是患者还是医生，对于这方面的认识恰恰还不够充分。改变生活方式主要包括以下几个方面。

1．控制体重 体重与身高有关，通常用体重指数（body mass index，BMI）来衡量人体的肥胖程度［体重指数（BMI）= 体重（kg）/ 身高（m）^{2}］。2000 年，国际肥胖特别工作组提出亚洲成年人 BMI 正常范围为 18.5 ～ 22.9 kg/m^2，＜ 18.5 kg/m^2 为体重过低，≥ 23 kg/m^2 为超重，23 ～ 24.9 kg/m^2 为肥胖前期，25 ～ 29.9 kg/m^2 为Ⅰ度肥胖，≥ 30 kg/m^2 为Ⅱ度肥胖。应注意肥胖症并非单纯体重增加，若体重增加仅仅是肌肉发达，则不应认为是肥胖。肥胖症本身是一种多因素的慢性代谢性疾病，常与 2 型糖尿病、高血压、血脂异常等同时存在，医学上称之为代谢综合征。代谢综合征的共同致病基础是胰岛素抵抗和高胰岛素血症，大量研究发现胰岛素抵抗和高胰岛素血症与 2 型糖尿病、血脂异常、高血压、高尿酸血症、动脉粥样硬化和冠心病等均有不同程度的联系。目前，大多数学者认为肥胖可导致胰岛素抵抗和高胰岛素血症，减轻体重后，胰岛素敏感性可以改善。超重或肥胖应减轻体重，方法是合理控制饮食，减少热量的摄入；增加运动，加大热量的消耗。

（1）合理控制饮食：合理控制饮食的目的是减少过多热量摄入，但不等于节食。倡导健康科学的饮食习惯，合理营养，平衡膳食。能够提供热量的食物包括脂肪（每克可产生 9 kCal 热量）、碳水化合物和蛋白质（每克可产生 4 kCal 热量）。根据中华糖尿病学会、中国营养学会及美国糖尿病学会（American Diabetes Association，ADA）指南提出的营养原则，碳水化合物、脂肪及蛋白质三大营养比例合适，分别占总热量的 55% ～ 65%、20% ～ 30% 和＜ 15%；饱和脂肪酸＜ 10% 的热量，胆固醇＜ 300 mg/d；避免餐间加餐及吃零食。BMI ＞ 27 kg/m^2 者在减少总热量时，削减含脂肪较多的高热量食物（如食用油、肥肉、油炸食物）的摄入量是关键。改变不利于控制体重的饮食习惯，建议养成饭前喝汤的习惯，尽管这样只能获得暂时饱腹感，但其对吃饭时纠正“饥不择食”“狼吞虎咽”等不良行为有积极意义。理论上每减少 6.8 kCal 热量，体重就降低 1 g；如果每日减少摄入 600 ～ 700 kCal 热量，1 个月即能降低体重 3 kg。合理控制饮食无须对每顿饭、每道菜的营养素做精确计算，只要求在目前膳食的基础上，将总热量降低到原来水平的 85% 左右。合理控制饮食须遵循个体化原则，进行个别的营养咨询与指导，尤其对贪食者要发现其诱发进食的原因，如习惯性（看电视等）、社交性（食用糖果、瓜果、点心、软饮料及频繁宴席等）或以进食摆脱抑郁、焦虑等，帮助其调整生活方式。

（2）运动疗法：有规律的体育锻炼可促进人体热量的消耗，是减轻体重的重要措施，同时尚可降低血压及血糖、血脂、增加外周血胰岛素的敏感性，全面增进健康。体育锻炼还可使人心情舒畅。每个人应根据自己的具体情况，如年龄、性别、健康状况、个人爱好、肥胖程度以及社会经济、文化背景不同等情况而选择适宜的运动形式、运动强度和运动量。运动训练前最好做运动实验，训练强度也可以心率为标准，安全的心率可用（170 – 年龄）计算。心脑血管疾病患者要注意循序渐进、持之以恒、量力而行，不宜选择过于剧烈的运动，一般以轻、中度运动量为宜，如步行、慢跑、骑单车、爬楼梯、跳舞、打太极拳、游泳等。

2．合理膳食

（1）减少食盐摄入：我国居民膳食钠盐的摄入普遍较多。世界卫生组织建议钠盐摄入量的标准每天＜ 6 g，要减少烹调用盐，少食或不食含盐高的食品如腌制品、防腐食品等，多食新鲜蔬菜和水果。因此我们要大力宣传，让广大群众，尤其是高血压患者了解摄入过多盐是有害的。饮食中钠盐的摄入量与高血压的患病率密切相关，低钾摄入更增强了这一作用。长期坚持控制氯化钠的摄入量在 6 g/d 左右可使收缩压降低 1.9 mmHg，舒张压降低 1.1 mmHg；从高盐量（平均尿钠排除量 142 mmol/d）减到中盐量（平均尿钠排除量 107 mmol/d），收缩压可降低 2.1 mmHg；从中盐量减到低盐量（平均尿钠排除量 65 mmol/d），收缩压可降低 5.5 mmHg，须服的降压药也减少 31%。限盐加上减重，须服的降压药可减少 53%。最近有报道证明，每天摄入 6 g 以上的盐且体重过重的人，患脑卒中的危险性增加 32%，脑卒中病死率增加 89%，冠心病病死率增加 44%，心脑血管病死率增加 61%，总病死率增加 39%。

（2）改善膳食结构：以谷物粗粮为主，根据不同的年龄、性别和体力活动强度，摄入量控制在 300 ～ 500 g/d，粗细粮搭配，多食粗粮、杂粮（包括薯类）等。

（3）多吃蔬菜水果：保证食用新鲜蔬菜 400 ～ 500 g/d，特别是绿叶菜，水果 100 ～ 200 g/d，以增加膳食中有益于心脑血管健康的维生素 C、胡萝卜素、膳食纤维、钾等营养素的摄入量。

（4）各种食品的摄入量：豆类及豆制品可提供优质蛋白质，并可补钙，平均每天可食用 50 ～ 100 g。每天食用牛奶 250 g 或酸奶 1 瓶，可以增加钙的摄入。肉类禽类每天可食 50 ～ 100 g，以瘦肉和禽肉为主，少吃或不吃动物内脏。鸡蛋每天食用≤ 1 个。鱼类每周食用 1 ～ 2 次，每次 150 ～ 200 g。食用油选用植物油，25 g/d。糖果、蛋糕等易引起肥胖的甜食要少吃或不吃。

（5）合理分配三餐：一般早、中、晚三餐的能量应分别占总能量的 30%、40%、30%。

3．限制饮酒　饮酒量与血压存在剂量 - 反应关系。随着饮酒量的增加，血压也逐渐升高，过量饮酒还会增加卒中危险。男性每日乙醇摄入量不应＞ 20 ～ 30 g（约 1 两白酒）；女性比男性更易吸收乙醇，因此女性不应＞ 15 g。

4．戒烟　吸烟对健康有百害而无一利。对心脑血管的危害主要是可使血压暂时升高，更重要的是吸烟是导致脑卒中、冠心病、心肌梗死的重要危险因素。因此戒烟可能是预防心脑血管疾病的一个最有效的生活方式改进措施。

5．保持心理平衡　良好的心境可以使机体各个系统功能都处于最佳状态，这对降低心脑血管疾病的发病率至关重要。保持心理平衡最重要，其效果远超过其他保健措施。人们经常保持安宁愉快的心境就足以抵消绝大多数不利因素的消极影响。谁拥有快乐，谁就拥有健康。

总之，加强宣传教育，改变不合理的生活方式，控制职业人群的血压、血糖和血脂水平，综合改善多种危险因素，积极预防，最终可减少心脑血管疾病的发生。

四、工作场所心血管疾病预防应注意的问题

1．工作场所心血管疾病防治计划的管理监督　适当的监督管理有助于工作场所心血管疾病防治计划的顺利和有效实施。企业管理环境应有助于大部分员工参加工作场所心血管疾病预防计划并产生健康效益，而企业也应遵守各项规定，解决危害员工健康与安全的问题，提供最适合心血管健康和身心健康的工作条件。此外，应对在工作场所提供健康生活方式行为（如健康促进服务、戒烟计划、定点健身设施、减肥计划或自愿筛检）的企业给予嘉奖，同时对员工给予直接经济奖励。这些措施均有助于工作场所心血管疾病预防计划的顺利实施。

2．关注易感人群　工作场所心血管疾病预防计划必须考虑特定工作场所中所有员工的需要，不分性别、年龄、种族、社会经济地位、文化、工种或体力和智力能力。对于一些经济收入较低、受教育程度较低或缺乏相应服务的易感人群，企业应考虑采用定向的、综合的干预措施，从而促进所有员工都能参加工作场所心血管疾病预防计划。

3．行政干预和行为干预相结合　在我国进行工作场所心血管疾病预防计划，行政干预具有以下优势：首先，决策层有较强的保健意识，实施行政干预措施有力；其次，行政干预有较强的组织性和纪律性，有利于观察、干预、评估。行为干预如能结合行政干预，将更有助于工作场所心血管疾病的预防。

4．环境干预　通过教育提高员工对健康生活方式的认识水平是非常重要的，但建立有利的改变环境和可行的政策来鼓励健康的生活方式对心血管疾病预防也很重要。许多环境改变措施已被证明有助于健康行为改变及做出健康行为改变的决策。心血管疾病预防计划如果和工作场所环境干预相结合，可进一步提高心血管疾病干预的效果。

成功的工作场所心血管疾病预防计划能促使员工积极进行体育锻炼，使他们保持健康和良好状态的可能性增加。但如果员工不参与，即使在最精心设计和预期结果良好的工作场所，心血管疾病预防计划也没有效果。因此，企业应想方设法鼓励员工参加并实施工作场所心血管疾病预防计划。一个有效的工作场所心血管疾病预防计划不仅能够显著降低职业人群心血管疾病危险因素水平及心血管疾病的发生和发展，还可以通过工作者直接影响其家庭成员，使工作场所心血管疾病预防计划的社会效益得到进一步扩大，进而降低全人群心血管疾病发病风险，减轻医疗保险负担，使国家和企业经济能够得到更好的发展。

第四节 职业人群传染病健康教育

一、我国传染病流行现状

人类与传染病的斗争贯穿整个人类的发展史，传染病严重威胁着人类的健康。历史上天花、鼠疫和霍乱的流行，曾经造成大量患者死亡，严重影响了人类的健康水平。随着医学科学的迅速发展，一些常见的传染病的发病率和死亡率在世界各国都有不同程度的下降。20 世纪 50 年代，抗生素和硫黄类药物及高效杀虫剂的使用，使长期威胁人类生命健康的传染病得到了有效控制，其中标志性成就是 1977 年已经在全球消灭长期以来严重危害人类健康的天花。

我国人群传染病的总发病率显著下降[4]，以往常见的传染病如鼠疫、白喉、百日咳、脊髓灰质炎等发病率明显得到控制：但是从全世界的卫生状况看，传染病仍然是各国最重要的卫生问题之一。在发展中国家，传染病对人类健康的危害更为严重，传染病仍是这些国家发病与死亡的主要病因。现代社会科学的发展、经济发展、食物供应多样化、交通便利，甚至人们的生活方式对传染病的传播速度、传播途径改变、新病原的出现和细菌耐药产生了影响，同时，新的病原体及其所致的传染性疾病（称为新发传染病，如 AIDS、SARS、疯牛病等）不断涌现；一些曾被控制的“老”传染病如肺结核、性传播疾病、血吸虫病等死灰复燃，传染病疾病谱发生改变，这些都给传染病的防治工作带来了更大的压力。

我国传染病的危害比新中国成立初期有所减轻，但其发病数量与非传染病相比仍然不宜乐观。流行性脑脊髓膜炎、伤寒、乙型脑炎的发病率下降并不明显；病毒性肝炎、流行性出血热、狂犬病及细菌性痢疾的发病率居高不下；新中国成立后已经得到控制的传染病如黑热病、性病及个别地区已接近消灭的血吸虫病死灰复燃。我国卫生工作者所面对的传染病防治任务依然十分繁重。

职业性传染病是在职业生产过程中由职业性有害因素所致的一种传染病，它既具有传染病的特点，又具有职业病的特点，与患者所从事的职业有着必然的内在联系。

二、职业人群传染病健康教育

（一）传染病发生的基本环节

任何一种传染病的发生、发展和传播都是通过病原体和宿主及外环境相互联系、作用斗争的结果。传染病的发生必须具备两个基本条件：病原体和宿主。

1．病原体 病原体（pathogens）指可造成宿主感染疾病的各类微生物（包括细菌、病毒、立克次氏体、寄生虫、真菌）或其他媒介（微生物重组体包括杂交体或突变体）。

（1）病原体特性

1）传染力：传染力（infectivity）指病原体引起宿主感染疾病的能力。传染力的大小通过导致感染所需的最小病原微生物量来衡量。有些传染病的病原体传染力极强，如天花；有些传染病其病原体则相对较弱，如麻风。

2）致病力：致病力（pathogenicity）指病原体侵入宿主后引起疾病的能力。致病力的大小取决于病原体在宿主体内繁殖的速度、组织损伤的程度及病原体能否产生特异性毒素。

3）毒力：毒力（virulence）指病原体感染宿主后引起机体严重病变的能力。毒力指的是疾病的严重程度，一般用病死率和重症病例来表示。

（2）变异性：病原体可因为环境条件或遗传因素发生变化而产生变异。

1）耐药性变异：耐药性变异指原来对某些抗菌药物敏感的病原体变成对该种药物不敏感，或称为耐受菌株。耐药性变异可遗传后代，也可以通过微生物共生转移给其他微生物。耐药性变异是多种传染病流行不能有效控制和重新复燃的主要原因之一。

2）抗原性变异：抗原性变异指病原体的基因突变导致病原体抗原性发生了改变。抗原性变异是导致传染病暴发、流行，甚至大流行的重要原因。

3）毒力变异：毒力变异指由于病原体遗传物质发生变化导致它的毒力出现增强或减弱的现象。毒力增强可使致病力增强，疾病严重程度增高；毒力减弱则可以制成减毒疫苗，用于传染病预防。

2．宿主　宿主（host）是指在自然条件下能给病原体提供营养和场所的生物，包括人和动物。一些病原体（如伤寒杆菌、痢疾杆菌）只感染人，而有些病原体可能有许多宿主，如狂犬病病毒可寄生在狗、狼、猫等动物体内。宿主不只是被动地接受病原体的损害，而且有主动产生抵制、中和外来侵袭的能力。如果宿主的抵抗力较强，病原体就难以侵入或侵入后迅速被排除或消灭。

（1）免疫力：免疫力指宿主针对病原体及其毒素所产生的特异性抵抗力，经常伴有特异活性的抗体或细胞的参与。

（2）免疫反应：宿主对病原体的免疫反应包括非特异性和特异性免疫反应（细胞免疫和体液免疫）。

（二）传染病流行的基本环节

传染病流行过程指在人群中发生流行的过程，即病原体从感染者排出，经过一定的传播途径，侵入易感者机体而形成新的感染，并不断传播的过程。该流行过程是从个体发病发展到群体发病的过程。传染病的流行需要三个基本条件（或称三个环节），即传染源、传播途径和易感人群。三个环节必须同时存在，才能构成传染病的流行，缺少其中任何一个环节，传染病的流行就不会发生。

（三）传染病预防控制策略和措施

自从有人类以来，传染病一直对人类健康、生命及生存产生严重的危害。随着社会进步、医疗卫生的发展和抗生素、疫苗的应用，一定程度上遏制了传染病的发展速度。近年来，全球传染病发病率大幅度回升。WHO 曾指出，目前我们正面临着有史以来最严重的疾病负担，即传染病、慢性非传染病和伤害。其中传染病是危害人类最大的一类疾病。因此传染病的预防与控制仍是世界各国卫生工作的重点。

1．传染病的预防控制策略

（1）预防为主：我国的传染病预防策略的主要内容指以预防为主，群策群力，因地制宜，发展三级预防保健网，采取综合性措施。传染病的防治工作应该由以医疗卫生单位为主体的医学预防转向社会预防。预防为主是我国一贯的卫生工作方针，传染病的预防要在疫情未出现前，针对易感人群采取相应的措施。

（2）建立传染病监测系统：传染病是疾病监测的一种，其内容包括传染病发病、死亡，病原体型别、特性，媒介昆虫和动物宿主种类、分布和病原体携带状况，人群免疫力水平及人口资料等。我国传染病监测系统包括常规报告和哨点监测。常规报告覆盖了甲、乙、丙三类共 40 种法定传染病。另外，国家还在全国各地设立了上百个艾滋病等传染病的监测哨点。

（3）加强全球化控制：传染病的全球化流行趋势体现了传染病加强全球化控制策略的重要性。WHO 在强化天花免疫计划后，1980 年全球宣布消灭了天花，这是全球化控制传染病工作的成功里程碑。2001 年，WHO 发起了全球“终止结核病”合作伙伴的活动，目标是 2050 年全球结核病发病率降至百万分之一。国际间交流频繁，交通便利，使传染病的全球化流行趋势更加明显。所以加强传染病全球化控制势在必行。

2．传染病预防措施

（1）传染病报告：目前我国法定传染病共 40 种，其中甲类传染病 2 种，乙类传染病 27 种，丙类传染病 11 种。

1）甲类传染病：鼠疫和霍乱。

2）乙类传染病：新型冠状病毒肺炎 、传染性非典型肺炎、甲型 H1N1 流感、艾滋病、病毒性肝炎、脊髓灰质炎、人感染高致病性禽流感、麻疹、流行性出血热、狂犬病、流行性乙型脑炎、登革热、炭疽、细菌性和阿米巴性痢疾、肺结核、伤寒和副伤寒、流行性脑脊髓膜炎、百日咳、白喉、新生儿破伤风、猩红热、布鲁菌病、淋病、梅毒、钩端螺旋体病、血吸虫病、疟疾，共 27 种。

3）丙类传染病：流行性感冒、流行性腮腺炎、风疹、急性出血性结膜炎、麻风病、流行性和地方性斑疹伤寒、黑热病、包虫病、丝虫病，除霍乱、细菌性和阿米巴性痢疾、伤寒和副伤寒以外的感染性腹泻病、手足口病，共 11 种。

（2）经常性的预防措施

1）加强健康教育：通过媒体宣传、专业讲座等各种健康教育形式，帮助人们改变不良的卫生习惯和行为，有效切断传染病的传播途径。健康教育是一种低成本高收益的传染病防治措施。

2）改善卫生条件：改善人们的居住环境，保护水源，提供安全饮用水，加强粪便无害化管理，加强食品监督管理和保障食品安全等，从根本上杜绝传染病的传播。

3）加强人群免疫：免疫预防是控制某些传染病的有效措施。实践证明，很多传染病（天花、脊髓灰质炎、麻疹、破伤风、白喉和百日咳等）都是通过大规模人群预防接种来控制流行和降低发病率。

4）实行国境卫生检疫：国境卫生检疫是指为了防止鼠疫、霍乱、黄热病、天花、斑疹伤寒和回归热由国外传入或由国内传出，在中华人民共和国的国际通航港口和机场所在地，以及国际边境和国境进出口岸，设立国境卫生检疫机关对进出国境的人员和交通工具、行李、货物实施医学检查、卫生检查和必要的卫生处理。

（3）针对传染源的措施

1）患者：做到“五早”，即早发现、早诊断、早报告、早隔离和早治疗。患者一旦诊断为传染病或可疑传染病，就按传染病防治法规定实行分级管理。甲类传染病为强制管理传染病。传染病发生后，报告疫情的时限，对患者、病原携带者的隔离、治疗方式以及对疫点、疫区的处理等，均强制执行。乙类传染病为严格管理传染病。对此类传染病要严格按照有关规定和防治方案进行预防和控制。其中，新型冠状病毒肺炎 、传染性非典型肺炎、炭疽中的肺炭疽、人感染高致病性禽流感和甲型 H1N1 流感这四种传染病虽被纳入乙类，但可直接采取甲类传染病的预防、控制措施。丙类传染病也称为监测管理传染病。对此类传染病要按国务院卫生行政部门规定的监测管理方法进行管理。

2）传染病疑似患者的管理：甲类传染病疑似患者必须在指定场所接受医学检查、随访和隔离措施；乙类传染病疑似患者可在医疗机构指导下隔离治疗。

3）病原携带者：对病原携带者应做好登记、管理和随访至体内病原体检查 2 ～ 3 次阴性后。饮食、托幼等服务行业工作的病原携带者应暂时离开工作岗位；久治不愈的伤寒和病毒性肝炎病原携带者不允许从事威胁性职业；艾滋病、乙型和丙型病毒性肝炎、疟疾病原携带者严禁献血。

4）接触者：与传染源接触过并有可能感染的接触者都应该接受检疫，检疫期根据传染病潜伏期的长短决定，一般为最后接触日到该病的最长潜伏期。在检疫期内根据病种及接触者的免疫状态，对他们采取留验、医学观察、应急接种和药物预防等措施。

5）动物传染源：根据动物传染源对人类的危害程度采取不同的措施。危害大且经济价值不大的动物传染源应彻底消灭；危害大的病畜或野生动物给予捕杀、焚烧和深埋；危害不大且有经济价值的动物可予以隔离治疗。另外，应做好家畜和宠物的预防接种和检疫。

（4）针对传播途径的措施：对许多传染病来说，切断传播途径常常是起重要作用的预防措施，但是各种传染病的传播途径不同，采取的措施也不一样。对传染源污染的环境，必须采取有效的措施，以去除和消灭病原体。肠道传染病主要是通过粪便等污染环境，因此重点在搞好粪便等污染物品的处理及周围环境的消毒工作；呼吸道传染病主要是通过痰和呼出的空气污染环境，故重点是保证空气消毒、通风换气、个人防护（如戴口罩）等；虫媒体染病，则应以杀虫防虫为主；某些传染病（如血吸虫病），由于传播因素复杂，应采取综合性措施才能切断其传播途径。

（5）针对易感者的措施：保护易感人群的措施主要有预防接种、提高人群免疫力，及给予高危人群预防性服药。

1）免疫预防：免疫预防是一种通过主动免疫或被动免疫而增强机体特异性免疫功能的预防疾病的策略，可有效预防相应传染病，达到控制和消灭传染病的目的。计划免疫属于主动免疫；传染病流行时对易感者注射保护性抗体则属于被动免疫。高危人群应急接种可以通过提高群体免疫功能，及时控制传染病大面积流行。

2）药物预防：药物预防可作为一种应急措施预防传染病的传播；但是药物预防有局限性，其作用时间短，效果不巩固，容易产生耐药性。

3）个人防护：传染病流行季节，通过各种渠道，督导易感者采取一定的防护措施，防止其受到感染；对接触传染病的职业人群，应严格遵守操作规程，配置和使用个人防护用品（带口罩、手套、鞋套等）；虫媒传染病流行区使用防护蚊帐；大力推广安全套的使用是个人预防艾滋病和性传播疾病的有效措施。

（四）常见职业人群传染病预防措施

目前发现的职业性传染病大都是由各种微生物病菌引起的，常见的有炭疽病、森林脑炎、布氏杆菌病三种类型。

1．炭疽病　是由炭疽杆菌所致的人畜共患传染病。人因接触病畜（羊、牛、马等）及其产品或食用病畜的肉类而被感染。炭疽病主要表现为机体局部皮肤坏死及特异的黑痂，或者肺部、肠道及脑膜的急性感染，有时伴有炭疽杆菌性败血症。炭疽病的传播途径一般为三种：①伤口经皮肤黏膜直接接触病菌而致病，病菌毒力强者也可直接侵袭完整皮肤；②经呼吸道吸入带炭疽芽胞的尘埃、飞沫等而致病；③经消化道摄入被污染的食物或饮用水等而感染。人群普遍易感，但是否发病与个体的抵抗力有密切关系。炭疽病患者的痰、粪便及病灶渗出物都具有传染性。

炭疽病的预防首先应管理好传染源，患者应隔离和治疗。对患者的用具、被服、分泌物、排泄物及患者用过的敷料等均应严格消毒或烧毁，尸体火化。对可疑病畜、死畜必须同样处理。禁止食用或剥皮；其次要及时切断传播途径，对可疑污染的皮毛原料应消毒后再加工。牧畜收购、调运、屠宰加工要有兽医检疫。防止水源污染，加强饮食、饮水监督；再次是要保护易感者，对从事畜牧业、畜产品收购、加工、屠宰业、兽医等工作人员及疫区的人群，可给予炭疽杆菌减毒活菌疫苗接种，每年接种1次。与患者密切接触者，建议应用药物预防。

2．布氏菌病　布氏菌病是由布氏菌引起的人畜共患传染病。布氏菌为革兰氏阴性的短小球杆菌，本菌有6个生物种及19个生物型，感染人群的主要是羊、猪和牛型菌，其中羊型对人致病力最强，是国内的主要致病菌，猪型次之，牛型对人致病力弱。其致病主要与活菌及内毒素有关，细菌进入人体引起菌血症和毒血症，出现发热等现象，细菌反复进入血流从而引起临床症状并反复发作。另外，布氏菌病可引起各种变态反应，也是慢性布氏菌病的主要病因。

急性布氏菌病的主要临床表现是发热、多汗、关节痛、乏力及睾丸肿痛。典型热型常见为长期不规则低热或弛张热；伴全身乏力及多汗，甚至可湿透衣被，此为本病常见症状，全身中毒症状常不明显；关节痛常较剧烈，一个或几个关节呈游走性，主要累及大关节，部分患者可见关节红肿，偶有化脓，亦可见滑囊炎、腱鞘炎及关节周围炎。肌肉疼痛多见于大腿两侧和臀部，有时呈痉挛性疼痛；次要表现有头痛，神经痛，肝、脾、淋巴结肿大及皮肤软组织病变，如皮疹、皮下结节及纤维织炎；亦可出现心肌炎、心内膜炎、咳嗽、鼻衄及便血等。少数可发生脑膜炎。复发率为6% ~ 10%，多发生在3个月以内。治疗时间短是复发重要原因之一，故应采用多疗程抗菌药物治疗。

慢性布氏菌病可由急性期发展而来，亦可无急性病史。此期症状多种多样而更无特异性，基本上有两种表现：全身非特异性症状，类似神经官能症症状，如乏力、多汗、头痛、抑郁、烦躁、失眠及全身疼痛等症状；器质性损害，可侵犯许多器官及系统；骨骼肌肉系统病变最常见，关节炎关节持续性钝痛，反复发作持续数年，亦可有滑膜炎、鞘膜炎及脊椎病变。久病可发生关节强直或挛缩；神经系统病变，周围神经损伤最多，表现为神经痛、神经炎、神经根炎及神经丛神经炎等。中枢神经系统损害较少见，有脑膜炎、脑膜脑炎及脑脊髓炎，而出现头痛、脑膜刺激征、昏迷、惊厥及瘫痪等表现；其他亦可有泌尿生殖系病变、心肌炎、气管炎、间质性肺炎及肝脾大等；近年来本病病情有减轻趋势，表现为起病急、发热低、热程短、中毒症状轻、无明显肝脾大及脏器损害轻。

布氏菌病的预防要注意如下几点：①患者、病畜应彻底治疗及隔离；②加强畜产品的卫生监督，不出售及食用病畜肉、生乳应经巴氏消毒及煮沸饮用；③注意个人防护；④对可能受染者采取预防接种。

布氏菌病的治疗原则是早期治疗、联合用药及彻底治疗，以防止复发及转慢性。急性期以抗菌治疗为主；慢性期可用抗菌和特异性脱敏联合疗法。

3．森林脑炎 森林脑炎又称苏联春夏脑炎或称远东脑炎，是由森林脑炎病毒所致的急性中枢神经系统传染病，多发于春末夏初。森林脑炎病毒属于虫媒病毒乙群，为RNA病毒，可在多种细胞中增殖，耐低温，而对高温及消毒剂敏感，野生啮齿动物及鸟类是主要传染源，林区的幼畜及幼兽也可成为传染源，传播途径主要为吸血昆虫蜱叮咬传播给人，以男性为主，多为森林地区的作业人员或外地到林区放养蜜蜂者、野外劳动人员，但多数为隐性感染，仅约1%出现症状，病后免疫力持久。主要见于我国东北及西北原始森林地区。

该病潜伏期为8 ~ 14天，表现为发热、头痛、恶心、呕吐、乏力、意识障碍、颈项强直、脑膜刺激症，少数有出血疹及心肌炎表现。如果症状好转体温在一周后可降至正常。

森林脑炎疾病有严格的地区性特点，进入疫区前必须积极做好预防措施，在生活地区周围搞好环境卫生，加强灭鼠、灭蜱工作；其次要在林区工作时穿五紧防护服及高筒靴，头戴防虫罩；衣帽可浸邻苯二甲酸二甲酯，每套200 g，有效期10天；再次是要注意预防接种，每年3月前注射疫苗，第1次2 ml，第2次3 ml，间隔7 ~ 10天、以后每年加强1针。

第五节 职业人群肿瘤健康教育

一、我国肿瘤流行现状

（一）肿瘤流行现状[5]

肿瘤是指生长于某种器官却与该靶器官不相协调的组织团块的异常增生，其生长速度远超过正常组织，且在细胞的传代过程中代代相传，造成无法控制的肿瘤细胞增殖和组织生长。肿瘤一般分为良性肿瘤和恶性肿瘤。恶性肿瘤是一组严重威胁人类健康和生命的疾病，有 100 多种不同部位肿瘤组成。近年来，恶性肿瘤总体发病情况呈上升趋势，我国恶性肿瘤位于全死因的前三位。

全球癌症发病顺位依次为肺癌，乳腺癌，结、直肠癌和胃癌。死亡顺位为肺癌、胃癌、肝癌和结、直肠癌。

肿瘤的发生是多因素作用的结果，主要包括以下四个方面。

1．化学因素 多环芳烃类化合物（工厂烟雾、吸烟、汽车尾气、烧烤食品，此类化合物为间接致癌物，主要引起呼吸道和皮肤癌）；氨基偶氮染料（纺织品偶氮染料；用于食品的猩红、奶油黄、苏丹红；染发剂）；亚硝胺类化合物（食物比如酸菜、霉变的食物、长期保存的腌制肉食品）。

2．物理因素 紫外线导致皮肤癌；核污染地区的癌症高发。离子辐射引起各种癌症。长期的热辐射也有一定的致癌作用，金属元素镍、铬、镉、铍等对人类也有致癌的作用。临床上有一些肿瘤还与创伤有关，骨肉瘤、睾丸肉瘤、脑瘤患者常有创伤史。另一类与肿瘤有关的异物是寄生虫。

3．病毒和细菌致癌 RNA 致瘤病毒是通过转导和插入突变将遗传物质整合到宿主细胞 DNA 中，并使宿主细胞发生转化，存在两种致癌机制：①急性转化病毒；②慢性转化病毒。

DNA 致瘤病毒：常见的有人类乳头瘤病毒（HPV）与人类上皮性肿瘤，尤其是子宫颈和肛门生殖器区域的鳞状细胞癌发生密切相关。EB 病毒与伯基特淋巴瘤和鼻咽癌密切相关。流行病学调查乙型肝炎与肝细胞性肝癌有密切的关系。幽门螺杆菌引起的慢性胃炎与胃低度恶性 B 细胞性淋巴瘤发生有关。

4．遗传因素

（1）常染色体显性遗传：如视网膜母细胞瘤、肾母细胞瘤、肾上腺或神经节的神经母细胞瘤。一些癌前疾病，如结肠多发性腺瘤性息肉病、神经纤维瘤病等本身并不是恶性疾病，但恶变率很高。这些肿瘤和癌前病变都属于单基因遗传，以常染色体显性遗传的规律出现。其发病特点为早年（儿童期）发病，肿瘤呈多发性，常累及双侧器官。

（2）常染色体隐性遗传：如 Bloom 综合征易发生白血病和其他恶性肿瘤；毛细血管扩张共济失调症患者易发生急性白血病和淋巴瘤；着色性干皮病患者经紫外线照射后易患皮肤基底细胞癌和鳞状细胞癌或黑色素瘤。这些肿瘤易感性高的人群常伴有某种遗传性缺陷，以上三种遗传综合征均累及 DNA 修复基因。

（3）遗传因素与环境因素在肿瘤发生中起协同作用，而环境因素更为重要：决定这种肿瘤的遗传因素是属于多基因的。目前发现不少肿瘤有家族史，如乳腺癌、胃肠癌、食管癌、肝癌、鼻咽癌等。

（二）肿瘤流行的影响因素

引起肿瘤发病率和死亡率上升趋势的主要原因如下。

1．人口老龄化 肿瘤可发生在任何年龄，但是一般随着年龄的增长，癌症的发病率和死亡率上升。

2. 不良生活方式 生活模式、食物结构、饮食习惯和行为方式的变化，促使部分恶性肿瘤发病的危险性上升及少数恶性肿瘤危险性下降。C 型性格的人容易患肿瘤。

3. 工业化和城市化的加速发展 生活环境、职业环境的改变，空气、水、土壤的污染，臭氧层的缩小，自然生态平衡的被破坏，都使人群肿瘤发病的危险性增加。

二、职业人群肿瘤健康教育

生产过程中接触致癌因素引起的肿瘤称为职业性肿瘤。我国职业病名单的职业性肿瘤包括石棉所致肺癌和间皮瘤、联苯胺所致膀胱癌、苯所致白血病、氯甲醚所致肺癌、砷所致肺癌和皮肤癌、氯乙烯所致肝血管肉瘤及焦炉工人肺癌、铬酸盐制造业所致肺癌共八种。

（一）肿瘤发病的职业影响因素

能引起职业性肿瘤的致病因素称为职业性致癌因素，它可包括化学的、物理的和生物的因素，化学因素较常见。目前国际上已公认的职业性致癌因素主要有：燃煤烟灰引起阴囊癌；沥青、煤焦油引起的皮肤癌；页岩润滑粉引起阴囊癌；切削油引起阴囊癌；焦炉煤气、铬酸盐、氯甲醚引起的肺癌；无机砷酸盐可引起皮肤癌、肺癌；镍引起鼻腔癌、肺癌；石棉引起肺癌、胸腹膜间皮瘤；芥子气引起肺癌、上呼吸道癌；氯乙烯引起肝血管肉瘤；苯引起白血病；β 萘胺、α 萘胺、联苯胺、4-氨基联苯引起的膀胱癌；硬木家具工易患鼻窦癌；电离辐射（放射线）引起肺癌、皮肤癌、骨肉瘤、白血病。

职业性致癌因素一般存在以下典型特征。

1. 潜伏期 指个体首次接触致癌物到肿瘤发生的明显间隔期。对人类，致癌物致癌的潜伏期最短 4 ～ 6 年，如放射线致白血病；最长达 40 年以上，如石棉诱发间皮瘤；但大多数职业肿瘤的潜伏期较长，为 12 ～ 25 年。由于职业性接触程度较强，职业肿瘤发病年龄一般比非职业性同类肿瘤提前，如芳香胺引起的泌尿系统癌症，发病年龄以 40 ～ 50 岁多见，较非职业性的早 10 ～ 15 倍。

2. 阈值问题 大多数毒物的毒性作用存在阈值或阈剂量，当超过这个剂量时可引起健康损害，出现疾病。因此，在预防工作中，以此作为安全接触剂量的依据。目前职业性致癌物是否存在阈值尚有争论。然而大多数致癌物的致癌作用发展过程均有前期变化（增生、硬化等），肿瘤是“继发产物”，具有此种作用确定阈值就更有可能。故目前主张有阈值者获较多支持，一些国家已据此规定了“尽可能低”的职业致癌物接触的“技术参考值”。但阈值问题并没有很好地解决。

3. 好发部位 职业性肿瘤有比较固定的好发部位或范围，往往在致癌因素作用最强烈、经常接触的部位发生。由于皮肤和肺是职业致癌物进入机体的主要途径和直接作用的器官，故职业性肿瘤也多见于皮肤和呼吸系统。但有时也累及同一系统的邻近器官，如致肺癌职业致癌物可引发气管、咽喉、鼻腔或鼻窦的肿瘤；亦可发生在远隔部位，如皮肤接触芳香胺，导致膀胱癌；同一致癌物可能引起不同部位的肿瘤，如砷可诱发肺癌和皮肤癌。此外，还有少数致癌物引起肿瘤范围广，如电离辐射可引起白血病、肺癌、皮肤癌、骨肉瘤等。

（二）职业人群常见肿瘤预防控制措施

职业肿瘤因为病因比较清楚，可以采取相应的措施加以预防，或将其危险度控制在最低水平。预防职业肿瘤需要注意四个方面。

1. 加强对职业性致癌因素的控制和管理 对目前已知的职业性致癌因素采取有效的控制和管理措施是降低职业性肿瘤发病率的重要手段。

（1）改革工艺流程，加强卫生技术措施：包括加强原料选用、降低致癌物含量，如石棉生产中，限制主要引起间皮瘤的青石棉的用量。对于不能立即改变工艺路线或目前也无法代替的致癌物，工业部门需采取严格综合措施，控制工人接触水平。

（2）对致癌物采取严格管理措施：有些国家把致癌物分为两大类：一类为可避免接触的，如β-萘胺、亚硝胺等，应停止生产与使用；另一类在目前仍需使用的工业化学物，如氯乙烯、羰基镍，则可根据现有资料，提出暂行技术标准严格控制接触水平。另外，在制订安全使用措施时，还根据致癌物级别，如“对动物和人均有致癌性”，还是仅仅对动物有致癌性，予以区别对待。对新化学物质，应作致癌性筛试，提示有强致癌性者，应停止生产和使用。

2．健全医学监护制度　对肿瘤高危人群医学监护要求：①筛检方法易行且敏感；②可能检出肿瘤前期的异常改变或在早期阶段的肿瘤；③具备有效的干预措施，足以降低“早期”肿瘤的发生率和死亡率；④这包括建立致癌物管理登记制度；对环境中致癌物浓度进行经常性定期监测，准确估计人体接触水平。迄今，除与职业因素无关的宫颈癌进行医学监护有明显防治效果外，在职业性肿瘤中，仅用尿沉渣中脱落细胞涂片检查对早期诊断职业性膀胱癌有意义。对其他职业肿瘤，包括与接触石棉有关的支气管癌，未能证明其死亡率能通过筛检和早期检出而下降。因此，要加强医学监护工作效率和效能的研究。

3．加强健康教育，提高自我防护能力　①处理致癌物时，应严防污染厂外环境；②工作服应集中清洗，去除污染，禁止穿回家；③许多致癌物与吸烟有协同作用，应在接触人群中开展戒烟健康教育；④增进职业健康促进教育，对于与工人行为方式密切相关的制约因素，如操作规范、个人防护用品使用、卫生习惯以及接受健康筛检态度等，应侧重于职业健康促进教育的“第二级预防”，达到自我保护、早期检测和早期处理的目的。

4．建立致癌危险性预测制度　致癌危险性预测对加强预防为主、有效管理致癌因素，并为制定法规提供依据，均具有重要意义。危险性预测与流行病学调查和动物实验密切相关。在流行病学监护和动物实验的密切配合下，危险度评定可提供重要的定性和定量信息。

第六节　职业人群意外事故健康教育

由于交通事故、溺水、中毒、跌倒或烧伤，以及暴力、袭击、自虐或战争造成的伤害每年导致全世界五百多万人死亡并使数百万人受到伤害，占全球死亡率的9%，并对世界各国人民的健康构成威胁。就每一起事故，估计有几十人住院，数百人急诊，上千人就医；大部分幸存的受伤者会遭受暂时或永久性残疾。

一、伤害的定义、分类和防治策略

（一）伤害的定义

伤害是指由于运动、热量、化学、电或放射线的能量交换超过机体组织的耐受水平而造成的组织损伤和由于窒息而引起的缺氧，以及由此引起的心理损伤等，具体包括运输伤害；跌倒；无生命机械力伤害；有生命机械力伤害；淹溺；窒息；电流、辐射和气温、气压伤害；烟火、火、火焰；接触热和烫的物质；接触有毒动、植物；自然力量伤害；中毒；过劳、旅行和贫困；故意自害；加害；意图不确定事件；依法处置和作战行动；医疗和手术的并发症；外因的后遗症导致的疾病和死亡；

与分类于他处的疾病和死亡有关的补充因素等。

（二）伤害的分类

1．按照受伤场所分类 包括家庭和工作场所伤害、劳动场所伤害、公共场所伤害、旅游伤害和道路伤害等。

2．按照人群对其分类 包括青少年或幼儿伤害、老人伤害、妇女伤害、残疾人士伤害和职业人群伤害等。

3．按照伤害主体对其分类 包括自伤（故意或非故意）和他伤（蓄意或误伤）。

4．按照造成伤害的意图分类 包括故意伤害（有意识的自害或加害于个人或他人，并常伴有暴力行为如自杀、他杀、虐待、强奸、生化恐怖、战祸等）和意外伤害（无意识的、意料之外的突发事件造成的人体健康损害，如交通事故、溺水、跌落、烧伤、中毒、医疗事故等）。

（三）伤害的防治策略

伤害同疾病一样，威胁着人类的健康和安全，伤害事件可以控制，并且能够预防。伤害的预防宗旨是降低伤害事件中伤害者的严重程度（如死亡、残疾和住院等）[6]。

1．常规预防策略 伤害的社区预防是指通过政府卫生部门支持，社会各部门共同参与，针对社区目标人群，在不同场所开展预防和控制伤害活动，提高居民对伤害预防的认识，强化安全意识，改变不良的生活方式和行为习惯，同时致力于改善社区环境，开展防范伤害的健康教育，帮助居民掌握伤害相关知识和自救、互救技能。

针对伤害的高危人群开展伤害预防教育与培训，例如对驾驶员的安全驾驶培训，对学生进行防火、交通安全、防电和防止溺水的专题健康教育等，降低伤害的危险程度。

2．伤害预防的具体干预措施 ①改善环境，使伤害风险减少或无风险；②采取经济鼓励手段或罚款的方法，影响或改变人的行为习惯；③国家通过制定法律措施制约和干预导致伤害的危险行为；④通过健康教育增强人们对伤害危险的认识，规范其行为，此措施从社区和家庭做起，效果显著。

二、意外事故及常见意外事故

（一）意外事故

意外事故是人（个人或集体）在为实现某种意图而进行的活动过程中，突然发生的、违反人的意志的、迫使活动暂时或永久停止的事件。

（二）常见的意外事故

意外事故是一种动态事件，是指造成人员伤害、死亡、职业病或设备设施等财产损失和其他损失的意外事件。

生活中常见的意外事故：电击伤；摔伤；溺水；气管异物；眼外伤；喉外伤；交通事故；烫伤；吃错药造成的药物中毒；误服了灭鼠药可造成死亡；误服了苯酚可造成口腔黏膜、喉、食管、胃的灼伤。

职业人群意外事故有生产事故和企业职工伤亡事故之分。生产事故是指生产经营活动（包括与生产经营有关的活动）过程中，突然发生的伤害人身安全和健康或者损坏设备、设施或者造成经济损失，导致原活动暂时中止或永远终止的意外事件。

三、职业人群意外事故健康教育

（一）有针对性地开展预防职业意外事故的教育与培训

通过教育与培训增强职工自我防范和保护意识，规避自己的不安全行为；治疗某些相关疾病和鼓励职业人群坚持锻炼身体，增加对意外事故的抵抗力。

（二）改善工作环境

改变危险因素释放率及空间分布，减少潜在性致伤能量，将危险因素从时间、空间上与职业人群分开。

（武 英）

参考文献

[1] 李鲁．社会医学［M］．4 版．北京：人民卫生出版社，2012 年．
[2] 中国成人血脂异常防治指南制订联合委员会．中国成人血脂异常防治指南［J］．中华心血管病杂志，2007，19（5）：4-14．
[3] 赵永平．临床血脂学［M］．北京：人民卫生出版社，2006．
[4] 黄金，姜冬九．病人健康教育理论与实践［M］．北京：人民卫生出版社，2002．
[5] 吕姿之．健康教育与健康促进．2 版［M］．北京：北京大学医学出版社，2002．
[6] 黄津芳．住院病人健康教育指南［M］．北京：人民军医出版社，2007．

中英文专业词汇索引

B

爆震性耳聋（explosive deafness）172
布氏菌（brucella）164

C

参与式培训（participative training）99
成本 - 效果分析（cost-effectiveness analysis）156
成本 - 效益分析（cost-benefit analysis）156
传播（communication）88
刺激性气体（irritant gases）177
促成因素（enabling factors）112
促进健康的行为（healthy-promoted behavior）61

D

电离辐射（electromagnetic radiation）174
定量调查（quantitative survey）115
定性调查（qualitative survey）115
动机冲突（motivation conflict）52
毒物（toxicant）175

F

放射性活度（intensity of radioactivity）174
粉尘（dust）183

G

干预（intervention）75, 131
高危人群（high risk group）19
高温作业（work in hot environment）168
个人防护装备（personal protective equipment，PPE）208
个体危险因素（individual risk factors）19
工作场所健康促进（workplace health promotion，WHP）9
工作紧张源（work stressor）196

J

技能发展（skill development）127
寄生虫（parasite）167
健康传播（health communication）89
健康促进（health promotion）5
健康教育（health education）3
健康教育干预（health education intervention）75
健康危险因素（health risk factors）289
健康危险因素评价（health risk factors appraisal，HRA）291
健康相关行为（health-related behavior）61
健康信念模式（health belief model，HBM）64
健康咨询（health consultation）92
角色扮演（role play）139

N

内部质量控制（internal quality control）150
农药（pesticides）182

Q

强化因素（reinforcing factors）112
倾向因素（predisposing factors）112

R

热适应（heat acclimatization）169

S

森林脑炎病毒（forest encephalitis virus）166
伤害（injury）184
社会动员（social mobilization）134

社会认知理论（social cognitive theory，SCT）67
社会支持（social support）60
生产性噪声（productive noise）172
生活质量指数（physical quality of life index，PQLI）152
声音（sound）171

T

炭疽杆菌（bacillus anthracis）162
提示因素（cues to action）65
同伴教育（peer education）81, 100
头脑风暴（brain storming）139

W

外部质量控制（external quality control）150
危害健康的行为（health-risky behavior）62

X

小组讨论（group discussion）90
效果（effectiveness）156
效益（benefit）156
心理健康（mental health）193
信息交流（information communication）127
行为（behavior）46
行为改变阶段模式（stage of behavior-change model）66
行为矫正（behavior modification）69, 78

Y

以场所为基础的健康教育（sector-based health education）129
易感者（susceptible person）19
永久性听阈位移（permanent threshold shift，PTS）172

Z

暂时性听阈位移（temporary threshold shift，TTS）172
噪声（noise）171
照射量（exposure）174
振动（vibration）173
知信行模式（knowledge，attitude，belief，practice，KABP 或 KAP）63
职业安全（occupational safety）161, 189
职业病（occupational diseases）18
职业健康促进（occupational health promotion，OHP）9
职业健康教育（occupational health education）9
职业健康教育诊断（occupational health education diagnosis）103
职业健康心理学（occupational health psychology，OHP）195
职业紧张（occupational stress）196
职业伤害（occupational injury）185
职业事故伤害（occupational accident injury）185
职业卫生（occupational health）161
职业性危害因素（occupational hazard factors）161
职业性噪声聋（occupational noise-induced deafness）172
职业中毒（occupational poisoning）175
窒息性气体（asphyxiating gas）178
中毒（poisoning）175
专题小组讨论（focus group discussion）115
咨询（consulation）90
自我导向学习（self-directed learning）101
自我开放（self-disclosure）94
自我效能（self-efficacy）65